大学生公共基础课系列教材

信息技术（基础模块）

（WPS 版）

李荣郴　陈承欢　主编

電子工業出版社
Publishing House of Electronics Industry
北京 · BEIJING

内 容 简 介

本书对标教育部 2021 年发布的《高等职业教育专科信息技术课程标准（2021 年版）》，严格执行该课程标准要求，精心设计教材结构、认真筛选教学内容、规范制作教学案例。

本书分为 6 个模块，分别为 WPS 文字编辑与处理、WPS 表格操作与应用、WPS 演示文稿设计与制作、信息检索、认知新一代信息技术、提升信息素养与强化社会责任。

本书在教学内容选取、教学环节设计、训练任务设置、教学方法运用、电子活页浏览等方面充分满足实际教学需求和考证需求，并力求有特色、有创新，采用“知识学习与任务驱动”有机结合的教学模式，采用多起点、多路径、灵活多样的组织方式，充分发挥学习者的主观能动性和对知识的应用能力，强化学习者动手能力和职业能力的训练。

本书可以作为普通高等院校、高等或中等职业院校各专业信息技术基础课程的教材，也可以作为计算机操作的培训教材及自学参考书。

图书在版编目（CIP）数据

信息技术：基础模块：WPS 版 / 李荣郴，陈承欢主编. --北京：电子工业出版社，2024.3
ISBN 978-7-121-47991-5

Ⅰ.①信… Ⅱ.①李… ②陈… Ⅲ.①电子计算机—高等职业教育—教材 Ⅳ.①TP3

中国国家版本馆 CIP 数据核字（2024）第 109341 号

责任编辑：王　花
印　　刷：河北鑫兆源印刷有限公司
装　　订：河北鑫兆源印刷有限公司
出版发行：电子工业出版社
　　　　　北京市海淀区万寿路 173 信箱　邮编 100036
开　　本：787×1 092　1/16　印张：20.25　字数：518.4 千字
版　　次：2024 年 3 月第 1 版
印　　次：2024 年 3 月第 1 次印刷
定　　价：54.00 元

凡所购买电子工业出版社图书有缺损问题，请向购买书店调换。若书店售缺，请与本社发行部联系，联系及邮购电话：（010）88254888，88258888。

质量投诉请发邮件至 zlts@phei.com.cn，盗版侵权举报请发邮件至 dbqq@phei.com.cn。

本书咨询联系方式：（010）88254609 或 hzh@phei.com.cn。

前　　言

本书对标教育部2021年发布的《高等职业教育专科信息技术课程标准（2021年版）》，进一步明确信息技术课程的教学目标，严格执行该课程标准要求，精心设计教材结构、认真筛选教学内容、规范制作教学案例，不仅让学习者系统掌握信息技术的基础知识和基本应用方法，而且能够熟悉WPS文档编辑排版、WPS表格处理、WPS演示文稿制作和信息检索，认知新一代信息技术，有效提升信息素养与强化社会责任，能运用所学知识解决实际问题。本书在教学内容选取、教学环节设计、训练任务设置、教学方法运用、电子活页浏览等方面充分满足实际教学需求和考证需求，并力求有特色、有创新。

本书具有以下特色和创新。

（1）知识传授、技能训练、能力培养和价值塑造有机结合

本书充分发掘课程中的思政教育元素，提炼课程中蕴含的文化基因和价值导向，弘扬社会主义核心价值观，在教学过程中有意、有机、有效地对学生进行思想政治教育。本书挖掘了严谨细致、精益求精、规范意识、创新意识、责任意识、审美意识、诚实守信、协同思维、辩证思维、文化自信等10多项思政元素。从教学目标、教学内容、教学案例、教学过程、教学策略、教学活动、考核评价等方面有机融入这些思政元素。课程教学注重价值塑造和能力培养，引导与激励学生向上、向善、向美，在传授知识、训练技能的基础上，提高学生的政治觉悟、思想水平、道德品质、价值观念与职业能力。

（2）使用国产WPS，服务国家战略

本书内容涉及的办公软件选用WPS Office，大力推广国产办公软件在高等职业教育和青年群体中的应用，是服务国家信息安全战略的重要举措，符合新时代对高等职业教育信息技术课程建设的要求。

（3）遵循信息技术课程标准，构建了模块化教材结构

全书划分为6个模块，分别为WPS文字编辑与处理、WPS表格操作与应用、WPS演示文稿设计与制作、信息检索、认知新一代信息技术、提升信息素养与强化社会责任。

（4）采用“知识学习与任务驱动”有机结合的教学模式，采用多起点、多路径、灵活多样的组织方式，合理设置教学环节

根据信息技术课程标准的要求，信息技术课程涉及的理论知识和操作方法比较多，限于纸质教材篇幅的限制，信息技术（基础模块）教材分为两本，分别为《信息技术》主教材和《信息技术技能提升训练》配套教材。

为了满足学习者的不同需要，两本教材共设置了3个学习与训练层次：方法指导、技能训练和综合实战。

《信息技术》主教材（即本书）包括“方法指导”环节，该环节分为“知识学习”和“示例分析”两个方面，知识学习以章节方式编排，具有较强的系统性和条理性，“示例分析”环

节为基础知识应用与基本方法演示环节，全书共设置了 66 项示例分析任务，主要针对基础知识和基本方法进行操作演示与功能验证，以满足学习者理解基础知识和引导训练基本技能的需要。

《信息技术技能提升训练》配套教材包括“技能训练”和“综合实战”两个训练环节：“技能训练”环节为基本技能训练环节，全书共设置了 85 项技能训练任务，主要针对基础知识和基本方法的应用进行分步操作训练，以满足学习者熟练掌握基础知识和独立训练基本技能的需要；“综合实战”环节为综合训练环节，采用“任务驱动”方式实施，全书共设置了 31 项综合实践任务，主要针对 WPS 文档处理、WPS 数据处理和 WPS 演示文稿制作的具体实现方法，引导学习者思考、领会知识的应用，熟悉操作方法和实用技巧，以满足学习者按要求快速完成规定工作任务的需要，充分发挥学习者的主观能动性和对知识的应用能力，强化学习者动手能力和职业能力的训练，不断提升学习者分析问题、解决问题、拓展知识面的综合能力，有效提升创新思维能力，以满足遇到问题时自行解决难题的需要。

3 个学习与训练层次的设立有效实现了根据教学需要设置合适的学习起点和恰当的教学路径，使用本书的学习者可以根据自身情况从以下 3 条学习路径中选择一条最佳学习路径：

路径之一（即 2 阶段学习路径）：方法指导环节的知识学习+示例分析。

路径之二（即 3 阶段学习路径）：方法指导环节的知识学习+示例分析→技能训练。

路径之三（即 4 阶段学习路径）：方法指导环节的知识学习+示例分析→技能训练→综合实战。

（5）注重方法和手段的创新，强调“做中学、做中会”

本书以应用信息技术解决学习、工作、生活中常见问题为重点，在完成规定的任务过程中熟悉规范、学会方法、掌握知识，力求基本知识系统化、方法指导条理化、技能训练任务化、理论教学与实训指导一体化，应用了任务驱动、案例教学、多媒体教学、网络教学等多种形式的教学方法。

（6）线上学习和线下学习相结合

为了保证教学内容的完整性和系统性，并突破纸质教材的篇幅限制，本书将部分教学内容设置成电子活页形式，学习者可通过扫描二维码在线学习相关知识。

本书由郴州思科职业学院李荣郴老师、湖南铁道职业技术学院陈承欢教授共同主编，郴州思科职业学院的雷艳玲、曹蕾、李磊等老师以及湖南铁道职业技术学院的颜珍平教授、徐江鸿、张军、朱彬彬、侯伟、张丽芳等老师参与教材编写和案例制作。

由于编者水平有限，书中难免存在疏漏之处，敬请各位专家和学习者批评指正，编者的 QQ 为 1574819688。

编　者

2024 年 2 月

目　录

模块 1　WPS 文字编辑与处理

WPS 是 Word Processing System（文字处理系统）的缩写，WPS Office 是由北京金山办公软件股份有限公司自主研发的一款办公软件套装，由一系列组件共同组成，主要包含 WPS 文字、WPS 表格和 WPS 演示三大功能模块，分别与微软公司的 Word、Excel 和 PowerPoint 相对应，可以实现办公软件最常用的文字处理、电子表格处理、演示文稿制作以及 PDF 文档阅读等多种功能。WPS 具有操作简便、占用内存低、运行速度快、云功能多、强大插件平台支持、免费提供海量在线存储空间及文档模板的优点，全面支持桌面和移动办公、支持阅读和输出 PDF（.pdf）文件，覆盖 Windows、Linux、Android、iOS 等多个平台。

在 WPS Office 家族中，每个组件有明确的功能，具体如下：

（1）“WPS 文字”支持查看和编辑 doc/docx 文档，无论是图文、表格混排还是批注、修订模式，都游刃有余，并支持 WPS 文档的加密和解密。

（2）“WPS 表格”可以输入、输出、显示数据，利用公式可以执行一些简单的运算，还可以制作各种复杂的表格文档，利用函数能够进行烦琐的数据计算，能对输入的数据进行各种复杂统计运算，并显示为可视性效果极佳的表格。

（3）“WPS 演示”不仅可以创建演示文稿，还可以在互联网上召开面对面会议、远程会议或在网上给观众展示作品或产品。

（4）WPS Office 内置了 PDF 阅读工具，可以快速打开 PDF 文档，转换 PDF 文件为 Word 格式、进行注释、合并 PDF 文档、拆分 PDF 文档及签名等。

WPS 文字是 WPS Office 的主要组件之一，主要用于进行文字编辑与处理。WPS 文字的常用功能包括管理文档、编辑文档、属性设置、表格处理、图文混排、公式编辑、邮件合并等。

1.1　认知 WPS 文字处理组件

1.1.1　认知 WPS 文字工作窗口的基本组成及其主要功能

WPS 文字的工作界面如图 1-1 所示。

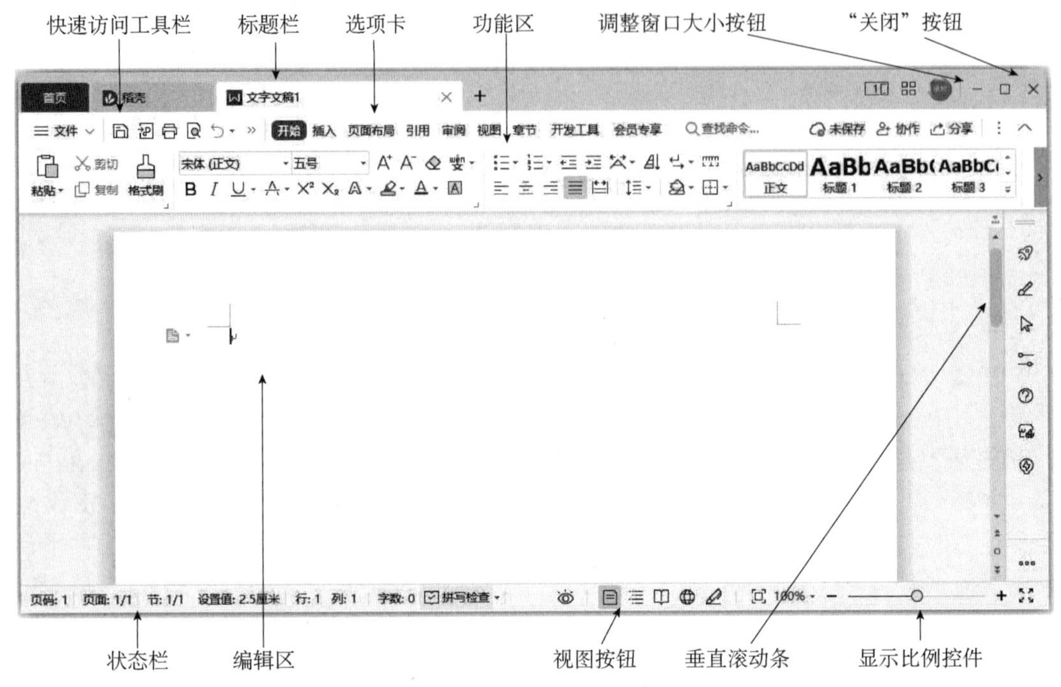

图 1-1　WPS 文字的工作界面

请扫描二维码，浏览电子活页中的相关内容，熟悉 WPS 文字工作窗口的基本组成及其主要功能的具体内容。

电子活页 1-1

工作窗口的基本组成及其主要功能

1.1.2　认知 WPS 文字的视图模式

WPS 文字提供了多种不同的工作环境，称为视图。WPS 文字的多种视图，可以通过单击“视图”选项卡相应视图按钮进行切换，如图 1-2 所示。还可以通过单击“状态栏”中的相应视图按钮进行切换，如图 1-3 所示。

图 1-2　“视图”选项卡中的视图选择按钮

图 1-3　“状态栏”中的视图选择按钮

WPS 文字的视图模式有以下几种：①页面视图；②阅读版式视图；③大纲视图；④全屏显示视图；⑤写作模式。其中页面视图是 WPS 文字默认的视图模式，也是编辑文档时使用最多的视图模式，主要用于显示页面的布局与大小。在页面视图中，编辑时所见到的页面对象分布效果就是打印出来的效果，基本能做到“所见即所得”，是最占用内存的一种视图方式。它能同时显示水平标尺和垂直标尺，文字录入、页面设置、图形绘制、页眉/页脚设置、生成目录等多种操作一般都在该视图下完成。

请扫描二维码，浏览电子活页中的相关内容，详细了解 WPS 文字的多种视图模式。

电子活页 1-2

WPS 文字的视图模式

1.1.3　使用“导航窗格”

使用 WPS 文字编辑文档时，有时会遇到长达几十页甚至上百页的超长文档，使用 WPS 文字的“导航窗格”可以为用户提供文档编辑导航功能。

切换到“视图”选项卡，可以隐藏或显示“导航窗格”，还可以单击“导航窗格”下侧箭头按钮，在弹出的下拉菜单中选择相应的命令，设置“导航窗格”放置的位置，图 1-4 所示设置“导航窗格”靠左显示，通过“导航窗格”可以快速进行文档定位。

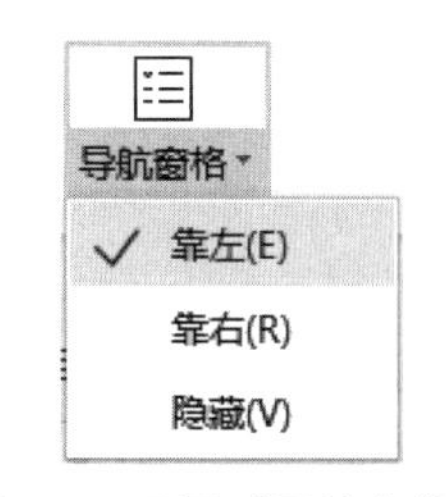

图 1-4　设置“导航窗格”

电子活页 1-3

WPS 文字的“导航窗格”

在“视图”选项卡中，单击“导航窗格”按钮使其处于选中状态，即可在 WPS 文字编辑区的左侧打开“导航窗格”。WPS 文字提供了“目录导航”和“章节导航”两种方式。

请扫描二维码，浏览电子活页中的相关内容，熟悉 WPS 文字的“导航窗格”及其两种导航方式。

1.2　WPS 文字基本操作

1.2.1　启动和退出 WPS 文字

启动 WPS 文字是指将 WPS 系统的核心程序调入内存，退出 WPS 文字是指结束 WPS 应用程序的运行，同时关闭所有的 WPS 文档。

1. 启动 WPS 文字

启动 WPS 文字有多种方法，如果桌面上有 WPS Office 的快捷方式图标，双击桌面快捷方式图标即可启动 WPS 文字。

请扫描二维码，浏览电子活页中的相关内容，试用各种启动 WPS 文字的方法，熟练掌握 1 至 2 种启动 WPS 文字的常用方法。

电子活页 1-4

启动 WPS 文字

2. 退出 WPS 文字的同时关闭 WPS 文档

以下两种方法均可以关闭当前打开的文档并且退出 WPS 文字。

【方法 1】：单击标题栏中的“关闭”按钮。

【方法 2】：按【Alt】+【F4】快捷键。

1.2.2 创建新文档

创建新文档通常有以下多种方法。

【方法 1】：单击快速访问工具栏左侧的“文件”按钮，在弹出的下拉菜单中选择“新建”命令，弹出“新建”页面，切换到“新建文字”选项卡，其右侧列出了一些推荐模板。单击“新建空白文字”按钮，如图 1-5 所示，即可创建一个新的空白文件。

【提示】：在 WPS 文字标题栏中直接单击“新建标签”按钮➕可以快速打开一个“新建”页面。

图 1-5 单击“新建空白文字”按钮

【方法 2】：启动 WPS 文字后，按【Ctrl】+【N】快捷键，可以快速创建一个默认文档名称为“文字文稿 1”的空白文档。

【方法 3】：在“首页”中单击“新建”按钮，弹出“新建”页面，然后切换到“新建文字”选项卡，在右侧单击“新建空白文字”按钮，即可创建一个新的空白文件。

【方法 4】：在“新建”页面中，在“从稻壳模板新建”选项卡中选择一种模板类别（例如“求职简历”）后再单击具体的模板，如“会计应届生求职简历”，即可基于稻壳模板创建新文档。

1.2.3 保存文档

1. 保存新建文档

保存新建文档的操作步骤如下。

（1）打开“另存文件”对话框。

以下几种方法都可以打开“另存文件”对话框，选择一种熟悉的方法打开“另存文件”对话框即可。

【方法 1】：在 WPS 文字主界面的“文件”下拉菜单中选择“保存”命令。

【方法 2】：在快速访问工具栏中的“保存”按钮。

【方法 3】：按【Ctrl】+【S】快捷键。

【方法 4】：按【Shift】+【F12】快捷键。

（2）选择保存位置。

在“另存文件”对话框的“位置”区域选择一个已有的目标文件夹或者创建一个新的文件夹。

（3）输入文件名。

在“文件名”文本框中输入合适的文件名即可。

（4）选择保存类型。

在“保存类型”下拉列表中选择“文件类型”，WPS 文档保存时其默认类型为 Microsoft Word 文件（*.docx），其自有扩展名是 wps。

（5）单击“保存”按钮。

2. 以原名保存编辑修改后的文档

对于已存盘的文档，在“文件”下拉菜单中选择“保存”命令或在快速访问工具栏中单击“保存”按钮即可保存，这时不会打开“另存文件”对话框。

3. 另存文件

无论文档是否进行过编辑修改操作，如果想更换文件名、更换保存位置或更改保存类型，并将原来的文件留作备份，则可以进行以下操作：

（1）依次选择“文件”→“另存为”命令或者按【F12】键，均可弹出“另存文件”对话框。

（2）输入文件名并指定保存位置和保存类型。

（3）单击“保存”按钮。

4. 自动保存

为了防止突然断电或出现其他意外情况，WPS 文字提供了按指定时间间隔系统自动保存文档的功能，设置步骤如下：

在“文件”下拉菜单中选择“选项”命令，打开“选项”对话框，然后单击“备份中心”，在打开的“备份中心”对话框中单击“本地备份配置”按钮，在打开的“本地备份配置”对话框中选择“定时备份”，且设置好时间间隔，如图 1-6 所示，时间间隔设置为：×小时×分钟（小于 12 小时），调整间隔时间后关闭该对话框返回“备份中心”对话框，然后关闭“备份中心”对话框即可。

5. 加密保存

对于不希望被别人随意打开查看的文档，则可以设置文档加密，有以下两种加密方法。

（1）文件选项加密

① 打开要加密的 WPS 文档，然后在“文件”下拉菜单中选择“选项”命令，在打开的“选项”对话框中切换到“安全性”选项卡。

② 在中部的“密码保护”区域的“打开文件密码”框中输入密码，例如，输入“123456”，再次输入相同的密码“123456”后，在“密码提示”框中输入“请输入打开文件密码”，如

图 1-7 所示，单击“确定”按钮。

本地备份配置
智能模式
定时备份，时间间隔 0 小时 10 分钟（小于12小时）
增量备份
关闭备份
设置本地备份存放的磁盘：(当前存放目录：C盘)
C 盘

图 1-6　“本地备份配置”对话框

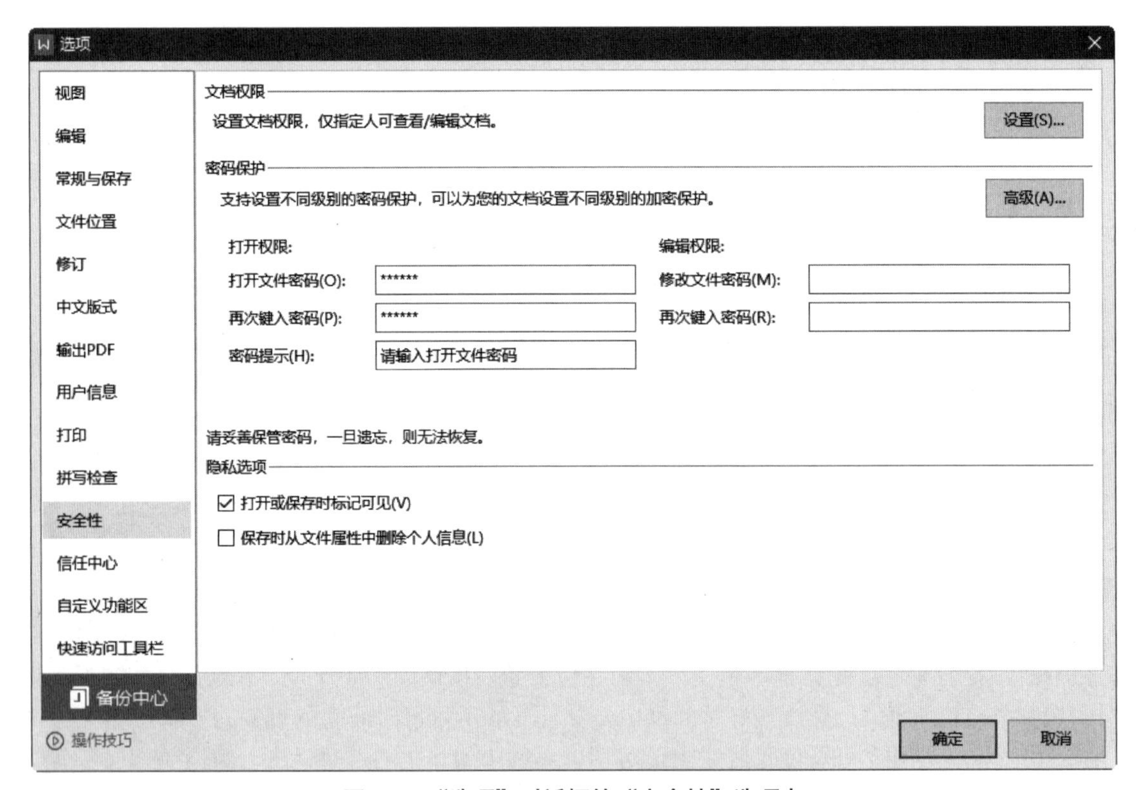

图 1-7　“选项”对话框的“安全性”选项卡

（2）另存文件加密

① 打开要加密的 WPS 文档，在“文件”下拉菜单中选择“另存为”命令，弹出“另存文件”对话框，在该对话框中选择左侧的“我的电脑”。

② 在“另存文件”对话框中单击左下角的“加密”按钮，弹出“密码加密”对话框，在“打开文件密码”文本框中输入要设置的密码，再次输入相同的密码和密码提示后，单击“应用”按钮即可，如图 1-8 所示。

③ 单击“保存”按钮，即可为文档设置密码。

图 1-8　“密码加密”对话框

1.2.4　打开和关闭文档

1. 打开单个文档

对已有的文件进行修改或浏览时，要先打开文档。打开单个文档的方法如下：

启动 WPS 文字程序后，在“文件”下拉菜单中选择“打开”命令，也可以按【Ctrl】+【O】快捷键，在弹出的“打开文件”对话框中选择文件所在位置并选中文件。然后单击“打开”按钮即可打开选择的文档。

2. 打开多个文档

（1）一次打开多个连续的文档

在“打开”对话框中单击第 1 个文件名称，然后按住【Shift】键并单击最后一个文件名称，最后单击“打开”按钮即可。

（2）一次打开的多个不连续文件

在“打开”对话框中按住【Ctrl】键，依次单击要打开的文件，最后单击“打开”按钮即可。

3. 关闭文档

以下多种方法可以只关闭当前打开的 WPS 文档，但不退出 WPS 文字程序。

【方法 1】：按【Ctrl】+【W】快捷键。

【方法 2】：单击快速访问工具栏左侧的“文件”按钮，在弹出的下拉菜单中选择“退出”命令。

【方法 3】：依次选择经典菜单中的“文件”→“关闭”命令，关闭文档窗口。

1.2.5　保护文档

保护文档指为文档设置密码，防止非法用户查看和修改文档的内容，从而起到一定的保护作用，操作步骤如下：

① 文档编辑完成后，单击快速访问工具栏左侧的“文件”按钮，在其下拉菜单中依次选择“文档加密”→“密码加密”命令，打开“密码加密”对话框。

② 在“密码加密”对话框的“打开文件密码”文本框中输入密码，密码字符可以是字母、数字和符号，其中字母区分大小写，在“再次输入密码”文本框中输入相同的密码，如图 1-9 所示，然后单击“应用”按钮。

图 1-9 “密码加密”对话框（保护文档）

密码设置完成后，每次重新打开此文档时，就会弹出“文档已加密”对话框，要求用户输入密码进行核对。若密码输入正确，则文档被打开。

1.3 输入与编辑文档内容

1.3.1 设置文本输入状态

1. 文本输入状态

默认文本输入状态为“插入”模式，此时可以在文档中插入字符；如果要在文档中修改字符，则文档应处于“改写”状态，此时为“覆盖模式”；如果要在文档中显示修改的痕迹，则文档应处于“修订”状态。

（1）“插入”状态：输入的文本将插入当前插入点处，插入点后面的字符顺序后移。

（2）“改写”状态：输入的文本将替换插入点后的字符，其余字符位置不变。

（3）“修订”状态：输入的文本与“插入”状态相同，但它可以显示修改的痕迹。

2. 切换状态的方法

右击状态栏空白处，在弹出的快捷菜单中选择“改写”或“修订”命令，即可更换为相应状态。若不选择“改写”和“修订”命令，则为默认的“插入”状态，如图 1-10 所示。

自定义状态栏
✓ 页码(P) 1
✓ 页面(A) 1/1
✓ 节(E) 1/1
✓ 垂直页位置(D) 2.5厘米
✓ 行号(B) 1
✓ 列(C) 1
✓ 字数统计(W) 0
改写(O) 关闭
修订(T) 关闭
✓ 拼写检查(S) 开启
单位(U)
✓ 视图快捷方式(V)
✓ 显示比例(Z) 100 %
✓ 缩放滑块(Z)

图 1-10 文本输入状态的切换

1.3.2　定位“插入点”

输入、修改文本前首先要指定文本对象输入的位置，可以通过鼠标和键盘来进行定位。首先确定光标（闪烁的黑色竖线“|”，也称为插入点）的位置，然后切换到适当的输入法，接下来就可以在文档中输入英文、汉字和其他字符了。

（1）光标定位。移动鼠标指针至编辑区的目标位置后单击，可以实现光标的定位。

（2）键盘定位。使用键盘上的按键或快捷键定位插入点“|”，常见操作如表 1-1 所示。

表 1-1　WPS 文字中使用键盘按键或快捷键控制光标移动

按键（快捷键）	功能说明	按键（快捷键）	功能说明
【↑】、【↓】	光标上、下移动	【←】、【→】	光标左、右移动
【Ctrl】+【↑】	上移一段，光标移至上一段落的段首	【Ctrl】+【↓】	下移一段，光标移至下一段落的段首
【Ctrl】+【←】	光标向左移动一个汉字（词语）或英文单词	【Ctrl】+【→】	光标向右移动一个汉字（词语）或英文单词
【Home】	光标移至行首	【End】	光标移至行尾
【Ctrl】+【Home】	光标移至文档起始处	【Ctrl】+【End】	光标移至文档结尾处
【Page Up】	向上滚过一屏	【Page Down】	向下滚过一屏
【Ctrl】+【Page Up】	光标移至上页顶端	【Ctrl】+【Page Down】	光标移至下页顶端
【Shift】【+F5】	返回到上次编辑的位置		

对光标的定位也可以使用滚动条实现，垂直滚动条中的▲、▼按钮分别表示上移、下移。

1.3.3　切换输入法

1. 中英文输入法切换

（1）按【Ctrl】+【Space】组合键，可以在中文和英文输入法之间进行切换。

（2）按一下【Caps Lock】键，键盘右上角的“Caps Lock”指示灯亮，表示此时可以输入大写英文字母。

2. 输入法切换

按【Ctrl】+【Shift】组合键，可以在英文及各种中文输入法之间进行切换。

3. 全半角切换

中文输入法选定后，屏幕上会出现一个所选输入法的状态框，如图 1-11 所示为半角英文标点的输入状态，如图 1-12 所示为全角中文标点的输入状态，在全角输入状态下，输入的字母、数字和符号各占据一个汉字的位置，即 2 字节的大小；而在半角输入状态下，输入的字母、数字和符号只占半个汉字的位置，即 1 字节的大小。单击输入法工具条中的◗按钮，当其变为●按钮时，即可切换到全角输入状态，如图 1-12 所示。

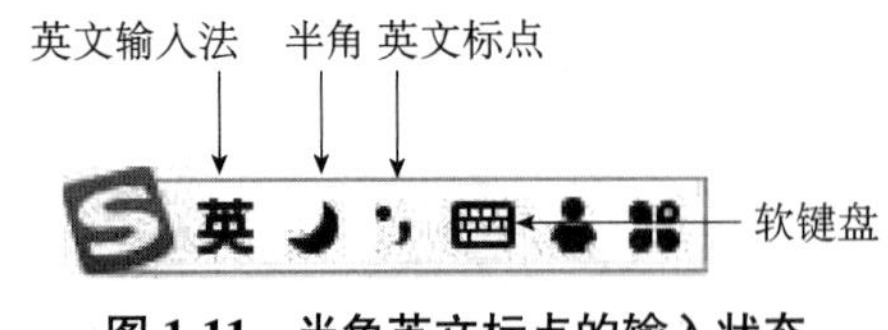

图 1-11　半角英文标点的输入状态

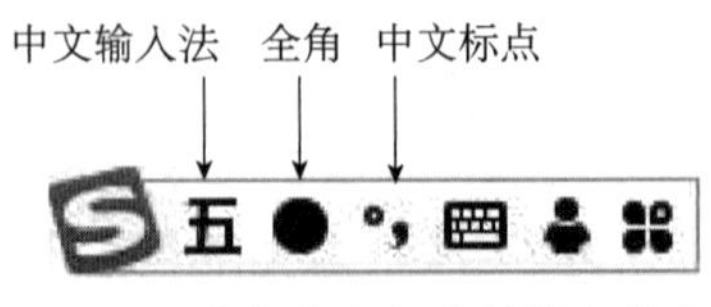

图 1-12　全角中文标点的输入状态

4. 中英文标点符号切换

中文标点输入状态用于输入中文标点符号，而英文标点输入状态则用于输入英文标点。单击输入法工具条中的°,按钮，当其变为·,按钮时，表示可输入英文标点符号。在不同的输入状态下，中文标点符号和英文标点符号区别很大，例如输入句号，在中文标点状态下输入，则为“。”，在英文标点状态输入，则为“.”。

1.3.4　输入文本内容

1. 输入英文

切换到英文输入状态，按照正确的击键方法直接输入小写英文字母即可，如果需要输入大写英文字母，按一下【Caps Lock】键，键盘右上角的“Caps Lock”指示灯亮，此时可以输入大写英文字母。

在输入小写英文字母状态或者输入汉字状态下，按住【Shift】键然后按字母键，则输入的字母为大写字母。

在文档中输入文本内容，自然段内系统自动换行，自然段结束按【Enter】键完成手动换行，同时显示段落符号“↵”。

2. 输入汉字

目前，通常使用“拼音”输入法或者“五笔字型”输入法输入汉字。

3. 插入符号和特殊符号

（1）利用键盘输入中文标点符号

在英文输入法状态下，所有的标点符号与键盘一一对应，输入的标点符号为半角标点符号。但对于中文，则需输入的是全角标点符号，即中文标点符号，需切换到全角标点符号状态才能输入中文标点符号。大部分的中文标点符号与英文标点符号为同一个键位，有少数标点符号特殊一些，例如，省略号（……）应按【Shift】+【6】，破折号（——）应按【Shift】+【-】。

常见中文标点符号的对应键如表 1-2 所示。

表 1-2　常用中文标点符号的对应键

标点符号	对应键	标点符号	对应键
、	\	￥	$
——	_	……	^
《	<	》	>

【注意】：输入英文句子或文章时，标点符号应输入半角标点符号。

（2）利用软键盘输入符号

通过汉字输入法工具条还可以输入键盘无法输入的某些特殊字符，要输入特殊符号，可以通过“软键盘”输入。利用软键盘输入符号的方法详见本书的配套教材《信息技术技能提升训练》中对应单元技能训练“操作提示”的对应内容。

（3）利用“符号”对话框插入符号

常见的中、英文符号可从键盘直接输入。无法通过键盘上的按键直接输入的符号，可以从 WPS 文字提供的符号集中选择，方法为将插入点移至目标位置，切换到“插入”选项卡，单击“符号”按钮，从下拉列表框中选择所需符号即可，如图 1-13 所示。

图 1-13　在“符号”下拉列表框中选择符号

也可以依次选择“插入”→“符号”→“其他符号”命令，在弹出的“符号”对话框中选择“符号”选项卡，如图 1-14 所示。在“子集”下拉列表框中选择符号的种类，然后从下方的列表框中选择要插入的符号，例如，“☆”，接着单击“插入”按钮插入指定位置（可连续插入多个符号）即可，最后单击“关闭”按钮。

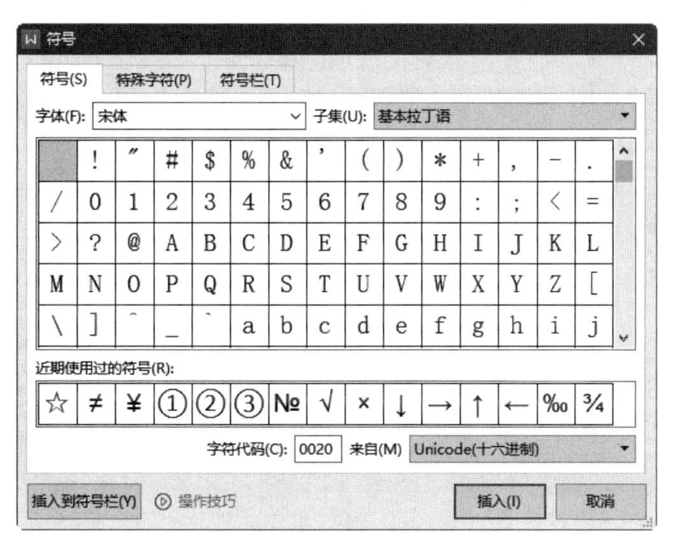

图 1-14　“符号”对话框

3. 插入日期和时间

在 WPS 文档中确定日期和时间的插入位置后，依次选择“插入”→“日期”命令，在弹出的“日期和时间”对话框中选择语言和格式后，单击“确定”按钮后即可以将日期和时间插入文本中，如图 1-15 所示。

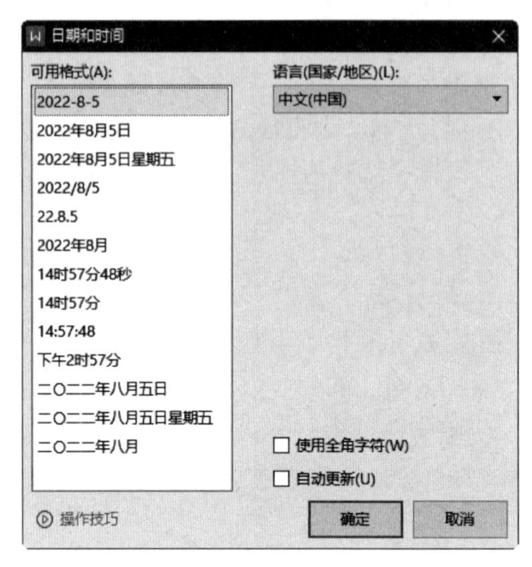

图 1-15　“日期和时间”对话框

4. 设置项目符号和编号

项目符号是指放在文本前以强调效果的点或其他符号；编号是指放在文本前具有一定顺序的字符。在 WPS 文字中，除可使用系统提供的项目符号和编号，还可以自定义项目符号和编号。

（1）设置项目符号

如果要为段落设置项目符号，先选取相应的段落，再切换到“开始”选项卡，在“段落”选项组中单击“插入项目符号”按钮右侧的箭头按钮▾，从下拉列表中选择一种项目符号。

如果对系统提供的默认项目符号不满意，也可以自定义项目符号，自定义项目符号的方法详见本书的配套教材《信息技术技能提升训练》中对应单元技能训练“操作提示”的对应内容。

（2）设置编号

在为段落设置编号时，首先选取所需的段落，然后在“开始”选项卡的“段落”选项组中单击“编号”按钮右侧的箭头按钮▾，从下拉列表中选择一种编号，如图 1-16 所示。

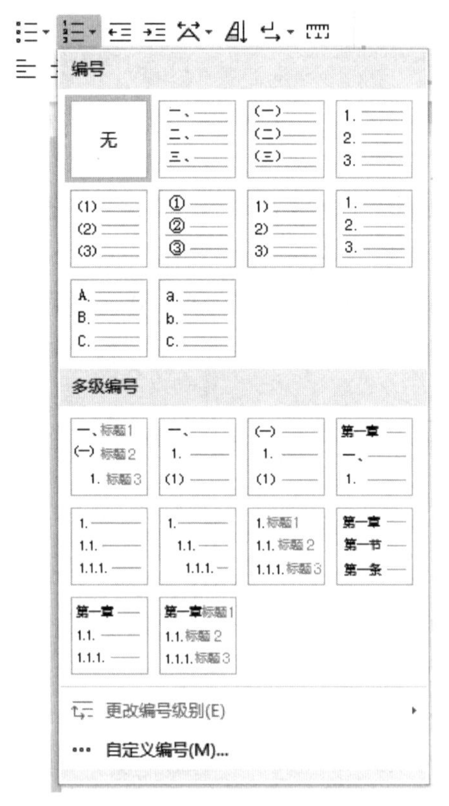

图 1-16　“编号”下拉列表

如果对系统提供的默认编号不满意，也可以自定义编号，自定义编号的方法详见本书的配套教材《信息技术技能提升训练》中对应单元技能训练“操作提示”的对应内容。

1.3.5 选定文本内容

文本编辑及格式化工作遵循“先选定、后操作”的原则，只有准确地选择好操作对象，才能进行正确的文本编辑。使用鼠标或键盘均可实现对文本内容的选取。

1. 鼠标法选取文本

鼠标在不同区域操作时，选择的文本单位也不相同，其中“正文编辑区”是指页面中部大部分区域，鼠标指针在正文编辑区的形状为“I”；“文本选定区”是指页面左侧空白区域，鼠标指针在文本选定区的形状为“↗”。

使用鼠标选取文本的常用方法如表 1-3 所示。

表 1-3 使用鼠标选取文本的常用方法

正文编辑区的操作	选择的文本	文本选定区的操作	选择的文本
拖动	任意字符	单击	1 行文本
双击	1 个字或 1 个词	双击	1 段文本
三击	1 段文本	三击	全文
按住【Ctrl】键 +句中任意位置单击	1 句文本	拖动	连续多行文本
按住【Alt】+拖动	矩形区域	拖动	多段文本
按住【Shift】键 +起始处单击 +结束处单击	大块区域	按住【Shift】键 +起始处单击 +结束处单击	大块区域

2. 键盘法定位选取文本

使用功能键可以方便、快捷地选取文本，常用方法如表 1-4 所示。

表 1-4 使用键盘定位选取文本的常用方法

快捷键	选择的文本	快捷键	选择的文本
【Shift】+【→】	向右选取一个字符	【Shift】+【←】	向左选取一个字符
【Shift】+【↑】	向上选取一行	【Shift】+【↓】	向下选取一行
【Ctrl】+【Shift】+ 【↑】	插入点与段落开始之间的字符	【Ctrl】+【Shift】+ 【↓】	插入点与段落结束之间的字符
【Shift】+【Home】	插入点与行首之间的字符	【Shift】+【End】	插入点与行尾之间的字符
【Ctrl】+【Shift】+ 【Home】	插入点与文档开始之间的字符	【Ctrl】+【Shift】+ 【End】	插入点与文档结束之间的字符
【Ctrl】+【A】	整个文档		

1.3.6 移动或复制文本

1. 文本移动或复制的一般方法

使用鼠标和键盘都可以实现文本的移动和复制，使用鼠标拖动实现移动或复制一般用于近距离文本的移动或复制，使用键盘操作实现移动或复制，一般用于远距离文本的移动或复制。

选取文本后，切换到“开始”选项卡，使用“剪贴板”选项组中的命令或快捷键即可完成复制或移动文本的操作，具体方法如表 1-5 所示。

表 1-5 复制与移动文本的具体方法

操作方式	复制文本	移动文本
选项卡按钮	① 选择要复制的文本 ② 切换到“开始”选项卡，在“剪贴板”选项组中单击“复制”按钮 ③ 定位插入点于目的地 ④ 单击“粘贴”按钮	① 选择要移动的文本 ② 切换到“开始”选项卡，在“剪贴板”选项组中单击“剪切”按钮 ③ 定位插入点于目的地 ④ 单击“粘贴”按钮
快捷键	① 选择要复制的文本 ② 按【Ctrl】+【C】快捷键 ③ 定位插入点于目的地 ④ 按【Ctrl】+【V】快捷键完成文本复制	① 选择要移动的文本 ② 按【Ctrl】+【X】快捷键，将移动文本剪切到剪贴板中 ③ 定位插入点于目的地 ④ 按【Ctrl】+【V】快捷键将文本从剪贴板中粘贴到目的地
鼠标	① 选择要复制的文本 ② 按住【Ctrl】键，然后拖动选择的文本 ③ 到达目标位置后，先释放鼠标左键，再松开【Ctrl】键	① 选择要移动的文本 ② 不按住【Ctrl】键，直接拖动选择的文本 ③ 到达目标位置后，释放鼠标左键
快捷菜单	① 选择要复制的文本 ② 将鼠标指针移至选取内容上，按下鼠标右键的同时拖动 ③ 拖动到目标位置，松开鼠标右键后，从弹出的快捷菜单中选择“复制到此处”命令	① 选择要移动的文本 ② 将鼠标指针移至选取内容上，按下鼠标右键的同时拖动 ③ 拖动到目标位置，松开鼠标右键后，从弹出的快捷菜单中选择“移动到此处”命令

2. 选择性粘贴

复制或移动文本后，切换到“开始”选项卡，在“剪贴板”选项组中单击“粘贴”按钮下方的箭头按钮，从下拉菜单中选择适当的命令可以实现选择性粘贴。如图 1-17 所示，在下拉菜单中选择“选择性粘贴”命令，在弹出的“选择性粘贴”对话框中选择一种类型，然后单击“确定”按钮即可，如图 1-18 所示。

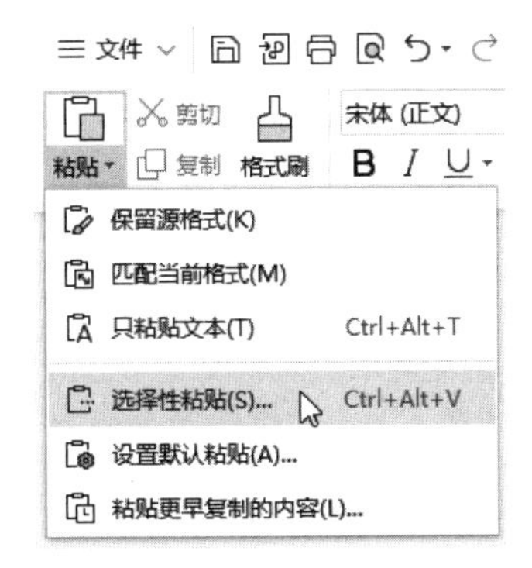

图 1-17　在下拉菜单中选择适当的命令实现选择性粘贴

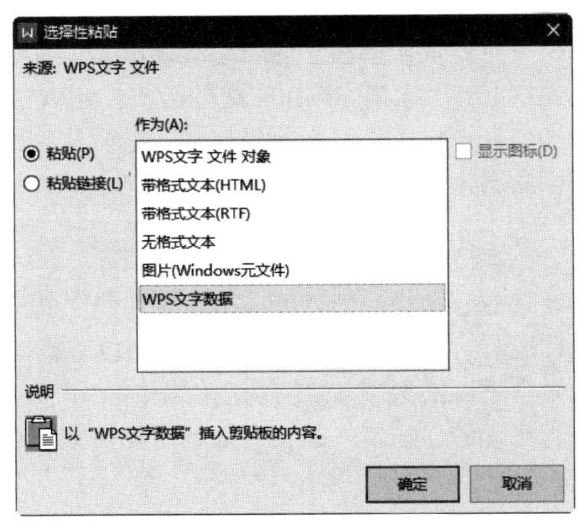

图 1-18　“选择性粘贴”对话框

3. 使用剪贴板实现文本移动或复制

复制文本后，即可将选中的内容放入“剪贴板”窗格中，如图 1-19 所示。当需要使用“剪贴板”中某个项目的内容时，只需单击该项目即可实现粘贴操作。

图 1-19　“粘贴板”窗格

所有在“剪贴板”窗格列表中的内容均可反复使用，单击该窗格中的“全部粘贴”按钮，可以将列表中的所有项目按“先复制，后粘贴”的原则，首尾相连粘贴到光标处。

1.3.7 撤销、恢复文本

如果在文档编辑过程中操作有误或存在冗余操作，想撤销本次错误操作或之前的冗余操作，则可以使用 WPS 文字的撤销功能。使用快速访问工具栏中的按钮或快捷键方式可以实现撤销和恢复上一次操作。

1. 撤销操作

（1）单击快速访问工具栏上的“撤销”按钮或者按【Ctrl】+【Z】快捷键，可以撤销之前的一次操作；多次执行该命令可以依次撤销之前的多次操作。

（2）单击快速访问工具栏上的“撤销”按钮右边的箭头按钮，将弹出包含之前每一次操作的列表，其中，最新的操作在顶端。移动鼠标选定其中的多次连续操作，单击鼠标即可将它们一起撤销，这样便可以撤销指定某次操作之前的多次操作。

2. 恢复撤销操作

如果撤销过多，需要恢复部分操作，则可以使用恢复功能完成。

（1）单击快速访问工具栏上的“恢复”按钮或者按【Ctrl】+【Y】快捷键，可以恢复之前的一次操作；多次执行该命令可以依次恢复之前的多次撤销操作。

（2）单击快速访问工具栏上的“恢复”按钮右边的下拉按钮可以一次恢复指定某次撤销操作之前的多次撤销操作。

1.3.8 删除文本

删除文本是指将指定内容从文档中清除，删除文本可用键盘、鼠标和菜单命令完成，常用的文本删除方法如下：

（1）按【Backspace】键可以删除插入点前面的 1 个字，按【Ctrl】+【Backspace】快捷键可以删除插入点左侧的 1 个单词。

（2）按【Delete】键可以删除插入点后面的 1 个字，按【Ctrl】+【Delete】快捷键可以删除插入点右侧的一个单词。

（3）如果要删除的文本较多，可以先将这些文本选中，然后按【Backspace】键或【Delete】键将它们一次全部删除。

（4）也可以在选定文本后，在“开始”选项卡中单击“剪切”按钮来删除选定文本。

1.3.9 查找和替换文本

【示例分析 1-1】查找和替换文本

1. 查找文本

打开 WPS 文档“关于开展志愿者服务活动的通知.wps”，然后通过“查找和替换”对话框查找文本，操作步骤如下：

（1）切换到“开始”选项卡，单击“查找替换”按钮右侧的箭头按钮▾，从下拉菜单中选择“查找”命令，打开“查找和替换”对话框。

（2）在“查找”选项卡的“查找内容”文本框中输入要查找的内容，例如，“弋”，如图 1-20 所示。

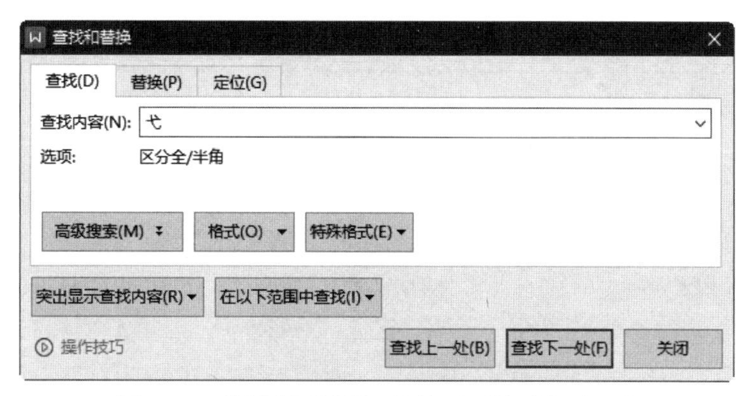

图 1-20　“查看和替换”对话框之“查找”选项卡

（3）单击“查找下一处”按钮或按【Enter】键开始查找，就可以查找到插入点之后第一个与输入文本内容相匹配的文本，找到的文本将反相显示。

若查找的文本不存在，将弹出含有提示文字“WPS 文字 无法找到您所查找的内容”的提示信息框，如图 1-21 所示。

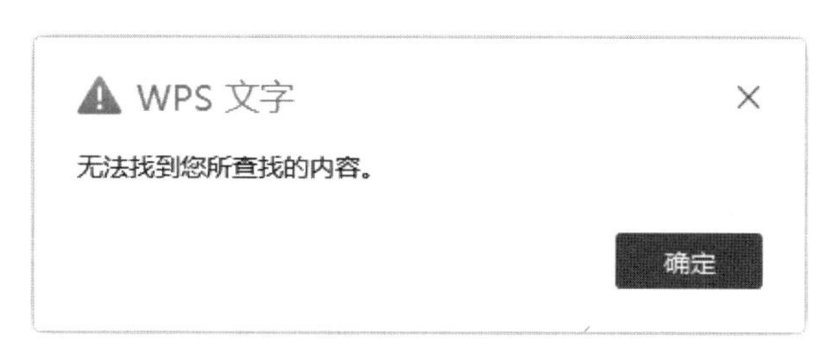

图 1-21　“WPS 文字 无法找到您所查找的内容”提示信息框

（4）如果要继续查找，再次单击“查找下一处”按钮，可以找到多处匹配的文本内容。

（5）所有相匹配的文本查找完毕，会弹出含有提示文字“WPS 文字 已完成对文档的搜索”提示信息框，如图 1-22 所示，显示查找结果。

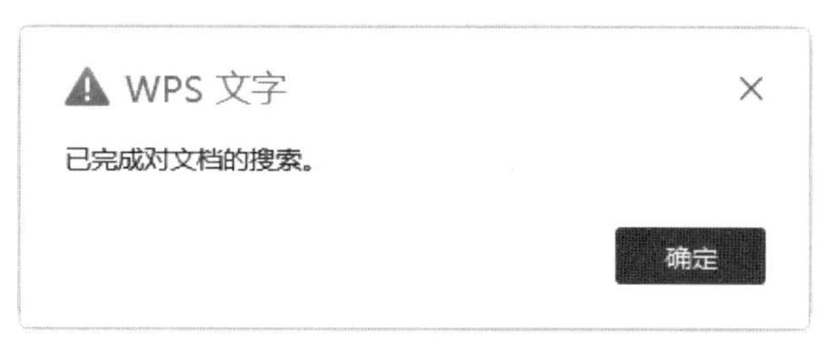

图 1-22　“WPS 文字 已完成对文档的搜索”提示信息框

（6）单击“关闭”按钮，关闭“查找和替换”对话框。

2. 替换文本

替换文本功能是指将文档中查找到的文本用指定的其他文本予以替代，操作步骤如下：

（1）打开“查找和替换”对话框，并切换到“替换”选项卡。

（2）在“替换”选项卡“查找内容”文本框中输入或选择被替换的内容，例如，“末”；在“替换为”文本框中输入或选择用来替换的新内容，例如，“未”，如图 1-23 所示。

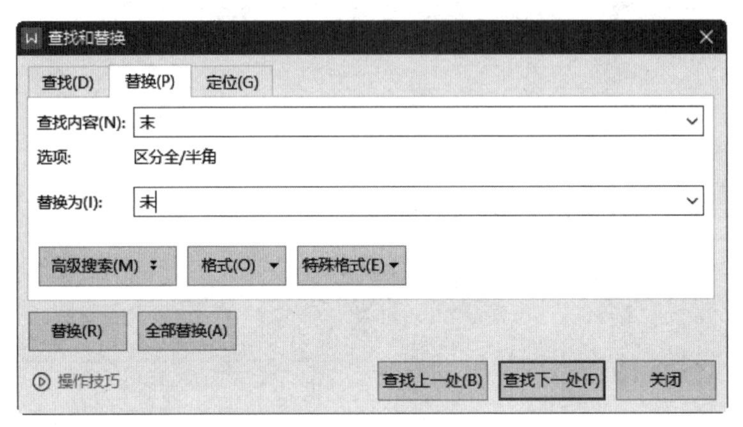

图 1-23　“查找和替换”对话框之“替换”选项卡

（3）单击“全部替换”按钮，若查找的文本存在，则一次性进行替换处理。如果要进行选择性替换，则可以先单击“查找下一处”按钮，找到被替换的内容，若想替换则单击“替换”按钮，否则继续单击“查找下一处”按钮，如此反复即可。

3. 高级搜索

除了可以查找替换的字符外，还可以查找替换某些特定的格式或特殊符号，这时需要通过单击“高级搜索”按钮来扩展“查找和替换”对话框，如图 1-24 所示。

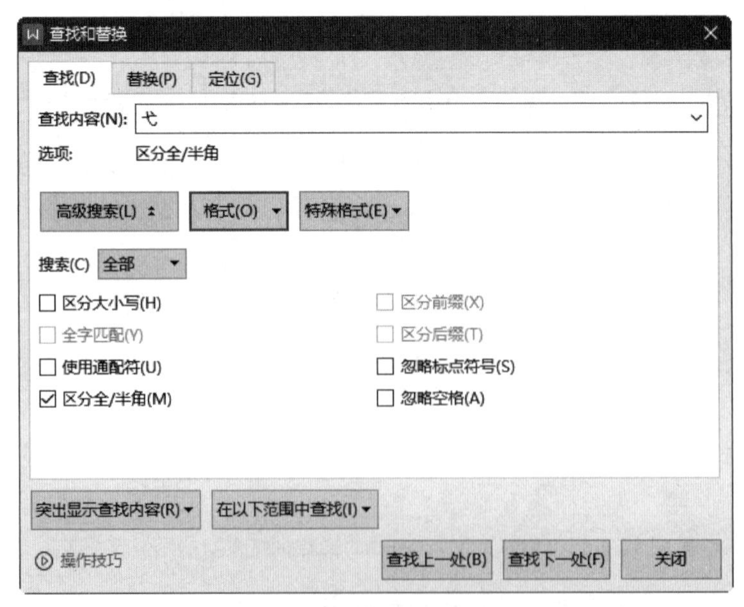

图 1-24　“查找和替换”对话框的“高级搜索”选项

“高级搜索”各个选项的说明如下。

① “搜索”下拉列表：用于选择查找和替换的方向。以当前插入点为起点，包含“向上”、“向下”或者“全部”3 项。

② 勾选“区分大小写”复选框后，查找和替换时区分字母的大小写。

③ 勾选“全字匹配”复选框后，单词或词组必须完全相同，部分相同则不执行查找和替换操作。

④ 勾选“使用通配符”复选框后，单词或词组部分相同也可以进行查找和替换操作。

⑤ 勾选“区分全/半角”复选框后，查找和替换时区分全/半角。

“格式”按钮可以设置文本的字体、段落和样式等排版格式进行查找和替换。

“特殊格式”按钮查找和替换的对象是特殊字符，如段落标记、制表符、手动换行符等，特殊字符列表如图 1-25 所示。

图 1-25　特殊字符列表

1.4　WPS 文字格式设置

1.4.1　认识字符格式与段落格式

字符指文本中汉字、字母、标点符号、数字、运算符号以及某些特殊符号。字符格式的设置决定了字符在屏幕上显示和打印出的效果，包括字符的字体和字号，字符的粗体、斜体、空心和下画线等修饰，调整字符间距等。

在字符输入前或后都可以对字符格式进行设置。输入前，可以通过选择新的格式定义对将要输入的文本进行格式设置；想要对已输入的文字格式进行设置，则要先选定需设置格式的文本内容，再对其进行各种设置。为了能够实现集中输入，一般采用先输入后设置的方法。

设置段落格式是指设置整个段落的外观，主要包括段落的对齐方式、段落的缩进（左/右缩进、首行缩进）、行间距与段间距、项目符号、段落的修饰、分栏等的设置。如果只对某一段设置段落格式时，不用选定整个段落，只需要将插入点移至该段落内即可；如果想要同时对多个连续段落进行设置，那么在设置之前必须先选定这些段落。

1.4.2 设置字符格式

设置字符格式主要使用“字体”选项组中的命令选项和“字体”对话框。

1. 使用“字体”选项组功能区的工具设置字符格式

在 WPS 文字中，汉字默认为宋体、五号，英文字符默认为 Calibri、五号。

“开始”选项卡下的“字体”选项组中有“字体”、“字号”下拉列表框和“加粗”、“倾斜”、“下画线”等按钮，如图 1-26 所示。

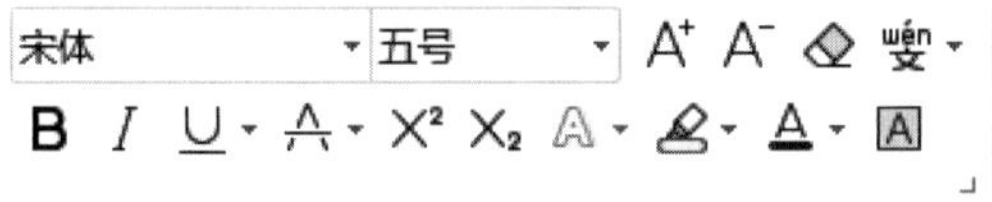

图 1-26 “字体”选项组

（1）“字体”下拉列表中提供了宋体、楷体、黑体等各种常用字体。

（2）“字号”下拉列表中提供了多种字号以表示字符大小的变化。字号的单位有字号和磅两种。

（3）“加粗”、“倾斜”、“下画线”、“删除线”、“上标”、“下标”、“文字效果”、“突出显示”、“字体颜色”、“字符底纹”、“增大字号”、“减小字号”、“清除格式”和“其他选项”提供了对字形的多种修饰。

切换到“开始”选项卡，在“字体”、“字号”下拉列表框中选择或输入所需的格式，即可快速设置文本的字体与字号。

WPS 提供了两种字号系统，中文字号的数字越大，文本越小；阿拉伯数字字号以磅为单位，数字越大文本越大。

字形是指文本的显示效果，如加粗、倾斜、下画线、删除线、上标和下标等。在“字体”选项组中单击用于设置字形的按钮，即可为选定的文本设置所需的字形。

2. 使用“字体”对话框设置字符格式

使用“字体”选项组只能进行字符的简单格式设置，若想要设置得更为复杂多样，就应当使用“字体”对话框。在“开始”选项卡中单击“字体”对话框启动按钮，弹出如图 1-27 所示的“字体”对话框。

图 1-27　“字体”对话框

对话框中有“字体”和“字符间距”两个选项卡。在“字体”选项卡中，可以进行以下设置：

① 设置字体、字号和字符的颜色。

② 设置加粗、倾斜、加下画线。

③ 添加删除线、双删除线，设置上标（如 X^2）和下标（如 H_2）。

④ 设置小型大写字母、全部大写字母、隐藏文字等。

⑤ 在“字体颜色”下拉列表中可以从多种颜色中选择一种颜色；通过“下画线线型”下拉列表，可以选择所需要的下画线样式（如单线、粗线、双线、虚线、波浪线等类型）。

⑥ 操作的效果在对话框下方的“预览”框内显示。

首先打开“字体”对话框，在“字体”选项卡的“中文字体”、“西文字体”下拉列表框中设置文本的字体，在“字号”、“字形”组合框中设置文本的字号与字形，在“效果”栏中为文字添加特殊效果。

在如图 1-28 所示的“字体”对话框的“字符间距”选项卡中，可以设置字符间的缩放比例、水平间距和字符间的垂直位置，使字符更具有可读性或产生特殊的效果。WPS 文字提供了标准、加宽和紧缩三种字符间距供选择，还提供了标准、上升和下降三种位置供选择。

图 1-28　“字体”对话框的“字符间距”选项卡

单击“文本效果”按钮，弹出“设置文本效果格式”对话框，如图 1-29 所示，可以在对话框中设置字符的文本填充、文本轮廓等显示效果。

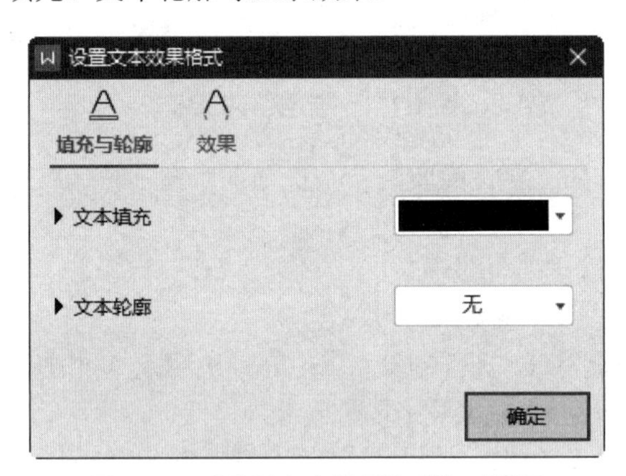

图 1-29　“设置文本效果格式”对话框

3. 使用浮动工具栏设置字符格式

在 WPS 文档中选中文本，此时会出现浮动工具栏，如图 1-30 所示，使用浮动工具栏可以方便地设置字体、字号、字形等字符格式。

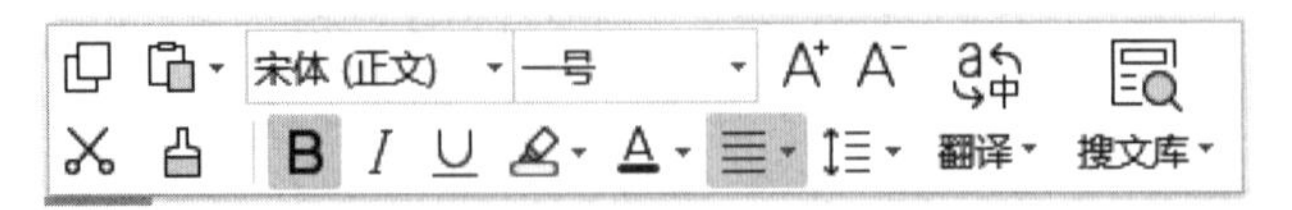

图 1-30　浮动工具栏

4. 设置中文版式特殊字体效果

通过“文件”→“格式”→“中文版式”列表的拼音指南(U)...、ⓐ 带圈字符(E)...、合并字符(C)...（最多 6 个字）、[=] 双行合一(W)...等命令，如图 1-31 所示，可以设置如图 1-32 所示的中文版式效果。

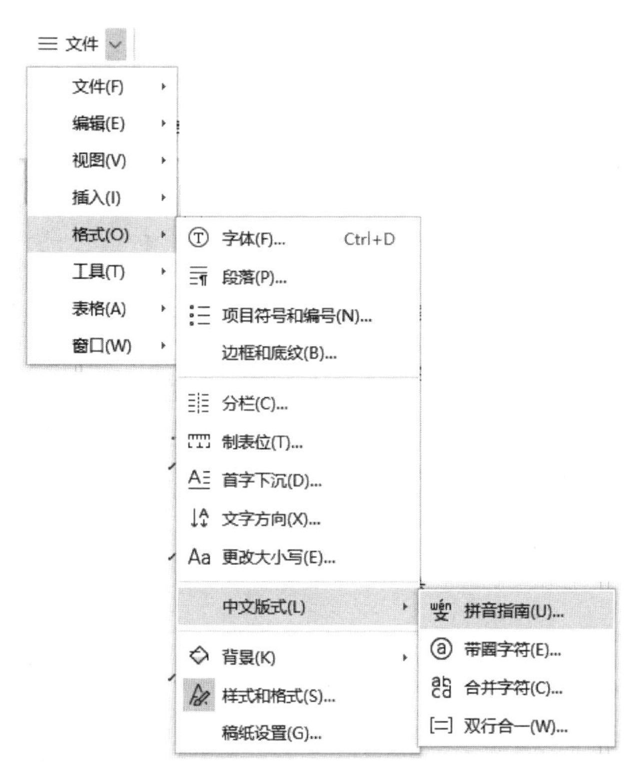

图 1-31　设置“中文版式”效果的菜单命令

kuài lè píng ān
快乐平安　㊉㊉㊉㊉　快乐 平安　{快乐 平安}

“拼音指南”效果　“带圈字符”效果　“合并字符”效果　“双行合一”效果

图 1-32　中文版式效果

使用“开始”选项卡“字体”选项组“其他选项”下拉菜单命令，如图 1-33 所示，也可以实现类似的中文版式效果。

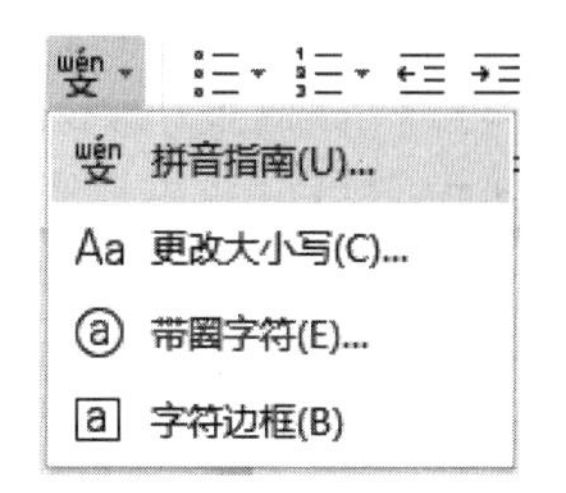

图 1-33　“开始”选项卡“字体”选项组“其他选项”下拉菜单命令

5. 美化文本

WPS 文字还可以通过以下各项设置对文本进行美化：① 设置字体颜色；② 设置字符边框与底纹；③ 设置字符缩放；④ 设置字符间距与位置；⑤ 设置双行合一效果。

这些美化文本的具体实现方法详见本书的配套教材《信息技术技能提升训练》中对应单元技能训练“操作提示”的对应内容。

1.4.3　设置段落格式

对段落格式的设置，主要通过“段落”选项组中的命令选项、“段落”对话框和标尺实现。

1. 设置段落对齐方式

在编辑文本时，出于某种需要，有时希望某些段落的内容在行内居中、左端对齐、右端对齐、分散对齐或两端对齐。所谓“两端对齐”，是指使段落内容同时按左右缩进对齐，但段落的最后一行左对齐；“分散对齐”是指使行内字符左右对齐、均匀分散。WPS 文字提供了 5 种水平对齐方式：左对齐、居中对齐、右对齐、两端对齐、分散对齐，默认的对齐方式为“两端对齐”。

设置段落对齐方式常用“段落”选项组中的命令按钮或“段落”对话框来实现。

（1）使用“段落”选项组设置段落对齐

切换到“开始”选项卡，在“段落”选项组中单击“左对齐”按钮、“居中对齐”按钮、“右对齐”按钮、“两端对齐”按钮或“分散对齐”按钮，设置段落的对齐方式。

（2）使用“段落”对话框设置段落对齐

单击“段落”选项组中的对话框启动按钮，或在需要设置格式的段落内右击，从弹出的快捷菜单中选择“段落”命令，如图 1-34 所示。打开“段落”对话框，在“缩进和间距”选项卡“常规”栏中的“对齐方式”下拉列表中选择合适的选项，完成段落对齐方式的设置，如图 1-35 所示。设置完成后单击“确定”按钮关闭“段落”对话框即可。

图 1-34　快捷菜单中选择“段落”命令

2. 设置段落缩进

所谓段落缩进，是指段落中的文本内容相对页面边界缩进一定的距离。段落的缩进方式分为左缩进、右缩进、首行缩进和悬挂缩进 4 种类型。所谓“首行缩进”，是指对本段落的第一行进行缩进设置；“悬挂缩进”是指段落中除了第一行之外的其他行的缩进设置。设置段落缩进位置可以使用“段落”选项组命令按钮、“段落”对话框和标尺，其中使用标尺最为简洁。

（1）使用“段落”选项组设置段落缩进

在“开始”选项卡中，单击“段落”选项组中的“减少缩进量”按钮或“增加缩进量”按钮，可以使插入点所在段落的左边整体减少或增加缩进一个默认的制表位。默认的制表位一般是 0.5 英寸。

图 1-35　“段落”对话框

（2）使用“段落”对话框设置段落缩进

在“开始”选项卡中，单击“段落”对话框启动按钮，弹出“段落”对话框，在“缩进和间距”选项卡中进行左、右缩进及特殊格式的设置，如图 1-36 所示。在“段落”对话框中，通过“缩进”栏的“文本之前”和“文本之后”微调框可以设置段落的相应边缘与页面边界的距离。在“特殊格式”下拉列表框中选择“首行缩进”或“悬挂缩进”选项，然后在后面的“度量值”微调框中指定数值，可以设置在段落缩进的基础上的段落首行或除首行以外的其他行的缩进量。

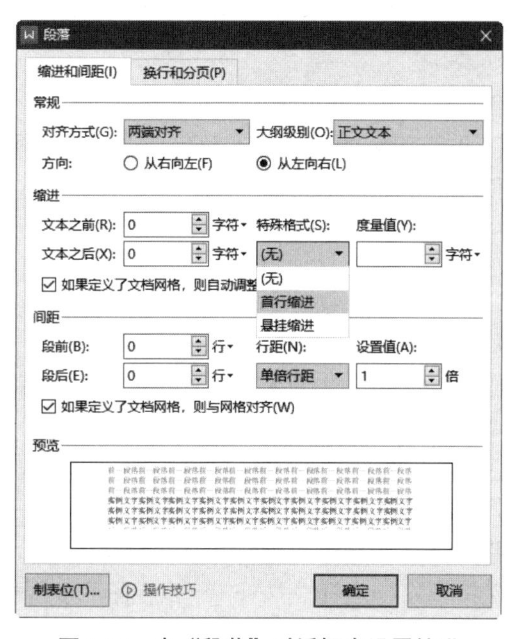

图 1-36　在“段落”对话框中设置缩进

（3）使用标尺设置段落缩进

单击垂直滚动条上方的“标尺”按钮，或者切换到“视图”选项卡，选中“标尺”复选框，如图 1-37 所示，就可以在文档的上方与左侧分别显示水平标尺和垂直标尺。

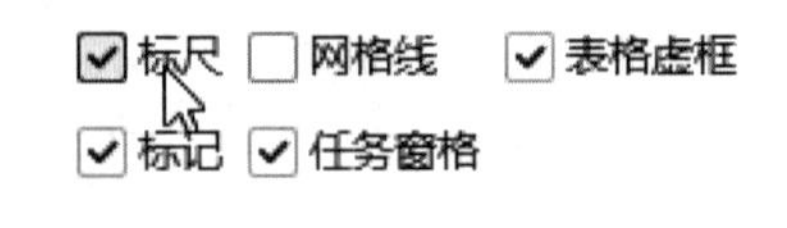

图 1-37　在“视图”选项卡中选中“标尺”复选框

标尺位于正文区的上方，由刻度标记和首行缩进、悬挂缩进、左缩进、右缩进 4 个缩进标记组成，如图 1-38 所示，其作用相当于“段落”对话框的“缩进”栏中的相应选项，用来标记水平缩进位置和页面边界等。用鼠标在标尺上拖动“首行缩进”标记、“悬挂缩进”标记、“左缩进”标记、“右缩进”标记以确定其位置。

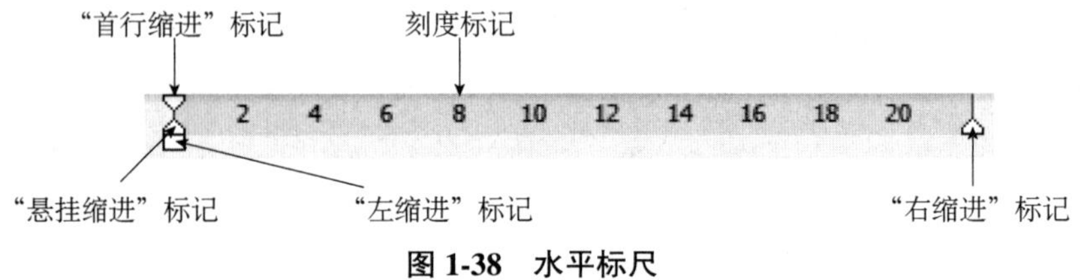

图 1-38　水平标尺

3. 设置段落间距和段落内行间距

段落间距是指相邻段落之间的距离，行距是指段落内部各行之间的距离。其设置方法如下。

（1）使用“段落”选项组进行设置

切换到“开始”选项卡，在“段落”选项组中单击“行距”按钮，从下拉菜单中选择适当的命令，可以设置当前段落的行距。

（2）使用“段落”对话框进行设置

在“开始”选项卡中，单击“段落”对话框启动按钮，在弹出的“段落”对话框“缩进和间距”选项卡的“间距”栏中进行设置，它有段前、段后、行距 3 个选项，用于设置段落前、后间距以及段落中的行间距。行距有单倍行距、1.5 倍行距、2 倍行距、最小值、固定值、多倍行距等多种，如图 1-39 所示。

在“段落”对话框“缩进和间距”选项卡的“间距”栏中，通过“段前”、“段后”微调框可以设置选定段落的段前和段后间距；“行距”下拉列表框用于设置选定段落的行距，如图 1-39 所示，如果选择“最小值”、“固定值”或“多倍行距”选项，则可以在其右侧的“设置值”微调框中输入具体的值。

4. 设置段落边框和底纹

段落修饰设置是指给选定段落加上各种各样的框线和（或）底纹，以达到美化版面的目的。

段落边框和底纹可以使用“段落”选项组中的“底纹”和“边框”进行简单设置，还可以通过依次选择“开始”→“段落”→“边框”下拉列表中的“边框和底纹”命令，在弹出的“边框和底纹”对话框中完成。

（1）设置段落底纹

设置段落底纹是指为整段文字设置背景颜色，方法为切换到“开始”选项卡，在“段落”选项组中单击“底纹颜色”按钮右侧的箭头按钮，然后在下拉面板中选择适当的颜色即可，如图 1-40 所示。

（2）设置段落边框

设置段落边框是指为整段文字设置边框，方法为在“段落”选项组中单击“边框”按钮右侧的下拉按钮▾，从下拉菜单中选择适当的命令，对段落的边框进行设置，如图 1-41 所示。

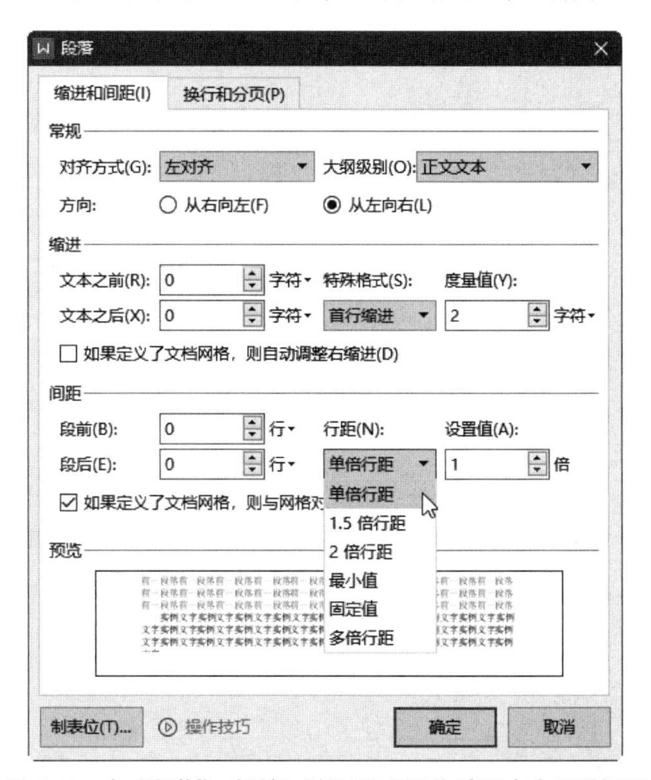

图 1-39　在“段落”对话框“缩进和间距”选项卡中设置行距

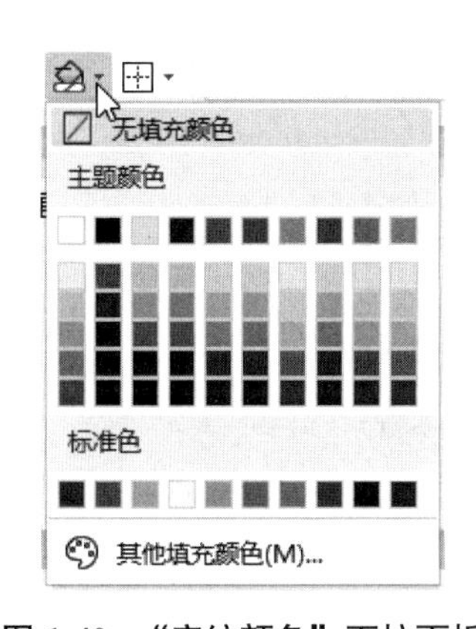

图 1-40　“底纹颜色”下拉面板

图 1-41　“边框”下拉菜单

也可以在“边框”下拉菜单中选择“边框和底纹”命令，在打开的“边框和底纹”对话框的“边框”选项卡中进行边框设置，如图 1-42 所示。其中，在“边框”选项卡中设置段落边框类型（包括无边框、方框和自定义边框），边框线型、颜色和宽度，文字与边框的间距选项等；在“底纹”选项卡中设置底纹的类型及前景、背景颜色。

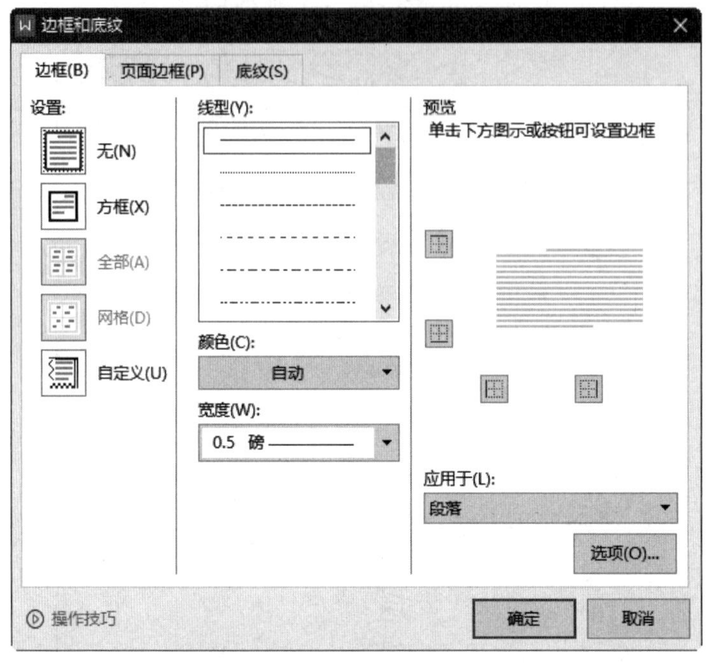

图 1-42　在“边框和底纹”对话框“边框”选项卡中设置边框

在“边框和底纹”对话框“边框”选项卡中单击“选项”按钮，打开“边框和底纹选项”对话框，在此可以设置边框与文本之间的距离，如图 1-43 所示。

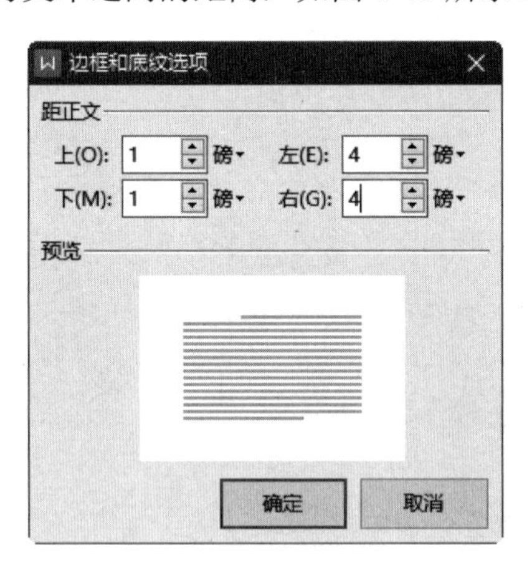

图 1-43　“边框和底纹选项”对话框

5. 设置段落首字下沉

段落的首字下沉，可以使段落第一个字放大数倍，以增强文章的可读性，突出显示段首或篇首位置，让文字更具个性化。

设置段落首字下沉的方法是将插入点定位于段落中，切换到“插入”选项卡，单击“首字下沉”按钮，在打开的“首字下沉”对话框“位置”栏中选择“下沉”或“悬挂”选项，如

图 1-44 所示。

图 1-44　“首字下沉”对话框

（1）选择“无”：不进行首字下沉，若该段落已设置首字下沉，则可以取消下沉功能。

（2）选择“下沉”：首字后的文字围绕在首字的右下方。

（3）选择“悬挂”：首字下面不排放文字。

设置首字下沉效果后，WPS 文字会将该字从行中剪切下来，为其添加一个图文框。既可以在该字的边框上双击，打开“图文框”对话框，对该字进行编辑，也可以通过拖动文本，对下沉效果进行调整，此时段落的效果也会随之改变。

1.4.4　使用“段落布局”设置段落格式

WPS 文字的“段落布局”功能使段落的调整不仅更加轻松自如，而且由于调整的效果所见即所得，使得段落调整更加方便、更加人性化。

1. 初识 WPS 文字的段落布局功能

将鼠标指针定位于段落的任意位置，在其左侧可以看到“段落布局”按钮。单击该按钮，如图 1-45 所示，此时，可以看到，该段落处于被选中的状态，如图 1-46 所示。此时，在功能区可以看到新出现的“段落布局”选项卡，如图 1-47 所示。

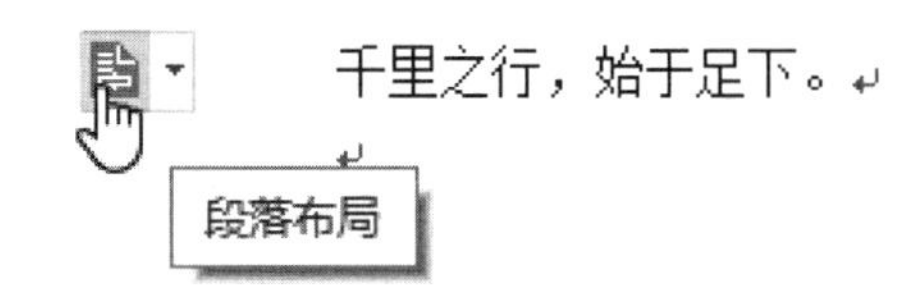

图 1-45　单击“段落布局”按钮

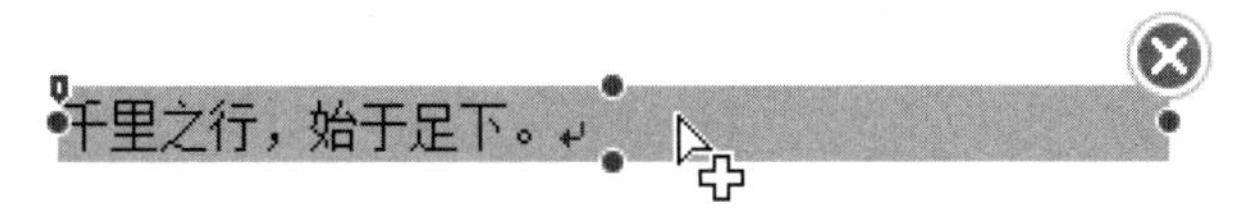

图 1-46　处于被选中状态的段落

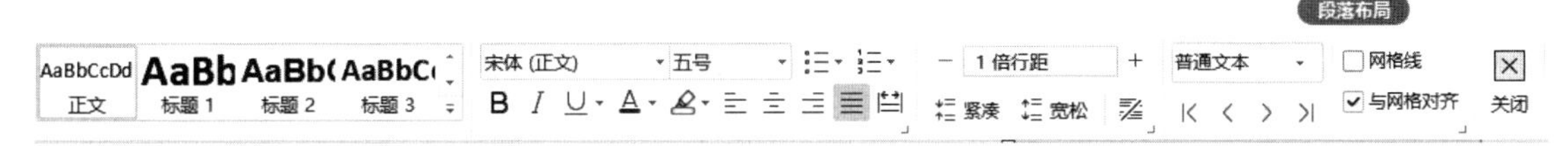

图 1-47　“段落布局”选项卡

2. 使用“段落布局”功能调整段落格式

单击“段落布局”按钮后，段落被选中的同时被围以矩形框，一般的段落调整靠它就可以完成。

（1）调整首行缩进及左、右缩进

将鼠标指针移至矩形框左上角首行的短竖线，鼠标指针变成双向箭头形式，拖动鼠标就可以调整首行缩进的字符数。移动鼠标指针至左右两侧的小圆圈处，拖动矩形框左右两条竖线，可以调整左、右缩进字符数。

（2）调整段前距、段后距

矩形框的上下两边框线中间也有小圆圈调整柄，拖动上方横线则调整段前间距，而拖动下方横线则可调整段后间距，如图 1-48 所示。

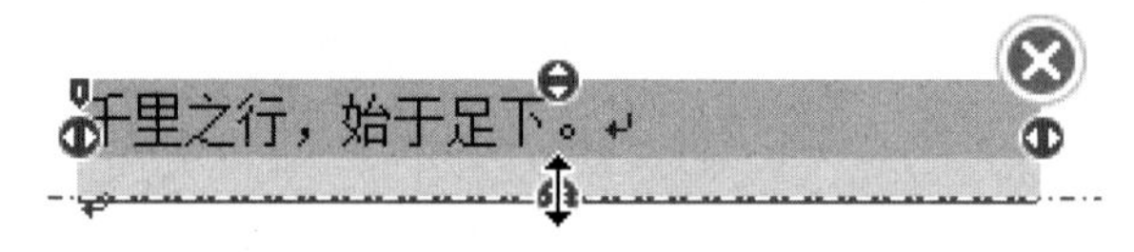

图 1-48　拖动下方横线调整段后间距

（3）调整行距

在功能区“段落布局”选项卡的“行距”区域中，有两个不太明显的“+”、“-”按钮，如图 1-49 所示。单击它们，就可以实时地看到段落中行距的调整效果了。每单击一次，分别增加或减少 0.25 倍的行距。

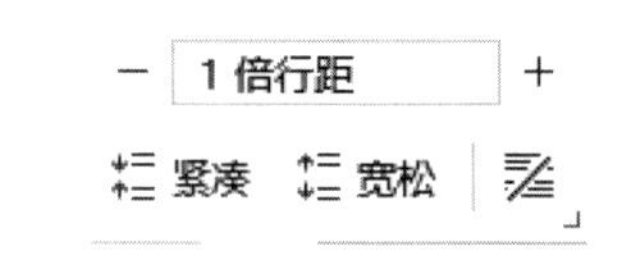

图 1-49　“段落布局”选项卡中调整行距的按钮

1.4.5　复制与清除格式

利用“开始”选项卡上“剪贴板”选项组中的“格式刷”按钮可以复制格式。

1. 使用“格式刷”复制文本格式

复制文本格式的操作步骤如下：

（1）选择已设置好字符格式的文本，在“开始”选项卡的“剪贴板”选项组中单击或双击“格式刷”按钮。

（2）将鼠标指针（刷子形状）移至要复制格式的文本开始处，按住鼠标左键拖动到要复制格式的文本结束处，然后释放鼠标按键，该文本即被设置成刚复制的格式。

【提示】：单击“格式刷”按钮可以复制格式一次，双击“格式刷”按钮可以反复对不同位置的目标文本进行格式复制，但复制完成后应再单击一次“格式刷”按钮或按【Esc】键，表示结束格式复制操作。

2. 使用“格式刷”复制段落格式

首先，选择已设置好格式段落的结束标志，然后单击“格式刷”按钮，接着单击目标段落中的任意位置。这样，已设置的格式将复制到该段落中。

3. 清除格式

清除格式是指将设置的格式恢复到默认状态。选择要清除格式的文本，切换到“开始”选项卡，在“字体”选项组中单击“清除格式”按钮即可。

1.5　创建与应用样式

样式是一组已命名的字符和段落格式的组合，应用样式可以直接将文字和段落设置成事先定义好的格式。样式是 WPS 文字的强大功能之一，通过使用样式可以在文档中对字符、段落和版面等进行规范与快速的设置。定义一个样式后，只要把这个样式应用到其他段落或字符，就可以使这些段落或字符具有相同的格式。

WPS 文字不仅能定义和使用样式，还能查找某一指定样式出现的位置，或对已有的样式进行修改，也可以在已有的样式基础上建立新的样式。

使用样式的优越性主要体现在：

① 保证文档中段落和字符格式的规范，修改样式即自动改变了引用该样式的段落、字符的格式。

② 使用方便、快捷，只要从样式列表框中选定一个样式，即可进行段落、字符的格式设置。

1. 创建新样式

样式是一套预先调整好的文本格式。系统自带的样式为内置样式，用户无法将它们删除，但可以对其进行修改。

【示例分析 1-2】创建新样式

可以根据需要创建新样式，操作步骤如下。

（1）切换到“开始”选项卡，在“样式”选项组中单击“展开”按钮，如图 1-50 所示，展示“样式”下拉列表。

图 1-50　在“样式”选项组中单击“展开”按钮

在“样式”下拉列表中单击“显示更多样式”按钮，如图 1-51 所示，打开“样式和格式”窗格。也可以直接单击垂直滚动条右侧的“样式和格式”按钮，打开“样式和格式”窗格。

（2）在“样式和格式”窗格中单击“新样式”按钮，如图 1-52 所示，打开“新建样式”对话框。

（3）在“新建样式”对话框的“名称”文本框中输入样式的名称，如图 1-53 所示。尽量取有意义的名称，并且不能与系统默认的样式同名。

图 1-51　在“样式”下拉列表中单击“显示更多样式”按钮

图 1-52　在“样式和格式”窗格中单击“新样式”按钮

图 1-53　“新建样式”对话框

（4）在“样式类型”下拉列表框中选择样式类型，其中包括段落和字符两个选项。

（5）在“样式基于”下拉列表框中列出了当前文档中的所有样式。如果要创建的样式与其中某个样式比较接近，选择该样式，新样式会继承选中样式的格式，只要稍作修改即可。

（6）在“后续段落样式”下拉列表框中显示了当前文档中的所有样式，其作用是在编辑文档的过程中按【Enter】键后，转到下一段落时自动套用样式。

（7）在“格式”栏中，可以设置字体、段落的常用格式，还可以单击“格式”按钮，从弹出的列表中选择要设置的格式类型，如图 1-54 所示，可以对所建立的样式进行字体、段落等详细格式设置。

（8）一种新样式创建完成后，单击“确定”按钮关闭“新建样式”对话框，在“样式和格式”窗格中会显示刚创建的新样式。

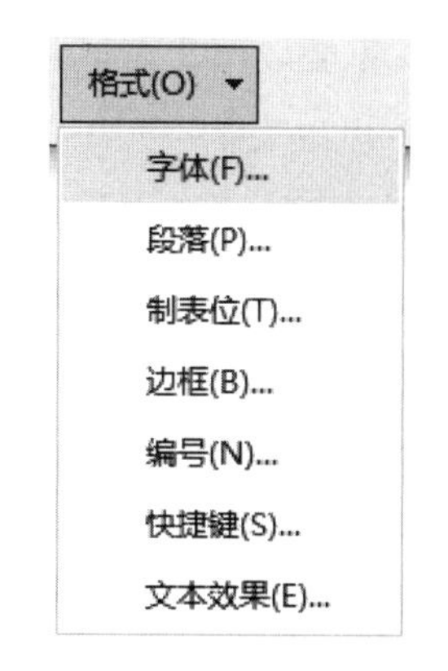

图 1-54　“格式”下拉菜单

2. 修改样式

应用样式之后，如果某些格式需要修改，不必分别设置每一段文字的格式，只需修改其所引用的样式即可。样式修改完成后，所有使用该样式的文字格式都会做相应的修改。

对于内置样式和自定义样式都可以进行修改，修改样式的方法详见本书的配套教材《信息技术技能提升训练》中对应单元技能训练“操作提示”的对应内容。

3. 应用样式设置文档格式

WPS 文字已预定义了多种标准样式，例如，各级标题、正文、页眉、页脚等，这些样式可适用于大多数类型的文档。

应用已有样式编排文档时，首先选定段落或字符，然后在“样式”选项组中或者“样式和格式”窗格的“样式”下拉列表中选择所需要的样式，所选定的段落或字符便按照该样式格式来编排。当然，也可以先选定样式，再输入文字。

4. 删除已有样式

打开“样式和格式”窗格，单击样式名称右侧的箭头按钮，或右击样式名称，从弹出的快捷菜单中选择“删除”命令，即可删除选中的样式。

1.6　创建与应用模板

模板是 WPS 文字中最重要的排版工具，是一种特殊的 WPS 文档，它是多种样式的集合体。模板是一种框架，它包含了一系列文字和样式等，文档都是在模板的基础上建立的，应用模板可以轻松制作出精美的信函、商务文书等文件。

WPS 文字针对不同的使用情况，预先提供了丰富的模板文件，使得在大部分情况下，不需要对所要处理的文档进行格式化处理，直接套用后录入相应文字，即可得到比较专业的效果。例如，求职简历、劳动合同、人事证明、工作总结、行政公文、报告和信函等，如果需要新的文档格式，也可以通过创建一个新的模板或修改一个旧模板来实现。

1. 创建新模板

所有的 WPS 文档都是基于模板建立的，WPS 文字为用户提供了许多精心设计的模板，但对于一些特殊的需求格式，可以根据自己的实际工作需要制作一些特定的模板，模板的制作方法与一般文档的制作方法完全相同。例如，建立自己的求职简历、考试试卷、总结文件、通知等模板。用户可以将自定义的模板保存在“我的模板”文件夹（C:\Users\admin\AppData\Roaming\kingsoft\office6\templates\wps\zh_CN）中，以便随时使用。

【示例分析 1-3】创建模板

创建模板的操作步骤如下：

在快速访问工具栏的左侧单击“文件”按钮，在下拉菜单中选择“新建”→“本机上的模板”命令，在打开的“模板”对话框中选择“常规”选项卡，在模板列表中选择“空文档”选项，在右下角“新建”栏中选中“模板”单选按钮，如图 1-55 所示。然后单击“确定”按钮，打开一个名称为“模板 1”的空白窗口。

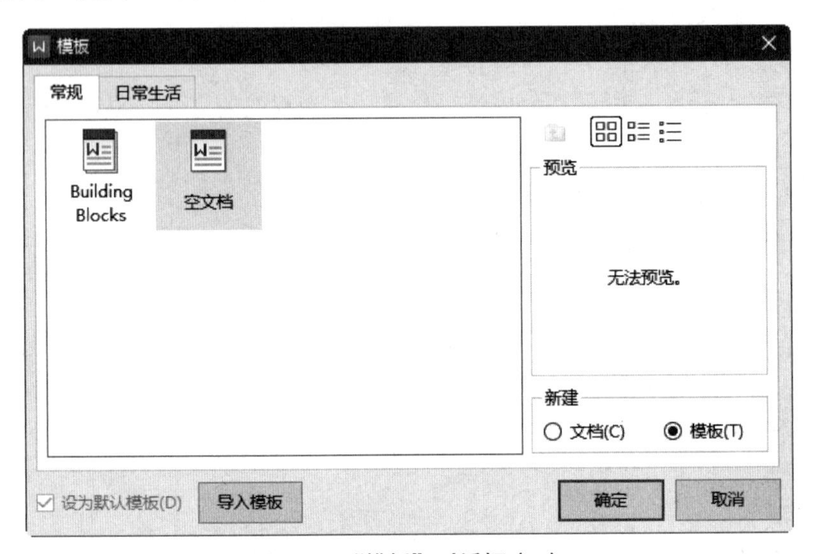

图 1-55 “模板”对话框（1）

设计好格式和样式后，依次选择“文件”→“另存为”命令，在弹出的“另存文件”对话框中设置保存位置、文件名和保存类型（WPS 模板，其扩展名为 wpt）即可完成。

2. 基于已有模板创建新的模板文件

基于已有模板或文档制作新模板是一种最简便的制作模板的方法。其操作要领是：

① 打开一个要作为新模板的基础模板或文档，编辑修改其中的元素格式，例如，文本、图片、表格样式等。然后选择“文件”→“另存为”命令，在打开的“另存文件”对话框中选择存储的位置为“我的模板”/“zh_CN”文件夹。

② 单击“保存类型”下拉按钮，并在下拉列表中选择“WPS 文字 模板文件（*.wpt）”选项。在“文件名”文本框中输入模板名称，例如，“文字文稿模板.wpt”。然后单击“保存”按钮即可。

3. 利用模板建立新文档

（1）利用稻壳模板建立新文档

WPS 文字中内置了多种文档模板，使用稻壳模板创建文档的方法详见本书的配套教材《信息技术技能提升训练》中对应单元技能训练“操作提示”的对应内容。

（2）利用本机上的模板创建新文档

在 WPS 文字“文件”下拉菜单中依次选择“新建”→“本机上的模板”命令。

在打开的“模板”对话框中选择“常规”选项卡，如图 1-56 所示。在模板列表可以看到新建的自定义模板，这里选中自定义模板“通知”，并单击“确定”按钮即可新建一个 WPS 文档。

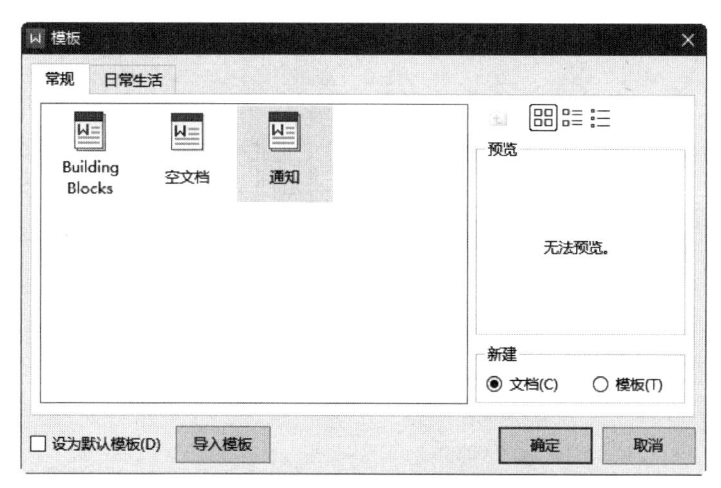

图 1-56　“模板”对话框（2）

如果多个文档套用了同一个样式，用户在套用模板的文档中修改了样式或新建样式后，其他套用相同模板的文档也会对修改的样式做出反应或添加新建的样式。

1.7　表格制作与数值计算

1.7.1　创建表格

表格是编辑文档时常见的文字信息组织形式，其优点是结构严谨、效果直观。以表格的方式组织和显示信息，使内容表达更加准确、清晰和有条理，可以给人一种清晰、简洁、明了的视觉效果。

WPS 文字提供了强大的表格处理功能，包括创建表格、编辑表格、设置表格的格式以及对表格中的数据进行排序和计算等。WPS 文字的表格由多行和多列组成，水平的称为行，垂直的称为列，行与列交叉的方框称为单元格。在单元格中，用户可以输入和处理有关的文字、符号、数字以及图形、图片等。

创建一个表格，一般的步骤是先定义好一个规则表格，再对表格线进行调整，而后填入表格内容，使其成为一个完整的表格。可以使用“插入”选项卡中的“表格”按钮创建表格，在表格建立之前要把插入点定位在文档中插入表格位置的前一行。

【示例分析 1-4】创建表格

1. 利用“插入表格”网格创建表格

将插入点置于文档的目标位置，在“插入”选项卡中单击“表格”按钮，会弹出如图 1-57

所示的网格。在网络中拖动鼠标选择需要的行数、列数，同时在网格上方显示相应的“行*列”数，例如，4 行*5 列表格，选中的网格将反白显示，选定所需行数、列数后，释放鼠标按键，即在插入点处创建了一个指定行列数的空表格。

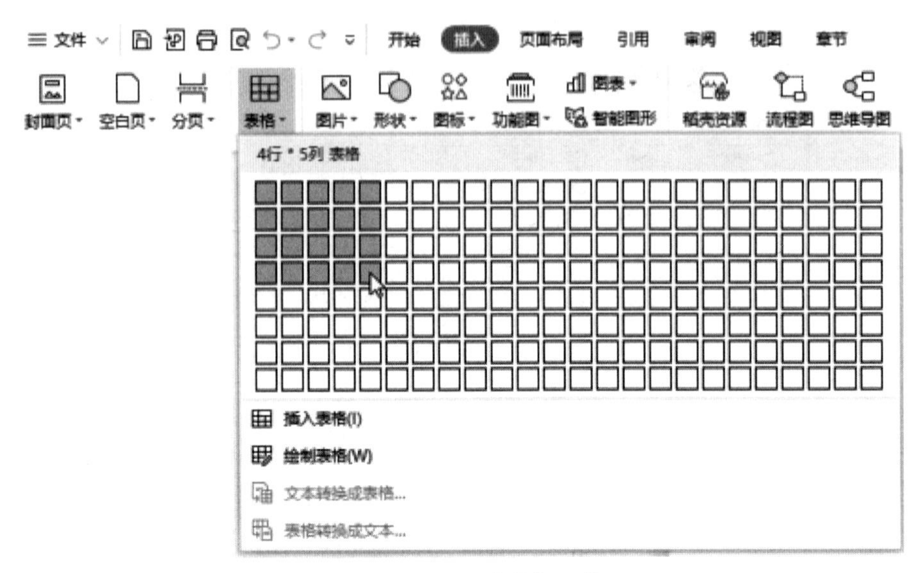

图 1-57 “插入表格”网格

2. 利用“插入表格”对话框创建表格

在“插入”选项卡中，依次选择“表格”→“插入表格”命令，弹出“插入表格”对话框，如图 1-58 所示，根据需要输入行列数及列宽，默认列数为 5，默认行数为 2，列宽的默认设置为“自动列宽”，表示左页边距到右页边距的宽度除以列数作为列宽。最后单击“确定”按钮后即可在插入点处建立一个空表格。

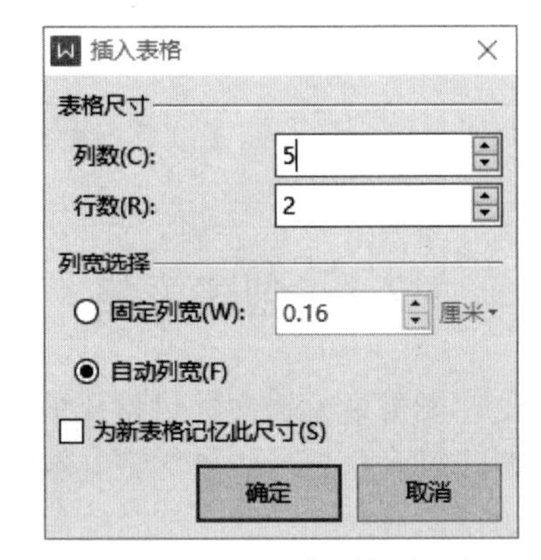

图 1-58 “插入表格”对话框

3. 利用“稻壳内容型表格”模板创建表格

在“插入”选项卡“表格”下拉面板的“稻壳内容型表格”列表中选择一种模板，即选择所需特殊样式的表格，例如，考勤异常说明表、主题活动时间和简历等，然后单击模板图标即可，例如，单击“首行渐变样式线材”图标，在 WPS 文档当前位置插入如图 1-59 所示的“首行渐变样式线材”表格。

4. 利用画笔工具手工绘制表格

在 WPS 文档中定位插入点后，在“插入”选项卡中依次选择“表格”→“绘制表格”命令，启动画笔工具，然后在文档中按住鼠标左键拖动鼠标手工绘制表格，按住鼠标左键拖动鼠标绘制的 5 行 3 列表格如图 1-60 所示。

	银线	铜线	铁线	镀铜线	镀银线
2015 年	42	23	45	89	33
2016 年	22	74	89	21	42
2017 年	55	89	55	35	40
2018 年	78	35	84	52	46

图 1-59　“首行渐变样式线材”表格

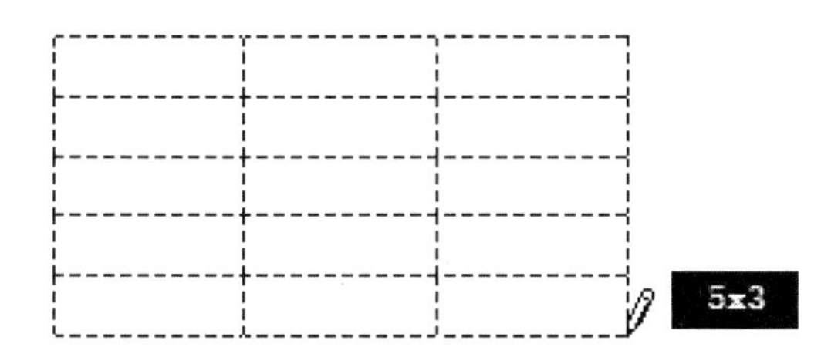

图 1-60　利用画笔工具手工绘制的 5 行 3 列表格

指定行列数的表格手工绘制结束时，由于此时的鼠标指针为✎形状，在“表格工具”选项卡中再次单击“绘制表格”按钮或者按【Esc】键，取消绘制表格状态，鼠标指针由✎形状也变为I。

创建表格后，可以使用如图 1-61 所示“表格工具”选项卡中的工具对表格进行必要的调整。

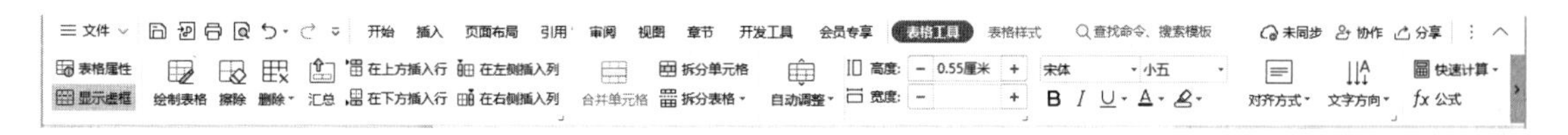

图 1-61　“表格工具”选项卡

新表格创建后，可以切换到如图 1-62 所示的“表格样式”选项卡，使用“表格样式”功能按钮提供的功能编辑表格。

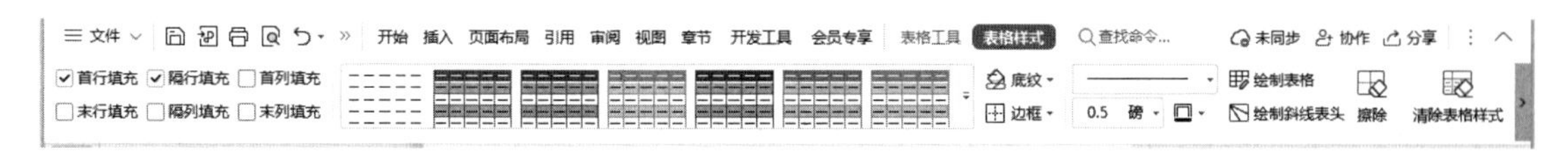

图 1-62　“表格样式”选项卡

1.7.2　绘制与擦除表格线

1. 绘制表格线

通过以下多种方式都可以选择“绘制表格”命令：

（1）在“插入”选项卡的“表格”下拉菜单中选择“绘制表格”命令。

（2）在“表格工具”选项卡中单击“绘制表格”按钮。

（3）在“表格样式”选项卡中单击“绘制表格”按钮。

然后，将鼠标指针定位于需要绘制表格线的位置，例如，第 5 列，鼠标指针变为铅笔的形状，按下鼠标左键并拖动鼠标，在表格内绘制表格线，如图 1-63 所示，拖动鼠标指针至合适位置，松开鼠标左键，表格线便绘制完成。然后再次单击“绘制表格”命令或者按【Esc】键，返回文档编辑状态。

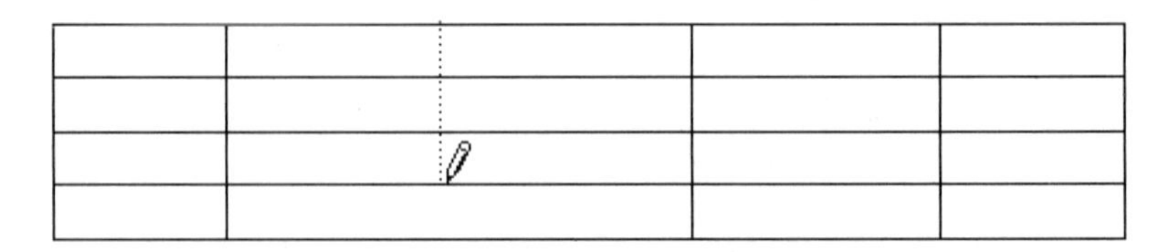

图 1-63　绘制纵向表格线

2. 擦除表格线

将光标置于表格中，自动显示“表格工具”选项卡和“表格样式”选项卡，“表格工具”选项卡如图 1-61 所示，“表格样式”选项卡如图 1-62 所示。

若要擦除某一条表格线，则在“表格工具”选项卡中单击“擦除”按钮，将鼠标指针置于需要擦除表格线的位置，鼠标指针变为橡皮擦的形状，按下鼠标左键并拖动鼠标，如图 1-64 所示，拖动鼠标指针至合适位置，然后松开鼠标左键，对应的表格线将被清除。再次单击“表格工具”选项卡中的“擦除”按钮或者按【Esc】键，返回文档编辑状态。

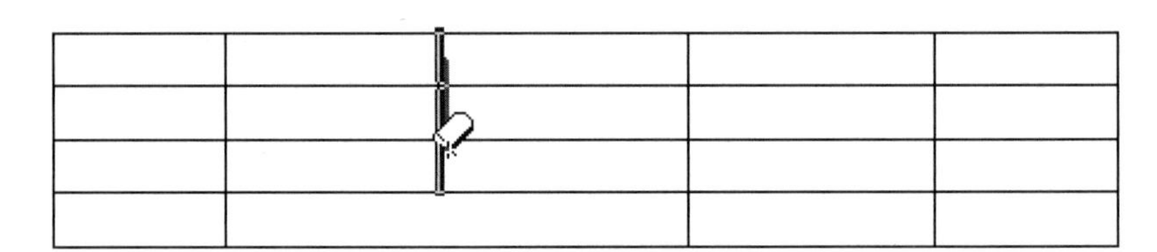

图 1-64　擦除纵向表格线

1.7.3　移动与缩放整个表格

当将鼠标指针移到表格中时，表格的左上角和右下角会出现两个控制点，分别是表格移动控制标志“”和表格大小控制标志“”，如图 1-65 所示，其中表格左上角带方框的十字箭头形状是表格全选与移动标志，表格右下角带方框的斜向箭头是表格的缩放标志。

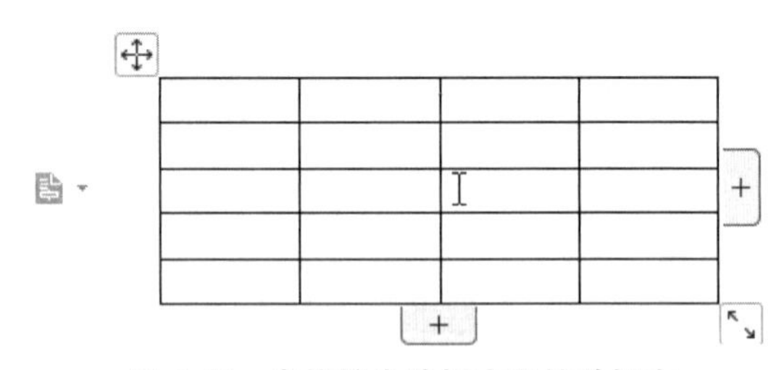

图 1-65　表格的全选标志和缩放标志

表格移动控制标志有两个作用，其一是将鼠标指针放在该控制标志后按住左键拖动，可以移动表格，快速将表格移动到页面上的其他位置；其二是单击后将选中整个表格。

表格大小控制标志的作用是改变整个表格的大小，移动鼠标，鼠标指针停在该缩放控制标志上时，鼠标指针变为斜对的双向箭头，按住左键拖动就可以按比例放大或缩小表格。

1.7.4　表格中的选定操作

表格的编辑操作遵循“先选中，后操作”的原则，表格对象包括单元格、表行、表列或整个表格，选取表格对象的方法如表 1-6 所示。

表 1-6　选取表格对象的方法

选取对象		方法
单元格	一个单元格	【方法 1】：将鼠标指针移至要选取单元格的左侧，当鼠标指针变为右上实心箭头“➚”形状时单击 【方法 2】：将插入点置于单元格中，单击鼠标左键 3 次，此方法只适用于非空单元格
	连续的单元格	【方法 1】：将鼠标指针移至左上角的第 1 个单元格中，按住鼠标左键向右拖动，可以选取处于同一行的多个单元格 【方法 2】：将鼠标指针移至左上角的第 1 个单元格中，向下拖动，可以选取处于同一列的多个单元格 【方法 3】：将鼠标指针移至左上角的第 1 个单元格中，向右下角拖动，可以选取矩形单元格区域
	不连续的单元格	首先选中要选定的第 1 个矩形区域，然后按住【Ctrl】键，依次选定其他区域，最后松开【Ctrl】键
行	一行	将鼠标指针移至要选定行的左侧，当鼠标指针变为右上空心箭头“⇗”形状时单击
	连续的多行	将鼠标指针移至要选定首行的左侧，然后按住鼠标左键向下拖动，直至选中要选定的最后一行松开按键
	不连续的行	选中要选定的首行，然后按住【Ctrl】键，依次选中其他待选定的行
列	一列	将鼠标指针移至要选定列的上边线，当鼠标指针变为实心箭头“⬇”形状时单击
	连续的多列	将鼠标指针移至要选定首列的上边线，然后按住鼠标左键向右拖动，直至选中要选定的最后一列松开按键
	不连续的列	选中要选定的首列，然后按住【Ctrl】键，依次选中其他待选定的列
表格		当鼠标指针在表格内，且表格左上角出现一个十字方框⊞时，使用鼠标单击该十字方框⊞，即选定整个表格

在“表格工具”选项卡中单击“选择”按钮，在弹出的下拉菜单中选择相关选项可以选定当前插入点所在单元格、列、行或表格，如图 1-66 所示。还可使用“虚框选择表格”，虚框范围内的单元格都会被选中。

当表格对象被选中时，单击文档的其他位置，即可取消对表格内容的选取。

图 1-66　“选择”下拉菜单

1.7.5　调整表格的列宽和行高

1. 鼠标拖动表格框线进行调整

将鼠标指针移到表格的竖框线上，鼠标指针变为垂直分隔箭头⇹，按住鼠标左键在水平方向上拖动，当出现的垂直虚线到达新的位置后释放鼠标按键，松开鼠标左键后该竖线即移至新位置，该竖线左右相邻列的列宽都发生改变，其他列的列宽没有改变，该竖线的右边各表列的框线不动。同样的方法也可以调整表格的行高度。

将鼠标指针移到表格的横框线上，鼠标指针变为水平分隔箭头，按住鼠标左键在垂直方向上拖动，当出现的水平虚线到达新的位置后释放鼠标按键，松开鼠标后该横线即移至新位置，该横线所在行的行高发生变化，其他行的行高没有改变，该横线下边各表行的框线不动。

如果拖动的是当前被选定的单元格的左右框线，则将仅调整当前单元格宽度。

2. 利用标尺粗略调整

当把光标移到表格中时，WPS 文字在标尺上标示出表格的列分隔线，如图 1-67 所示。用鼠标拖动列分隔线，与使用表格框线一样可以调整列宽，所不同的是使用标尺调整列宽时，其右边的框线做相应的移动。同样，用鼠标拖动垂直标尺的行分隔线可以调整行高。

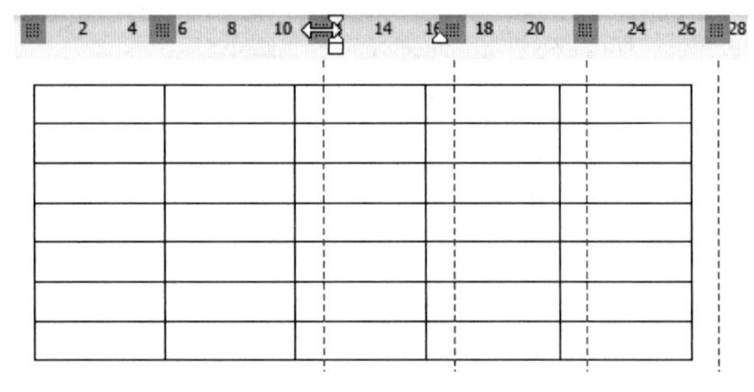

图 1-67　WPS 文字标尺及行列分隔线

3. 利用“表格工具”选项卡中的“高度”和“宽度”微调框进行调整

选择要调整行高的行或调整列宽的列，切换到“表格工具”选项卡，在“表格属性”选项组中设置“高度”和“宽度”微调框的值，如图 1-68 所示。

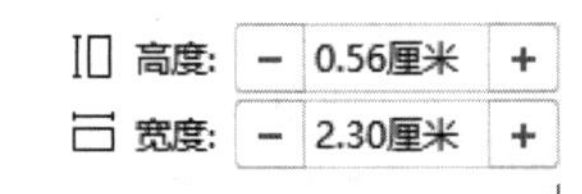

图 1-68　“表格属性”选项组中“高度”和“宽度”微调框

4. 利用“表格”对话框精确调整

当要调整表格的列宽时，应先选定该列或单元格，在“表格工具”选项卡中单击“表格属性”按钮，弹出“表格属性”对话框，如图 1-69 所示，在该对话框“列”选项卡中指定列宽。“前一列”、“后一列”按钮用来设置当前列的前一列或后一列的宽度。

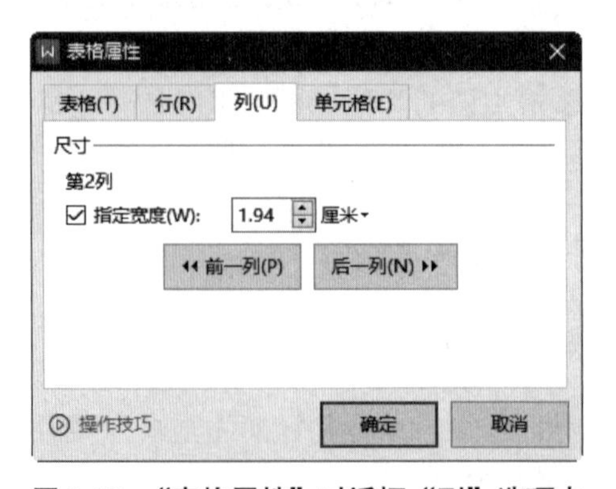

图 1-69　“表格属性”对话框“列”选项卡

行高的设置与列宽设置方法基本一样，可以通过“表格属性”对话框“行”选项卡进行调整，如图 1-70 所示。“上一行”、“下一行”按钮用来设置当前行的上一行或下一行的高度。

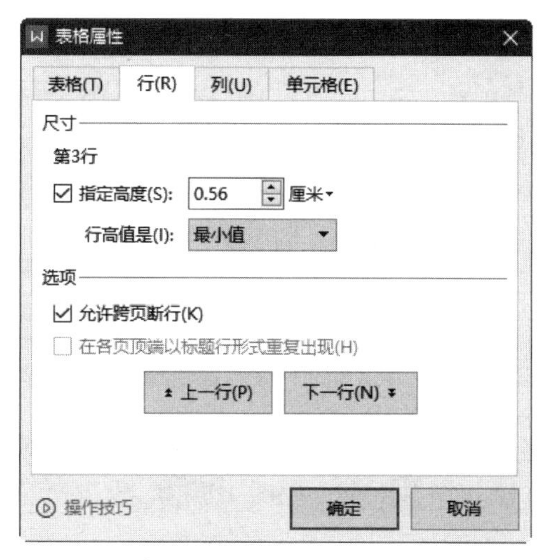

图 1-70　“表格属性”对话框“行”选项卡

5. 利用 WPS 文字的自动调整功能调整

要自动调整各列/行的大小，可以在“表格工具”选项卡中单击“自动调整”按钮，根据具体的表格内容或窗口大小在弹出的下拉菜单中选择合适的命令进行列/行的调整，如图 1-71 所示。

另外，将多行的行高或多列的列宽设置为相同时，先选定要调整的多行或多列，然后切换到“表格工具”选项卡，单击“自动调整”按钮，从下拉菜单中选择“平均分布各行”或“平均分布各列”命令来平均分布表格中选定的行/列即可。

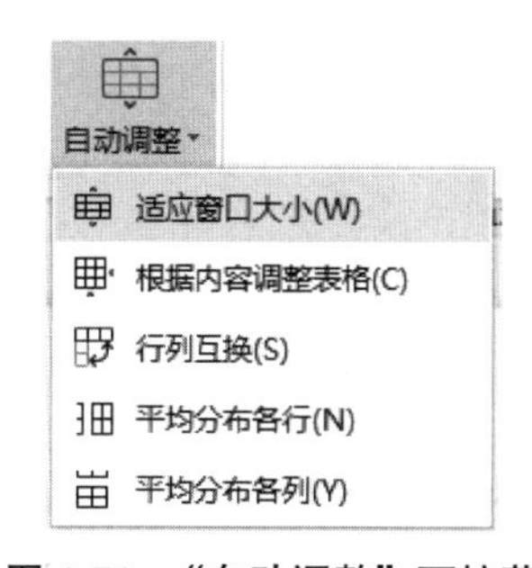

图 1-71　“自动调整”下拉菜

1.7.6　表格中插入表行、表列、单元格

1. 插入表行

（1）1 次插入 1 行

在表格的指定位置插入新行时，常用方法介绍如下。

【方法 1】：先将插入点置于欲插入行的下方或者上方单元格，然后在“表格工具”选项卡中单击“在上方插入行”或者“在下方插入行”按钮，如图 1-72 所示，即可在当前单元格的上方或下方插入一行。

在上方插入行　在左侧插入列
在下方插入行　在右侧插入列

图 1-72　“表格工具”选项卡中的按钮

【方法 2】：先在表格中选中 1 行，在弹出的浮动工具栏中单击“插入”按钮，在弹出的快捷菜单中选择“在上方插入行”或者“在下方插入行”命令，如图 1-73 所示，即可在当前单元格的上方或下方插入一行。

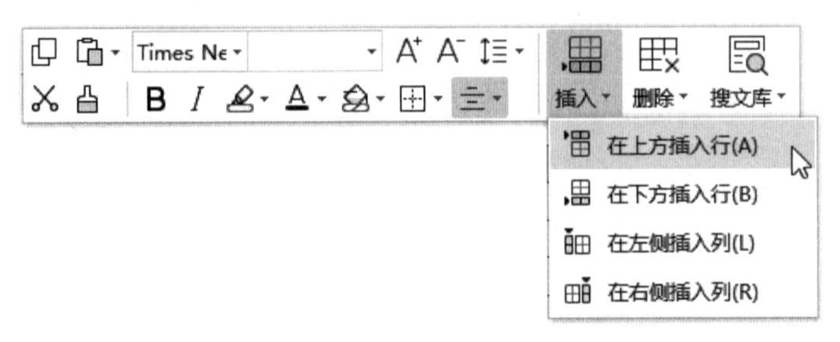

图 1-73　在浮动工具栏中“插入”按钮的快捷菜单中选择插入行命令

【方法 3】：在表格中右键单击单元格，在弹出的快捷菜单“插入”的级联菜单中选择“在上方插入行”或者“在下方插入行”命令，如图 1-74 所示，即可插入表行。

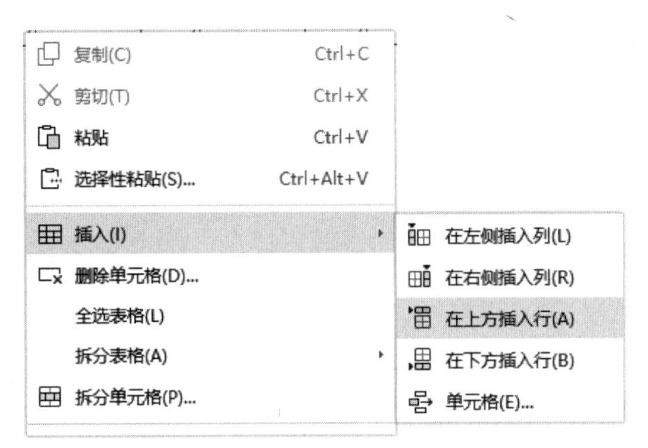

图 1-74　在“插入”的级联菜单中选择插入表行命令

【方法 4】：先选定插入新行的下一行的任意一个单元格，然后在“表格工具”选项卡中单击“插入单元格”对话框启动按钮，打开“插入单元格”对话框。接着在“插入单元格”对话框中选中“整行插入”单选按钮，如图 1-75 所示，最后单击“确定”按钮后即在当前单元格的上面插入一新行。

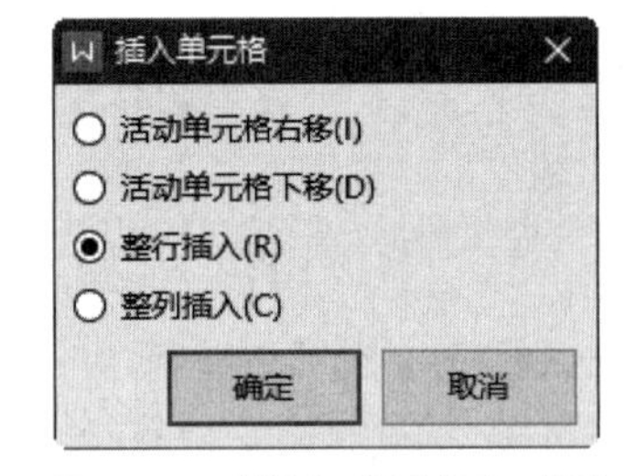

图 1-75　“插入单元格”对话

【方法 5】：如果想要在表格最后一行的下面插入新行，将鼠标指针移动到表格内部，表格下侧出现“+”号，单击表格下侧的“+”号即可插入新行，如图 1-76 所示。

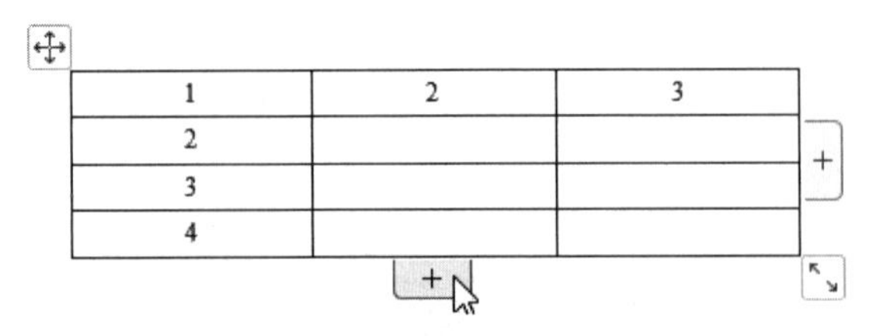

图 1-76　单击表格下侧的“+”号插入新行

【方法 6】：将插入点置于表格某一行右侧的行结束处，然后按【Enter】键，则在本表行下面插入一个新的空表行。

【方法 7】：将插入点移至整个表格最右下角的那个单元格中，然后按【Tab】键，在表格最后一行的下侧插入一个新空表行。

（2）1 次插入多行

【方法 1】：在表格中，先选定与待插入空行数量相等的若干行，然后从以下方法中选择一种合适方法均可在选定行上方插入相同数量的多行。

① 单击“表格工具”选项卡中插入行的相关按钮。

② 选择浮动工具栏中“插入”按钮的快捷菜单中插入行的命令。

③ 选择快捷菜单中插入行的命令。

④ 选择“插入单元格”对话框中“整行插入”单选按钮。

【方法 2】：在表格中，先选定与待插入空行数量相等的若干行，然后单击鼠标右键，在弹出的快捷菜单中依次选择“插入”→“插入多行”命令，如图 1-77 所示。

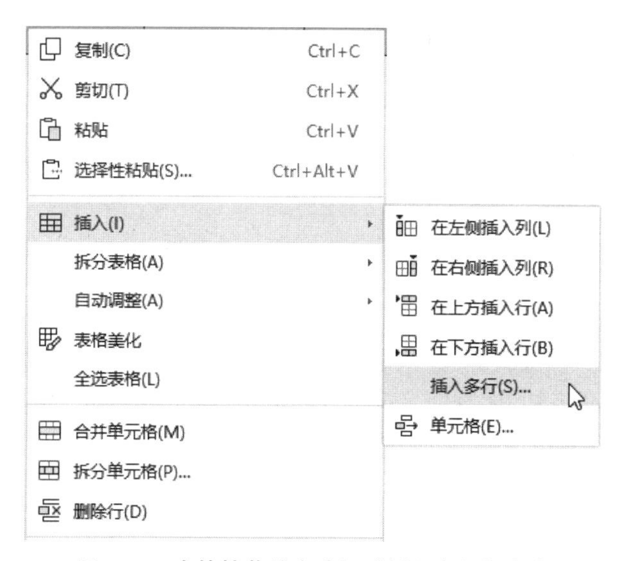

图 1-77　在快捷菜单中选择“插入多行”命令

在弹出的“插入行”对话框的“行数”文本框中输入插入的行数，在“插入位置”下选择“当前选择行的后面”或“当前选择行的前面”单选按钮，如图 1-78 所示，然后单击“确定”按钮，就会在选定的插入位置插入指定行数的表格行。

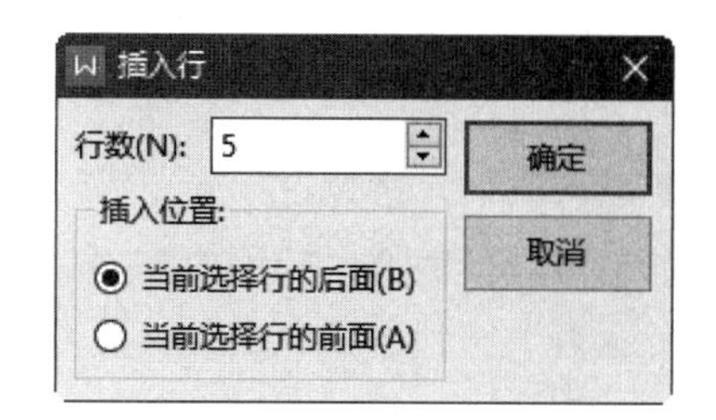

图 1-78　“插入行”对话框

2. 插入表列

（1）1 次插入 1 列

表格中插入表列的操作与插入表行的操作基本相同，所不同的是选定的对象不同，插入的位置不同（一般是当前列的左边）。

【方法 1】：先将插入点定位于欲插入列的右侧或者左侧单元格，然后在“表格工具”选项卡中单击“在左侧插入列”或者“在右侧插入列”按钮，即可在当前单元格的左侧或右侧插入一列。

【方法 2】：先在表格中选中 1 列，在弹出的浮动工具栏中单击“插入”按钮，在弹出的快捷菜单中选择“在左侧插入列”或者“在右侧插入列”命令，即可在当前单元格的左侧或右侧插入一列。

【方法 3】：在表格中右键单击单元格，在弹出的快捷菜单“插入”的级联菜单中选择“在左侧插入列”或者“在右侧插入列”命令即可插入表行。

【方法 4】：先选定插入新列的右侧列的任意一个单元格，然后在“表格工具”选项卡中单击“插入单元格”对话框启动按钮，打开“插入单元格”对话框。接着在“插入单元格”对话框中选中“整列插入”单选按钮，最后单击“确定”按钮后即在当前单元格左侧插入一新列。

【方法 5】：如果想要在表格最后一列的右侧插入新列，将鼠标指针移动到表格内部，表格右侧出现“＋”号，单击表格右侧的“+”号即可插入新列，如图 1-79 所示。

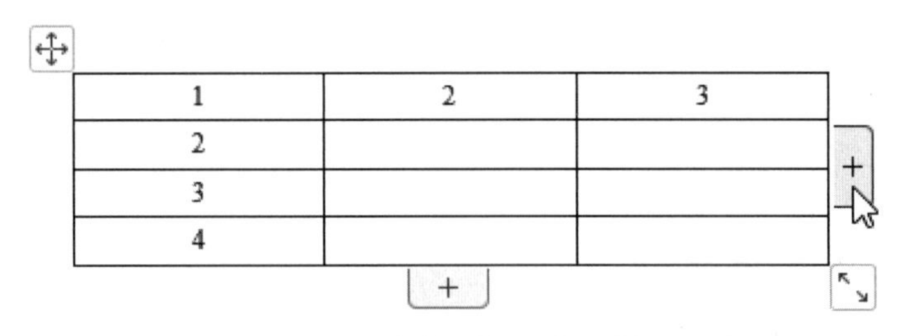

图 1-79　单击表格右侧的“+”号插入新列

（2）1 次插入多列

在表格中，先选定与待插入空列数量相等的若干列，然后从以下方法中选择一种合适方法均可在选定列左侧插入相同数量的多列。

① 单击“表格工具”选项卡中插入列的相关按钮。

② 选择浮动工具栏中“插入”按钮的快捷菜单中插入列的命令。

③ 选择快捷菜单中插入列的命令。

④ 选择“插入单元格”对话框中“整列插入”单选按钮。

3. 插入单元格

插入单元格时，在要插入新单元格位置的左边或上边选定一个或几个单元格，其数目与要插入的单元格数目相同。然后切换到“表格工具”选项卡，在“插入单元格”选项组中单击右下角的对话框启动按钮，打开“插入单元格”对话框，选中“活动单元格右移”或“活动单元格下移”单选按钮后，然后单击“确定”按钮即可。

1.7.7　表格中复制或移动行或列

1. 表格中复制或移动行

如果要复制或移动表格的一整行，参照以下步骤进行操作：

① 选定包括行结束符在内的一整行，然后按【Ctrl】+【C】快捷键，将该行内容存放到

剪贴板中。如果移动表格的一行，这里应按【Ctrl】+【X】快捷键。

② 将插入点置于要插入行的第 1 个单元格中，然后按【Ctrl】+【V】快捷键，复制或移动的行被插入到当前行的上方，并且不替换其中的内容。

2. 表格中复制或移动列

如果要复制或移动表格的一整列，参照以下步骤进行操作：

① 选定包括列结束符在内的一整列，然后按【Ctrl】+【C】快捷键，将该列内容存放到剪贴板中。如果移动表格的一列，这里应按【Ctrl】+【X】快捷键。

② 将插入点置于要插入列的第 1 个单元格中，然后按【Ctrl】+【V】快捷键，复制或移动的列被插入到当前列的左侧，并且不替换其中的内容。

1.7.8　表格中合并与拆分单元格

借助于单元格的合并和拆分功能，可以制作不规格表格，以满足用户对复杂表格的需求。

1. 合并单元格

在 WPS 文字中，合并单元格是指将矩形区域的多个单元格合并成一个较大的单元格，操作时，首先选定要合并的多个单元格，然后使用下列方法进行合并单元格。

【方法 1】：在“表格工具”选项卡中单击“合并单元格”按钮。

【方法 2】：右键单击，然后在弹出的快捷菜单中选择“合并单元格”命令。

【方法 3】：在“表格工具”选项卡中单击“擦除”按钮，鼠标指针变为形状，此时按住鼠标左键，在表格中擦除相邻单元格的分隔线，即可实现单元格的合并。

2. 拆分单元格

需要把一个单元格拆分成若干个单元格时，首先将鼠标指针定位于待拆分的单元格，然后用下列方法之一即可完成。

【方法 1】：在“表格工具”选项卡中，单击“拆分单元格”按钮，在弹出的“拆分单元格”对话框中输入要拆分的“行数”或“列数”，如图 1-80 所示，然后单击“确定”按钮即可。

【方法 2】：在“表格工具”选项卡或者“表格样式”选项卡中，单击“绘制表格”按钮，鼠标指针变为形状，此时按住鼠标左键，在单元格中绘制水平或垂直线，即可实现单元格的拆分。

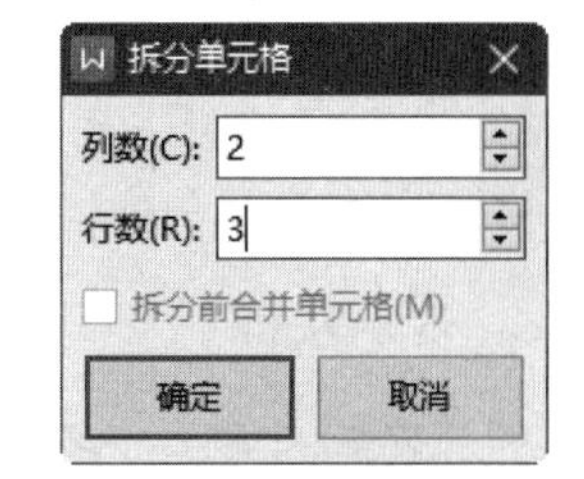

图 1-80　“拆分单元格”对话框

1.7.9　表格中删除表行、表列、单元格

1. 删除表行

选定待删除的 1 行或多行或者单击要删除行包含的一个单元格后，选择一种合适的方法删除表格指定行。在 WPS 文字中删除表行的方法有多种，以下方法是常用方法之一：

在“表格工具”选项卡中，单击“删除”按钮，在弹出的快捷菜单中选择“行”命令，如图1-81所示，即可删除所选定的1行或多行。

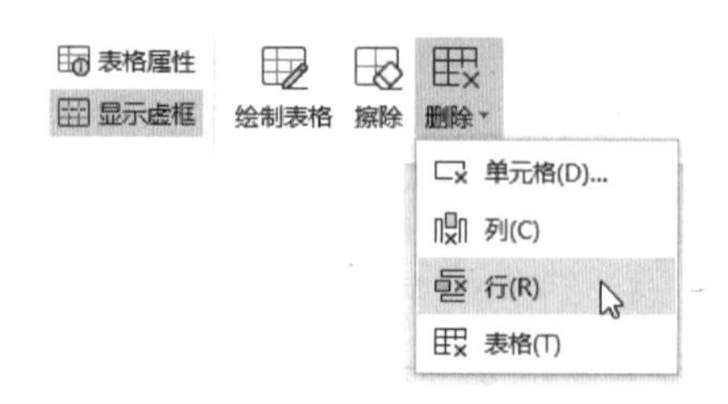

图1-81 在快捷菜单中选择“行”命

电子活页1-5

删除表行

请扫描二维码，浏览电子活页中的相关内容，试用与熟悉其他删除表行的方法。

2. 删除表列

删除表列的操作与删除表行的操作基本相同，所不同的是选定的对象不同，插入的位置不同。

选定待删除的1列或多列或者单击要删除列包含的一个单元格后，选择一种合适的方法删除表格指定列。

WPS文字中删除表列的方法有多种，以下方法是常用方法之一：

在“表格工具”选项卡中，单击“删除”按钮，在弹出的快捷菜单中选择“列”命令，即可删除所选定的1列或多列。

请扫描二维码，浏览电子活页中的相关内容，试用与熟悉其他删除表列的方法。

电子活页1-6

删除表列

3. 删除单元格

删除单元格时，右击选定的单元格，从弹出的快捷菜单中选择“删除单元格”命令。或者切换到“表格工具”选项卡，单击“删除”按钮，在弹出的快捷菜单中选择“单元格”命令，打开“删除单元格”对话框。根据需要，选中“右侧单元格左移”或“下方单元格上移”单选按钮后，单击“确定”按钮即可。

1.7.10 表格的嵌套、拆分与删除操作

1. 嵌套表格

嵌套表格就是在表格中插入新的表格，嵌套表格的创建与正常表格的创建完全相同。

2. 拆分表格

拆分表格的方法介绍如下。

【方法1】：将插入点移至拆分后要成为新表格第1行的任意单元格，在“表格工具”选项卡中单击“拆分表格”按钮，在弹出的下拉菜单中如果选择“按行拆分”命令，如图1-82所示，则拆分的两张子表格的列数不变；如果选择“按列拆分”命令，则拆分的两张子表格的行数不变。

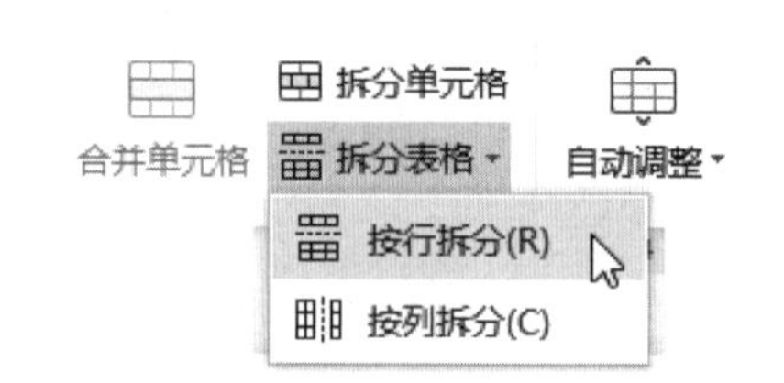

图1-82 “拆分表格”按钮的下拉菜单

【方法2】：将光标定位于某一行，按【Ctrl】+【Shift】+【Enter】快捷键，在当前行的上方WPS文字将表格拆分成上下两个表格，类似于“按行拆分”。

3. 删除表格

当插入点在表格中时，执行以下操作即可删除表格。

【方法 1】：在“表格工具”选项卡中，单击“删除”按钮，在弹出的快捷菜单中选择“表格”命令，即可删除整个表格。

【方法 2】：将鼠标指针放在表格移动控制点“⊕”上，当指针变为带双向十字箭头的形状✥时，单击选定整个表格。然后右击任意单元格，从弹出的快捷菜单中选择“删除表格”命令，即可将表格整体删除。

【方法 3】：在浮动工具栏中单击“删除”按钮，在弹出的快捷菜单中选择“删除表格”命令即可，如图 1-83 所示。

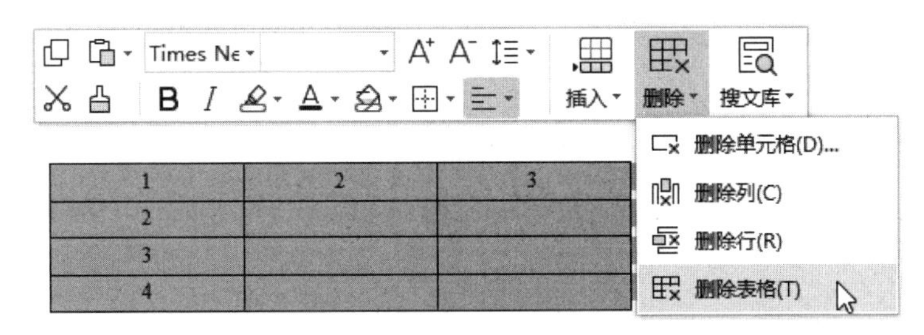

图 1-83　在“删除”按钮的快捷菜单中选择“删除表格”命令

【方法 4】：选定整个表格后，在“开始”选项卡单击“剪切”按钮，即可删除整个表格。

【注意】：当选择了表格后按【Delete】键，删除的只是表格中的内容，而不是表格本身。

1.7.11　在表格中绘制斜线

首先选定要绘制斜线的单元格，然后从以下方法中选择一种合适的方法绘制斜线。

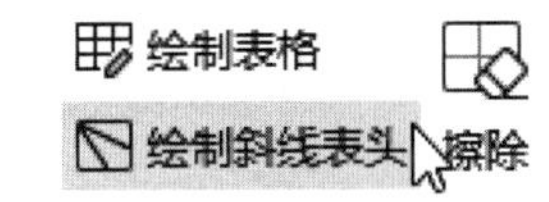

图 1-84　在“表格样式”选项卡中单击“绘制斜线表头”按钮

【方法 1】：在“表格样式”选项卡中单击“绘制斜线表头”按钮，如图 1-84 所示。然后在弹出的“斜线单元格类型”对话框中，选择一种合适的“斜下框线”按钮，如图 1-85 所示，最后单击“确定”按钮即可。

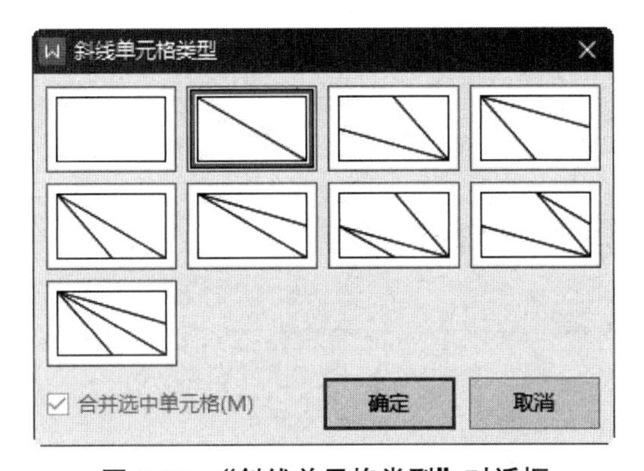

图 1-85　“斜线单元格类型”对话框

【方法 2】：先在表格中选定添加斜线的单元格，然后在“表格样式”选项卡中单击“边框”

按钮，在“边框”下拉列表中选择“边框和底纹”命令，在弹出的“边框和底纹”对话框中单击相应的“斜线”按钮，在“应用于”下拉列表中选择“单元格”，如图 1-86 所示，单击“确定”按钮，即可在当前单元格添加对角斜线。

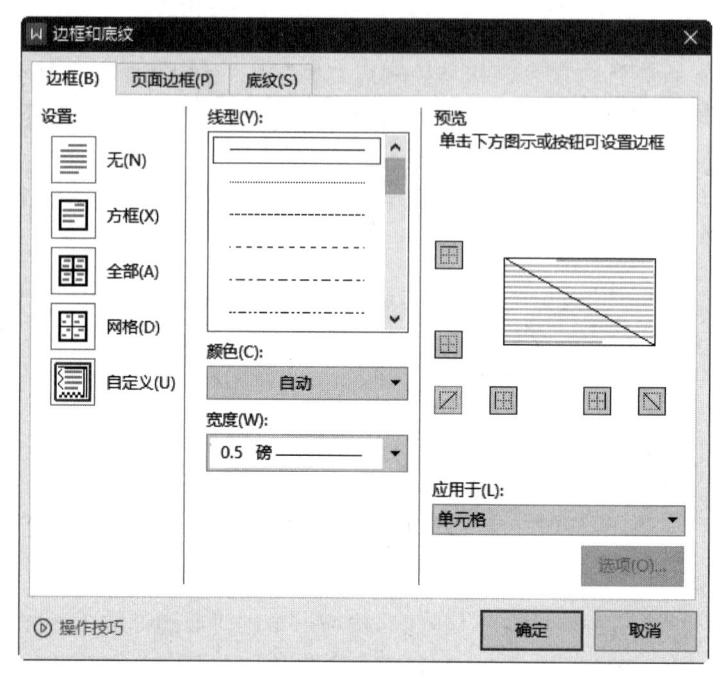

图 1-86　“边框和底纹”对话框“边框”选项卡

【方法 3】：在“表格样式”选项卡中，单击“绘制表格”按钮，鼠标指针变为形状，然后按住鼠标左键拖动鼠标在一个单元格中绘制斜线即可，如图 1-87 所示。

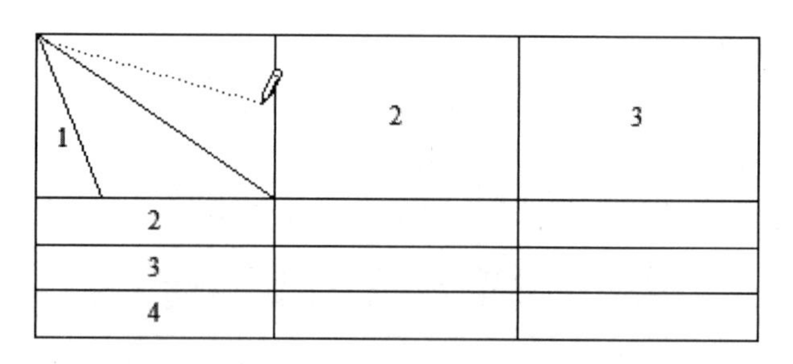

图 1-87　拖动鼠标在一个单元格中绘制斜线

1.7.12　给表格添加边框和底纹

为了美化、突出表格内容，可以适当地给表格添加边框和底纹。在设置之前要选定待处理的表格或单元格。

1. 给表格加边框

在“表格样式”选项卡中，单击“边框”按钮右侧的箭头按钮，在下拉菜单中选择所需选项给表格添加内外边框，如图 1-88 所示。

2. 自定义表格边框

如果要自定义表格边框，在“表格样式”选项卡中，单击“边框”按钮，在下拉列表中选择“边框和底纹”命令，在弹出的“边框和底纹”对话框中对表格边框的线型、颜色和宽度等选项进行适当的选择或者设置，然后单击“确定”按钮即可。

3. 为表格添加底纹

在“表格样式”选项卡中，单击“底纹”按钮右侧的箭头按钮▾，在弹出的下拉面板中选择所需颜色，如图 1-89 所示。

图 1-88　“边框”按钮的下拉菜单

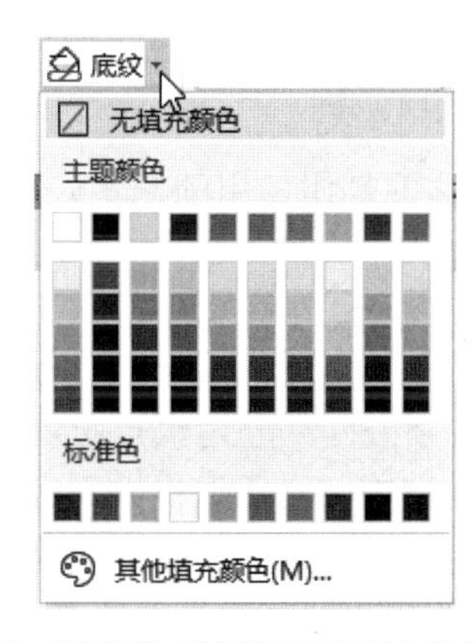

图 1-89　在“底纹”按钮下拉面板中选择所需颜色

4. 自定义表格底纹

如果要自定义表格底纹，在“表格样式”选项卡中，单击“边框”按钮，在下拉列表中选择“边框和底纹”命令，在弹出的“边框和底纹”对话框中切换到“底纹”选项卡，在该选项卡中进行“填充”、“图案样式”和“图案颜色”等设置即可，如图 1-90 所示。

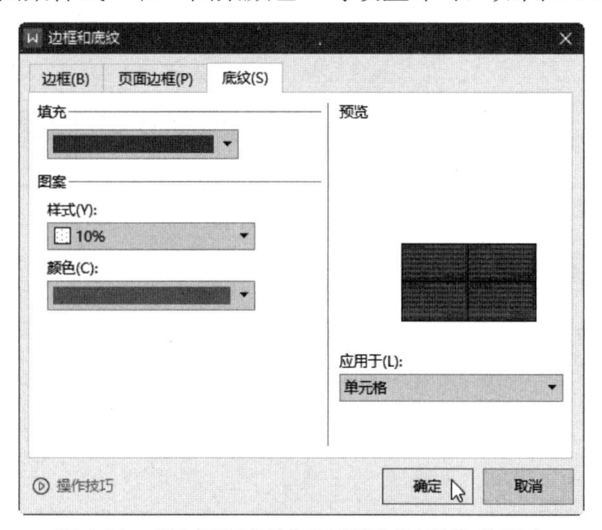

图 1-90　“边框和底纹”对话框“底纹”选项卡

1.7.13　表格内容的输入与编辑

1. 移动表格中的插入点

在表格操作过程中，经常要使插入点在表格中移动。表格中插入点的移动有多种方法，可以使用鼠标在单元格中直接移动，也可以使用快捷键在单元格间移动。

2. 在表格中输入文本

在表格中输入文本与在 WPS 文档中输入文本一样，把插入点移到要输入文本的单元格，再输入文本即可。在输入过程中，如果输入的文本比当前单元格宽，WPS 文字会自动增加本行单元格的高度，以保证始终把文本包含在单元格中。

3. 编辑表格内容

在 WPS 正文文档中使用的输入、修改、删除、复制、剪切和粘贴等命令一般也可以直接用于表格。

4. 设置表格中的文字方向

表格中的文字方向可分为水平排列、垂直排列两类，共有 6 种排列方式，如图 1-91 所示。设置表格中的文字方向，应先将插入点置于单元格中，或者选定需要修改文字方向的多个单元格，然后从以下多种设置表格中文本方向的方法中选用一种合适的方法进行设置即可。

【方法 1】：在“表格工具”选项卡中单击“文字方向”按钮，在弹出的下拉列表中直接选择合适的方向选项，如图 1-91 所示。

【方法 2】：在“表格工具”选项卡中单击“文字方向”按钮，在弹出的下拉列表中选择“文字方向选项”命令，在弹出的“文字方向”对话框中选定所需要的文字方向，如图 1-92 所示，然后单击“确定”按钮。

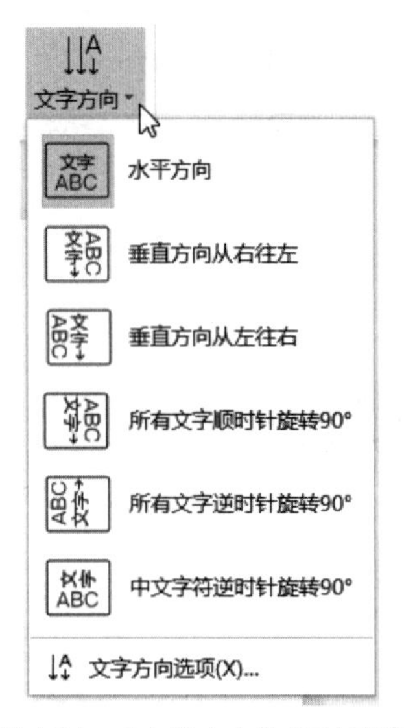

图 1-91　“文字方向”下拉列表

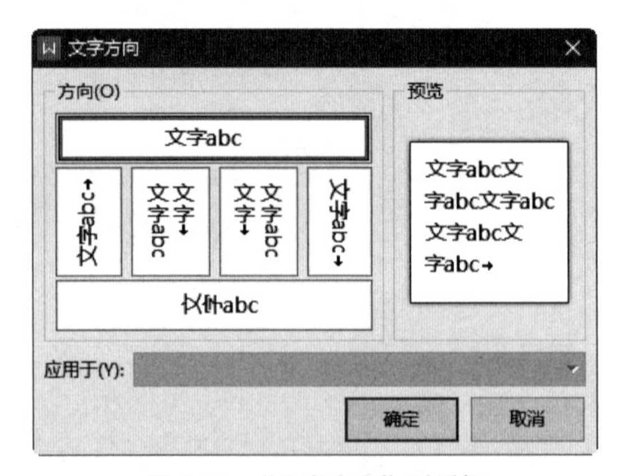

图 1-92　“文字方向”对话框

【方法 3】：右击单元格或选定的表格对象，在弹出的快捷菜单中选择“文字方向”命令，在打开的“文字方向”对话框中选定所需要的文字方向，然后单击“确定”按钮。

竖排文本除用于表格外，也可以用于整个文档。

1.7.14　设置表格内容格式

为了制作更漂亮、更具专业的表格，在建立表格之后，经常要根据需求对表格中的单元格和文本内容进行格式化处理，单元格中文本的格式化操作与正文中文本的格式化操作类似。

WPS 文字允许对整个表格、单元格、行、列进行字符格式和段落格式的设置，如进行字体、字号、缩进、对齐、行距、字符间距等方面的设置。但在设置之前，必须先选定内容。

1. 表格样式快速设置

表格样式快速设置是指对表格中的字符字体、颜色、底纹、边框等套用 WPS 文字预设的格式。无论是新建的空表格，还是已经输入数据的表格，都可以使用表格的快速样式来设置表格的格式，操作步骤如下：

（1）将插入点置于表格的单元格中，切换到“表格样式”选项卡，在“表格样式”选项中选择一种样式，即可在文档中预览此样式的排版效果。

（2）选中或取消选中“表格样式”左侧的复选框，可以决定样式应用的区域，如图 1-93 所示。

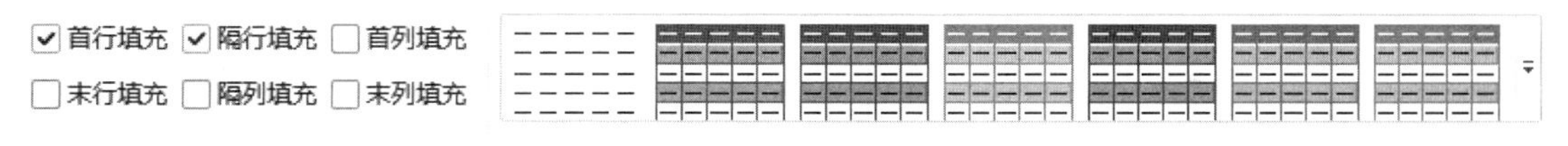

图 1-93　表格样式快速设置

2. 设置单元格内文本的对齐方式

设置单元格内文本的对齐方式有多种方法，以下方法是常用之法之一：

选定单元格或整个表格中的文本内容，切换到“开始”选项卡，单击各个水平对齐按钮即可。注意，这里没有提供垂直对齐方式。

请扫描二维码，浏览电子活页中的相关内容，试用与熟悉其他设置单元格内文本对齐方式的方法。

电子活页 1-7

设置单元格内文本的对齐方式

3. 设置单元格边距和间距

在 WPS 文字中，单元格边距是指单元格中的内容与边框之间的距离；单元格间距是指单元格和单元格之间的距离。

选定整个表格，切换到“表格工具”选项卡，单击“表格属性”按钮，打开“表格属性”对话框，切换到“表格”选项卡，然后单击“选项”按钮，在打开的“表格选项”对话框中进行“默认单元格边距”和“默认单元格间距”的设置即可，如图 1-94 所示。

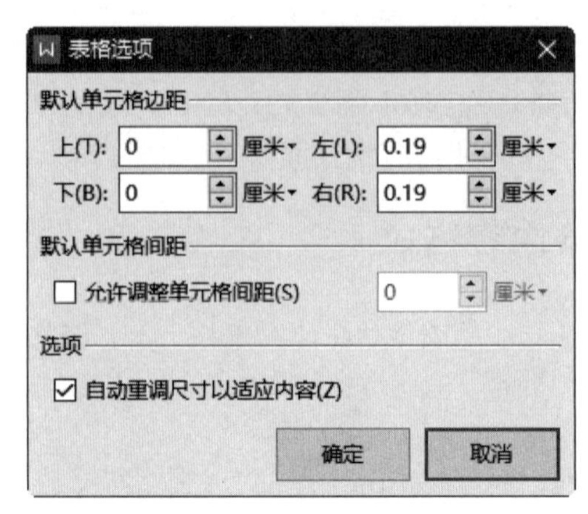

图 1-94　“表格选项”对话框

1.7.15　表格的数值计算

WPS 文字的表格中能够实现数值计算功能，并且自带了公式的简单应用。

【示例分析 1-5】WPS 文字的表格数值计算

下面以“家电销售表”为例介绍 WPS 文字表格数值计算的方法，“家电销售表”的初始数据如表 1-7 所示。

表 1-7　家电销售表

序号	家电类别	1 月	2 月	3 月	平均值
1	彩电	20	30	40	
2	洗衣机	25	35	45	
3	空调	28	38	48	
	总计				

1. 快速计算数值

（1）快速求和

用鼠标拖动选定 1 月份 3 类家电的销售数量“20”、“25”、“28”，如图 1-95 所示。

序号	家电类别	1 月	2 月	3 月	平均值
1	彩电	20	30	40	
2	洗衣机	25	35	45	
3	空调	28	38	48	
	总计				

图 1-95　用鼠标拖动选定 1 月份 3 类家电的销售数量“20”、“25”、“28”

在“表格工具”选项卡中单击“快速计算”按钮，在弹出的下拉菜单中选择“求和”命令，如图 1-96 所示。“总计”对应的单元格中就会得到对应列的数量和，快速求和结果为“73”，如图 1-97 所示。

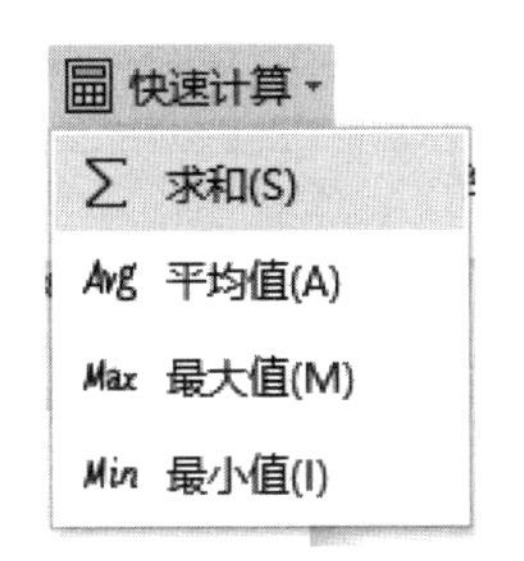

图 1-96　在“快速计算”按钮的下拉菜单中选择“求和”命令

（2）快速求平均值

用鼠标拖动选定“彩电”1 月、2 月、3 月的销售数量“20”、“30”、“40”，如图 1-98 所示。

在“表格工具”选项卡中单击“快速计算”按钮，在弹出的下拉菜单中选择“平均值”命令，“平均值”对应的单元格中就会得到对应行数量的平均值，快速求平均值结果为“30”，如图 1-99 所示。

序号	家电类别	1 月	2 月	3 月	平均值
1	彩电	20	30	40	
2	洗衣机	25	35	45	
3	空调	28	38	48	
	总计	73			

图 1-97　“1 月”对应列的快速求和的结果

序号	家电类别	1 月	2 月	3 月	平均值
1	彩电	20	30	40	
2	洗衣机	25	35	45	
3	空调	28	38	48	
	总计	73			

图 1-98　用鼠标拖动选定“彩电”1 月、2 月、3 月的销售数量“20”、“30”、“40”

序号	家电类别	1 月	2 月	3 月	平均值
1	彩电	20	30	40	30
2	洗衣机	25	35	45	
3	空调	28	38	48	
	总计	73			

图 1-99　“彩电”对应行的快速求平均值的结果

2. 使用公式计算数值

使用公式计算数值时，为了能够准确识别计算的数据，需要使用由列号和行号组成的单元格编号，列号使用 A、B、C、D…英文字母表示，行号使用 1、2、3、4…阿拉伯数字表示，第 1 列第 1 行的单元格编号为 A1、第 3 列第 4 行的单元格编号为 C4，表 1-7 所示的“家电销售表”各个数量单元格的编号，如表 1-8 所示。

表 1-8　“家电销售表”各个数量单元格的编号

序号	家电类别	1月	2月	3月	平均值
1	彩电	C2	D2	E2	F2
2	洗衣机	C3	D3	E3	F3
3	空调	C4	D4	E4	F4
	总计	C5	D5	E5	F5

（1）使用公式求和

① 将光标置于单元格 D5 中，切换到“表格工具”选项卡，单击“公式”按钮 fx 公式，打开“公式”对话框。

② 在“公式”文本框中自动输入了默认公式“=SUM(ABOVE)”，如图 1-100 所示，表示对该列上方的 3 类家电商品销售数量求和，可以在“数字格式”下拉列表框中选择需要的格式。

③ 单击“确定”按钮，求出 2 月份 3 类家电商品的销售总数量。

④ 在单元格 E5 中使用公式“=SUM(E2:E4)”，计算 3 月份 3 类家电商品的销售总数量，如图 1-101 所示。

图 1-100　在“公式”对话框的“公式”文本框中输入公式“=SUM(ABOVE)”

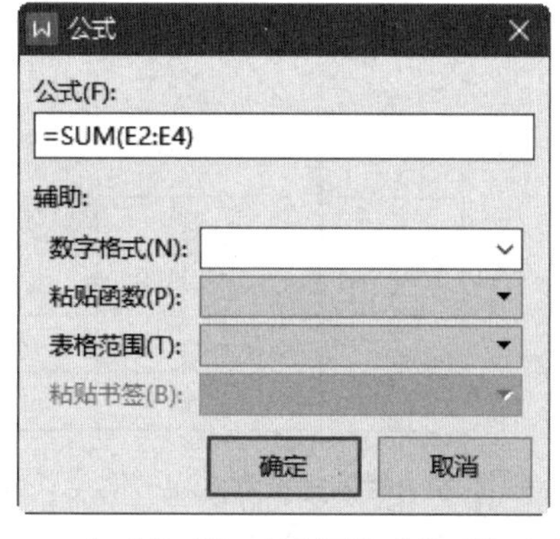

图 1-101　在“公式”对话框的“公式”文本框中输入公式“=SUM(E2:E4)”

【注意】公式中的字符需要在英文半角状态下输入，并且字母不区分大小写，公式前面的“=”不能遗漏。

（2）使用公式求平均值

① 将光标置于单元格 F3 中，然后打开“公式”对话框。

② 将“公式”文本框中除“=”以外的其他字符删除，并将光标置于“=”后，接着将“函数”设置为“AVERAGE”，在光标处输入“(C3:E3)”，并将“数字格式”设置为“0.00”，如图 1-102 所示，最后单击“确定”按钮，计算出“洗衣机”1 至 3 月的销售数量的平均值。

图 1-102　在“公式”对话框的“公式”文本框中输入公式“= AVERAGE(C3:E3)”

③ 使用 AVERAGE 函数，分别引用处于“空调”同一行中 1 月、2 月、3 月对应的单元格，计算出“空调”的 1 至 3 月的销售数量的平均值，并放置在单元格 F4 中，并且将“数字格式”也设置为“0.00”。

“家电销售表”的计算结果如表 1-9 所示。

表 1-9　“家电销售表”的计算结果

序号	家电类别	1 月	2 月	3 月	平均值
1	彩电	20	30	40	30
2	洗衣机	25	35	45	35.00
3	空调	28	38	48	38.00
	总计	73	103	133	

1.7.16　排序表格中的数据

1. 对表格中的所有列数据进行排序

WPS 文字提供了对表格中的数据排序的功能，用户可以依据数字、日期、拼音或笔画等对象对表格内容以升序或降序进行排序。

排序前应先将插入点置于表格中，在“表格工具”选项卡中，单击“排序”按钮，在弹出的“排序”对话框中分别进行以下设置。

① 排序依据关键字最多可以有三个，如果主要关键字的值相同，则按次要关键字进行排序，依次类推。

② 类型排序按所选列的数字、日期、拼音或笔画等不同类型进行。

③ “升序/降序”表示按所选排序类型的递增/递减顺序排列数据。

单击“确定”按钮后，表格中各行就会重新进行排列。

【示例分析 1-6】WPS 文字的数据排序

下面以“考试成绩表”为例介绍 WPS 文字中数据排序的方法，打开“考试成绩表.wps”文档，其初始数据如表 1-10 所示。

表 1-10　考试成绩表

序号	姓名	语文	数学	英语	总成绩
1	张珊	84	88	82	254
2	李斯	82	78	85	245
3	王武	76	84	94	254
4	安静	91	87	90	268
5	齐胜	75	81	79	235

对“考试成绩表”进行排序的操作步骤如下：

① 将插入点置于“考试成绩表”中，切换到“表格工具”选项卡，单击“排序”按钮，

打开“排序”对话框（如果表格有合并的单元格，则会提示“表格中有合并后的单元格，无法排序”）。

② 在“列表”栏中选中“有标题行”单选按钮，可以防止对表格中的标题行进行排序。如果没有标题行，则选中“无标题行”单选按钮。“考试成绩表”的第 1 行为“标题行”，在该对话框“列表”栏中选中“有标题行”单选按钮。

③ 在“主要关键字”栏中选择排序首先依据的列，这里选择“总成绩”，然后在右边的“类型”下拉列表框中选择数据的类型，这里选择“数字”。接着选中“降序”单选按钮，表示按照总成绩的降序排列。

④ 分别在“次要关键字”和“第三关键字”栏中选择排序的次要和第三依据的列名，这里分别选择“语文”和“数学”。右侧的下拉列表框及单选按钮的含义同上，按照需要分别做出选择即可，如图 1-103 所示。

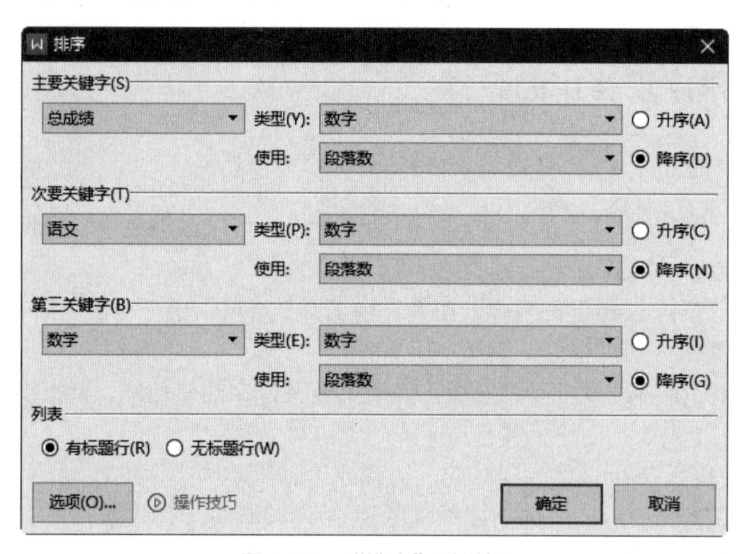

图 1-103　“排序”对话框

⑤ 单击“确定”按钮，进行排序。

如果要对表格的部分单元格排序，则可以首先选定这些单元格，然后使用上述步骤操作即可。

2. 对表格中的一列进行排序

如果要对表格中的单独一列排序，而不改变其他列的排列顺序，参考以下步骤进行操作：

① 选中要单独排序的列，然后打开“排序”对话框。

② 单击“选项”按钮，在打开的“排序选项”对话框中选中“仅对列排序”复选框，如图 1-104 所示。然后单击“确定”按钮，返回“排序”对话框。

③ 单击“确定”按钮，完成排序。

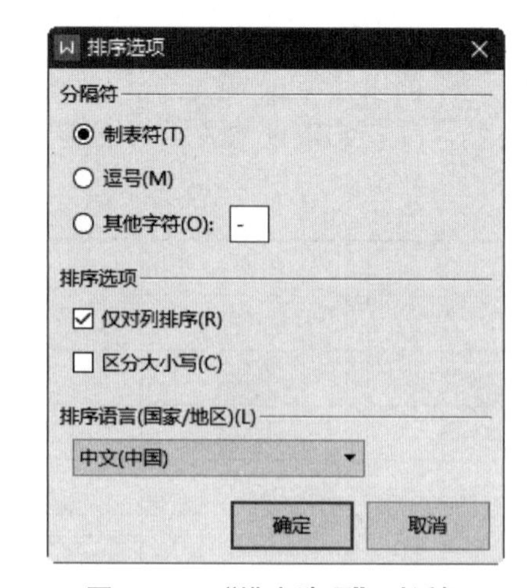

图 1-104　“排序选项”对话框

1.8　插入图形对象实现图文混排

一篇图文并茂的文档比纯文字文档更美观、更具说服力。WPS 文字具有强大的图文混排功能，它提供了许多图形对象，例如，图片、图形、艺术字、文本框、数学公式、图表等，使文档图文并茂，引人入胜。利用这些功能，可以使文档和图形合理安排，增强文档的视觉效果。

1.8.1　插入与编辑图片

WPS 文字允许将来自文件的图片插入文档中，并对其进行编辑。在 WPS 文字中插入图片等对象的方法主要有插入图片文件和从剪贴板插入图片等。在插入图片之前应当将插入点定位。

1. 文档中插入计算机中自备图片文件

【示例分析 1-7】将自备图片插入到 WPS 文档中

操作步骤如下：

① 将插入点置于要插入图片的位置。

② 在“插入”选项卡中单击“图片”按钮，弹出“插入图片”对话框。

【说明】：在“插入”选项卡中，单击“图片”按钮下边的箭头按钮 图片 ▾，在弹出的下拉面板中单击“来自文件”按钮，也可以打开“插入图片”对话框。

③ 在对话框中确定查找范围，这里为“图片素材”文件夹，然后选定所需要的图片文件，这里选择“水中倒影.jpg”。

④ 单击“打开”按钮，此图片就插入到文档中的插入点位置了。

2. 插入稻壳图片

稻壳图片提供了包含背景、人物、动物、标志、地点等图片资源，用户无须打开浏览器或离开文档即可将图片插入文档中。

在文档中插入稻壳图片的方法详见本书的配套教材《信息技术技能提升训练》中对应单元技能训练“操作提示”的对应内容。

3. 利用剪贴板插入图片

WPS 文字允许将其他 Windows 应用软件所产生的图片剪切或复制到剪贴板上，再用“粘贴”命令粘贴到文档的插入点位置。

4. 熟知图片的状态与控制点形状

文档中的图片通常有“选中”与“裁剪”两种状态，这两种状态的作用及控制点形状都不同。

（1）图片的“选中”状态

在文档中单击图片即进入选中状态，此时，图片周围会出现 8 个缩放控制点，图片的“选中”状态及缩放控制点形状如图 1-105 所示。

图 1-105 图片的“选中”状态及缩放控制点形状

（2）图片的“裁剪”状态

当文档中的图片处于选中状态时，使用以下两种方法都可以让图片进入“裁剪”状态。

【方法 1】：在“图片工具”选项卡中单击“裁剪”按钮，该图片就会进入“裁剪”状态。

【方法 2】：当图片处于“选中”状态时，在图片右侧的“浮动”工具栏中单击“裁剪图片”按钮，如图 1-106 所示，该图片就会进入“裁剪”状态。

处于“裁剪”状态的图片周围除了出现 8 个缩放控制点，还有 8 个裁剪控制点，图片的“裁剪”状态及控制点形状如图 1-107 所示。

图 1-106 在图片“浮动”工具栏中单击“裁剪图片”按钮

图 1-107 图片的“裁剪”状态及控制点形状

鼠标指针指向处于“选中”状态图片的各个缩放控制点时的形状如表 1-11 所示。

表 1-11　鼠标指针指向处于“选中”状态图片各个控制点的鼠标指针形状

左上角 右下角控制点	左边中控制点 右边中控制点	左下角控制点 右上角控制点	上边中控制点 下边中控制点	旋转句柄	图片 区域

鼠标指针指向处于“裁剪”状态图片各个控制点时的缩放形状如表 1-12 所示。

表 1-12　鼠标指针指向处于“裁剪”状态图片各个控制点的鼠标指针缩放形状

左上角控制点 右下角控制点	左边中控制点 右边中控制点	左下角控制点 右上角控制点	上边中控制点 下边中控制点

鼠标指针指向处于“裁剪”状态图片的裁剪控制点时的形状如表 1-13 所示。

表 1-13　鼠标指针指向处于“裁剪”状态图片各个控制点的鼠标指针裁剪形状

左上角 控制点	左边中 控制点	左下角 控制点	上边中 控制点	下边中 控制点	右上角 控制点	右边中 控制点	右下角 控制点	图片 区域

5. 调整图片的大小和角度

将图片插入文档后，可以缩放其大小，还可以旋转图片。从以下多种缩放图片的方法中选择一种合适的方法对图片进行缩放操作。

（1）调整图片大小

【方法 1】：拖动鼠标缩放。选中要缩放的图片，其周围会出现 8 个缩放控制点，如果要横向、纵向或沿对角线缩放图片，将鼠标指针指向图片的某个控制点上，然后按住鼠标左键沿缩放方向拖动即可。

【方法 2】：使用工具栏中的“高度”和“宽度”微调框精确设置图片的高度和宽度。

选中图片，然后在“图片工具”选项卡中，使用“高度”和“宽度”微调框精确设置图片的高度和宽度，如图 1-108 所示。

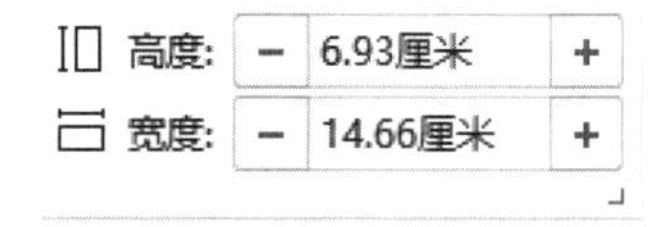

图 1-108　使用“高度”和“宽度”微调框精确设置图片的高度和宽度

【方法 3】使用“布局”对话框精确设置图片的高度和宽度。选中图片，然后在“图片工具”选项卡中，单击“大小和位置”选项组右下角“布局”对话框启动按钮，打开“布局”对话框，在“大小”选项卡中进行相应的高度和宽度设置，如图 1-109 所示。然后单击“确定”按钮即可。

（2）旋转图片调整其角度

【方法 1】：选中要旋转的图片，用鼠标拖动图片上方的旋转按钮，可以任意旋转图片。

【方法 2】：在“布局”对话框的“旋转”栏中可以通过设置图片旋转的角度实现旋转图片。

布局

位置 文字环绕 大小

高度
绝对值(E) 7.7 厘米
相对值(L) % 相对于(T) 页面

宽度
绝对值(B) 8.36 厘米
相对值(I) % 相对于(E) 页面

旋转
旋转(T) 0 °

缩放
高度(H): 100 % 宽度(W): 100 %
锁定纵横比(A)
相对原始图片大小(R)

原始尺寸
高度: 9.90 厘米 宽度: 14.87 厘米

重新设置(S)

操作技巧 确定 取消

图 1-109 “布局”对话框

6. 图片矩形裁剪

【示例分析 1-8】矩形裁剪图片

操作步骤如下。

（1）选中文档中的图片

打开 WPS 文档“图形裁剪.wps”，在该文档中选定要裁剪的图片“水中倒影.jpg”，如图 1-110 所示。

图 1-110 选定要裁剪的图片“水中倒影.jpg”

（2）图片进入“裁剪”状态

在“图片工具”选项卡中单击“裁剪”按钮，图片进入“裁剪”状态。

（3）设置图片裁剪区域

① 将鼠标指针移至图片上边中点的裁剪控制点，鼠标指针形状变为⊥，此时按住鼠标左键向下拖动一段距离。

② 将鼠标指针移至图片下边中点的裁剪控制点，鼠标指针形状变为⊤，此时按住鼠标左键向上拖动一段距离。

③ 将鼠标指针移至图片右边中点的裁剪控制点，鼠标指针形状变为⊢，此时按住鼠标左键向左拖动一段距离，拖动过程如图 1-111 所示。

图 1-111　拖动图片右边中点的裁剪控制点向左移动

设置的裁剪图片区域如图 1-112 所示。

图 1-112　设置的裁剪图片区域

（4）执行图片裁剪操作

可以使用以下方法之一执行裁剪图片操作。

【方法 1】：在“图片工具”选项卡中再一次单击处于选定状态的“裁剪”按钮。

【方法 2】：在图片裁剪区域右击，在弹出的浮动工具栏中单击“裁剪”按钮，如图 1-113 所示。

图 1-113　在浮动工具栏中单击“裁剪”按钮

【方法 3】：单击文档中图片区域之外的任意位置。

【方法 4】：按【Enter】键或者【Esc】键或者其他按键即可。

裁剪完成后的图片外观如图 1-114 所示。

图 1-114　裁剪后的图片

7. 图片非矩形裁剪

WPS 文档中的图片也可以裁剪为其他形状，而不是默认的矩形。

【示例分析 1-9】非矩形裁剪图片

非矩形裁剪图片的操作步骤如下：

单击要裁剪的图片，在“图片工具”选项卡中，单击“裁剪”按钮的箭头按钮▾，在弹出的下拉列表中选择所需的形状，这里选择“心形”，如图 1-115 所示。

在图片中显示一个心形裁剪区域，如图 1-116 所示。

在“图片工具”选项卡中再一次单击处于选定状态的“裁剪”按钮，即可完成图片的裁剪操作，裁剪完成的心形图片如图 1-117 所示。

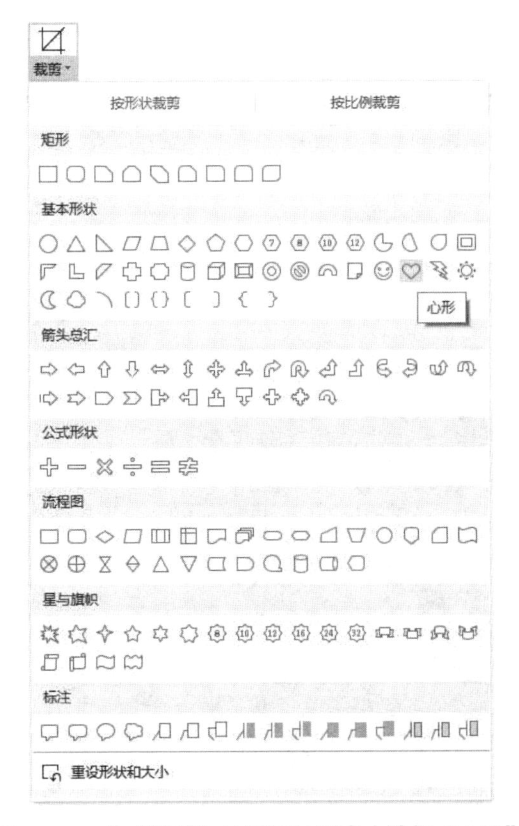

图 1-115　从“裁剪”按钮下拉列表中选择“心形”

图 1-116　图形中显示心形裁剪区域

图 1-117　裁剪完成的心形图片

8. 设置图片的文字环绕效果

环绕方式是指文档中的图片与周围文字的位置关系。WPS 文字提供了 7 种文字环绕方式，分别为嵌入型、四周型环绕、紧密型环绕、衬于文字下方、浮于文字上方、下下型环绕、穿越型环绕。

以下方法是设置图片的环绕效果的常用方法之一：

先选中图片对象，在浮动工具栏中单击“布局选项”按钮，在弹出的“布局选项”面板中选择“文字环绕”方式，如图 1-118 所示，即可设置图片的文字环绕效果。

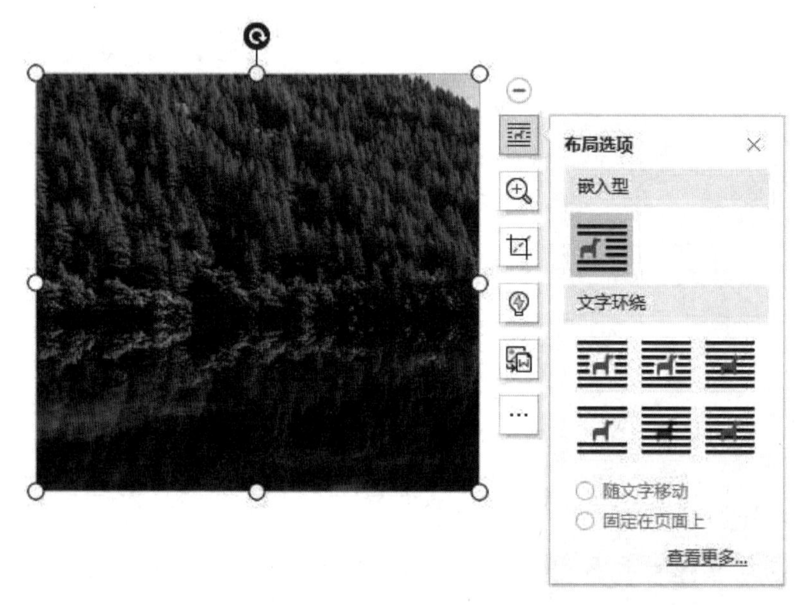

图 1-118 在“布局选项”面板中选择“文字环绕”方式

电子活页 1-8

设置图片的文字环绕效果

请扫描二维码，浏览电子活页中的相关内容，试用与熟悉其他设置图片文字环绕效果的方法。

9. 美化图片

（1）设置图片样式

【方法 1】：选中图片，在“图片工具”选项卡中单击“效果”按钮，在如图 1-119 所示的下拉列表中可选择对应选项中级联面板中的命令，分别设置图片的“阴影”、“倒影”、“发光”、“柔化边缘”、“三维旋转”等效果。

鼠标指针指向“柔化边缘”选项，在弹出的列表中选择“10 磅”，如图 1-120 所示，即可设置图片为“10 磅柔化边缘”的效果。

图 1-119 “效果”按钮的下拉列表

【方法 2】在“效果”按钮下拉列表中选择“更多设置”命令，打开如图 1-121 所示的“属性”任务窗格，从弹出的下拉列表中选择所需的样式。

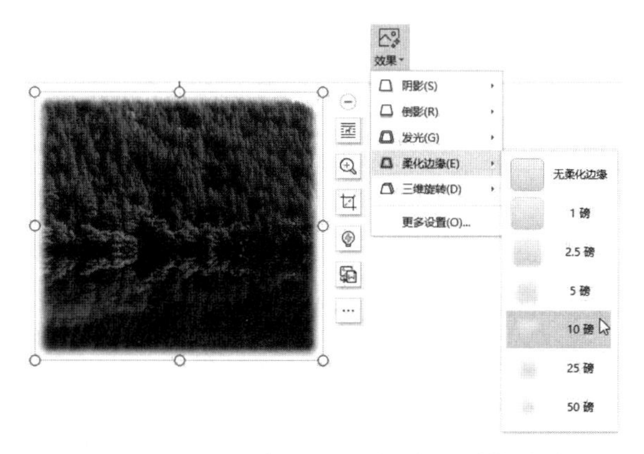

图 1-120　设置图片为“10 磅柔化边缘”的效果

例如，在效果的“属性”窗格“发光”位置右侧单击箭头按钮▾，在弹出的“发光”设置面板中选择“矢车菊蓝，11pt 发光，着色 1”选项，如图 1-122 所示，设置选中图片具有对应形式的“发光”效果。

图 1-121　“属性”任务窗格

（2）设置图片边框

在“图片工具”选项卡的“设置形状格式”选项组中单击“边框”按钮，从下拉面板中选择所需的命令，对图片的边框进行设置即可。在“边框”下拉面板中可以设置边框颜色、线型、虚线线型、稻壳图片边框，这里设置线型为“1 磅”。

（3）调整图片的亮度和对比度

选中文档中的图片，切换到“图片工具”选项卡，在“设置形状格式”选项组中分别单击“增加对比度”按钮和“降低对比度”按钮，可以调整图片的对比度；单击“增加亮度”按钮和“降低亮度”按钮，可以调整图片的亮度。

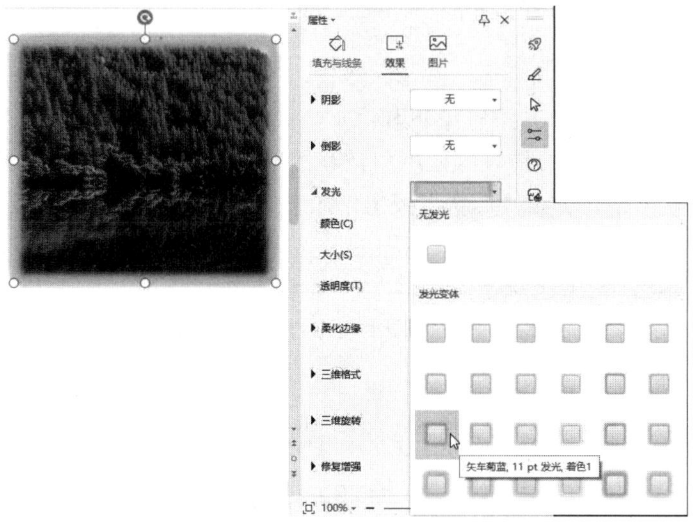

图 1-122　在“发光”设置面板中选择“矢车菊蓝，11pt 发光，着色 1”选项

（4）调整图片的色调

选中文档中的图片，切换到“图片工具”选项卡，单击“色彩”按钮，从下拉菜单的 4 种色调（自动、灰度、黑白、冲蚀）中选择一种即可，如图 1-123 所示。

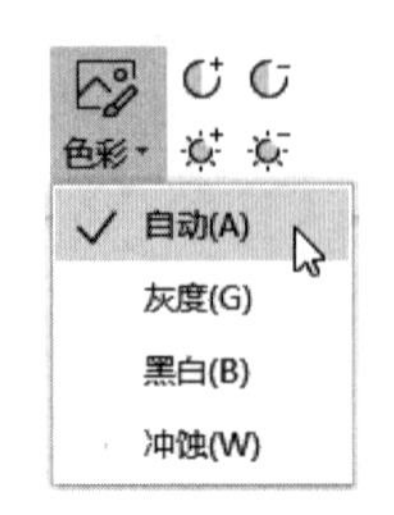

图 1-123　“色彩”按钮的下拉列表

10. 屏幕截图

WPS 文字提供了屏幕截图功能，用户在编写文档时，可以直接截取程序窗口或屏幕中某个区域的图像，这些图像将自动插入当前光标所在的位置。

操作方法为：在“插入”选项卡中单击“更多”按钮，在下拉菜单中选择“截屏”→“屏幕截图”命令，如图 1-124 所示，可以实现全屏截取图像；如果要自定义截取图像，则选择“截屏”→“自定义区域截图”命令，在图片中拖动鼠标，选取要截取的图片区域，然后松开鼠标按键即可。

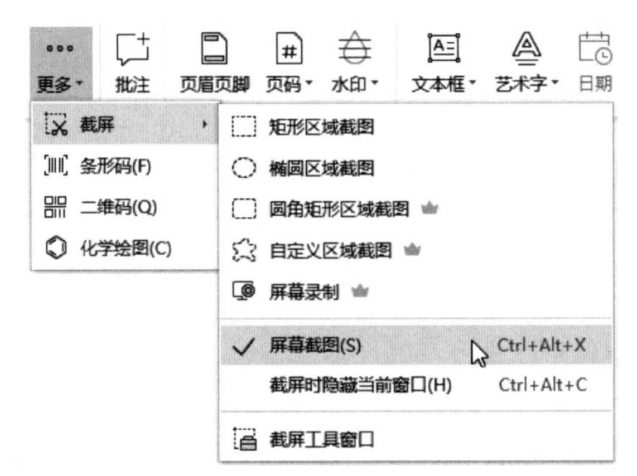

图 1-124　在“截屏”级联菜单中选择“屏幕截图”命令

1.8.2　绘制与编辑图形

在 WPS 文字中，可以插入矩形、圆形、线条、流程图符号、文本框等形状，也可以插入智能图形和艺术字，并且能对其进行编辑和添加效果。

WPS 文字提供的“绘图工具”可让用户按其需要在文档中绘制图形、标志等。

在“插入”选项卡中，单击“形状”按钮，弹出的下拉列表中包括“线条”、“矩形”、“基本形状”、“箭头总汇”、“公式形状”、“流程图”、“星与旗帜”、“标注”等 8 类预设类型以及“新建绘制画布”选项。

在文档中选中一种已绘制的图形，工具栏中对应的“绘图工具”选项卡如图 1-125 所示。

图 1-125　“绘图工具”选项卡

图形绘制完成后，如果需要更改形状，在“绘制工具”选项卡中，依次单击“编辑形状”→“更改形状”按钮，在弹出的预设形状列表中重新选择其他图形即可，如图 1-126 所示。“形状样式”选项组中有多种已定义样式和自定义形状的填充、轮廓和形状效果。

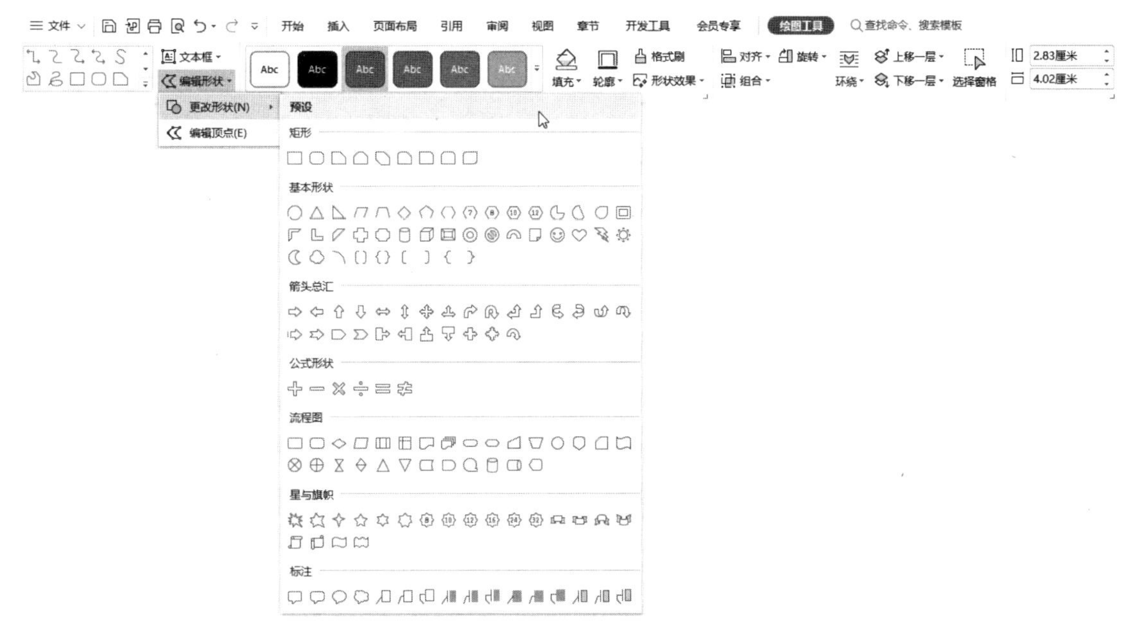

图 1-126　“更改形状”下拉列表

图形的复制、移动、删除、添加边框和底纹的操作方法与文档中文本的操作方法基本一致，也有一些不同之处。操作前提仍然是先选定要编辑的图形。

【示例分析 1-10】图形的绘制与编辑

1. 插入图形

（1）直接在文本编辑区域中绘制非等比例图形

切换到“插入”选项卡，单击“形状”按钮，在弹出的下拉列表中选择“预设”中的图形按钮，在文本编辑区域鼠标指针变成“十”形状，在需要绘制图形的开始位置按住鼠标左键并拖动到结束位置，然后释放鼠标按键，即可绘制出基本图形。

（2）直接在文本编辑区域中绘制等比例图形

在文本编辑区域按住鼠标左键，同时按住【Shift】键拖动鼠标就可以绘制等比例的图形，如正方形、正圆形、等边三角形和立方体等。

（3）借助绘图画布绘制多个图形

当要插入多个图形时，为避免随着文档中其他文本的增删而导致插入形状的位置发生错误，手动绘图建议在“画布”中进行。

在“形状”下拉菜单中选择“新建绘图画布”命令，即可在文档中插入空白画布，接着向其中插入图形，设置叠放次序并对其进行组合操作。

打开 WPS 文档“绘制与编辑图形.wps”，在“形状”下拉菜单中选择“新建绘图画布”命令，在该文档中插入空白画布，然后在“画布”中插入两个三角形和一个矩形，如图 1-127

所示。

2. 选择图形对象

在对某个图形对象进行编辑之前，首先要选定该图形对象，操作方法介绍如下。

（1）选定一个图形

如果要选定一个图形，移动鼠标指针到图形区域，鼠标指针形状变成“✥”时，单击该图形即可。一个图形被选定后会由一个方框包围，该方框的 4 条边线和 4 个角上均有控制点（也称为句柄），方框上边中点的上方还有一个旋转图形的控制点。同时在选定图形右侧会弹出浮动工具栏，如图 1-128 所示。

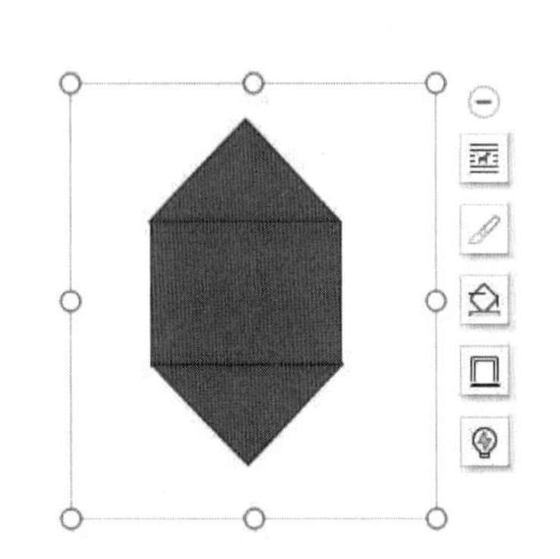

图 1-127 在“画布”中插入的两个三角形和一个矩形

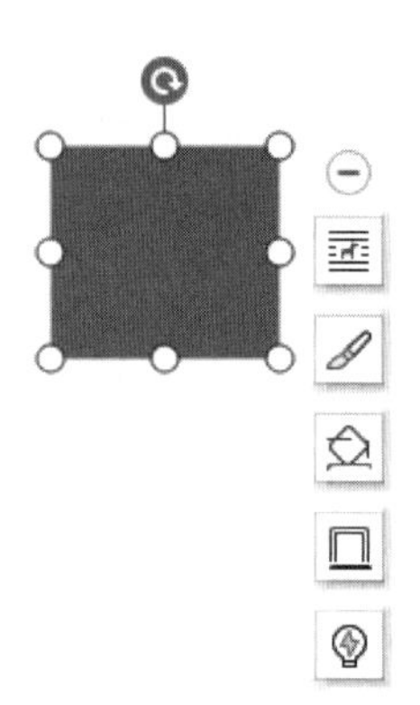

图 1-128 选中一个图形

（2）选定多个图形

如果要选定多个图形，按住【Shift】键的同时，用鼠标分别单击各个图形则可以一次性地选择多个图形。

3. 调整图形对象的大小

用鼠标拖动图形某个方向的控制点可以改变图形在该方向上的大小。

（1）将鼠标指针指向方框的上边中控制点或下边中控制点，鼠标指针变成↕形状时，按住鼠标左键上、下拖动鼠标，则可以调整图形的高度。

（2）将鼠标指针指向方框的左边中控制点或右边中控制点，鼠标指针变成↔形状时，按住鼠标左键左、右拖动鼠标，则可以调整图形的宽度。

（3）将鼠标指针指向方框的左上角控制点或右下角控制点，鼠标指针变成↘形状时，或者将鼠标指针指向方框的右上角控制点或左下角控制点，鼠标指针变成↗形状时，按住鼠标左键沿对角线方向拖动鼠标，可以同时调整图形的高度和宽度。

（4）如果要保持原图形的比例，按住【Shift】键的同时，拖动四角上的控制点即可。

（5）如果要以图形对象的中心为基点进行缩放，按住【Ctrl】键的同时，拖动控制点即可。

4. 复制图形

【方法 1】：选定图形后，按住【Ctrl】键的同时，按住鼠标左键拖动图形，到达文档中的目标位置后释放鼠标按键，即可将选定的图形复制到文档中的目标位置。

【方法 2】：选定图形对象后，在“开始”选项卡中单击“复制”按钮，将插入点移动到文档中的目标位置，在“开始”选项卡中单击“粘贴”按钮即可。

【方法 3】：选定图形对象后，按【Ctrl】+【C】快捷键实现复制操作，将插入点移动到文档中的目标位置，按【Ctrl】+【V】快捷键实现粘贴操作即可。

5. 移动图形

【方法 1】：选定图形后，按住鼠标左键直接拖动图形，到达文档中的目标位置后释放鼠标按键，即可将选定的图形移动到文档中的目标位置。

【方法 2】：选定图形对象后，在“开始”选项卡中单击“剪切”按钮，将插入点移动到文档中的目标位置，在“开始”选项卡中单击“粘贴”按钮即可。

【方法 3】：选定图形对象后，按【Ctrl】+【X】快捷键实现复制操作，将插入点移动到文档中的目标位置，按【Ctrl】+【V】快捷键实现粘贴操作即可。

【方法 4】：选定图形对象后，按方向键【←】、【↑】、【↓】、【→】可以在小范围内移动图形。

6. 对齐图形对象

【方法 1】：选定要对齐的多个图形对象，在浮动工具栏中单击相应对齐方式的按钮即可。如图 1-129 所示，在浮动工具栏中单击“水平居中”按钮，3 个图形“水平居中”对齐的效果如图 1-130 所示。

【方法 2】：选定要对齐的多个图形对象，切换到“绘图工具”选项卡，单击“对齐”按钮，从下拉菜单中选择所需的对齐方式即可。在“对齐”按钮的下拉菜单中选择“纵向分布”命令，3 个图形“纵向分布”效果如图 1-131 所示。

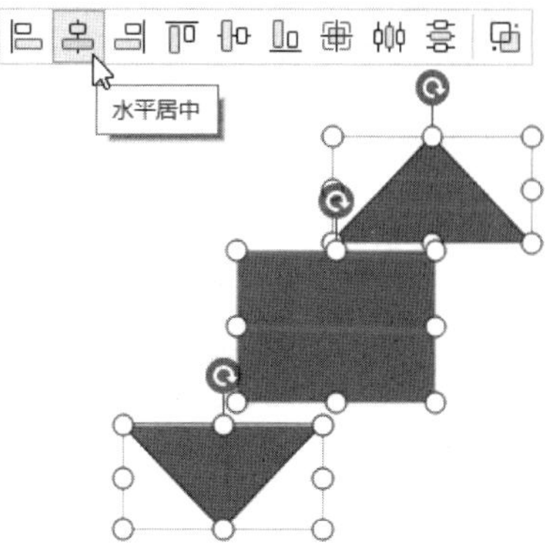

图 1-129　在浮动工具栏中单击“水平居中”按钮

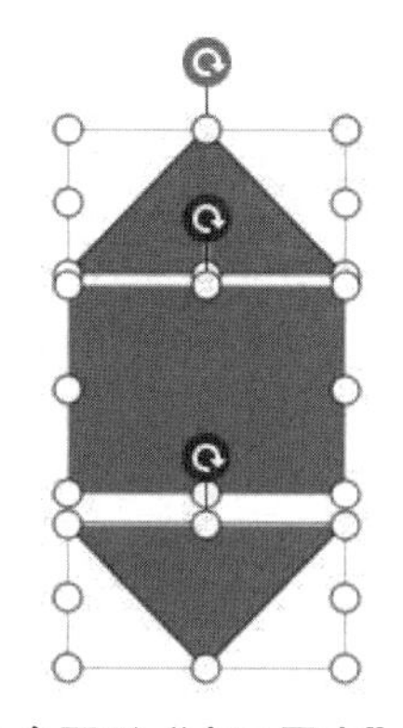

图 1-130　3 个图形“水平居中”对齐的效果

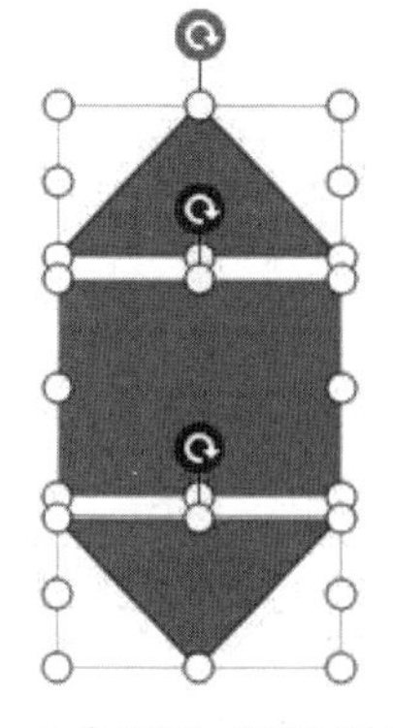

图 1-131　3 个图形“纵向分布”效果

7. 叠放图形对象

（1）多个叠放图形的上移与下移操作

在同一区域绘制多个图形时，后来绘制的图形将覆盖前面的图形，如图 1-132 所示。如果要改变图形的叠放次序，则需要选定要移动的图形对象，例如，图 1-132 所示选中了矩形对象，若图形被隐藏在其他图形下面，可以按【Tab】键来选定该图形对象。

多个叠放图形的上移与下移操作的方法介绍如下。

【方法 1】：选中上层的图形对象，如图 1-132 所示，然后在“绘图工具”选项卡中单击“下移一层”按钮，在弹出的下拉菜单中选择“下移一层”命令，如图 1-133 所示。

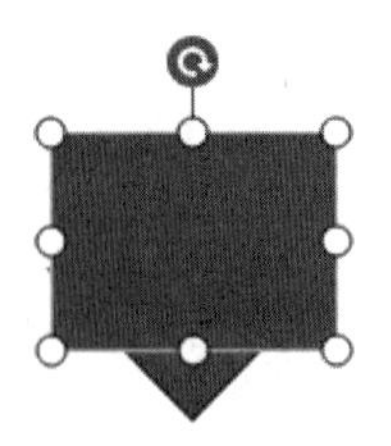

图 1-132　选定置于上层的“矩形”

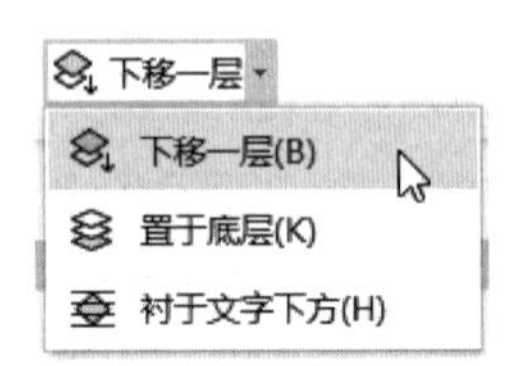

图 1-133　选择“下移一层”命令

【方法 2】：如果叠加的图形对象有 2 个以上，选中 1 个上层的图形对象，可以在下拉菜单中选择“置于底层”命令，将所选中的图形置于多个对象的底层。

【方法 3】：选中下层的图形对象，如图 1-134 所示，然后在“绘图工具”选项卡中单击“上移一层”按钮，在弹出的下拉菜单中选择“上移一层”命令，如图 1-135 所示。

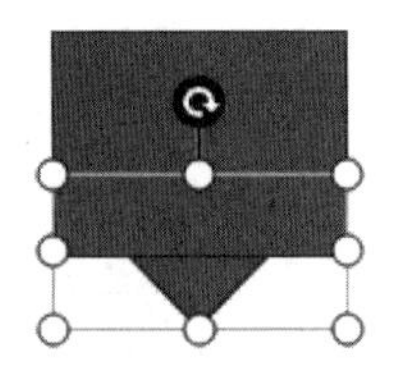

图 1-134　选定置于下层的“三角形”

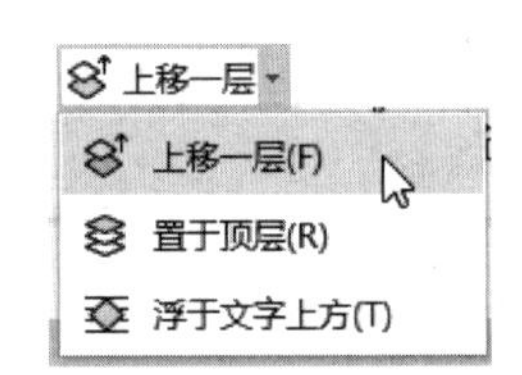

图 1-135　选择“上移一层”命令

【方法 4】：如果叠加的图形对象有 2 个以上，选中 1 个下层的图形对象，则可以在下拉菜单中选择“置于顶层”命令，将所选中的图形置于多个对象的顶层。

（2）调整图形与正文中文字的相对位置

如果要将图形对象置于正文文字上方，可以先选中该图形对象，如图 1-136 所示，然后在“上移一层”按钮的下拉菜单中选择“浮于文字上方”命令即可，图形浮于文字上方的外观效果如图 1-137 所示。

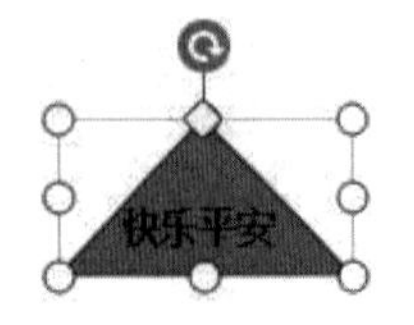

图 1-136　选中下层的三角形

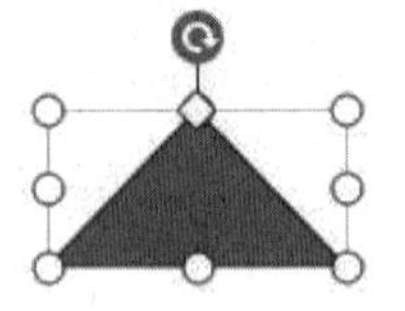

图 1-137　图形浮于文字上方的外观效果

如果要将图形对象置于正文文字的下方，可以先选中该图形对象，如图 1-137 所示，然后在“下移一层”按钮的下拉菜单中选择“衬于文字下方”命令即可，图形衬于文字下方的外观效果如图 1-136 所示。

8. 图形组合/取消组合

（1）组合多个图形对象

组合图形前，按住【Shift】键并逐个选中这些图形，如图 1-138 所示，然后使用以下方法进行组合操作。

【方法 1】：在“绘图工具”选项卡中单击“组合”按钮，在弹出的下拉列表中选择“组合”命令，如图 1-139 所示，即可实现图形组合。

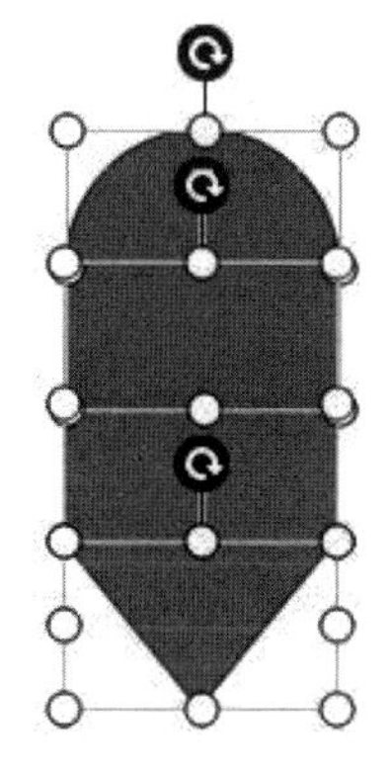

图 1-138　选中多个待组合的图形

图 1-139　在“组合”按钮的下拉菜单中选择“组合”命令

【方法 2】：选中多个图形对象后，右击选中的图形，在弹出的快捷菜单中选择“组合”命令，如图 1-140 所示，即可把多个简单图形组合起来形成一个整体，选中组合后的图形外观如图 1-141 所示。

（2）取消图形组合

【方法 1】：选中组合后的图形对象，如图 1-141 所示，在“绘图工具”选项卡中单击“组合”按钮，在下拉列表中选择“取消组合”命令，如图 1-142 所示，即可把一个组合图形拆分为多个图形，分别进行处理。

【方法 2】：右击组合后的图形对象，在弹出的快捷菜单中选择“取消组合”命令，如图 1-143 所示，即可把一个组合图形拆分为多个图形，恢复图形之前的状态。

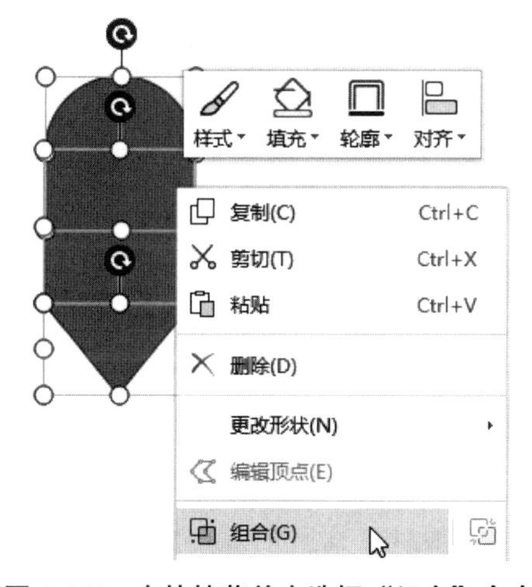

图 1-140　在快捷菜单中选择“组合”命令

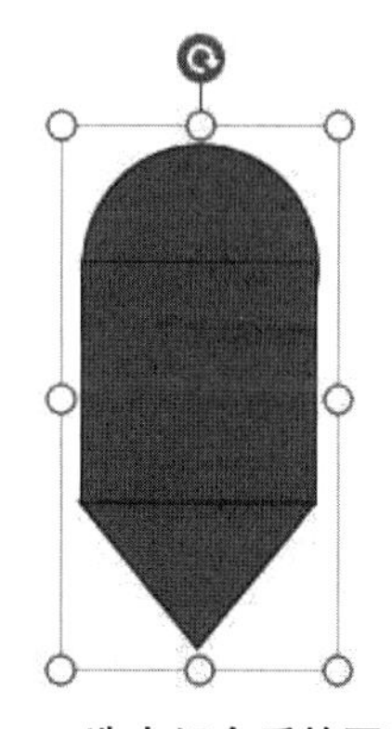

图 1-141　选中组合后的图形外观

图 1-142 在“组合”按钮的下拉菜单中选择“取消组合”命令

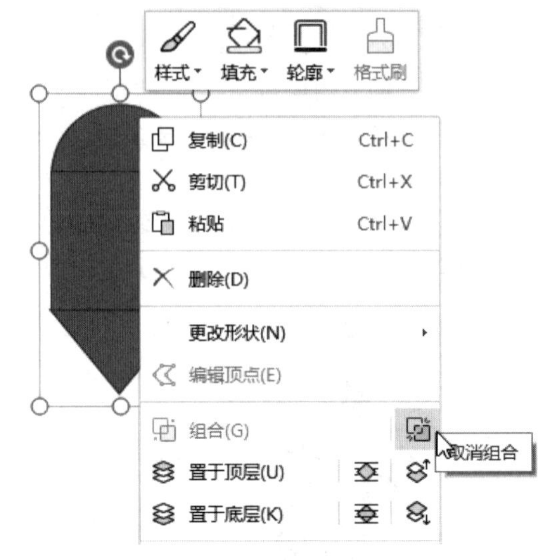

图 1-143 在快捷菜单中选择“取消组合”命令

9. 在图形中添加与编辑文字

（1）在图形中添加文字

右击文档中的图形对象，在弹出的快捷菜单中选择“添加文字”命令（图形未输入文字时），如图 1-144 所示。图形进入添加文字状态，图形出现光标，如图 1-145 所示。然后在图形区域中输入文字即可，如图 1-146 所示。接着适当调整图形和文字大小，使它们融为一体。

（2）编辑图形中的文字

右击文档中的图形对象后，在弹出的快捷菜单中选择“编辑文字”命令（图形已输入文字时），如图 1-147 所示，然后在图形区域中修改或删除文字即可。

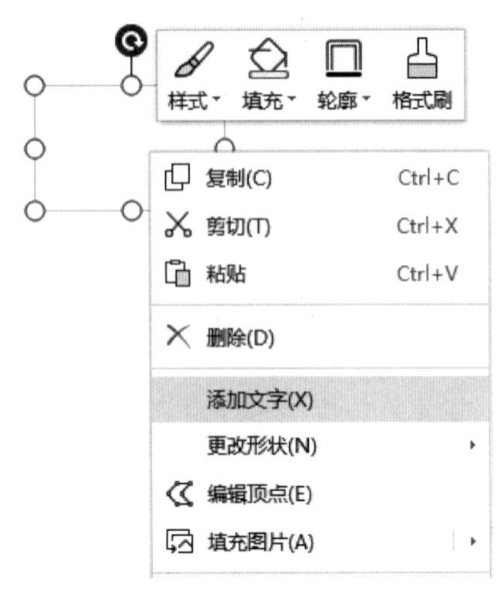

图 1-144 在选中图形的快捷菜单中选择“添加文字”命令

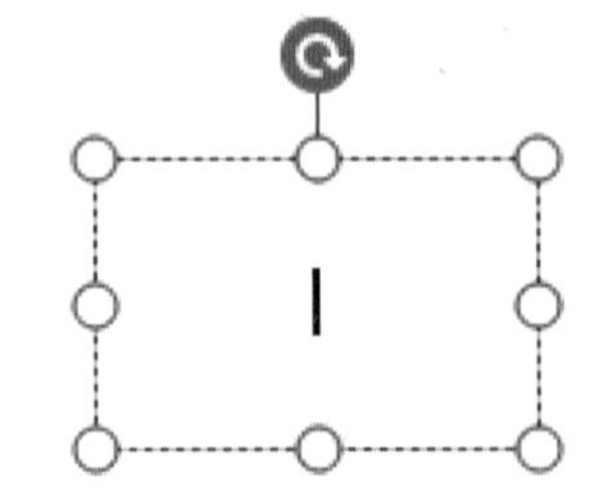

图 1-145 图形进入添加文字状态

图 1-146　在图形区域中输入文字“快乐平安”

图 1-147　在选中图形的快捷菜单中选择“编辑文字”命令

10. 删除图形

以下多种方法都可以将文档中的图形删除。

【方法 1】：选定图形后，按【Delete】键即可删除该图形。

【方法 2】：右击图形后，在弹出的快捷菜单中选择“删除”命令即可删除该图形。

【方法 3】：右击图形后，在弹出的快捷菜单中选择“剪切”命令也可以删除该图形。

11. 选择形状样式

（1）绘制一根带箭头的线段

在文档中绘制一根带箭头的线段，如图 1-148 所示。

图 1-148　文档中绘制的带箭头线段

（2）选择带箭头线段的形状样式

【方法 1】：在“绘图工具”选项卡的“形状样式”列表框中选择形状样式。

在“绘图工具”选项卡的“形状样式”列表框中选择一种形状样式，例如，选择“细微线-强调颜色 1”选项，如图 1-149 所示。

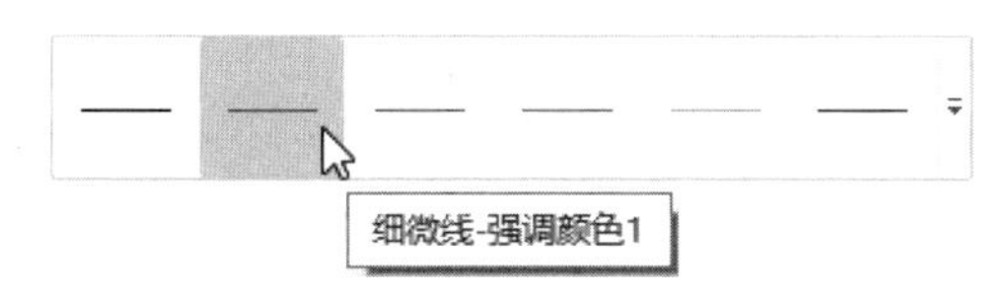

图 1-149　在“形状样式”列表框中选择“细微线-强调颜色 1”选项

【方法 2】：在“形状样式”下拉列表中选择形状样式。

在“绘图工具”选项卡中单击“形状样式”列表框右侧的箭头按钮，在弹出下拉列表中选择一种形状样式，例如，选择“强调线-强调颜色 3”，如图 1-150 所示。

【方法 3】：在浮动工具栏的“形状样式”列表框中选择形状样式。

选中文档的图形，这里选中带箭头的线段，在浮动工具栏中单击“形状样式”按钮，如图 1-151 所示，在弹出的“形状样式”列表框中选择所需的形状样式即可。

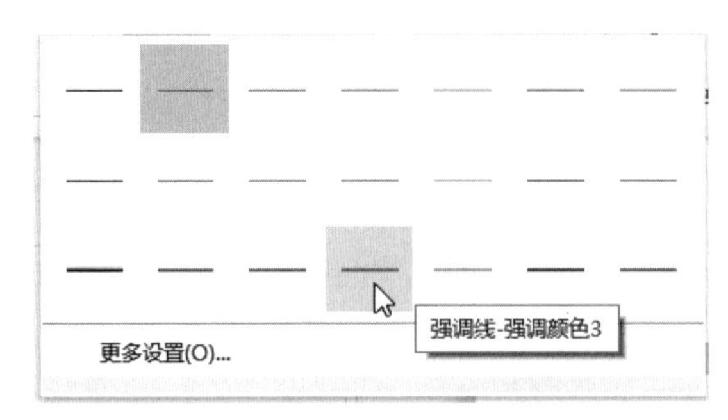

图 1-150 在“形状样式”下拉列表中选择“强调线-强调颜色 3”选项

图 1-151 在浮动工具栏的“形状样式”列表框中选择形状样式

（3）绘制一个菱形

在文档中绘制一个菱形，如图 1-152 所示。

图 1-152 文档中绘制的菱

（4）选择形状样式

选择形状样式有多种方法，以下方法是常用方法之一：

在“绘图工具”选项卡的“形状样式”列表框中选择一种形状样式即可，如图 1-153 所示。

图 1-153 在“形状样式”列表框中选择菱形的形状样式

电子活页 1-9

选择形状样式

请扫描二维码，浏览电子活页中的相关内容，试用与熟悉其他选择形状样式的方法。

12. 设置图形边框颜色

WPS 文档中设置图形边框颜色的方法有多种，以下方法是设置图形边框颜色的常用方法之一：

选中图形对象后，这里选中带箭头的线段，在浮动工具栏中单击“形状轮廓”按钮，在弹出的颜料盒中选取边框颜色即可，如图 1-154 所示，在颜料盒的“主题颜色”区域中选中“黑色，文本 1”，即设置带箭头的线段颜色为“黑色”。

请扫描二维码，浏览电子活页中的相关内容，试用与熟悉其他设置图形边框颜色的方法。

电子活页 1-10

设置图形边框颜色

13. 设置图形填充颜色

WPS 文档中设置图形填充颜色的方法有多种，以下方法是设置图形填充颜色的常用方法之一：

在 WPS 文档中选中图形对象后，这里选中菱形，在浮动工具栏中单击“形状填充”按钮，在弹出的颜料盒中选取边框颜色即可，如图 1-155 所示，在颜料盒的“标准色”区域中选中“橙色”，即设置菱形的填充颜色为“橙色”。

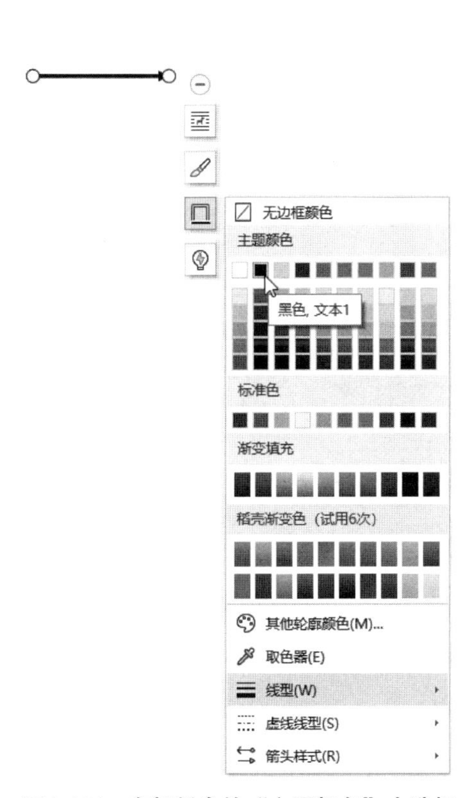

图 1-154　在颜料盒的“主题颜色”中选择“黑色，文本 1”

图 1-155　在颜料盒的“标准色”中选择“橙色”

请扫描二维码，浏览电子活页中的相关内容，试用与熟悉其他设置图形填充颜色的方法。

这里由于并没有对菱形的边框颜色进行设置，所以菱形的边框颜色保持默认颜色不变。

电子活页 1-11

设置图形填充颜色

14. 设置图形线型、虚线线型和箭头样式

WPS 文档中设置图形线型、虚线线型和箭头样式的方法有多种，以下方法是常用方法之一：

选中图形对象后，在“绘图工具”选项卡中单击“轮廓”按钮，在弹出的下拉列表中选择“线型”选项，在弹出的级联选项中选择一种线型可以改变线条的粗细，例如，选择“2.25 磅”的线型。

单击“虚线线型”选项可以改变虚线的线型和粗细，如图 1-156 所示；单击“箭头样式”选项可以改变前端、后端箭头的形状和大小，如图 1-157 所示。

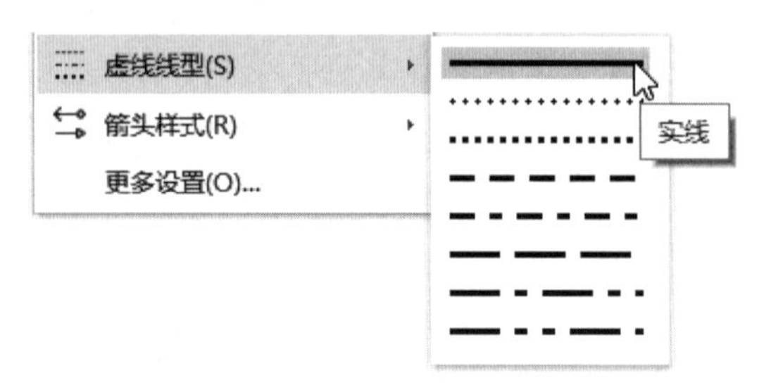

图 1-156　设置虚线的线型和粗细

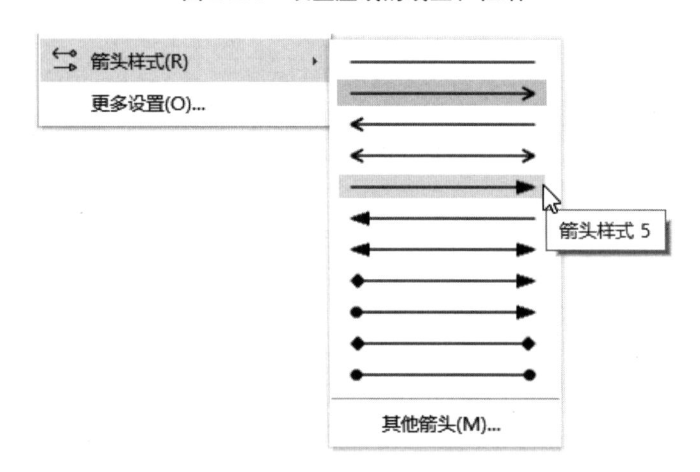

图 1-157　设置“箭头样式”

请扫描二维码，浏览电子活页中的相关内容，试用与熟悉其他设置图形线型、虚线线型和箭头样式的方法。

电子活页 1-12

设置图形线型、虚线线型和箭头样式

15. 设置图形的外观效果

WPS 文字还可以给文档中的图形设置阴影、倒影、发光、柔化边缘、三维格式、三维旋转等外观效果，这里以设置图形对象的“阴影”效果为例介绍设置图形外观效果的主要方法。

【方法 1】：先选中图形对象，在“绘图工具”选项卡中，单击“形状效果”按钮，在弹出的下拉列表中选择“阴影”选项，在其级联面板的“外部”栏中选择“右上斜偏移”选项，如图 1-158 所示。设置了阴影效果的菱形外观如图 1-159 所示。

【方法 2】：先选定要添加外观效果的图形对象，然后打开“属性”任务窗格，且切换到“效果”选项卡，如图 1-160 所示。从“阴影”下拉列表框中选择一种预设样式，如图 1-161 所示。

图 1-158　在“阴影”级联面板中选择阴影效果

图 1-159　设置了阴影效果的菱形外观

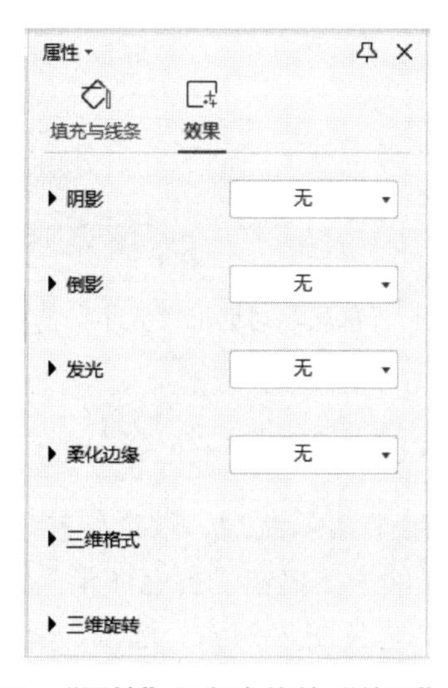

图 1-160　“属性”任务窗格的“效果”选项卡

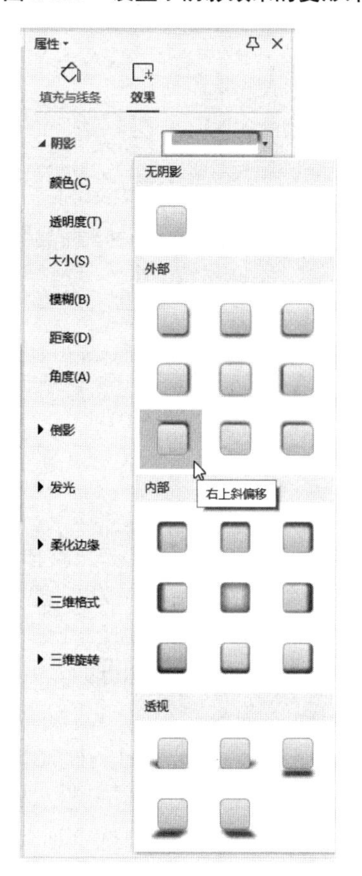

图 1-161　在“效果”选项卡中选择一种预设的阴影样式

16. 设置图形的文字环绕方式

WPS 文档中设置图形的文字环绕方式的方法有多种，以下方法是常用方法之一：

选中 WPS 文档的图片对象，这里选中菱形，然后在浮动工具栏中单击“布局选项”按钮，在弹出的“布局选项”面板中选择“文字环绕”方式，如图 1-162 所示，即可设置图片的文字环绕效果。

电子活页 1-13

设置图形的文字环绕方式

请扫描二维码，浏览电子活页中的相关内容，试用与熟悉其他设置图形的文字环绕方式的方法。

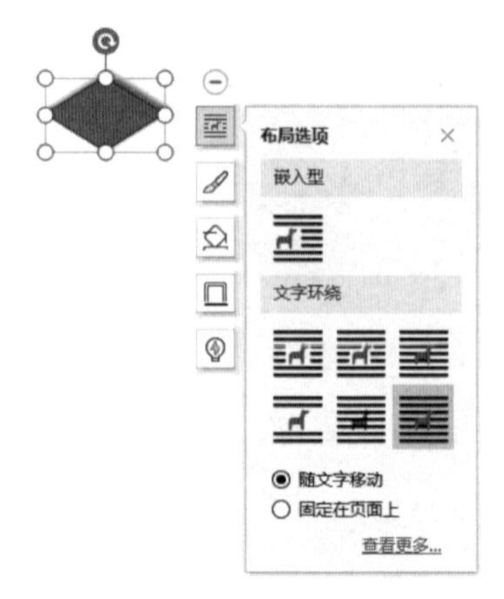

图 1-162　在浮动工具栏的“布局选项”面板中选择“文字环绕”方式

17. 设置图形的位置和大小

WPS 文字还可以通过右击图形对象，在弹出的快捷菜单中选择“其他布局选项”命令，在弹出的“布局”对话框的“位置”选项卡中可以设置图形的位置，如图 1-163 所示；在“布局”对话框的“大小”选项卡中可以设置图形的大小，如图 1-164 所示。

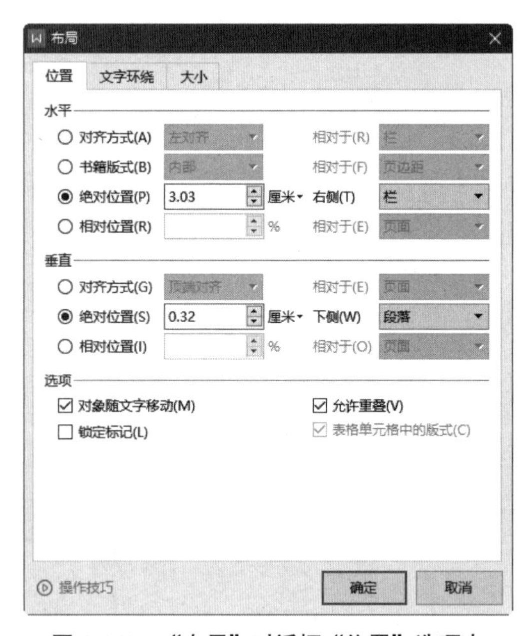

图 1-163　“布局”对话框“位置”选项卡

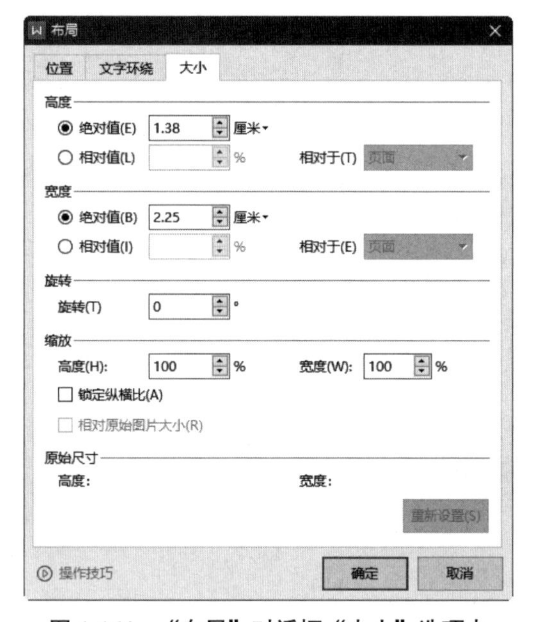

图 1-164　“布局”对话框“大小”选项卡

1.8.3　插入智能图形

智能图形是信息和观点的多样化视觉表现形式，主要用于演示流程、层次结构、循环和关系。在文档中插入智能图形的方法为：切换到“插入”选项卡，单击“智能图形”按钮，在打开的“智能图形”对话框中选择所需的图形，这里选择“垂直图片列表”选项，如图 1-165 所示。

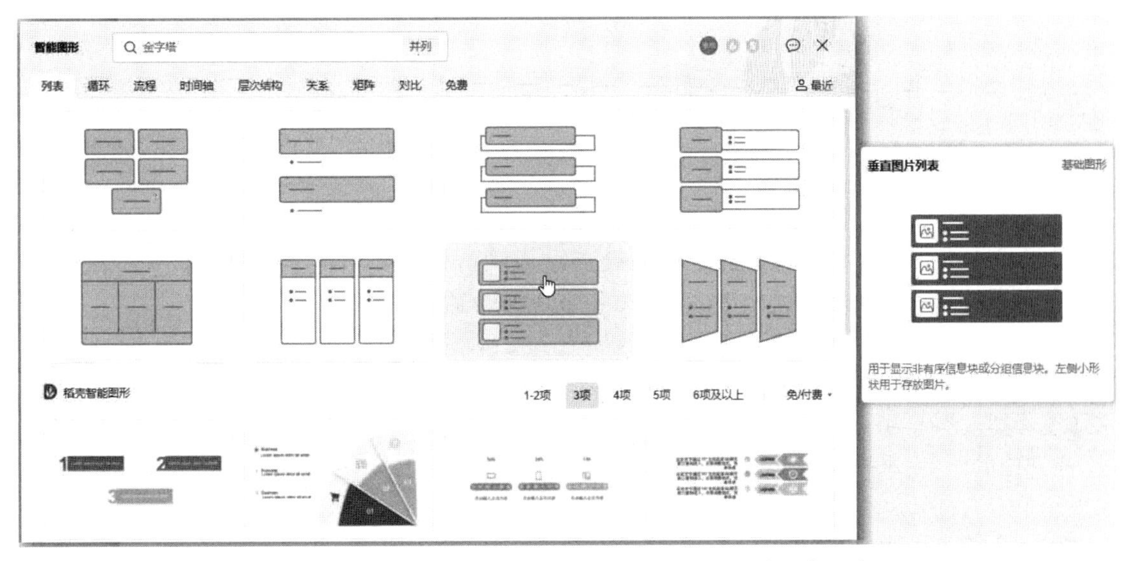

图 1-165　在“智能图形”对话框中选择“垂直图片列表”选项

文档中插入的“垂直图片列表”智能图形如图 1-166 所示。

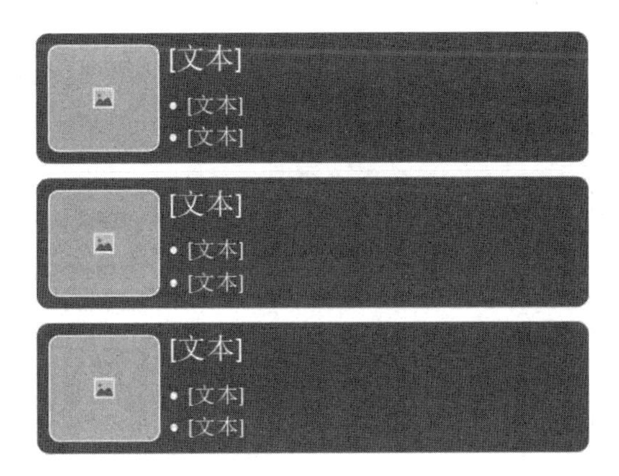

图 1-166　文档中插入的“垂直图片列表”智能图形

接着在智能图形中输入文字或插入图片即可。

在智能图形中插入文档后，通过“设计”（如图 1-167 所示）和“格式”（如图 1-168 所示）选项卡，可以对图形的整体样式、图形中的形状与文本等进行重新设置。

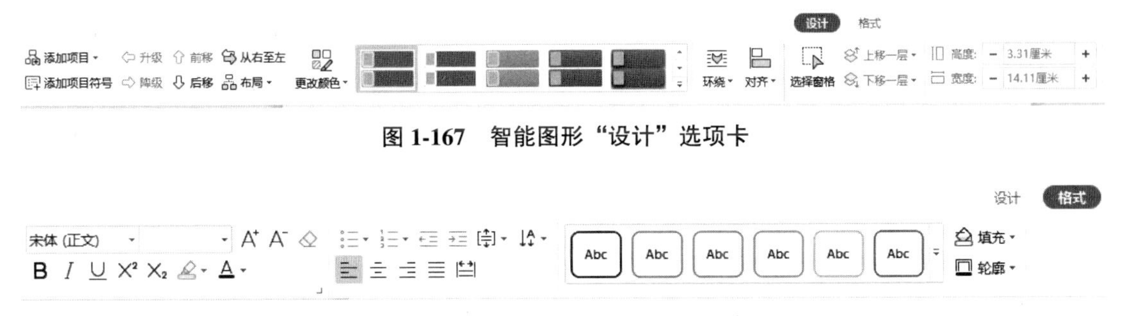

图 1-167　智能图形“设计”选项卡

图 1-168　智能图形“格式”选项卡

1.8.4　插入与设置文本框

1. 插入文本框

切换到“插入”选项卡，单击“文本框”按钮，使“文本框”图标呈现为选中状态，此时鼠标指针变为十形状，在文档编辑区域按住鼠标左键拖动，当文本框的大小合适后，释放鼠标按键，即可绘制一个文本框，并在该文本框中显示插入点标识“|”，如图 1-169 所示。

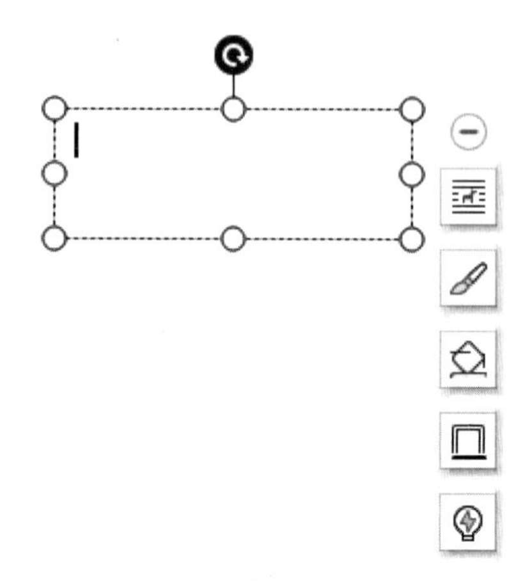

图 1-169　文档中插入的文本框

在“插入”选项卡中单击“文本框”右侧的箭头按钮 ▾，在弹出的下拉列表中有多种预设形状文本框和稻壳文本框。在该下拉列表中选择一种所需的文本框样式，然后在文档中快速绘制带格式的文本框即可。

2. 设置文本框格式

右击文本框的边框，从弹出的快捷菜单中选择“设置对象格式”命令，打开“属性”窗格。在“文本选项”选项卡中选择“文本框”选项，在“文本框”栏中可设置“左边距”、“右边距”、“上边距”和“下边距”4 个微调框中的数值，如图 1-170 所示，调整文本框内文字与文本框四周边框之间的距离。在该选项卡中还可以设置垂直对齐方式、文字方向、选择文字边距类型。

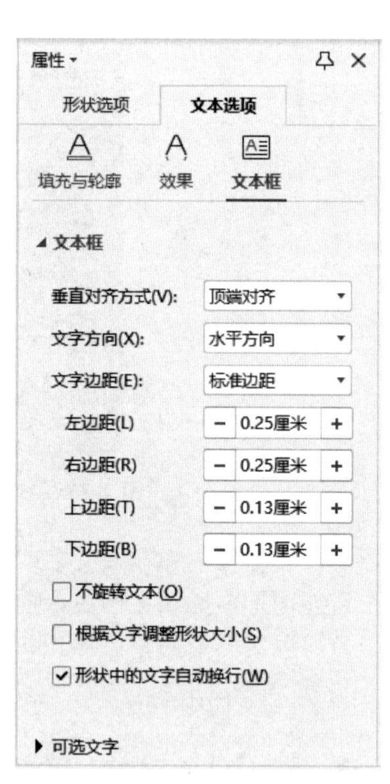

图 1-170　“属性”窗格“文本框”选项

1.8.5　插入与编辑艺术字

有时希望文档中的文字有一些特殊的显示效果，例如，产生弯曲、倾斜、旋转、拉长和阴影等效果，让文档显得更加生动活泼、富有艺术感。WPS 文字提供了大量的艺术字样式，在编辑 WPS 文字文档时，可以套用与文档风格最接近的艺术字，以获得更佳的视觉效果。

【示例分析 1-11】艺术字的插入与编辑

1. 插入艺术字

创建与打开文档“插入与设置艺术字.docx”，然后参考以下步骤在该文档中插入艺术字。

在文档中插入艺术字的方法为：切换到“插入”选项卡，单击“艺术字”按钮，从其下拉列表中选择一种艺术字样式。

在文档中插入点位置会显示一个输入艺术字的文本框，默认文字为“请在此放置您的文字”，如图 1-171 所示。

图 1-171　文档中输入艺术字的文本框

然后，在光标所处位置的“艺术字”文本框中输入文本内容，例如，输入“快乐平安”，如图 1-172 所示。

图 1-172　“艺术字”文本框中输入“快乐平安”文字

文档中插入的艺术字外观效果如图 1-173 所示。

快乐平安

图 1-173　文档中插入的艺术字外观效果

2. 编辑艺术字的文本内容

文本框内的艺术字可以像文档中的文字一样进行修改、删除和输入新的文字。

3. 设置艺术字的特殊效果

对插入到文档中的艺术字进行设置时，可以利用“绘图工具”和“文本工具”选项卡中各个相关选项进行操作即可。

“绘图工具”选项卡如图 1-174 所示，利用“绘图工具”选项卡中各个选项可以设置艺术字的填充效果、轮廓效果、形状效果、文字环绕，还可以设置艺术字的大小、对齐方式、上下层相对关系、旋转艺术字及对多个艺术字进行组合，这些操作方法与图形类似，这里不再赘述。

图 1-174　“绘图工具”选项卡

“文本工具”选项卡如图 1-175 所示，利用“文本工具”选项卡中各个选项可以设置艺术字的字体格式和段落格式、选用文字预设样式和形状预设样式、设置文本填充和文本轮廓、设置文本效果格式、设置形状填充和形状轮廓、设置形状效果格式等。

图 1-175　“文本工具”选项卡

（1）使用“文本工具”选项卡中的“文本效果”列表设置艺术字的阴影效果

先在文档中选中艺术字，然后在“文本工具”选项卡中单击“文本效果”按钮，弹出的下拉菜单如图 1-176 所示，文本效果包括“阴影”、“倒影”、“发光”、“三维旋转”和“转换”等多种效果。

利用“文本工具”选项卡中的“文本效果”下拉菜单及其级联菜单或级联面板可以设置艺术字的特殊文本效果，并且可以同时添加多种叠加效果，还可以编辑文本并为文本设置形状转换等，可以不断选择尝试直到满足要求为止。

在弹出的下拉菜单中选择“阴影”，在其级联面板“透视”栏中选择“左上对角透视”即可，如图 1-177 所示。

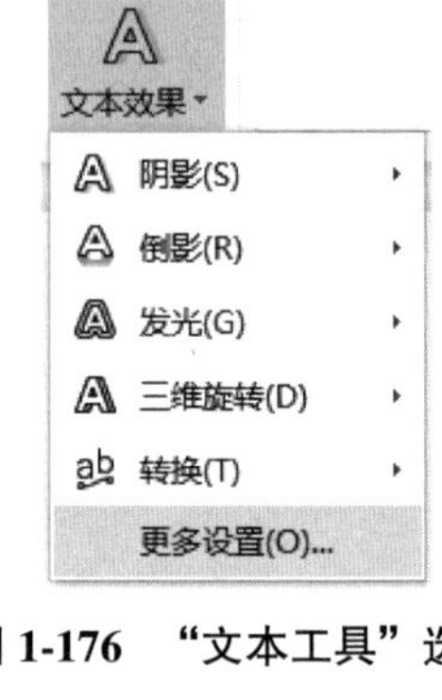

图 1-176　“文本工具”选项卡中“文本效果”下拉菜单

图 1-177　在“文本效果”列表中设置艺术字的阴影效果

艺术字的阴影效果如图 1-178 所示。

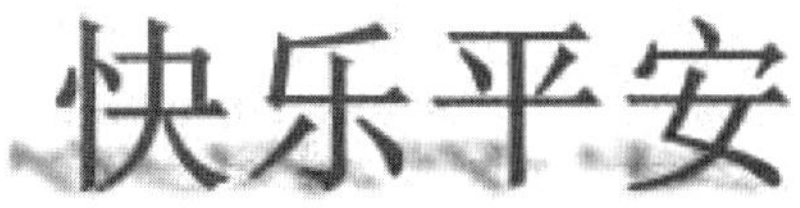

快乐平安

图 1-178　艺术字的阴影效果

（2）使用“文本工具”选项卡中的“文本效果”列表设置艺术字的倒 V 形的形状转换效果

先在文档中选中艺术字，然后在“文本工具”选项卡中单击“文本效果”按钮，在弹出的下拉菜单中选择“转换”，在其级联面板“弯曲”栏中选择“倒 V 形”即可，如图 1-179 所示。

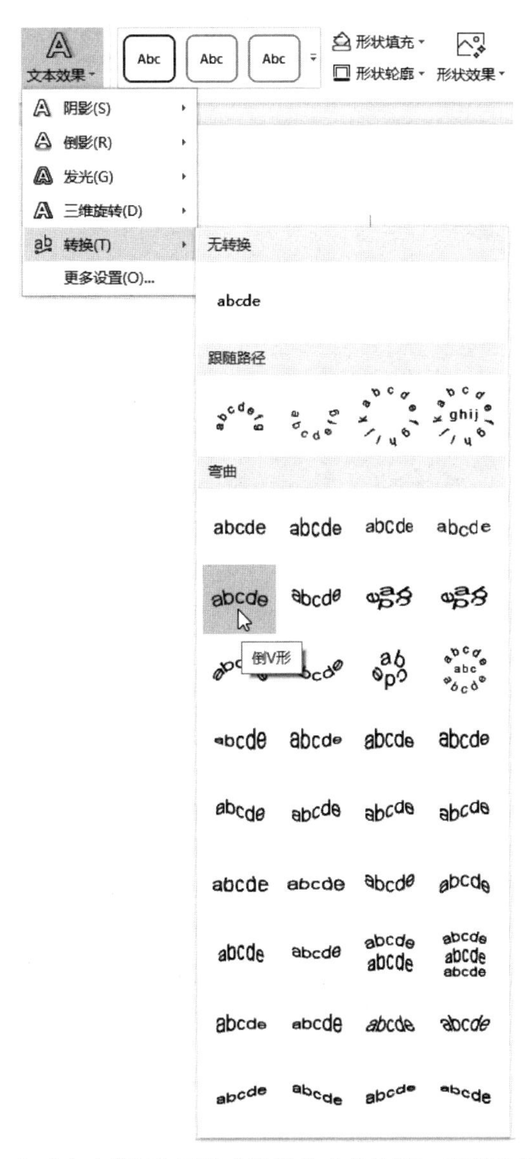

图 1-179　在“文本效果”列表中设置艺术字的倒 V 形的形状转换效果

艺术字按所设置的文字效果显示，倒 V 形效果如图 1-180 所示。

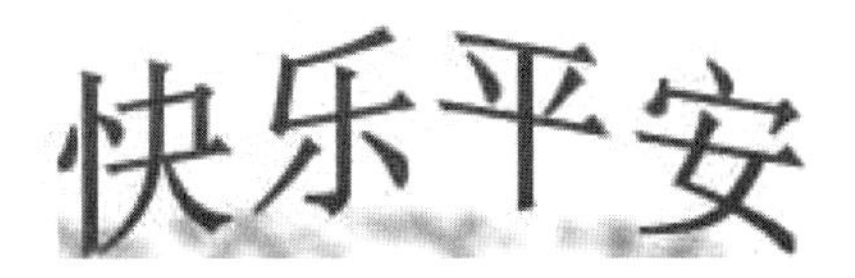

图 1-180　艺术字的倒 V 形效果

（3）使用“属性”窗格“文本选项”选项卡的“效果”面板设置艺术字的文本效果

打开“属性”窗格“文本选项”选项卡的“效果”面板有以下多种方法。

【方法 1】：在“文本工具”选项卡下“艺术字样式”选项组的下拉列表中选择“更多设置”命令。

【方法 2】：在“文本工具”选项卡中单击“文本效果”按钮，然后在弹出的下拉菜单中选择“更多设置”命令。

【方法 2】：在“设置文本效果格式”选项组中单击对话框启动按钮。

以上多种方法均可打开“属性”窗格“文本选项”选项卡，其“效果”面板如图 1-181 所示。

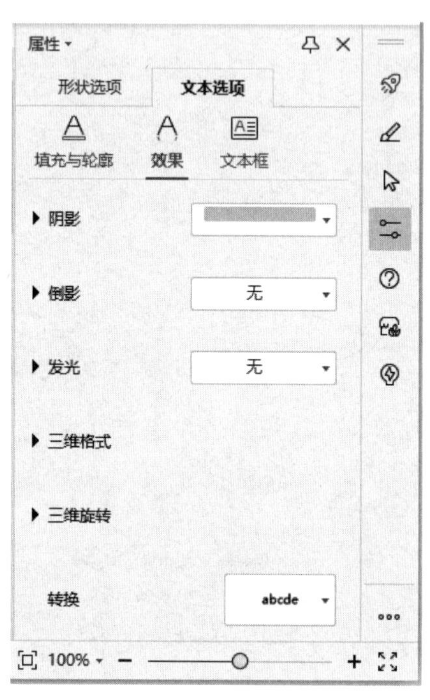

图 1-181　“属性”窗格“文本选项”选项卡的“效果”面板

在“属性”窗格“文本选项”选项卡中根据需要选择与设置艺术字所需效果即可。

1.8.6　插入与编辑公式

使用 WPS 文字的公式编辑器，可以在 WPS 文档中输入分数、指数、微分、积分、级数以及其他复杂的数学符号，也可以创建数学公式和化学方程式。

1. 使用“公式工具”直接在文档中输入与编辑公式

在文档中将插入点定位到要插入公式的位置。然后切换到“插入”选项卡，单击“公式”按钮，在下拉列表中选择“插入新公式”命令，打开如图 1-182 所示的“公式工具”选项卡，使用其中的相关命令输入与编辑公式即可。

图 1-182　“公式工具”选项卡

使用“公式工具”直接在文档中输入与编辑公式的示例分析详见本书的配套教材《信息技术技能提升训练》中对应单元的“技能训练”。

2. 在“公式编辑器”中输入与编辑公式

（1）打开“公式编辑器”窗口

在“插入”选项卡的“公式”下拉列表中选择“公式编辑器”命令，将会打开“公式编辑器”窗口和公式输入框，如图 1-183 所示。

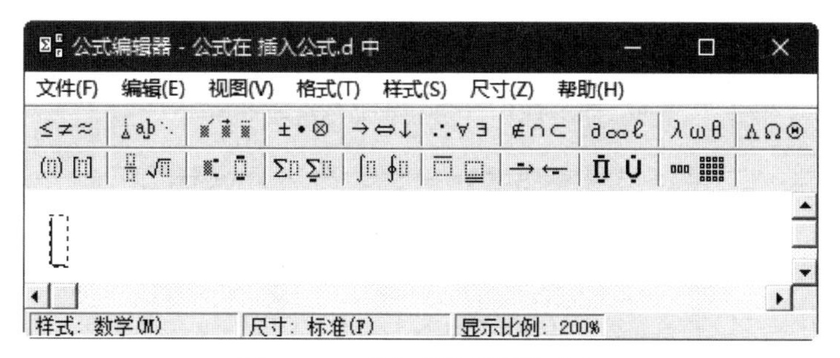

图 1-183　“公式编辑器”窗口

“公式编辑器”窗口由“标题栏”、“菜单栏”、“符号”工具栏和“模板”工具栏组成。“符号”工具栏中有关系符号、间距和省略号、修饰符号、运算符号、箭头符号、逻辑符号、集合论符号、其他符号、小写希腊字母、大写希腊字母等符号选项。

“模板”工具栏中有围栏、分式和根式、上标和下标、求和、积分、底线和顶线、标签箭头、乘积和集合论、矩阵等命令选项。

（2）输入变量和数字创建公式

可以从“符号”工具栏中挑选符号或模板，并输入变量和数字来建立复杂的公式。

如果要在公式中插入符号，直接单击“符号”或“模板”工具栏中对应的按钮，然后在弹出的符号列表或模板列表中选取所需的符号或模板，该符号或模板便会加入公式输入文本框中的插入点位置。用户还可以在对应结构的占位符内再插入其他符号或模板，以便建立复杂层次结构的多级公式。

在创建公式时，公式编辑器会根据数学上的排印惯例自动调整字体大小、间距和格式，而且可以自行调整格式并重新定义自动样式。

（3）关闭“公式编辑器”窗口

公式创建完成之后，在“公式编辑器”窗口“文件”下拉菜单中选择“退出并返回到插入公式”命令，关闭“公式编辑器”窗口并返回文档编辑窗口。

在“公式编辑器”中输入与编辑公式的示例分析详见本书的配套教材《信息技术技能提升训练》中对应单元的“技能训练”。

1.9　WPS 文字页面设置和打印输出

WPS 文档可以进行页面格式设置和文档输出设置，页面格式主要包括页中分栏，插入页眉和页脚、页面边框和背景设置等，用以美化页面外观。WPS 文字也提供了文档打印功能，还提供了在屏幕中模拟显示实际打印效果的打印预览功能。

页面格式将直接影响文档的最后打印效果，主要涉及“页面布局”选项卡和“插入”选项卡。“页面布局”选项卡主要有“主题设置”、“页面设置”、“页面背景设置”、“稿纸设置”和“排列设置”等选项组，如图 1-184 所示。也可以打开如图 1-185 所示的“页面设置”对话框进行页面格式设置。

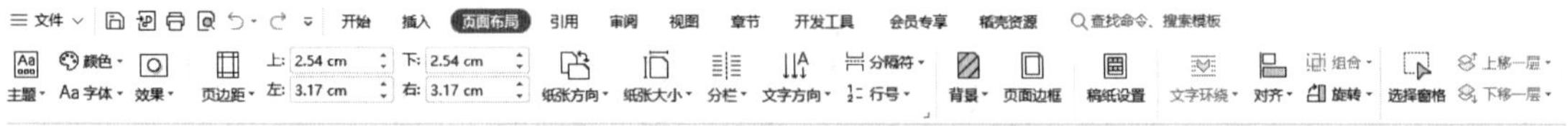

图 1-184　“页面布局”选项卡

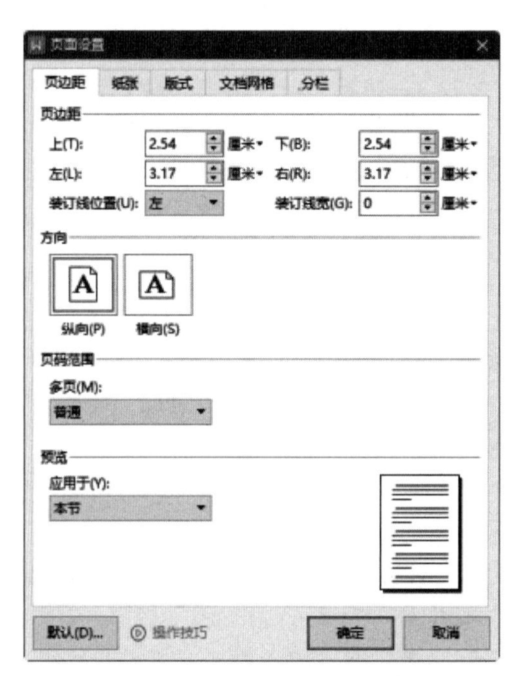

图 1-185　“页面设置”对话框

还可以打开“段落”对话框，切换到“换行和分页”选项卡，在该选项卡中进行分页设置。

1.9.1　设置分页与分节

1. 设置分页

WPS 文字具有自动分页功能，用户也可以根据需要在文档中手工分页，所插入的分页符称为人工分页符或硬分页符。

打开 WPS 文档，将光标定位到要作为下一页的段落开头，然后切换到“页面布局”选项卡，在“页面设置”选项组中单击“分隔符”按钮，从弹出的下拉菜单中选择“分页符”命令，如图 1-186 所示，即可在光标位置插入一个分页符，如图 1-187 所示，同时将光标所在位置后的内容下移一个页面。

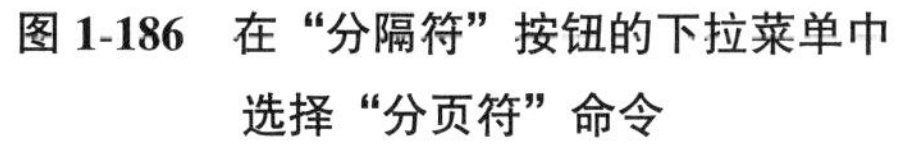

图 1-186　在“分隔符”按钮的下拉菜单中选择“分页符”命令

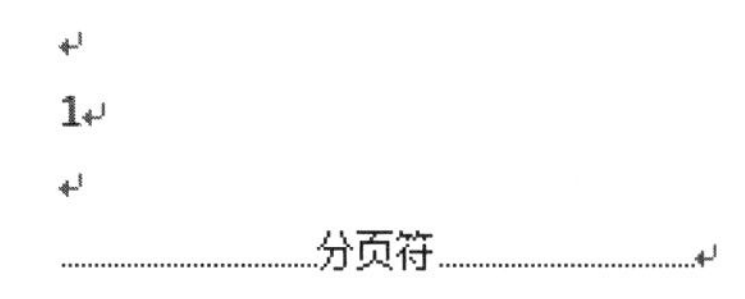

图 1-187　文档的页面中插入一个分页符

2. 设置分节

所谓的“节”，是指 WPS 文字用来对文档中多个段落进行分组处理的一种方式。对于新建立的文档，整个文档就是一节，只能使用一种版面格式编排。为了对文档的不同范围使用不同的格式，可以把文档分成若干个部分，即插入分节符，每个部分称为一节，每一节可以包括 1 个或多个段落，整个文档被划分为多节。

插入分节符的方法如下：切换到“页面布局”选项卡，在“页面设置”选项组中单击“分隔符”按钮，从弹出的下拉菜单中选择一种合适的分节符命令，即可插入相应的分节符。

这里有“下一页分节符”、“连续分节符”、“偶数页分节符”和“奇数页分节符”4 种类型可以选择，如果选择“下一页分节符”命令，则会在光标位置插入一个分节符，同时将光标所在位置后的内容下移一个页面，即分节与分页，如图 1-188 所示。

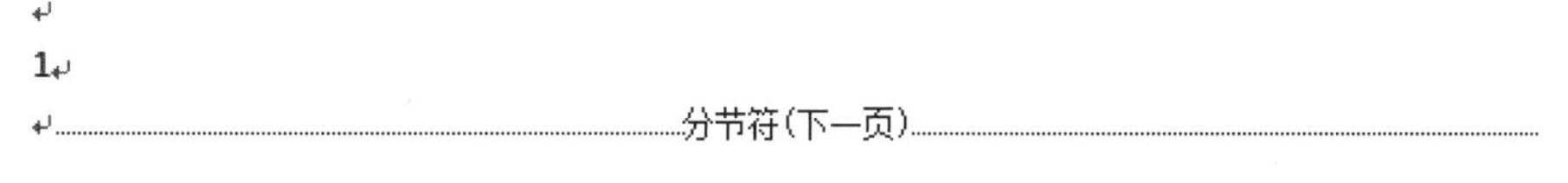

图 1-188　文档的页面中插入一个“下一页分节符”

如果选择“连续分节符”命令，则该文档的每页都会插入一个分节符，每页都自动分为一节；如果选择“偶数页分节符”命令，则该文档中所有偶数页都会自动插入一个分节符，所有偶数页都会自动分为一节；如果选择“奇数页分节符”命令，则该文档中所有奇数页都会自动插入一个分节符，所有奇数页都会自动分为一节。

1.9.2　分栏排版

分栏经常用于报纸、杂志和词典，它有助于版面的美观、便于阅读，同时也可以起到节约纸张的作用。所谓多栏文本，是指在一个页面上，自左至右并排排列文本内容的形式。

1. 设置分栏

（1）使用“分栏”预设列表快速进行分栏

WPS 文档可以使用“分栏”预设列表中的快速设置按钮进行 1～3 栏的分栏设置。

选定要设置分栏的文本内容，切换到“页面布局”选项卡，在“页面设置”选项组中单击“分栏”按钮，从下拉菜单中选择合适的分栏命令即可。如图 1-189 所示，在“分栏”按钮下拉菜单中选择“两栏”命令。分为两栏的文档页面如图 1-190 所示。

图 1-189　在“分栏”按钮下拉菜单中选择“两栏”命令

图 1-190　分为两栏的文档页面

（2）使用“分栏”对话框设置分栏

如果“分栏”按钮下拉菜单中预设的几种分栏格式不符合要求，则可以在“分栏”按钮下拉菜单中选择“更多分栏”命令，在弹出的“分栏”对话框“预设”栏中选择要使用的分栏格式，还可以在该对话框中设置栏数、各栏的宽度及间距、分隔线等。在“应用于”下拉列表框中指定分栏格式应用的范围。如果要在栏间设置分隔线，则选中“分隔线”复选框。

如图 1-191 所示，“预设”栏选择“偏左”选项，“栏数”设置为“2”，选中“分隔线”复选框，“宽度和间距”保持默认值不变，然后单击“确定”按钮关闭“分栏”对话框。

文档页面中对应的“偏左”分栏外观效果如图 1-192 所示。

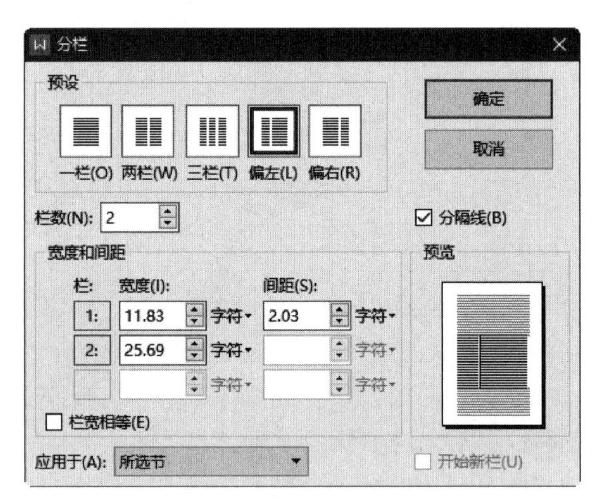

图 1-191　在“分栏”对话框中进行分栏设置

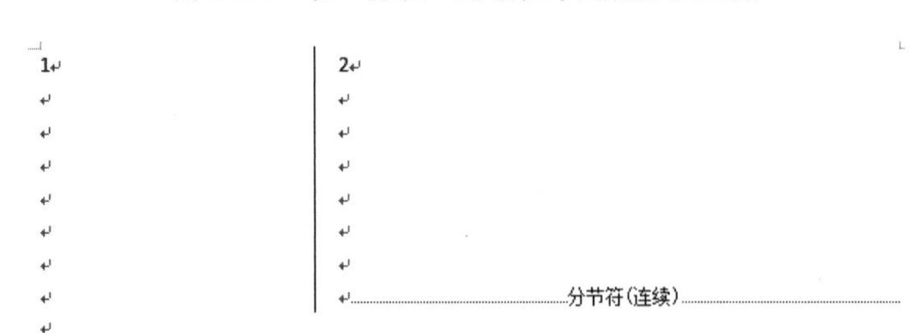

图 1-192　文档页面中对应的“偏左”分栏外观效果

2. 修改分栏

若要修改已存在的分栏，将插入点移至要修改的分栏位置，然后打开“分栏”对话框进行重新设置，最后单击“确定”按钮即可。

3. 取消分栏

将插入点置于已设置分栏排版的文本中，在“页面布局”选项卡中单击“分栏”按钮，在弹出的下拉菜单中选择“一栏”命令，即可取消对文档的分栏。

1.9.3　设置页眉与页脚

在实际工作中，常希望在每页的顶部或底部显示页码及一些其他信息，如文章标题、日期、单位名称或某些标志。这些信息若位于文档页面的顶部，称为页眉；若位于文档页面的底部，称为页脚。

1. 添加页眉和页脚的内容

在使用 WPS 文字编辑文档时，可以在进行版式设计时直接为所有的页面添加页眉和页脚。可以从库中快速添加页眉或页脚，也可以添加自定义页眉或页脚。WPS 文字提供了许多预设的页眉、页脚格式。

添加页眉和页脚的操作步骤如下：

① 切换到“插入”选项卡，单击“页眉页脚”按钮，显示“页眉页脚”选项卡，如图 1-193 所示。“页眉页脚”选项卡包括“页面设置”、“插入”、“导航”、“选项”、“位置”选项组和“关闭”按钮，其中的“导航”选项组用以切换页眉页脚（初始状态为页眉）；“显示前一项”或“显示后一项”按钮用以显示前面页或后面页的页眉（脚）内容。

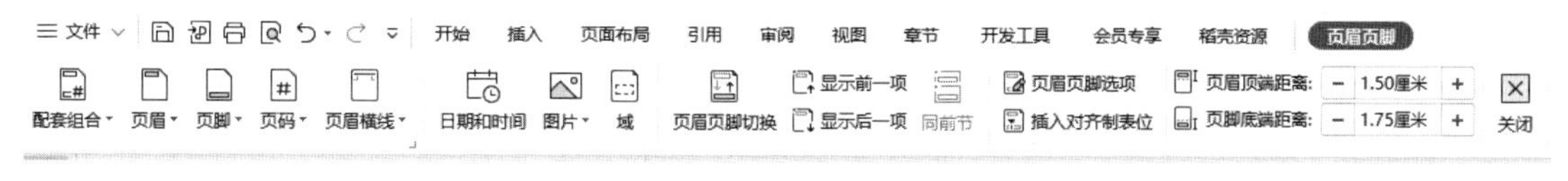

图 1-193　“页眉页脚”选项卡

此时，会显示一个虚线页眉或页脚区域，表示进入了“页眉”的编辑状态和“页脚”的编辑状态，分别如图 1-194 和图 1-195 所示。

图 1-194　文档页面的“页眉”编辑状态

图 1-195　文档页面的“页脚”编辑状态

② 在如图 1-194 所示的页眉区域中输入相应的内容，也可以单击“页眉”按钮，从弹出

下拉菜单中选择所需的样式，即可在页眉区中添加相应的内容。

③ 在“页眉页脚”选项卡中单击“页眉页脚切换”按钮，切换到页脚区进行设置。由于页脚的设置方法与页眉相同，在此不再赘述。

④ 页眉或页脚设置完成后，在“页眉页脚”选项卡中单击“关闭”按钮，返回到正文即可。

2. 设置页眉和页脚的对齐方式

若要将页眉或页脚中的内容置于页眉或页脚的中间或右侧，可以单击“页眉和页脚”选项卡中的“插入对齐制表位”按钮，在弹出的“对齐制表位”对话框中选择“居中”或“右对齐”对齐方式，如图 1-196 所示，然后单击“确定”按钮即可。

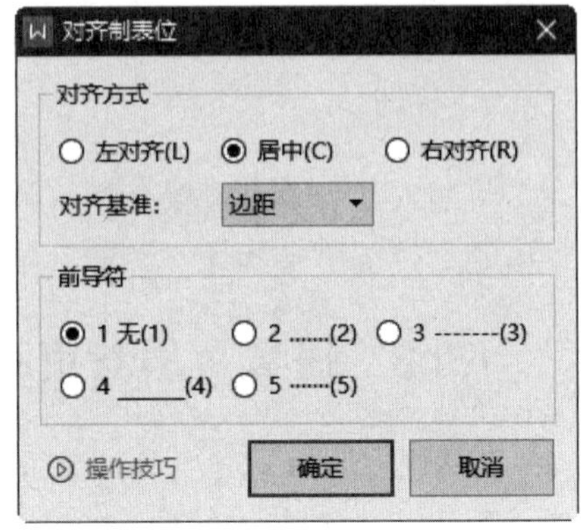

图 1-196　“对齐制表位”对话框

3. 在页眉/页脚位置添加日期和时间、图片、域

可以在页眉区域中插入文本内容、页码、页眉横线，还可以插入日期和时间、图片和域。操作时先把插入点定位于页眉/页脚相应位置，添加后还可以单击“选项”选项组中的“插入对齐制表位”按钮，在弹出的“对齐制表位”对话框中设置对齐方式。

（1）在页眉/页脚位置插入日期和时间

在“页眉页脚”选项卡中单击“日期和时间”按钮，在弹出的“日期和时间”对话框中选择一种日期格式，如图 1-197 所示，单击“确定”按钮即可在页眉区域插入日期和时间。

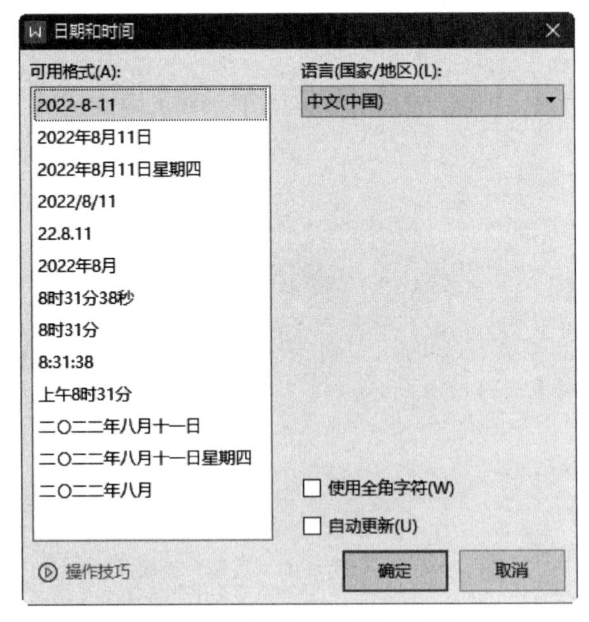

图 1-197　“日期和时间”对话框

（2）在页眉/页脚位置插入图片

在“页眉页脚”选项卡中单击“图片”按钮，在弹出的下拉列表或打开的对话框中选择图片将其插入到页眉位置即可。

（3）在页眉/页脚位置插入域

在“页眉页脚”选项卡中单击“域”按钮，弹出如图 1-198 所示的“域”对话框，选择合适类型的“域名”后，单击“确定”按钮即可在页眉位置插入所选的域内容。

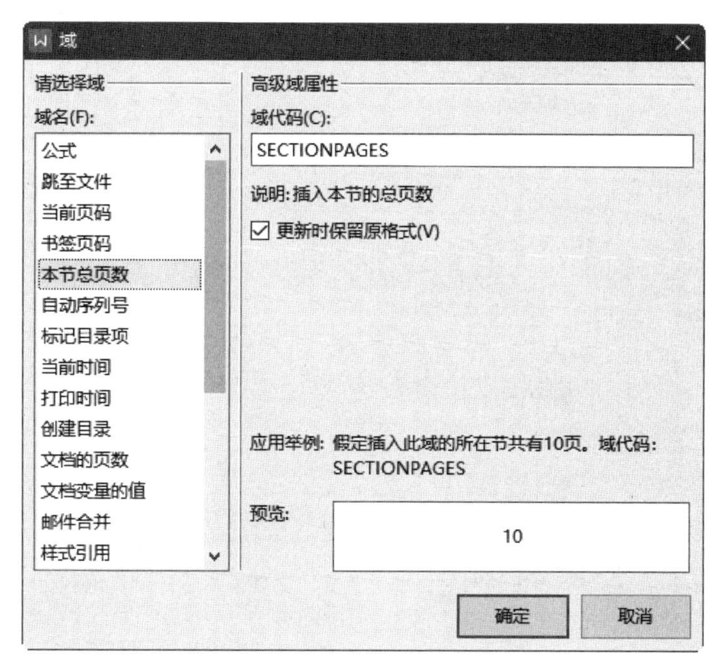

图 1-198　“域”对话框

4. 为奇偶页设置不同的页眉/页脚

在长文档编辑排版中，有时首页不需要页眉和页脚，而在正文页面中，奇数页与偶数页的页眉需要设置不同的内容，例如，在偶数页的页眉中添加文档名称，而在奇数页的页眉中则添加章节标题。

（1）在“页面设置”对话框中进行“页眉和页脚”的相关设置

在“页面布局”选项卡“页面设置”选项组中单击对话框启动按钮，在弹出的“页面设置”对话框中切换到“版式”选项卡，在“页眉和眉脚”选项区中将“奇偶页不同”和“首页不同”两个复选框选中，如图 1-199 所示，以备将来对页眉和页脚做进一步的设置。设置完成后单击“确定”按钮关闭“页面设置”对话框。

（2）在“页眉/贝脚设置”对话框中为奇偶页设置不同的页眉/页脚

如果需要为文档的奇偶页设置不同的页眉和页脚，操作步骤如下：

① 双击文档的页眉或页脚区域，打开“页眉和页脚”选项卡，并进入页眉和页脚编辑状态。

② 切换到“页眉页脚”选项卡，单击“页眉页脚选项”按钮，如图 1-200 所示。

在打开的“页眉/页脚设置”对话框“页面不同设置”栏中选中“奇偶页不同”复选框，在“页眉/页脚同前节”栏中分别选择“奇数页页脚同前节”、“偶数页页眉同前节”、“偶数页页脚同前节”3 个复选框，如图 1-201 所示。

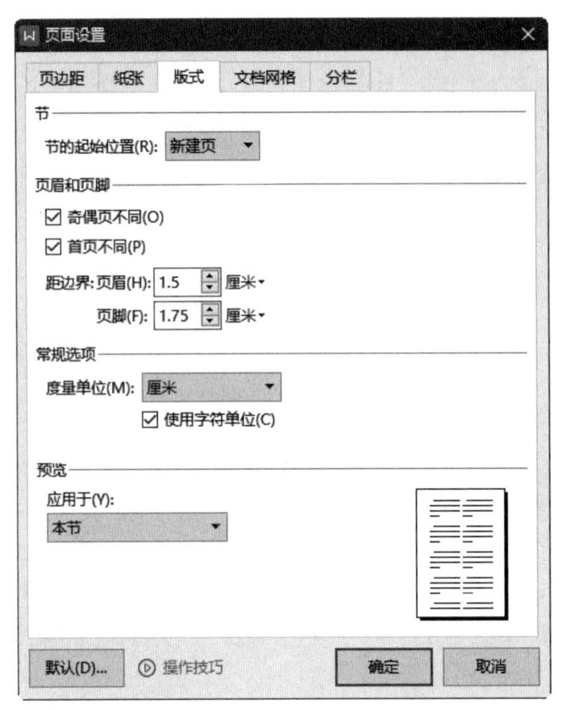

图 1-199　在“页面设置”对话框“版式”选项卡中设计“页眉和页脚”

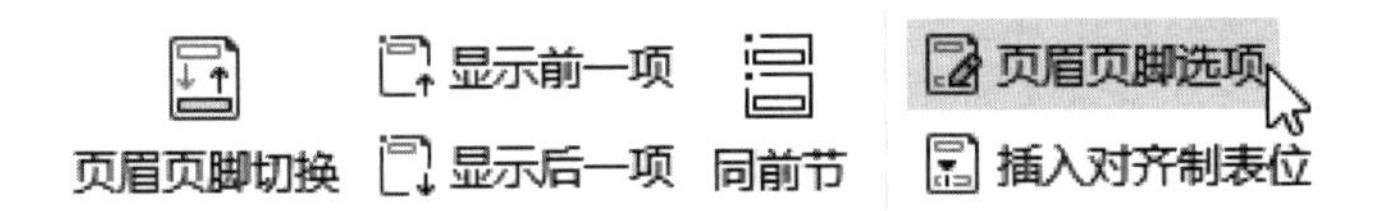

图 1-200　在“页眉页脚”选项卡中单击“页眉页脚选项”按钮

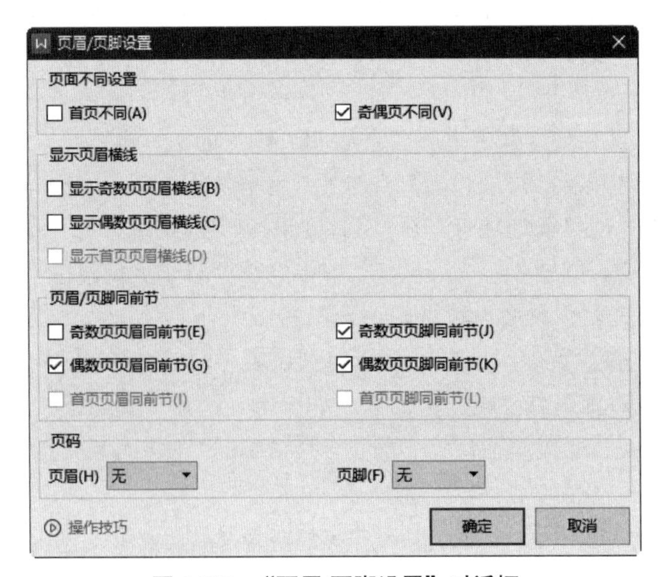

图 1-201　“页眉/页脚设置”对话框

此时，其中一个奇数页页眉区显示“奇数页页眉-第×节-”字样，如图 1-202 所示，这里可以根据需要添加奇数页的页眉内容。

图 1-202　奇数页的页眉区域显示“奇数页　页眉-第×节”字样

③ 在“页眉页脚”选项卡中单击“显示后一项”按钮，在其中一个偶数页页眉的顶部显示“偶数页　页眉-第×节”字样，如图 1-203 所示，根据需要添加偶数页的页眉内容即可。

图 1-203　偶数页的页眉区域显示“偶数页　页眉-第×节”字样

④ 如果想输入偶数页的页脚内容，单击“页眉页脚切换”按钮，切换到页脚区输入内容并进行设置即可。

⑤ 页眉与页脚内容设置完毕后，在“页眉页脚”选项卡中单击“关闭”按钮即可。

5. 修改页眉和页脚

对页眉和页脚内容进行编辑的操作步骤如下：

① 双击页眉区域或页脚区域，进入对应的编辑状态，然后修改其中的内容，或者进行排版操作。

② 如果需要调整页眉顶端或页脚底端的距离，在“页眉页脚”选项卡的“页眉顶端距离”和“页脚底端距离”微调框中输入数值进行调整即可，如图 1-204 所示。

页眉顶端距离: − 1.50厘米 +
页脚底端距离: − 1.75厘米 +

图 1-204　“页眉页脚”选项卡的“页眉顶端距离”和“页脚底端距离”微调框

③ 在“页眉页脚”选项卡中单击“关闭”按钮，返回正文编辑状态。

6. 修改页眉横线

当用户不想显示页眉下方的默认横线时，可以参考以下操作步骤进行删除即可：

① 双击页眉区域，进入对应的编辑状态。

② 在“页眉页脚”选项卡中单击“页眉横线”按钮，在弹出的下拉列表中设置或取消页眉横线即可。

也可在“开始”菜单中单击“边框”按钮，在弹出的快捷菜单中选择“边框和底纹”命令，弹出“边框和底纹”对话框，在该对话框的“边框”选项卡的“设置”栏中选择“无”选项，如图 1-205 所示，即可取消页眉横线，然后单击“确定”按钮即可。

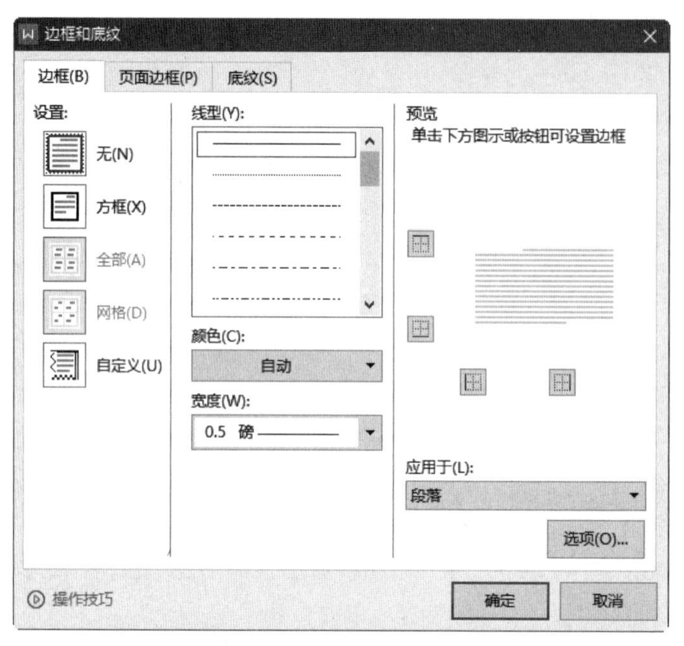

图 1-205　在“边框与底纹”对话框中设置或取消页眉横线

7. 插入与设置页码

当一篇文章由多页组成时，为便于按顺序排列与查看，可以为文档添加页码。

（1）在“页眉”或“页脚”中插入页码

操作步骤如下：

① 选择页码出现的位置。切换到“插入”选项卡，单击“页码”按钮，从下拉面板的“预设样式”中选择页码出现的位置，可以设置页码在垂直方向上的对齐方式，也可以设置页码在水平方向上的对齐方式，例如选中“页脚中间”。

【注意】：在“页眉页脚”选项卡中单击“页码”按钮也会打开页码的下拉面板。

② 打开“页码”对话框。如果要设置页码的格式，从“页码”下拉面板中选择“页码”命令，打开“页码”对话框。

③ 选择页码样式。在“样式”下拉列表框中选择一种页码样式，如“1,2,3…”或“Ⅰ,Ⅱ,Ⅲ…”等。

④ 设置页码编号。如果要从 1 开始编号，在“页码”对话框中选中“起始页码”单选按钮，并输入“1”，如图 1-206 所示；如果不想从 1 开始编制页码，在“起始页码”微调框中输入起始页码的数字即可；如果延续前一节的页码，则选择“续前节”单选按钮即可。

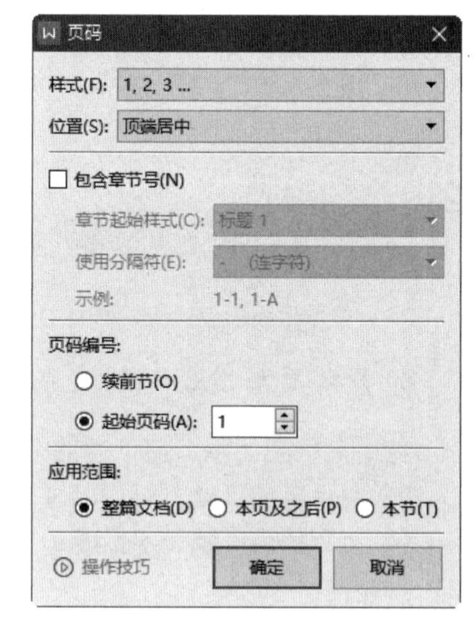

图 1-206　在“页码”对话框中设置页码样式与编号

⑤ 完成页码插入与设置。单击“确定”按钮，关闭“页码”对话框，此时可以看到在所需位置插入的页码。

（2）在其他页面上开始编号

文档中的页码可以在文档的第 2 页开始编号，也可以在其他页面上开始编号。若要从其他页面而非文档首页开始编号，则在要开始编号的页面之前添加分节符，以“节”为单位，设置应用于本节的节内页码。

① 单击要开始编号的页面开头，在“页面布局”选项卡上的“页面设置”选项组中，单击“分隔符”命令，选择“下一页分节符”。

② 双击页眉区域或页脚区域（靠近页面顶部或页面底部），打开“页眉页脚”选项卡。取消“同前节”按钮的选中状态，即禁用页码“同前节”。

③ 打开“页码”对话框，在该对话框“页码编号”栏中按前述方法设置页码编号。

④ 单击“确定”按钮返回正文即可。

（3）设置“首页不同”页码

双击 WPS 文档中页眉或页脚区域的页码，打开“页眉页脚”选项卡，然后单击“页眉页脚选项”按钮，打开“页眉/页脚设置”对话框，在该对话框中选择“首页不同”复选框，如图 1-207 所示。

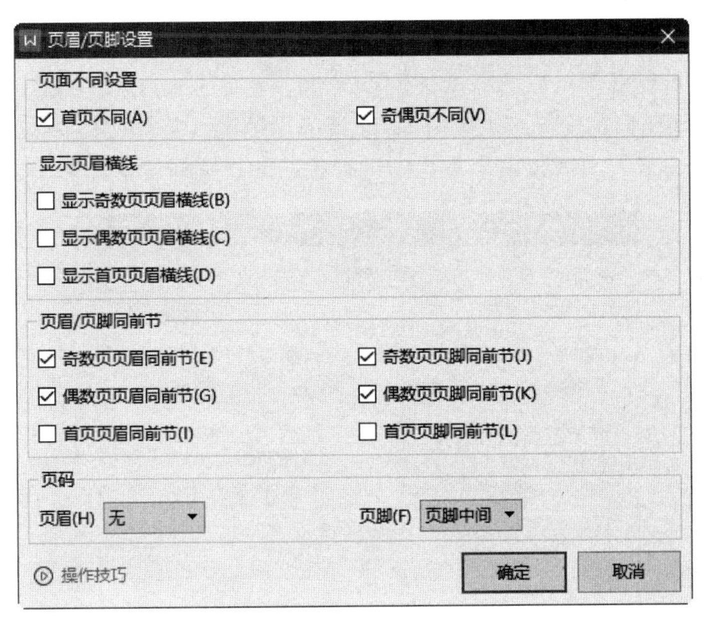

图 1-207　在“页眉/页脚设置”对话框中选择“首页不同”复选框

8. 删除页眉内容

当文档中不再需要页眉内容时，可以将其删除，主要方法如下：

【方法 1】：双击要删除的页眉区域，然后按【Ctrl】+【A】快捷键，选取页眉的文本内容和段落标记，接着按【Delete】键即可删除页眉内容。

【方法 2】：双击要删除的页眉区域，然后在“页眉页脚”选项卡中单击“页眉”按钮，在弹出的快捷菜单中选择“删除页眉”命令即可。

9. 删除页脚内容

当文档中不再需要页脚内容时，可以将其删除，主要方法如下：

【方法 1】：双击要删除的页脚区域，然后按【Ctrl】+【A】快捷键，选取页脚的文本内容和段落标记，接着按【Delete】键即可删除页脚内容。

【方法 2】：双击要删除的页脚区域，然后在“页眉页脚”选项卡中单击“页脚”按钮，在弹出的快捷菜单中选择“删除页脚”命令即可。

1.9.4 页面设置

WPS 文字提供了丰富的页面设置选项，允许用户根据需要设置页面的大小、设置纸张的方向、调整页边距大小，以满足各种打印输出需求。

1. 设置页面大小

WPS 文字以办公最常用的 A4 纸为默认页面。如果需要将文档打印到 A3、16K 等其他不同大小的纸张上，最好在编辑文档前修改页面的大小。

切换到“页面布局”选项卡，然后单击“纸张大小”按钮，从弹出的下拉列表中选择需要的纸张大小，即可设置页面大小。

如果要自定义特殊的纸张大小，在下拉菜单中选择“其他页面大小”命令，打开“页面设置”对话框，在该对话框中可以选择纸张大小（A4、A3、A5、B4、B5、8 开、16 开、大 16 开、32 开、大 32 开、自定义纸张大小等）、设置应用范围（整篇文档、本节、插入点之后）等。在“纸张”选项卡的“纸张大小”栏中进行相应的设置即可，如图 1-208 所示。

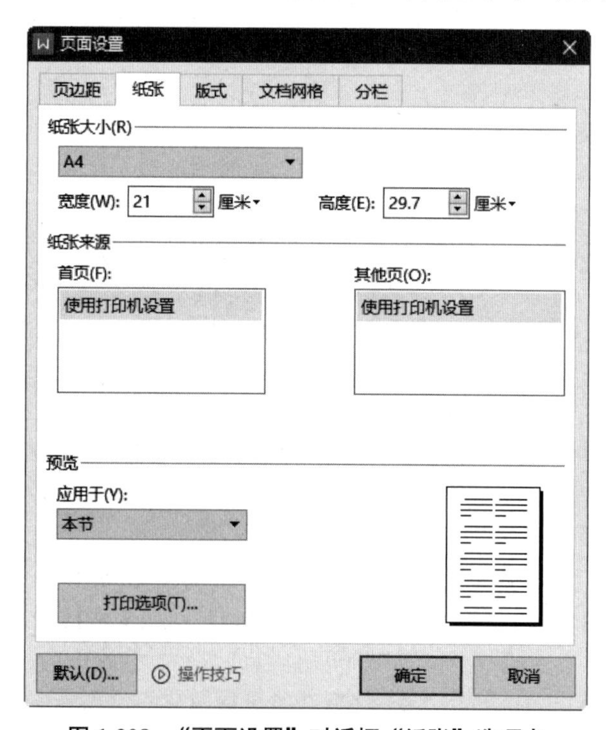

图 1-208 “页面设置”对话框“纸张”选项卡

2. 设置页边距

一般地，文档内容的边界与页面的外缘之间的距离，称为页边距。页边距分上、下、左、右 4 种。设置合适的页边距，既可规范输出格式，便于阅读，也可以美化页面、合理地使用纸张，便于装订。当文档默认页边距不符合打印需求时，可以自行调整。

（1）从“页边距”按钮的下拉列表中选择合适的页边距大小

切换到“页面布局”选项卡，单击“页边距”按钮，从弹出的下拉列表中选择一种合适的页边距大小。

（2）使用页边距微调框设置页边距的数值

如果要自定义页边距，可直接在“页边距”按钮右侧的“上”、“下”、“左”、“右”微调框中设置页边距的数值。

（3）使用“页面设置”对话框“页边距”选项卡自定义页边距

如果打印后要装订，单击“页边距”按钮，在弹出的下拉列表中选择“自定义页边距”命令，打开“页面设置”对话框，在该对话框中可以定义页边距（上页边距、下页边距、左页边距和右页边距）、装订线位置与宽度、输出文本的方向（纵向、横向）、页码范围及应用范围等。

在“装订线宽”微调框中输入装订线的宽度，在“装订线位置”下拉列表框中选择“左”或“上”选项。在“应用于”下拉列表框中可以选择要应用新页边距设置的文档范围，在“方向”栏中选择“纵向”或“横向”选项，可以决定文档页面的方向，如图 1-209 所示。

【说明】：在“页面布局”选项卡中单击“页面设置”对话框启动按钮，也可以弹出“页面设置”对话框，并显示“页边距”选项卡。

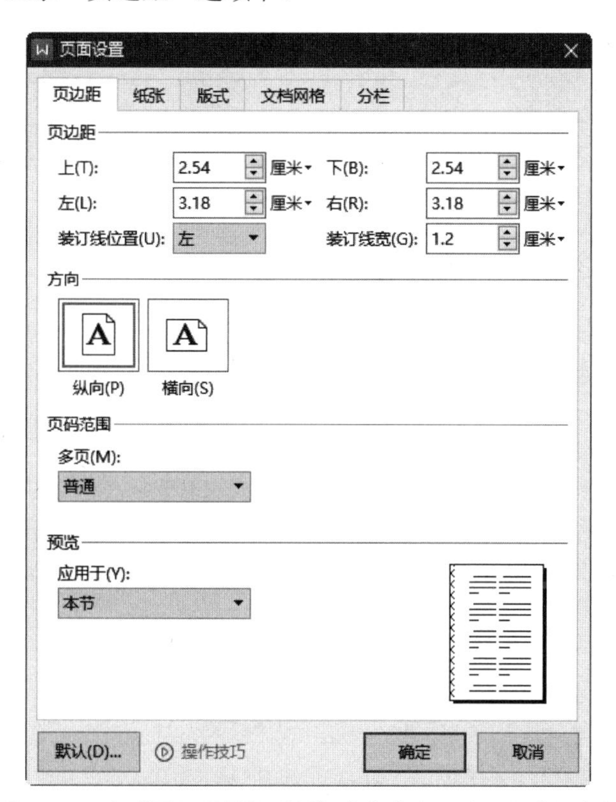

图 1-209　在“页面设置”对话框中自定义页边距和装订参数

3. 设置页面背景

在使用 WPS 文字编辑文档时，可以根据需要对页面进行必要的装饰，如设置页面的水印背景效果、调整页面背景颜色、设置页面边框和底纹等。

（1）设置水印背景效果

为了声明版权、强化宣传或美化文档，可以在文档中添加水印，水印是显示在已经存在的文档文字前面或后面的一些特定文字和图案。

WPS 文档中设置水印背景效果的示例分析详见本书的配套教材《信息技术技能提升训练》中对应单元的“技能训练”。

（2）调整页面背景颜色

切换到“页面布局”选项卡，单击“背景”按钮，从弹出的下拉列表中选择一种颜色。

如果对 WPS 文字提供的现有颜色都不满意，也可以在“背景”按钮下拉列表中选择“其他填充颜色”命令，打开“颜色”对话框的“标准”选项卡，如图 1-210 所示；切换到“自定义”选项卡，在该选项卡中自行设置 RGB 值，如图 1-211 所示。自定义颜色完成后单击“确定”按钮即可返回文档编辑页面。

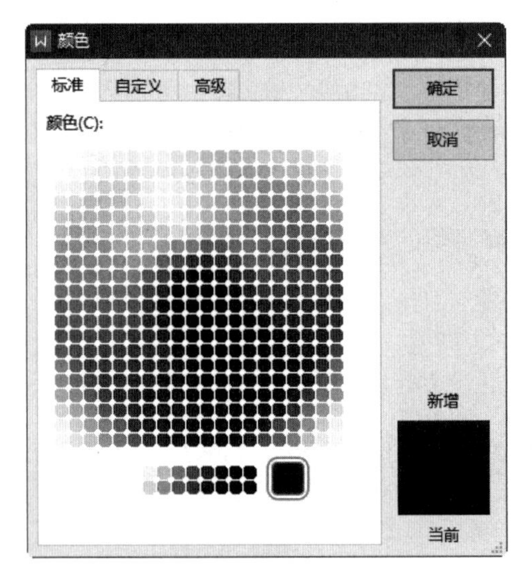

图 1-210　“颜色”对话框的“标准”选项卡

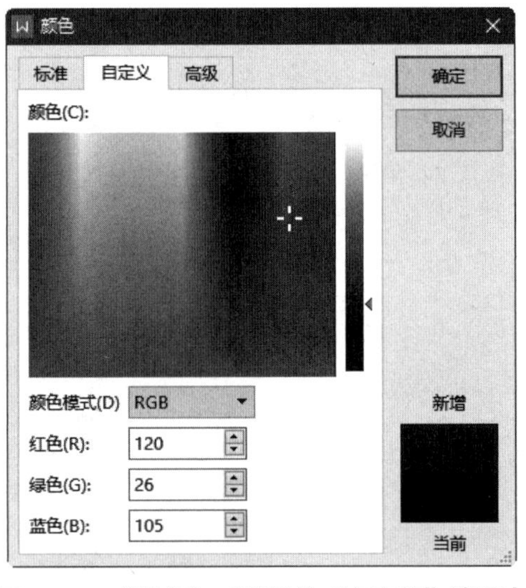

图 1-211　“颜色”对话框的“自定义”选项卡

（3）设置页面边框和底纹

设置页面边框和底纹的方法与设置段落边框和底纹相似，在“页面布局”选项卡中单击“页面边框”按钮，如图 1-212 所示。弹出如图 1-213 所示“边框和底纹”对话框的“页面边框”选项卡，注意该对话框中增加了“艺术型”下拉列表，应用范围为“整篇文档”，然后单击“确定”按钮即可。

图 1-212　在“页面布局”选项卡中单击“页面边框”按钮

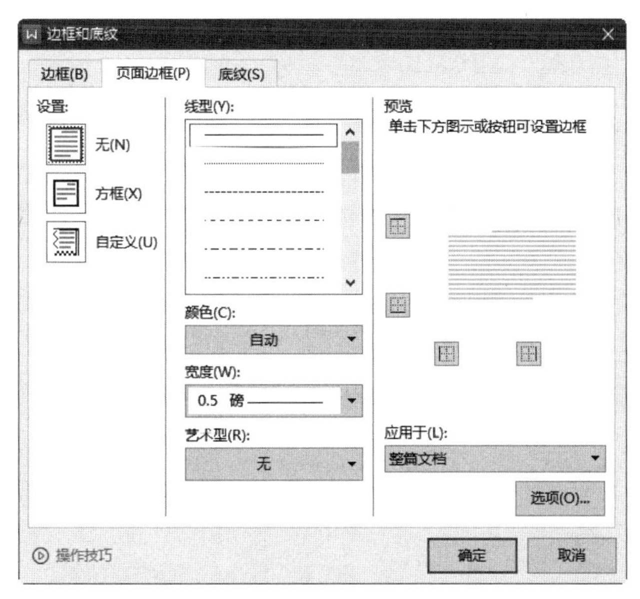

图 1-213　“边框和底纹”对话框的“页面边框”选项卡

1.9.5　文档打印

WPS 文字提供了文档打印功能，还提供了在屏幕中模拟显示实际打印效果的打印预览功能。

1. 打印预览文档

在文档正式打印之前，一般先要进行打印预览。打印预览可以在一个缩小的尺寸范围内显示全部页面内容。如果对编辑效果不满意，可以在“打印预览”工具栏中单击“返回”按钮或者“关闭”按钮退出打印预览状态，从而避免不适当的打印而造成的纸张和时间的浪费。

打印预览文档的主要方法如下：

【方法 1】：在“文件”菜单中依次选择“打印”→“打印预览”命令。

【方法 2】：在快速访问工具栏中单击“打印预览”按钮，如图 1-214 所示。

图 1-214　在快速访问工具栏中单击“打印预览”按钮

屏幕将显示打印预览窗口，在该窗口中可以预览页面的打印效果，在打印预览窗口中可以使用滚动条进行翻页显示。

此时在文档窗口上部将显示所有与打印有关的命令，如图 1-215 所示，在“显示比例”下拉列表中选择相关选项能够调整文档的显示大小；单击“单页”或“多页”按钮，能够调整并排预览的行数。

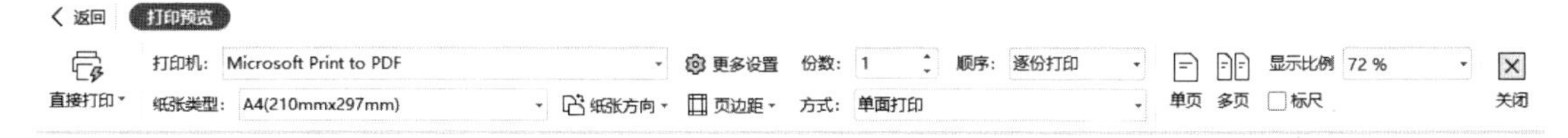

图 1-215　与打印有关的命令

2. 打印文档

在 WPS 文字中可以查看或修改当前打印机的设置，在正式打印前应连通打印机，装好打印纸，并打开打印机电源开关。

对打印的预览效果满意后，即可对文档进行打印，操作步骤如下：

单击快速访问工具栏左侧的“文件”菜单，在其下拉菜单中依次选择“打印”→“打印”命令，打开“打印”对话框。

① 在“打印”对话框中，选择打印机名称。

② 在“份数”微调框中设置打印的份数，如图 1-216 所示。

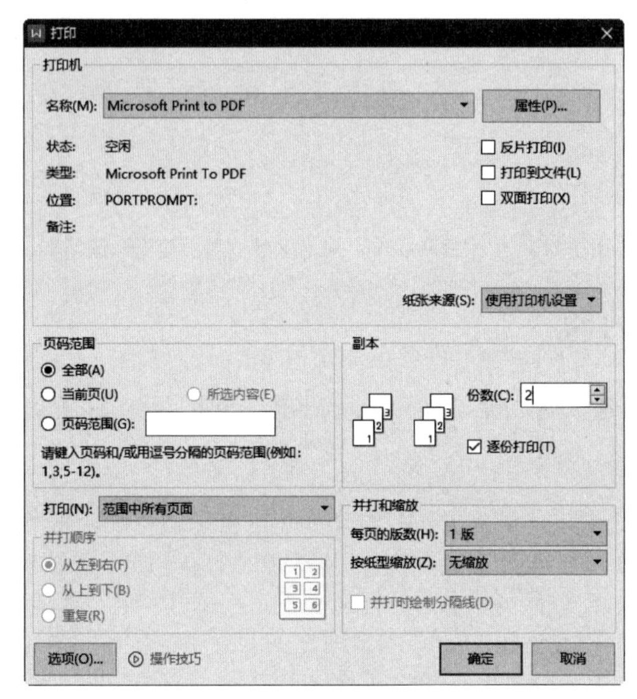

图 1-216 “打印”对话框

③ WPS 文字默认打印文档中的所有页面，在“页码范围”框内可以选中“全部”或“当前页”单选按钮，还可以在“页码范围”文本框中指定打印页码。

④ 当需要在纸张的双面打印文档时，可选中“双面打印”复选框，当需要反片打印时，可选中“反片打印”复选框。

⑤ 如果想把几页缩小打印到一张纸上，可以在“并打和缩放”栏内设置每页的版数及按纸型缩放。

所有打印选项设置完毕，然后单击“确定”按钮，即可开始打印。

也可以在快速访问工具栏中直接单击“打印”按钮，采用 WPS 文字默认打印设置参数，直接打印全部内容。

1.9.6 WPS 文字输出为 PDF 格式的文档

WPS 文字输出为 PDF 格式文档的常用方法如下：

【方法 1】：首先用 WPS 文字打开要输出为 PDF 格式的 WPS 文档，然后在 WPS 文字主界面单击“文件”菜单，在弹出的下拉菜单中选择“输出为 PDF”命令，在弹出的“输出为 PDF”对话框中单击“开始输出”按钮即可，如图 1-217 所示。

图 1-217　“输出为 PDF”对话框

【方法 2】：WPS 文档除了可以保存输出为 WPS 格式外，还可以保存为 PDF 文档或其他格式的文档。

操作步骤为：

① 在快速访问工具栏左侧单击“文件”菜单，在下拉菜单中选择“另存为”命令，打开“另存文件”对话框。

② 在“文件类型”下拉列表框中选择“PDF 文件格式（*.pdf）”。

③ 若不做其他设置，直接单击“保存”按钮即可。若要对 PDF 文档设置打开密码，则选择保存类型为 PDF 后，在“另存文件”对话框下侧单击“加密”按钮，打开“密码加密”对话框，如图 1-218 所示，输入打开文件密码，并再次确认输入的密码后，单击“应用”按钮即可。

图 1-218　在“密码加密”对话框中设置 PDF 文档的打开文件密码

1.10　制作目录和索引

目录是一篇长文档或一本书的大纲提要，可以通过目录了解文档的整体结构，以便把握全局内容框架。在 WPS 文字中可以直接将文档中套用样式的内容创建为目录，也可以根据需要添加特定内容到目录中。

【示例分析 1-12】WPS 文档中制作目录和索引

1. 使用自动目录样式

如果文档中应用了 WPS 文字定义的各级标题样式，例如，可以选定需要套用“3 级目录”的标题，在“引用”选项卡中，单击“目录级别”按钮，在弹出的下拉列表中选择“3 级目录”选项，如图 1-219 所示，即表示所选中的标题将套用“3 级目录”的格式。

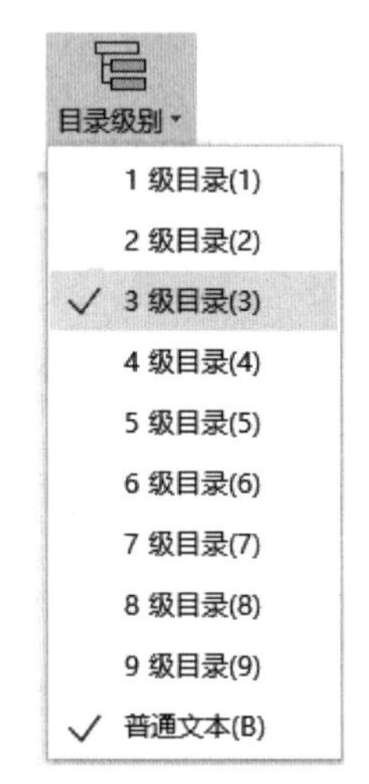

图 1-219　在“目录级别”按钮的下拉列表中选择“3 级目录”选项

使用自动目录样式创建目录的操作步骤如下：

① 检查文档中的标题，确保它们已经准确套用了各级标题样式。

② 将插入点移至文档中需要插入目录的位置，切换到“引用”选项卡，单击“目录”按钮，在弹出的下拉列表“目录”栏中选择一种目录样式，即可快速生成该文档的目录。

2. 自定义目录

如果要利用自定义样式生成目录，可参照下列步骤进行操作：

① 将光标移至文档中需要添加目录的位置，切换到“引用”选项卡，单击“目录”按钮，从下拉列表中选择“自定义目录”命令，打开“目录”对话框，如图 1-220 所示。

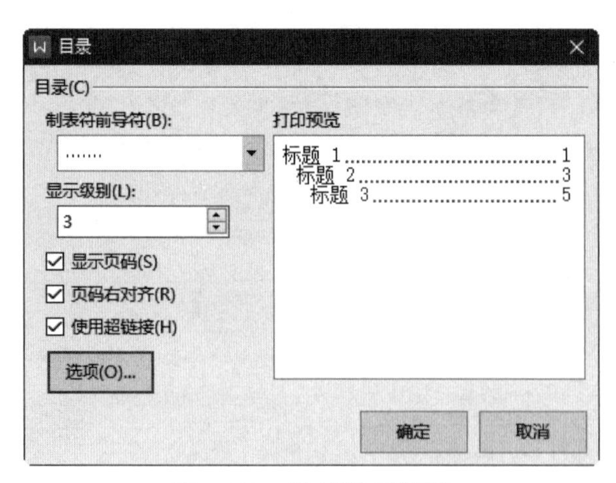

图 1-220　“目录”对话框

② 在“制表符前导符”下拉列表框中指定文字与页码之间的分隔符，例如，“……”；在“显示级别”下拉列表框中指定目录中显示的标题层次，例如，“3”，如图 1-220 所示。

③ 如果需要从文档的不同样式中创建目录，可以单击“选项”按钮，打开“目录选项”对话框，在“有效样式”列表框中找到标题使用的样式，通过“目录级别”文本框指定标题的级别，如图 1-221 所示。

目录选项设置完毕，单击“确定”按钮返回“目录”对话框。

④ 在“目录”对话框中单击“确定”按钮，即可在文档中插入目录。

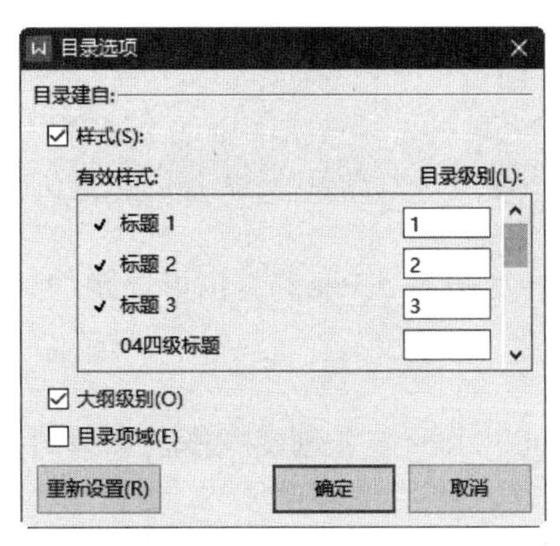

图 1-221　“目录选项”对话框

3. 更新目录

当文档内容或者文档标题、页码等对象发生变化时，需要对其目录进行更新，操作步骤如下：

① 切换到“引用”选项卡，单击“更新目录”按钮，打开如图 1-222 所示的“更新目录”对话框。

右击目录文本，从弹出的快捷菜单中选择“更新域”命令，如图 1-223 所示，同样也可以打开“更新目录”对话框。

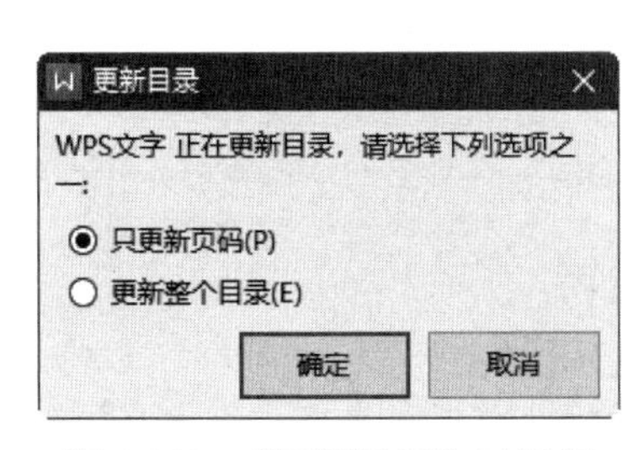

图 1-222　“更新目录”对话框

图 1-223　在目录的快捷菜单中选择“更新域”命令

② 如果只是页码发生了改变，在“更新目标”对话框中选中“只更新页码”单选按钮即可；如果有标题内容进行了修改或增减，则选中“更新整个目录”单选按钮。

③ 单击“确定”按钮，目录更新完毕。

4. 中断目录与正文的链接关系

先选中整个目录，然后按【Ctrl】+【Shift】+【F9】快捷键，就可以中断目录与正文的链接关系，目录文本即被转换为普通文本。这时，就可以像编辑普通文本那样直接编辑目录文本。

5. 删除目录

【方法 1】：切换到“引用”选项卡，单击“目录”按钮，从下拉列表中选择“删除目录”命令，即可删除目录。

【方法 2】：先选中目录，然后按【Delete】键也可以删除目录。

6. 制作索引

由于索引的对象为“关键词”，因此，在创建索引前必须对索引关键词进行标记，操作步骤如下：

① 在文档中先选择要作为索引项的关键词，例如，选中“6.制作索引”，然后切换到“引用”选项卡，单击“标记索引项”按钮，如图 1-224 所示。

图 1-224　在“引用”选项卡中单击“标记索引项”按钮

打开“标记索引项”对话框，如图 1-225 所示。

图 1-225　“标记索引项”对话框

② 此时，在“主索引项”文本框中显示被选中的关键词，例如，“6.制作索引”，单击“标记”按钮，完成第 1 个索引项的标记，然后单击“关闭”按钮。

③ 从页面中查找并选定第 2 个需要标记的关键词，例如，“5.删除目录”，再次打开“标记索引项”对话框，在该对话框中单击“标记”按钮，完成第 2 个索引项的标记，然后单击

“关闭”按钮，将“标记索引项”对话框关闭。

④ 定位到文档结尾处，单击“插入索引”按钮，打开“索引”对话框，如图 1-226 所示。在“类型”栏中选择索引的类型，通常选择“缩进式”类型；在“栏数”文本框中指定栏数以编排索引。此外，还可以设置排序依据、页码右对齐等选项。设置完毕，单击“确定”按钮，即可实现索引的插入操作。

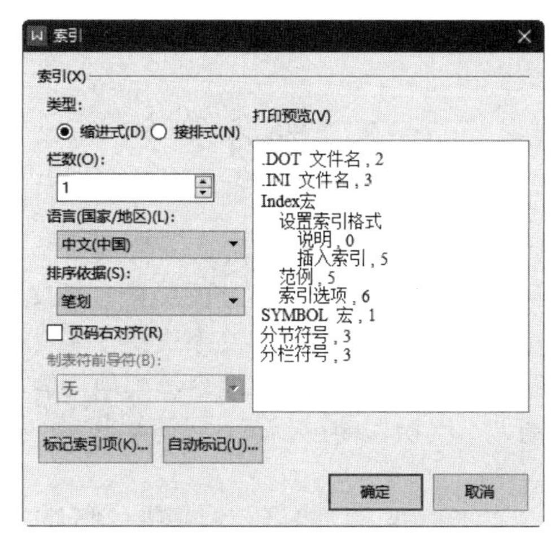

图 1-226　“索引”对话框

1.11　文档的拆分与合并

1. 将 WPS 文档快速拆分成多个子文档

把一个 WPS 文档“九寨沟的一年四季.wps”拆分成多个子文档的操作步骤如下：

① 首先打开需要编辑的 WPS 文档“九寨沟的一年四季.wps”，进入到 WPS 文字的编辑页面中。

② 选择想要拆分的内容，按快捷键【Ctrl】+【X】进行剪切。

③ 新建并打开空白 WPS 文档，按快捷键【Ctrl】+【V】进行粘贴。

④ 保存新建的 WPS 文档。

重复以上步骤即可将文档拆分成多份 WPS 子文档了。当然，使用 WPS 文字的“拆分合并器”也能快捷实现文档的拆分操作。

2. 将多个子文档合并成一个 WPS 文档

【示例分析 1-13】将多个子文档合并成一个 WPS 文档

首先，新建一个 WPS 文档，以名称“九寨沟的一年四季.wps”予以保存，打开该文档，然后输入标题“九寨沟的一年四季”。

在“插入”选项卡中单击“对象”按钮右侧的箭头按钮▾，在弹出的下拉列表中选择“文件中的文字”命令，如图 1-227 所示。

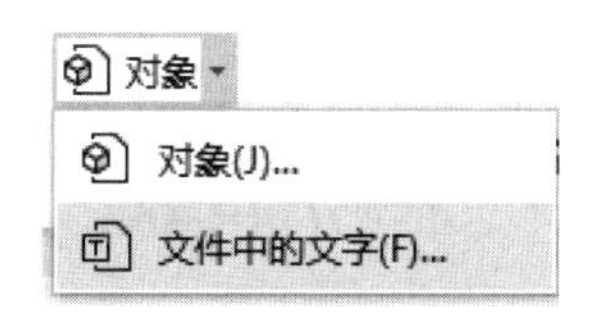

图 1-227　在下拉列表中选择“文件中的文字”命令

在弹出的“插入文件”对话框中选择需要合并的文件，这里选择 WPS 文档“01 春之九寨.wps”，然后单击“打开”按钮，即可将所选的文件内的文字插入到当前文档“九寨沟的一年四季.wps”中。

按照类似方法，依次将另外三个 WPS 文档“02 夏之九寨.wps”、“03 秋之九寨.wps”、“04 冬之九寨.wps”分别插入到当前打开文档“九寨沟的一年四季.wps”中，形成一个内容完整的文档。

需要指出的是，使用 WPS 文字的“拆分合并器”也能快速实现文档的合并操作。

1.12　邮件合并

邮件合并具有很强的实用性，在实际工作中经常需要快速制作邀请函、名片、通知、请柬、信件封面、函件、准考证、成绩单等文档，这些文档的主要文本内容和格式基本相同，只是部分数据有了变化，为了减少重复劳动，WPS 文字提供了邮件合并功能，有效地解决了这一问题。在批量制作格式相同、只修改少量相关内容，其他内容不变的文档时，可以灵活运用 WPS 文字的邮件合并功能，不仅操作简单，而且还可以设置各种格式，打印效果好，可以满足不同客户的需求。

什么是“邮件合并”呢？为什么要在“合并”前加上“邮件”一词呢？其实“邮件合并”这个名称最初是在批量处理“邮件文档”时提出的，具体地说就是在邮件文档（主文档）的固定内容中，合并与发送信息相关的一组通信资料，从而批量生成需要的邮件文档，因此大大地提高了工作的效率，“邮件合并”因此而得名。

显然，在日常工作中，“邮件合并”功能除了可以批量处理信函、信封等与邮件相关的文档外，一样可以轻松地批量制作标签、工资条、成绩单、毕业证书、录取通知书等。

我们可以通过分析一些用“邮件合并”完成的任务可知，邮件合并功能一般在以下情况下使用：一是需要制作的数量比较大；二是这些文档内容分为固定不变的内容和变化的内容，比如信封上的寄信人地址和邮政编码、信函中的落款等，这些都是固定不变的内容；而收信人的姓名、称谓、地址邮编等就属于变化的内容。其中变化的部分由数据表中含有标题行的数据记录表示，通常存储在 WPS 表格、Excel 工作表或 Access 数据库的数据表中。

邮件合并的示例分析详见本书的配套教材《信息技术技能提升训练》中对应单元的“技能训练”。

1.13　多人协同编辑文档

协同编辑文档除了使用“审阅”选项卡下的“批注”和“修订”选项组外，还可以使用“分享”与“协作”功能，真正实现在线交互编辑文档。当我们想进行远程协助、多人编辑时，可一键开启 WPS 文字的协作模式。

【示例分析 1-14】多人协同编辑文档

1. 使用金山文档实现多人在线协作编辑功能

① 首先，我们需要注册一个合法的 WPS 账号，并且成功登录 WPS 账号，这样文档才能

保存至云端进行共享。

② 打开本地的一个 WPS 文档“倡议书.wps”，单击该文档右上角的“协作”按钮，在弹出的下拉列表中选择“使用金山文档在线编辑”命令，如图 1-228 所示。

图 1-228　在“协作”按钮下拉列表中选择“使用金山文档在线编辑”命令

③ 弹出“另存云端开启‘加入多人编辑’”对话框，如图 1-229 所示，因为协作文档需要上传至云端才可被其他成员访问、编辑，这里单击“上传到云端”按钮即可。

图 1-229　“另存云端开启‘加入多人编辑’”对话框

④ 上传到云端完毕后，进入文档的协作编辑页面。然后单击右上角的“分享”按钮，弹出“分享”界面，如图 1-230 所示。

图 1-230　“分享”界面

⑤ 在“分享”界面中可以执行复制链接，设置文档权限、指定分享的人、设置分享途径等多种操作，例如，可以单击“复制链接”，然后将“链接”分享给其他成员，其他成员收到链接后单击进入分享的链接，就可以与你一同编辑文档。

也可以在“分享”界面“分享到”栏中单击“微信”按钮，弹出如图 1-231 所示微信二维码，使用手机微信“扫一扫”功能，扫一扫该二维码，然后发送小程序给微信好友就可以实现多人在线协作编辑文档了。

图 1-231　微信二维码

在“分享”界面还可以查看参与协作编辑的成员，在成员右侧可以设置查看与编辑权限。如果想移除该成员，单击“移除”即可，被移除的成员就无法访问、编辑文档。

2. 分享文档给他人

① 分享文档时，我们同样也需要注册一个合法的 WPS 账号，并且成功登录 WPS 账号，这样文档才能保存至云端进行共享。

② 打开本地的一个 WPS 文档“倡议书.wps”，在协作模式下单击右上角的“分享”按钮，如图 1-232 所示。

图 1-232　在 WPS 工具栏中单击“分享”按钮

③ 在弹出的“倡议书”对话框中选择“任何人可查看”或“任何人可编辑”，这里选择“任何人可编辑”，如图 1-233 所示。

④ 单击“创建并分享”按钮，进入分享链接界面，此时可以单击“复制链接”再将链接发送给相关人员或者邀请他人来加入分享编辑文档即可，如图 1-234 所示。

⑤ 当开始编辑文本内容时，不同的人编辑时以不同的颜色显示，并可以插入评论，还可在“协作记录”中查看每个人对文档的编辑内容。

WPS 手机版实现多人在线协作编辑的常用方法如下。

① 第一种方法：在“首页”界面，选中需要多人协作的文档，单击右侧的“更多”按钮，选择“多人编辑”选项。接着在新窗口中，选择“邀请好友”即可邀请他人参与协作编辑。

图 1-233　“倡议书”对话框

图 1-234　分享链接界面

② 第二种方法：打开需要多人协作的文档，单击底部的“分享”按钮，然后选择“微信”方式。在打开的新窗口中，选择“允许编辑”选项，发送链接即可邀请他人参与协作编辑即可。

3. 借助腾讯文档实现多人协同编辑

在需要多人协同编辑同一文档时，可借助腾讯文档实现。腾讯文档是一款可多人协作的在线文档，支持 WPS 文字、WPS 表格和 WPS 演示文件，打开网页就能查看和编辑，在云端实时保存，可多人实时编辑文档，权限安全可控。

腾讯文档无须下载安装，只需要打开浏览器，搜索“腾讯文档”进入其官网，成功登录后即可新建或导入本地文件。它同时支持 iOS 和 Android 系统，使用 PC、Mac、iPad 等多种类型设备皆可顺畅访问、创建和编辑文档。

模块 2　WPS 表格操作与应用

WPS 表格是一款功能强大的电子表格处理软件，在数据分析和处理中发挥着重要的作用，可以分析数据、制作报表、管理财务，或者将数据转换为直观的图表等，广泛应用于财务、统计、金融、管理、经济分析等领域，平常所见到的工资表、订货单、经费预决算表都可以利用 WPS 表格来完成。WPS 表格不仅能满足日常办公的需要，还可以借助函数实现专业的数据处理。它支持 900 多个函数计算，具有条件表达式、排序、自动填充、多条件筛选、统计图表等丰富的功能。WPS 表格的稻壳表格模板提供了大量常用的工作表模板，可以帮助用户快速地创建各类工作表格，高效地实现多种数据计算功能。WPS 表格能够输出 PDF 格式文档，或另存为其他格式文档，并兼容 Microsoft Office Excel 文件格式，方便文件的交流和共享。

2.1　认知 WPS 表格组件

2.1.1　认知 WPS 表格工作窗口基本组成及其主要功能

启动 WPS 表格后，打开如图 2-1 所示的 WPS 表格工作窗口。从图 2-1 中可以看出，WPS 表格的工作界面与 WPS 文字有类似之处，由文档标签栏、快速访问工具栏、功能区、数据编辑区、选项卡、工作表标签、滚动条和状态栏等组成。

请扫描二维码，浏览电子活页中的相关内容，熟悉 WPS 表格操作界面各组件说明。

电子活页 2-1

WPS 表格操作界面各组件说明

2.1.2　区分 WPS 表格的几个基本概念

1. 区分工作簿与工作表

（1）工作簿类似于日常记账的账簿，其中可包含多个账页。在 WPS 表格中，文件可以用工作簿的形式保存，工作簿是指 WPS 表格中用来保存并处理数据的文件，其自有扩展名是 et，一个工作簿中默认有 1 张工作表，其默认名称为 Sheetl。

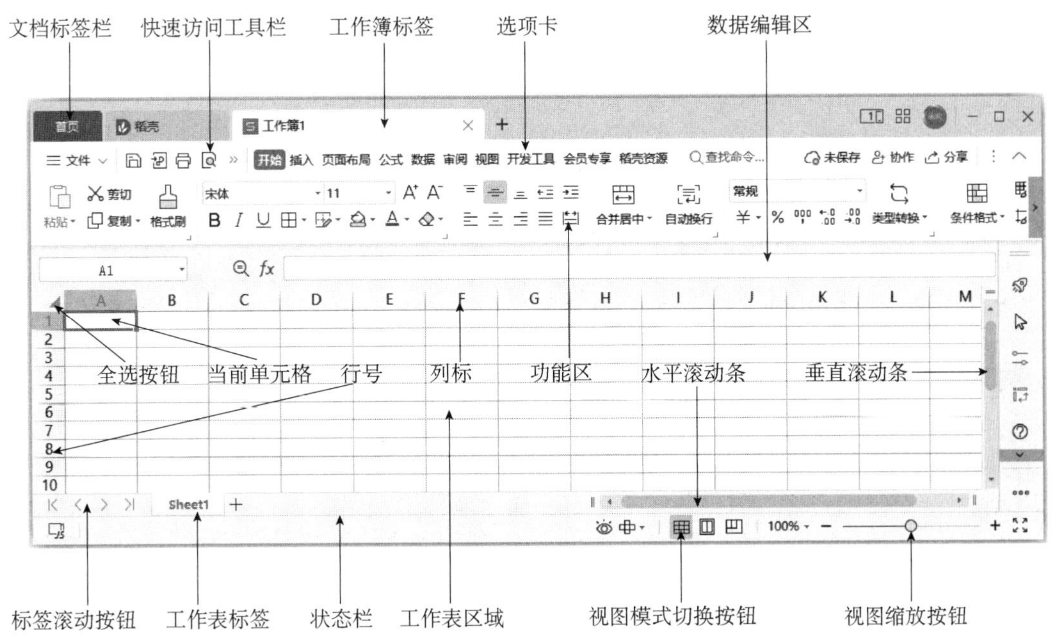

图 2-1 WPS 表格工作窗口基本组成

（2）工作表类似于日常记账账簿中的一个账页，工作表不能单独存在，它包含在工作簿中，要操作工作表，必须先打开工作簿。

工作表也称为电子表格，用于存储和处理数据，由若干行列交叉而成的单元格组成，行号用数字表示，列标由英文字母及其组合表示。

2. 区分单元格与单元格区域

（1）单元格是二维工作表中的行列相交的区域，是工作表中最基本的操作单位，在其中可以输入数字、字符串、公式等各种数据。

单击某一单元格，它便成为活动单元格，也称为当前单元格，它的边框会变为粗线，其行号、列标会突出显示，同时单元格名称显示在名称框中，单元格的数据显示在编辑栏中，活动单元格右下角的实心小方块称为控制句柄（又称填充柄），用于单元格的复制和填充。在同一时刻，只能有一个当前单元格，如图 2-2 所示。

单元格位于列和行的交会点，为便于对单元格的引用，可以采取类似于坐标的方式表示单元格地址，单元格所在列标和行号组成的标识称为单元格名称或地址，列标在前，行号在后，例如，第 5 行第 3 列单元格的地址是 C5，如图 2-2 所示。

（2）单元格区域是包含多个单元格的区域

若选定的是单元格区域，该区域将反白显示，其中，用鼠标单击的第 1 个单元格正常显示，表明它是活动单元格。

单元格区域的地址是只写出单元格区域的开始和结束两个单元格的地址，二者之间使用半角冒号隔开，以表示包括这两个单元格在内的、它们之间所有的单元格，如图 2-3 所示。

① 同一列连续单元格。A1:A5 表示从 A1 到 A5，即第 1 列中从第 1 行到第 5 行连续的 5 个单元格。

② 同一行连续单元格。C1:E1 表示从 C1 到 E1，即第 1 行中从第 3 列到第 5 列的连续的 3 个单元格。

③ 矩形单元格区域。D3:F7 表示以 D3 和 F7 作为对角线两端的矩形区域，即 5 列 3 行共 15 个单元格。

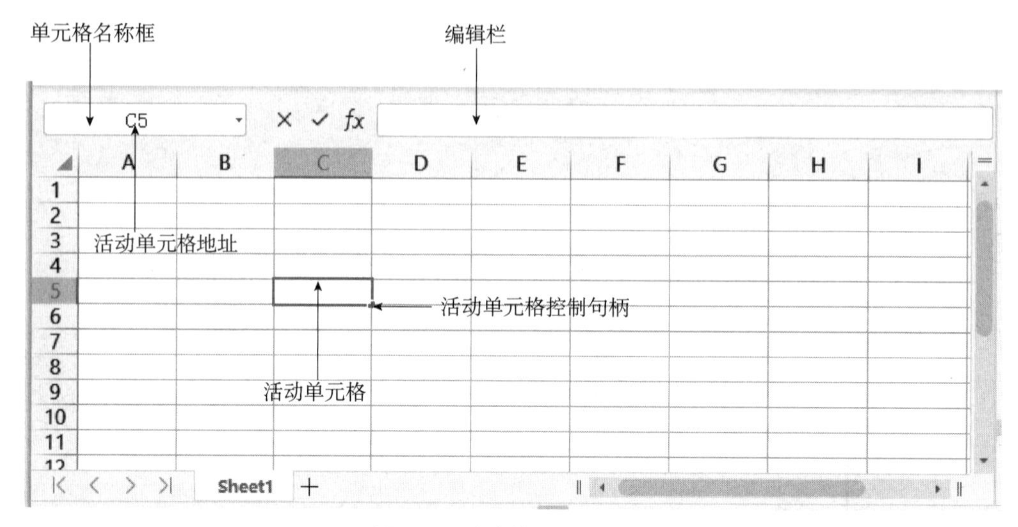

图 2-2　活动单元格及地址

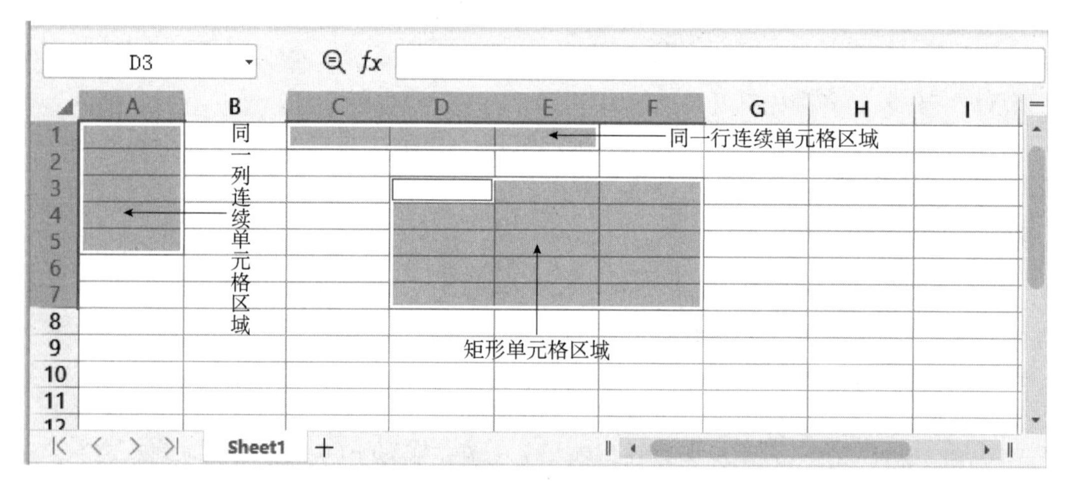

图 2-3　单元格区域的多种形式

2.2　WPS 表格基本操作

2.2.1　启动和退出 WPS 表格

1. 启动 WPS 表格

WPS 表格的启动方法主要有如下 3 种：

【方法 1】：如果操作系统的桌面上已经存在“WPS Office”的快捷方式，直接双击该快捷方式图标，出现 WPS 窗口，在“首页”中单击“新建”按钮，显示“新建”页面，然后切换到“新建表格”选项卡，在右侧单击“新建空白表格”，出现 WPS 表格窗口，如图 2-1 所示。

【方法 2】：单击“开始”菜单，找到“WPS Office”选项并单击，即可打开 WPS 窗口，接下来的操作与方法 1 一样。

【方法 3】：双击任何一个已存在的“*.et”、“*.xls”或“*.xlsx”电子表格文件，即可启动 WPS 表格，并同时打开该文件。

2. 退出 WPS 应用程序的同时关闭 WPS 表格

以下两种方法可以关闭当前打开的 WPS 表格并且退出 WPS 应用程序。

【方法 1】：单击 WPS 表格标题栏右侧的“关闭”按钮☒。

【方法 2】：按【Alt】+【F4】快捷键。

2.2.2　WPS 表格工作簿的基本操作

1. 创建工作簿

WPS 表格是以工作簿的形式进行保存的，要进行数据处理，首先要创建工作簿。用户可以通过“新建空白表格”来创建一个空的完全自主设置的工作簿，也可以利用 WPS 表格的模板来创建一个具有一定结构内容的工作簿。

（1）新建空的工作簿

新建空工作簿的方法有以下多种，选用一种合适的方法创建空的 WPS 工作簿。

【方法 1】：成功启动 WPS 表格后，在“首页”中单击“新建”按钮，进入“新建”页，然后切换到“新建表格”选项卡，再在右侧单击“新建空白表格”，如图 2-4 所示，然后就会出现 WPS 表格窗口，即可创建一个名称为“工作簿 1”的工作簿，接着就可以在该工作簿中进行相应的操作。

图 2-4　在“新建”页中单击“新建空白表格”选项

【方法 2】：在 WPS 的“表格”窗口，在“文件”菜单中单击“新建”，打开“新建”页，然后单击“新建表格”，再单击“新建空白表格”，如图 2-4 所示，即可创建一个新的工作簿。

（2）利用模板创建工作簿

利用模板创建工作簿的方法有多种，以下方法是常用方法之一。

在 WPS 的“首页”窗口，单击“新建”，进入“新建”页，单击“新建表格”，然后在右侧的模板区域选择所需的电子表格模板（部分模板可能只有会员或购买后才能使用，下同）即可。

请扫描二维码，浏览电子活页中的相关内容，试用与熟悉其他利用模板创建工作簿的方法。

电子活页 2-2

利用模板创建工作簿

2. 保存工作簿

新的工作簿成功创建后，需要将工作簿进行保存，保存的方法有以下多种。

【方法 1】：在快速访问工具栏左侧单击“文件”菜单，在弹出的下拉菜单中选择“保存”命令，如果该工作簿是第一次保存的，则弹出“另存文件”对话框，如图 2-5 所示，在该对话框中选择文件的保存位置，在“文件名”文本框中输入工作簿名称，在“文件类型”下拉列表框中选择保存类型，最后单击“保存”按钮。如果该工作簿以前保存过，则以上步骤操作时不会弹出对话框，直接用原文件名在原位置覆盖保存。

WPS 表格文件的自有扩展名为“*.et”，如果所保存的文件要与 Microsoft Office 办公软件兼容，可以在文件类型中选择“*.xls”（Excel97-2003 文件）或“*.xlsx”（最新版本）格式。

图 2-5 “另存文件”对话框

【方法 2】：在快速访问工具栏中单击“保存”按钮，如果该工作簿是第一次保存的，则弹出“另存文件”对话框，如图 2-5 所示，选择好保存的位置，输入文件名，选择文件类型，最后单击“保存”按钮。如果该工作簿以前保存过，类似地，则以上步骤操作时不会弹出对话框，直接用原文件名在原位置覆盖保存。

【方法 3】：按【Ctrl】+【S】快捷键，打开“另存文件”对话框，选择好保存的位置，输入文件名称，选择保存类型，最后单击“保存”按钮，即可将当前工作簿进行保存。

【注意】：利用上述方法保存已经保存过的工作簿文件，不再打开“另存文件”对话框，而是直接保存。

【方法 4】：选择“文件”菜单中的“另存为”命令，弹出“另存文件”对话框，在该对话框中可以重新设定保存的位置、文件名和文件类型，然后单击“保存”按钮。

3. 打开工作簿

打开 WPS 工作簿有以下多种方法。

【方法 1】：在计算机窗口中，双击拟打开的工作簿的名称，即可启动 WPS 表格，同时打开该工作簿文件。

【方法 2】：在 WPS 表格窗口，单击快速访问工具栏左侧的“文件”菜单，在下拉菜单中选择“打开”命令，弹出“打开文件”对话框，在该对话框中定位到指定路径下，选择需要打开的工作簿文件，这里选择“考试成绩 1.et”，然后单击“打开”按钮即可打开工作簿，如图 2-6 所示。

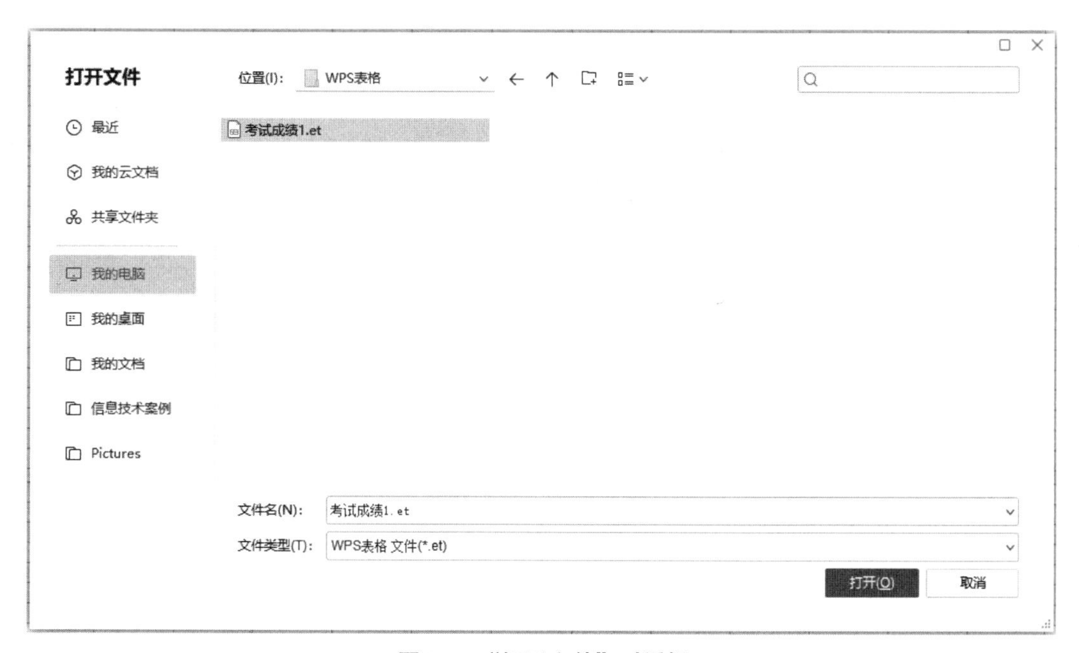

图 2-6　“打开文件”对话框

【方法 3】：在 WPS 表格中，按快捷键【Ctrl】+【O】，在弹出的“打开文件”对话框中定位到指定路径下，然后选择所需的工作簿，并单击“打开”按钮，也可以将工作簿打开。

【方法 4】：由于最近打开的工作簿文件会出现在“文件”菜单中，单击快速访问工具栏左侧的“文件”菜单，在下拉菜单中选择“打开”命令，在“最近使用”文件列表中，选择相应的 WPS 工作簿文件即可打开。

4. 关闭工作簿

以下多种方法可以关闭当前打开的 WPS 工作簿，但不退出 WPS 应用程序。

【方法 1】：按【Ctrl】+【W】快捷键。

【方法 2】：单击快速访问工具栏左侧的“文件”菜单，在弹出的下拉菜单中选择“退出”命令。

【方法 3】：依次选择经典菜单中的“文件”→“关闭”命令，关闭文档窗口。

关闭工作簿时，如果该文件修改后没有进行保存，系统会提醒用户予以保存。

2.2.3 WPS 工作表的基本操作

一个工作簿可以由多个工作表组成，数据是存放在工作表的单元格中的，工作表是一张二维表，是构成数据间逻辑关系的一个整体。用户对工作表的操作包括选择、重命名、插入、删除、复制、移动，拆分工作表窗口、冻结窗格、保护工作表和工作簿、隐藏和显示工作表等。

1. 选择工作表

打开 WPS 工作簿，默认看到的当前工作表为 Sheetl。

（1）在多个工作表中选定一个工作表

如果工作簿中有多个工作表，此时需要查看其他工作表中的内容，则必须单击相应工作表标签将其切换为当前工作表，当前工作表的名字以白底加粗显示，如图 2-7 所示。如果要查看 Sheet3 表中的内容，可以在“Sheet3”标签上单击鼠标左键，将当前工作表切换到 Sheet3。

图 2-7 工作表标签与选择工作表

（2）选定多个相邻的工作表

如果要选定多个相邻的工作表，可以单击第一个工作表标签，然后按住【Shift】键并单击最后一个工作表标签，则两个工作表之间的所有工作表都被选中。

（3）选定多个不相邻的工作表

如果要选定多个不相邻的工作表，可以在按住【Ctrl】键的同时，单击要选定的每个工作表标签。

（4）选定全部工作表

右击工作表标签，在弹出的快捷菜单中选择“选定全部工作表”命令，则可以选中全部的工作表。

同时选定多个工作表后，其中只有一个工作表是当前工作表（当前工作表的标签名称呈粗体状态），在当前工作表的某个单元格中输入数据，或者进行单元格格式设置，相当于对所有选定工作表同样位置的单元格做了同样的操作。

同时选定多个工作表后，则这些工作表构成了成组工作表。要取消成组工作表，则可以在选定的工作表标签上右击，在弹出的快捷菜单中选择“取消成组工作表”命令。

2. 重命名工作表

重命名工作表有以下几种方法。

【方法 1】：右击要重命名的工作表标签，例如 Sheet3，在弹出的快捷菜单中选择“重命名”命令，此时标签文字变成蓝底白字的突出显示状态，即处于可编辑状态，直接输入新的工作表名称，例如“成绩表”，然后按【Enter】键或用鼠标单击工作表其他位置，就完成了工作表重命名操作。

【方法 2】：在要重命名的工作表标签上双击鼠标左键，工作表标签名称进入可编辑状态，后续操作同方法 1。

【方法 3】：单击要重命名的工作表标签，使之成为当前工作表，在“开始”选项卡中单击“工作表”按钮，在弹出的下拉列表中选择“重命名”命令，后续操作同方法 1。

3. 插入工作表

在 WPS 工作簿中插入工作表有多种方法，以下方法是常用方法之一。

如果要在所有工作表的右边插入一个空白表，可以直接单击工作表标签右侧的“新建工作表”按钮＋，即可插入 1 个新工作表。

请扫描二维码，浏览电子活页中的相关内容，试用与熟悉其他插入工作表的方法。

电子活页 2-3

插入工作表

4. 移动或复制工作表

（1）在同一个工作簿中移动或复制工作表

移动工作表：在要移动的工作表标签上按住鼠标左键，然后拖动要移动的工作表标签，当小三角箭头到达目标位置，松开鼠标左键即可实现工作表的移动操作。

复制工作表：在按住【Ctrl】键的同时，按住鼠标左键，然后拖动工作表标签，当到达新位置时，先释放鼠标左键，再松开【Ctrl】键。这样就可以复制一个工作表，新工作表和原工作表内容相同。

（2）在不同工作簿中移动或复制工作表

在不同工作簿间移动或复制工作表，需要使用快捷菜单或“工作表”下拉列表，具体操作步骤如下：

① 打开目标工作簿，再打开准备复制工作表的源工作簿。

② 右击要复制或移动的工作表标签，在弹出的快捷菜单中选择“移动或复制工作表”命令，弹出“移动或复制工作表”对话框，如图 2-8 所示。

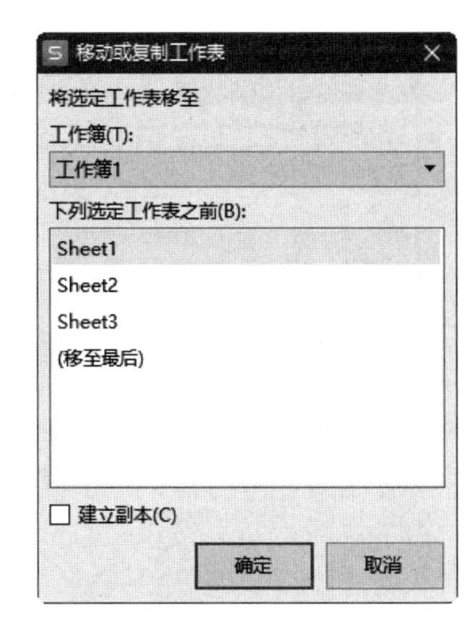

图 2-8　“移动或复制工作表”对话框

③ 在图 2-8 中，在“将选定工作表移至工作簿”下拉列表中选择目标工作簿，然后在“下列选定工作表之前”列表框中选择要复制或移动后的具体位置，若选择“(新工作簿)”选项，可以将选定的工作表移动或复制到新的工作簿中。

④ 如果不选择“建立副本”复选框，则此次操作就是移动工作表；如果选择“建立副本”复选框，则表示复制工作表。

⑤ 设置完成后，单击“确定”按钮，完成工作表的移动或复制处理。

如果目标工作表与源工作表相同，则可实现在同一个工作簿中移动或复制的效果。

5. 隐藏和显示工作表

隐藏工作表的方法有以下两种：

【方法 1】：选定一个或多个工作表，在工作表标签上右击，从弹出的快捷菜单中选择“隐藏工作表”命令。

【方法 2】：选定一个或多个工作表，切换到“开始”选项卡，单击“工作表”按钮，从弹出的下拉菜单中选择“隐藏工作表”命令。

如果要取消对工作表的隐藏，右击工作表标签，从弹出的快捷菜单中选择“取消隐藏工作表”命令，打开“取消隐藏”对话框，如图 2-9 所示。在列表框中选择需要再次显示的工作表，然后单击“确定”按钮即可。

6. 删除工作表

不需要的工作表，可以将其删除，常用方法有以下两种：

【方法 1】：在要删除的工作表标签上右击，在弹出的快捷菜单中选择“删除工作表”命令即可。

【方法 2】：选中要删除的工作表，在“开始”选项卡中单击“工作表”按钮，在弹出的下拉菜单中选择“删除工作表”命令即可。

如果要删除的工作表中包含数据，会弹出含有“要删除的工作表中可能存在数据。如果要永久删除这些数据，请按‘确定’”提示信息框，如图 2-10 所示。此时如果单击“确定”按钮，工作表以及其中的数据都会被删除。

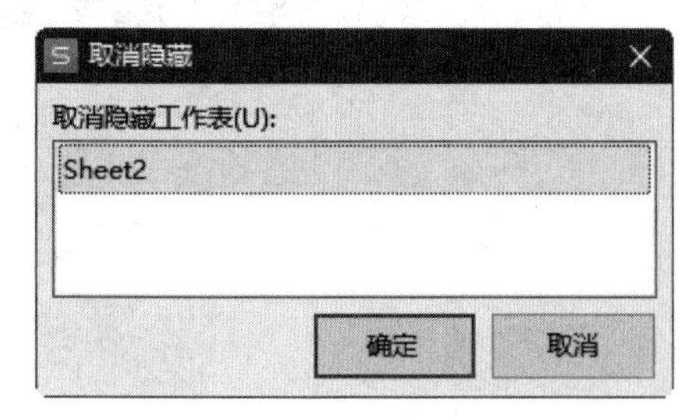

图 2-9 “取消隐藏”对话框

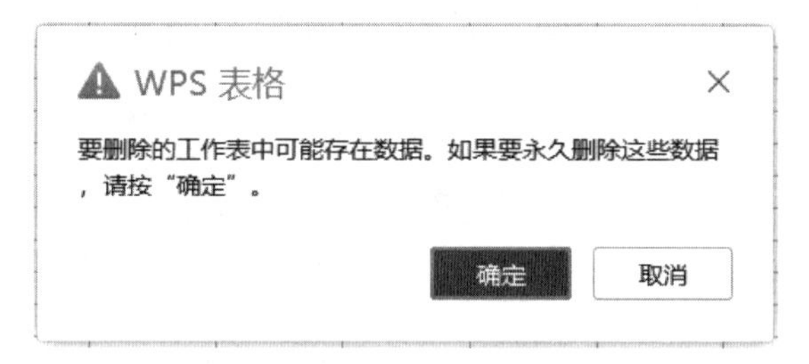

图 2-10 删除存在数据的工作表时弹出的提示信息框

2.2.4 拆分 WPS 工作表窗口

1. 拆分工作表窗口

如果要同时查看工作表中相距较远的数据内容，可以通过“拆分窗口”的功能将工作表同时显示在四个窗口中，四个窗口都可以对工作表进行编辑和修改。

WPS 表格的工作窗口进行拆分后出现的两条绿色直线就是水平分隔线和垂直分隔线，被拆分的窗口都有独立的滚动条便于操作内容较多的工作表。

WPS 表格的拆分工作窗口的方法如下：

【方法 1】：在“视图”选项卡中单击“拆分窗口”按钮，如图 2-11 所示，系统会将当前工作表窗口拆分成 4 个大小可调的区域，拆分位置从当前单元格的左上方开始，如图 2-12 所示。

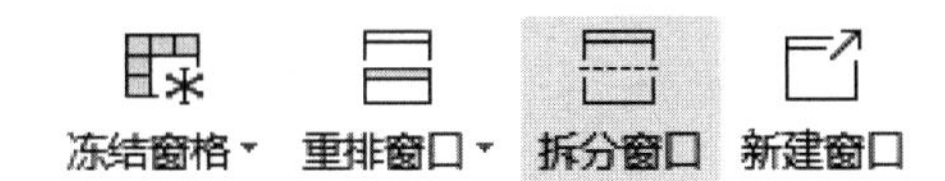

图 2-11　在“视图”选项卡中单击“拆分窗口”按钮

图 2-12　将当前工作表窗口拆分成 4 个大小可调的区域

【方法 2】：将鼠标指针指向垂直滚动条上方的水平拆分标识═，鼠标指针变为÷形状时双击，此时在当前单元格上方添加水平分隔线。

同样，将鼠标指针指向水平滚动条右侧的水平拆分标识‖，鼠标指针变为⇹形状时双击，此时在当前单元格左侧添加垂直分隔线。

2. 取消拆分

【方法 1】：如果当前工作表处在拆分状态，想要取消拆分，则在“视图”选项卡中单击“取消拆分”按钮，即可恢复默认视图状态。

【方法 2】：双击水平分隔线或垂直分隔线也可以取消相应的拆分状态，双击水平与垂直分隔线的交叉处可同时取消水平和垂直拆分状态。

2.2.5　冻结窗格

当工作表内容很多时，为了便于浏览，可以锁定工作表中某一部分的行或列，使其在其他部分滚动时仍然可见。例如，滚动查看一个长表格的内容时，可以保持表头和列标题不会滚动，始终显示在窗口中，就需要对表头和列标题进行冻结。

先确定好当前单元格的位置，系统会冻结当前单元格的左上方单元格区域。在“视图”选项卡中单击“冻结窗格”按钮，从下拉菜单中选择所需命令，例如，选择“冻结窗格”命令，如图 2-13 所示，则会冻结当前单元格左上方的单元格区域，滚动下面的数据行时，当前单元格左上方的单元格区域仍然可见；如果在“冻结窗格”下拉菜单中选择“冻结首行”命令，则会冻结工作表标题以使其位置固定不变；如果在“冻结窗格”下拉菜单中选择“冻结首列”命令，则会冻结工作表首列，以使其位置固定不变，从而方便数据的浏览。

如果要取消冻结窗格，切换到“视图”选项卡，单击“冻结窗格”按钮，从弹出的下拉菜单中选择“取消冻结窗格”命令，即可取消冻结，如图 2-14 所示。

在“开始”选项卡中单击“冻结窗格”按钮，在弹出的下拉菜单中也有多项冻结窗格的命令，如图 2-15 所示。

图 2-13　在“冻结窗格”按钮的下拉菜单中选择“冻结窗格”命令

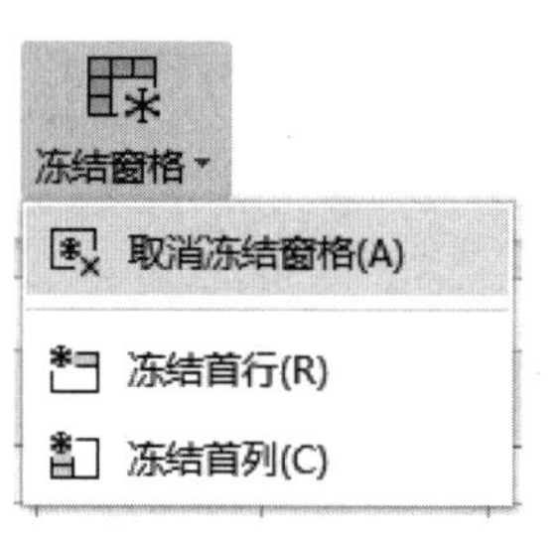

图 2-14　在“冻结窗格”按钮的下拉菜单中选择“取消冻结窗格”命令

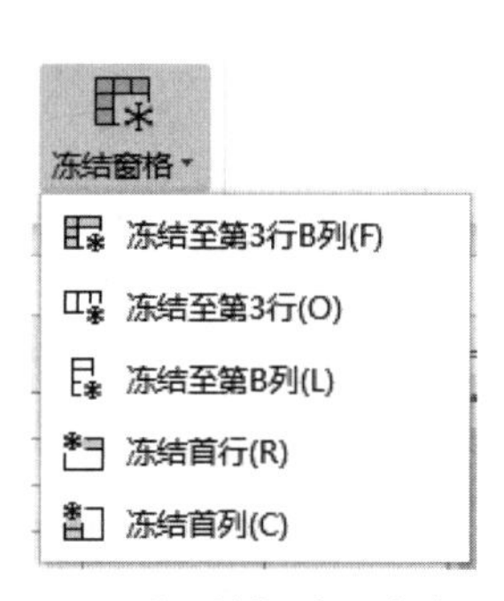

图 2-15　“开始”选项卡中“冻结窗格”按钮的下拉菜单

2.2.6　设置、撤销工作簿和工作表的保护

【示例分析 2-1】设置、撤销工作簿“考试成绩 1.et”及工作表的保护

针对工作簿“考试成绩 1.et”设置、撤销工作簿和工作表的保护。

1. 利用“保护工作表”对话框实现工作表的保护

保护工作表的操作步骤如下：

（1）选定一个或者多个需要保护的工作表。

（2）打开“保护工作表”对话框。

以下方法都可以打开“保护工作表”对话框。

【方法 1】：在“审阅”选项卡中单击“保护工作表”按钮，如图 2-16 所示，则会弹出“保护工作表”对话框。

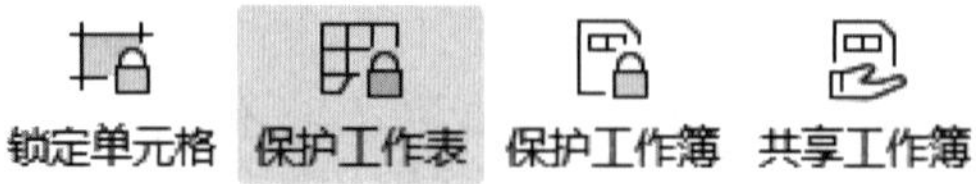

锁定单元格　保护工作表　保护工作簿　共享工作簿

图 2-16　在“审阅”选项卡中单击“保护工作表”按钮

【方法 2】：右击工作表标签，从弹出的快捷菜单中选择“保护工作表”命令。

【方法 3】：切换到“开始”选项卡，单击“工作表”按钮，从弹出的下拉菜单中选择“保护工作表”命令。

（3）在“保护工作表”对话框中，如果要给工作表设置密码，在“密码（可选）”密码输入框中输入密码，例如“123456”，然后在“允许此工作表的所有用户进行”列表框中，对于可以进行操作的选项则选中复选框，对于禁止操作的选项则取消复选框的选中状态，如图 2-17 所示，然后单击“确定”按钮，在弹出的“确认密码”对话框中再次确认密码，例如“123456”，如图 2-18 所示，然后在“确认密码”对话框中单击“确定”按钮，工作表保护操作完成，此时，在工作表中禁止任何修改操作，该工作表只有在输入正确密码撤销保护后才能进行编辑。

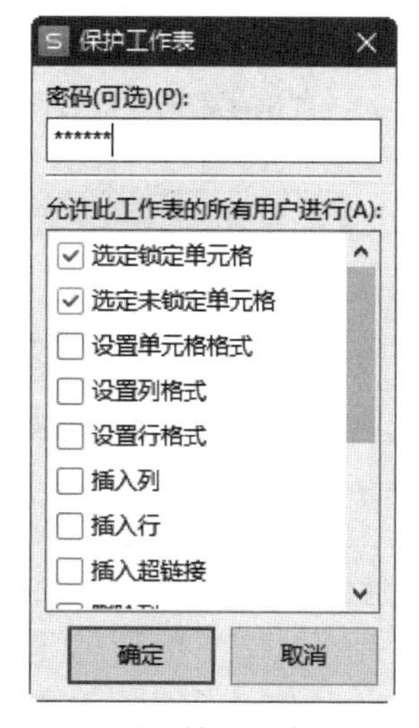

图 2-17　“保护工作表”对话框

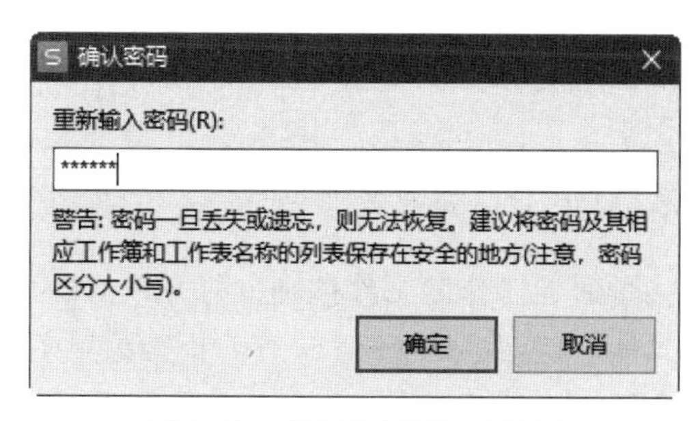

图 2-18　“确认密码”对话框

2. 利用“撤销工作表保护”对话框撤销工作表的保护

（1）选定一个或者多个需要撤销保护的工作表。

（2）打开“撤销工作表保护”对话框。

以下多种方法都可以打开“撤销工作表保护”对话框。

【方法 1】：在“审阅”选项卡中单击“撤销工作表保护”按钮。

【方法 2】：右击工作表标签，从弹出的快捷菜单中选择“撤销工作表保护”命令。

【方法 3】：切换到“开始”选项卡，单击“工作表”按钮，从弹出的下拉菜单中选择“撤销工作表保护”命令，即可取消对工作表的保护。

（3）如果工作表设置了密码，则会打开“撤销工作表保护”对话框，输入正确的密码，例如“123456”，如图 2-19 所示，单击“确定”按钮，即可撤销对工作表的保护。

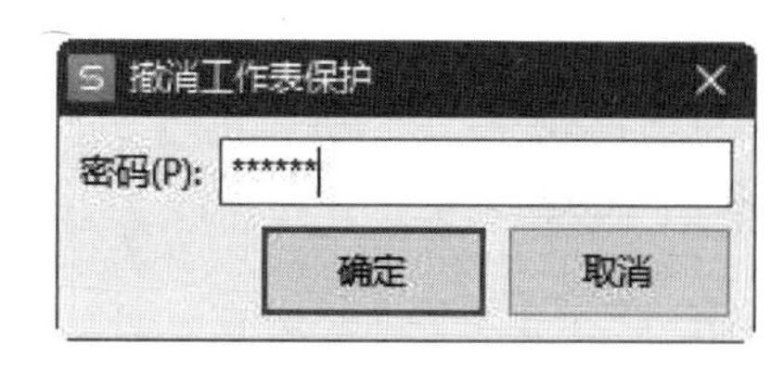

图 2-19　“撤销工作表保护”对话框

3. 利用“保护工作簿”对话框实现工作簿的保护

保护工作簿的操作步骤如下：

在“审阅”选项卡中单击“保护工作簿”按钮，弹出“保护工作簿”对话框，然后设置密码，例如“123456”，如图 2-20 所示，然后在“保护工作簿”对话框中单击“确定”按钮，在弹出的“确认密码”对话框中再次确认密码，例如“123456”，如图 2-21 所示，然后在“确认密码”对话框中单击“确定”按钮，操作完成后工作簿就会得到保护。工作簿被保护后其结构不可更改，且删除、移动、添加、重命名、复制、隐藏等操作均不可进行。

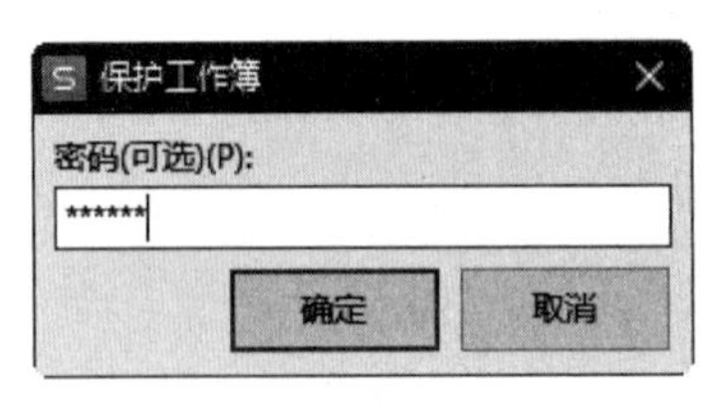

图 2-20　“保护工作簿”对话框

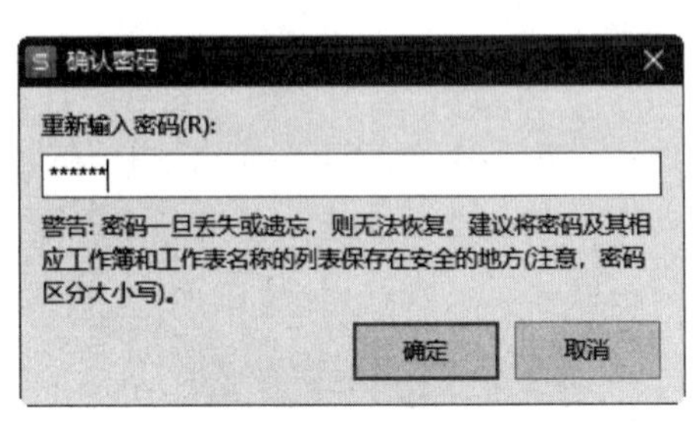

图 2-21　“确认密码”对话框

当被保护的工作簿需要撤销保护时，在“审阅”选项卡中单击“撤销工作簿保护”按钮，在弹出的“撤销工作簿保护”对话框中输入原来设置的密码，例如“123456”，如图 2-22 所示。然后单击“确定”按钮，即可撤销对工作簿的保护。

图 2-22　“撤销工作簿保护”对话框

4. 利用“保存选项”对话框

为了避免工作簿文件被别人打开或修改，还可以给文件加密或把文件设置为只读。

具体设置方法是：在“文件”下拉菜单中选择“另存为”命令，打开“另存文件”对话框，如图 2-23 所示。单击对话框右下角的“加密”按钮，弹出“密码加密”对话框，如图 2-24 所示。在“密码加密”对话框中按照提示信息进行设置后单击“应用”按钮。已经受到保护的文件试图被打开或修改时，将会自动启动密码输入框，不能正确地输入密码将会被拒绝打开或修改。

图 2-23　“另存文件”对话框

图 2-24 “密码加密”对话框

5. 利用“文档加密”功能

单击“文件”菜单，在弹出的下拉菜单中指向“文档加密”选项，在弹出的级联菜单选项“文档权限”、“密码加密”和“属性”中根据需要进行选择，实现“文档加密”操作。

2.2.7 选定数据区域

1. 选定一个或多个单元格

（1）选定一个单元格

在要选定的单元格上单击鼠标左键，或者使用方向键移动到相应的单元格，就可以选定该单元格，该单元格成为当前单元格，其地址在名称框中会显示出来。

（2）选定工作表中的全部单元格

【方法 1】：单击工作表右上角行号和列标交叉处的“全部选定”按钮◢。

【方法 2】：单击数据区域中的任意单元格，然后按【Ctrl】+【A】快捷键即可。

（3）选定连续的矩形区域单元格

【方法 1】：将鼠标指针放在要选定的单元格区域左上角单元格上，然后按住鼠标左键，拖动鼠标到单元格区域的右下角要选定的最后一个单元格上松开，即可选定该矩形区域单元格。

【方法 2】：单击要选定的矩形区域左上角单元格，按住【Shift】键不放，再单击矩形区域右下角的最后一个单元格，选定该矩形区域。如图 2-25 所示，所选定的矩形区域的左上角单元格地址为 A2，右下角单元格地址为 C5，则可以将该区域表示为“A2:C5”。

【方法 3】：在名称框中输入单元格区域的地址，例如“A2:C5”，并按【Enter】键，就可选定左上角 A2 至右下角 C5 的单元格区域。

（4）增加或减少活动区域中的单元格

先选定一个矩形区域的单元格，然后按住【Shift】键，并单击新选定区域中的最后一个单元格，在活动单元格和所单击单元格之间的矩形区域将成为新的选定区域。

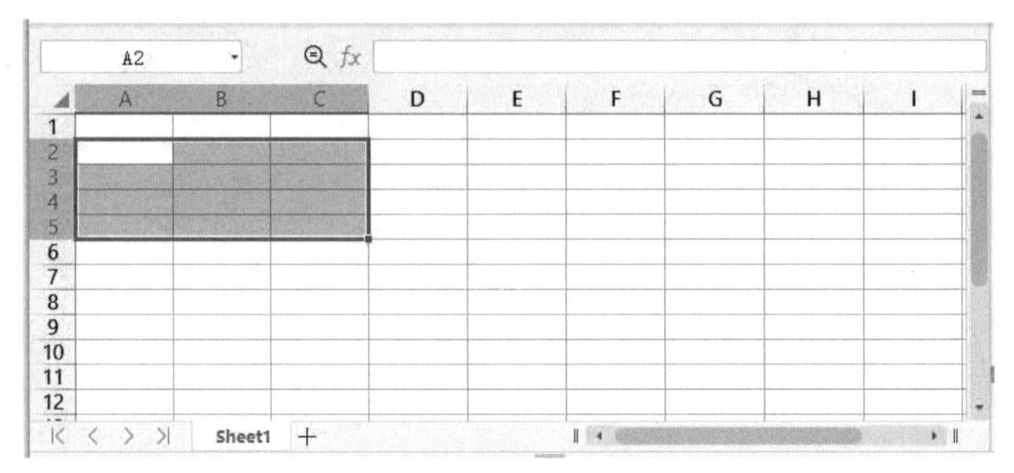

图 2-25　选定连续的矩形区域

（5）选定不连续的多个单元格或单元格区域

【方法 1】：先选定第 1 个单元格或单元格区域，然后按住【Ctrl】键再选定其他的单元格或单元格区域即可。

例如，先选定第一个区域 A2:C5，按住【Ctrl】键不放，再选定另一个区域 E7:G10，如图 2-26 所示，则所选定的区域可以表示为“A2:C5,E7:G10”。

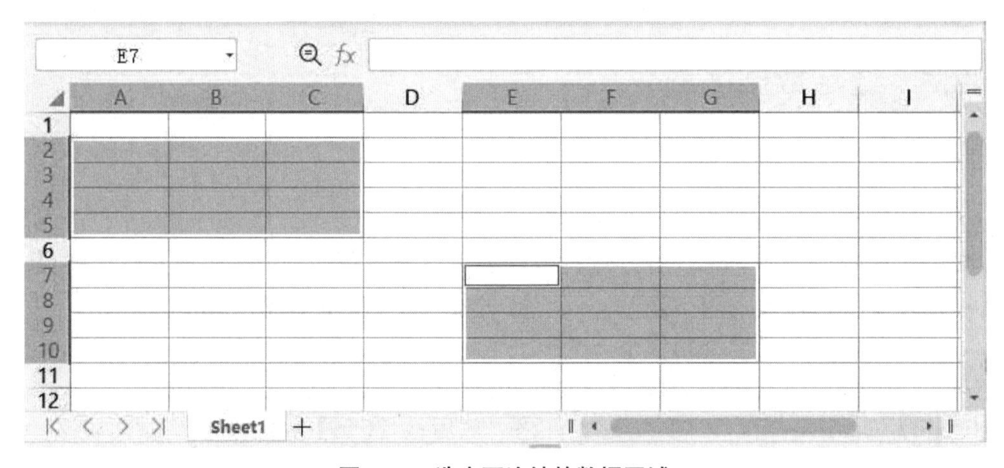

图 2-26　选定不连续的数据区域

【方法 2】：在名称框中输入使用半角逗号分隔的多个单元格区域地址，例如，“A2:C5, E7:G10”，并按【Enter】键，就可以快速选定不连续的多个单元格或单元格区域。

（6）利用工具快速选取数量众多、位置比较分散的相同数据类型的单元格

选择所有内容为文本的单元格，操作步骤如下：

① 在“开始”选项卡中单击“查找”按钮，从弹出的下拉菜单中选择“定位”命令，打开“定位”对话框。

② 选中“数据”单选按钮，然后选中“常量”复选框和“文本”复选框，如图 2-27 所示。

③ 单击“定位”按钮，即可选定所有内容为文本的单元格。

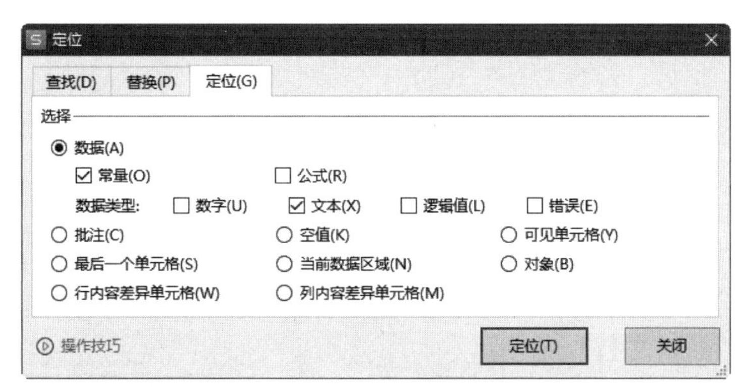

图 2-27　在“定位”对话框的“定位”选项卡中选择“常量”和“文本”复选框

2. 选定行或列

（1）选定单行或单列

单击行号或列标即可选定单行或单列。

（2）选定相邻的行或列

按住鼠标左键沿行号或列标拖动，或者先选定第 1 行或第 1 列，然后按住【Shift】键选定其他的行或列即可。

（3）选定不相邻的行或列

先选定第 1 行或第 1 列，然后按住【Ctrl】键选定其他的行或列即可。

3. 取消选定的区域

单击工作表中的其他任意单元格，或按方向键都可以取消选定的区域。

2.2.8　单元格、行、列的基本操作

1. 调整行高

在 WPS 表格中，行高默认以“磅”为单位，以下多种方法都可调整行高。

【方法 1】：用鼠标拖动调整行高。

将鼠标指针移至行号区中要调整行高的行和它下一行之间的行号分隔线上，当鼠标指针变为“✢”形状时，按住鼠标左键上下拖动分隔线进行调整，这种方法可以粗略地设置当前行的行高，但难以精确地控制行高。

【方法 2】：通过功能按钮的下拉菜单打开“行高”对话框对行高进行精确调整。

选定要设置行高的行或者将光标置于要调整行高所在行的任意单元格中，在“开始”选项卡中单击“行和列”按钮，在弹出的下拉菜单中选择“行高”命令，如图 2-28 所示，打开“行高”对话框，在“行高”微调框中输入行高数值，例如输入“15”，单位为“磅”，如图 2-29 所示，然后单击“确定”按钮即可。

【方法 3】：通过快捷菜单打开“行高”对话框对行高进行精确调整。

首先单击要设置行高的行号选定该行，然后在该行上右击，在弹出的快捷菜单中选择“行高”命令，在弹出的“行高”对话框“行高”微调框中输入行高数值，如图 2-29 所示，然后单击“确定”按钮即可。

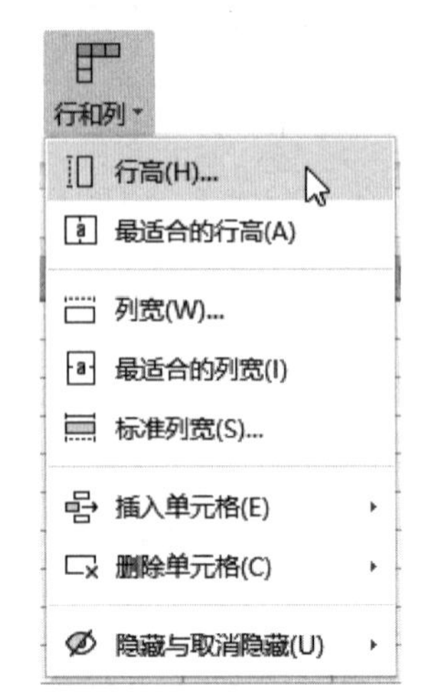

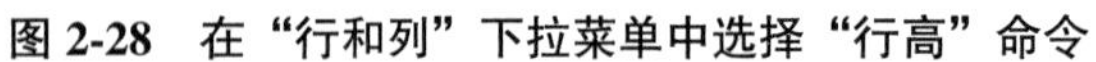
图 2-28 在“行和列”下拉菜单中选择“行高”命令

图 2-29 “行高”对话框

【方法 4】：调整为最适合的行高。

调整为最适合的行高有以下多种方法实现。

【方法 a】：把鼠标指针直接置于需调整行高的行号的下边界，当鼠标指针变为“✛”形状时，如图 2-30 所示，双击鼠标左键，即可把本行自动调整到最适合的行高。

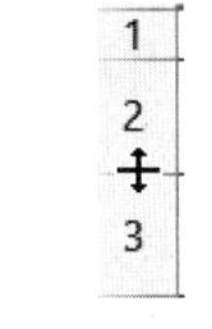

图 2-30 在行号之间的

【方法 b】：将光标置于要设置行的任意单元格中，然后切换到“开始”选项卡，单击“行和列”按钮，从弹出的下拉菜单中选择“最适合的行高”命令，即可实现自行调整行高。

【方法 c】：首先单击要设置行高的行号选定该行，然后在该行上右击，在弹出的快捷菜单中选择“最适合的行高”命令，即可实现自行调整行高。

2. 调整列宽

在 WPS 表格中，列宽默认以“字符”为单位，调整 WPS 表格的列宽有多种方法，用鼠标拖动调整列宽是常用方法之一。

将鼠标指针指向要改变列宽的列标之间的分隔线上，当鼠标指针变成“✛”形状时，按住鼠标左键左右拖动进行调整，但这种方法难以精确地控制列宽。

请扫描二维码，浏览电子活页中的相关内容，试用与熟悉其他调整列宽的方法。

电子活页 2-4

调整列宽

3. 隐藏与显示行和列

（1）隐藏行或列

隐藏行或列的方法类似，下面以隐藏列为例，说明其操作方法：

【方法 1】：使用功能按钮的下拉菜单项“隐藏与取消隐藏”的级联菜单命令实现隐藏。

选中要隐藏列的部分单元格区域，在“开始”选项卡中单击“行和列”按钮，从下拉菜单中依次选择“隐藏与取消隐藏”→“隐藏列”命令即隐藏选定的列，如图 2-31 所示。

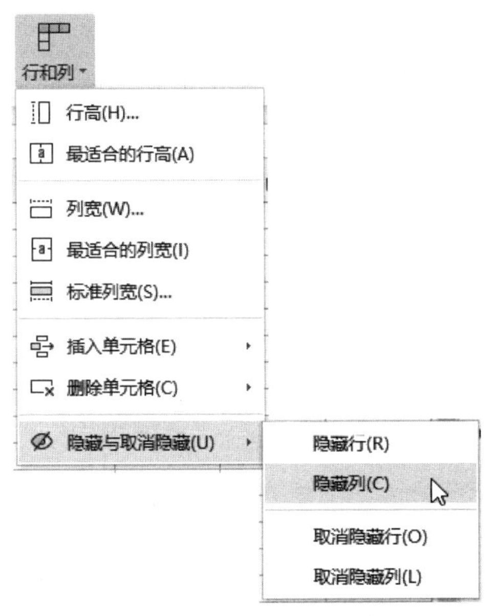

图 2-31　在“隐藏与取消隐藏”选项的级联菜单中选择隐藏命令

【方法 2】：使用快捷菜单的“隐藏”命令实现隐藏。

在需要隐藏列的列标上按住鼠标左键拖动选定多列，然后右击选中区域，从弹出的快捷菜单中选择“隐藏”命令即可隐藏选定的列。

隐藏行的方法与隐藏列的方法类似，在此不再赘述。

（2）取消行和列的隐藏

【方法 1】：先选中隐藏列的左、右两列的部分单元格区域，在“开始”选项卡中单击“行和列”按钮，从弹出的下拉菜单中依次选择“隐藏与取消隐藏”→“取消隐藏列”命令即可取消隐藏列。

【方法 2】：按住鼠标左键在隐藏列的左、右两列的列标上拖动选中左右 2 列，然后右击选中的区域，从弹出的快捷菜单中选择“取消隐藏”命令即可取消隐藏列。

【方法 3】：将鼠标指针指向列标位置隐藏列的标记位置，当鼠标指针变为形状时，单击即可展开隐藏的列，如图 2-32 所示。

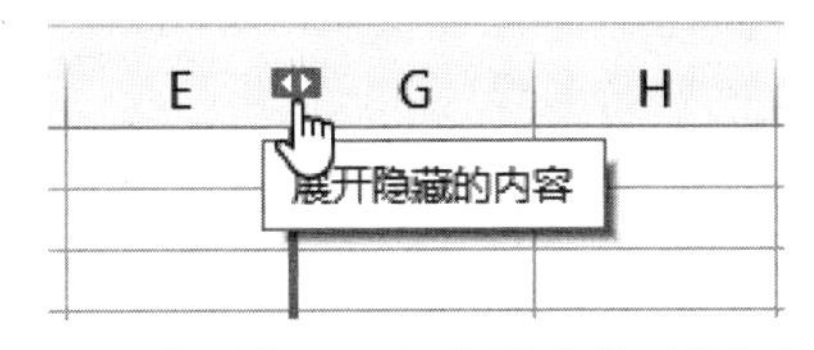

图 2-32　将鼠标指针指向列标位置隐藏列的标记位置单击

4. 插入单元格、行或列

在 WPS 表格中，可以在指定的位置插入空白的单元格、行或列。

（1）选定 1 个单元格或单元格区域后实现插入单元格、行或列的操作

【方法 1】：使用功能按钮的下拉菜单直接插入行或列。

单击某个单元格或选定单元格区域以确定插入位置，在“开始”选项卡中单击“行和列”

按钮，在弹出的下拉菜单中指向“插入单元格”选项，在弹出的级联菜单中直接选择插入行或列对应的命令即可实现行、列的插入，如图 2-33 所示，插入命令包括“在上方插入行”、“在下方插入行”、“在左侧插入列”和“在右侧插入列”4 条命令。

图 2-33　选定单元格或单元格区域后的插入单元格、行或列的命令

插入行或列时，如果设置的行数或列数大于 1，则可以在微调框中输入行数或列数数值，自行设置插入的行数或列数，然后单击右侧的“√”，即可在当前活动单元格上面插入指定数值的行或在左侧插入指定数值的列。

【方法 2】：打开“插入”对话框实现插入单元格、行或列。

单击某个单元格或选定单元格区域以确定插入位置，在“开始”选项卡中单击“行和列”按钮，在弹出的下拉菜单中指向“插入单元格”选项，在弹出的级联菜单中选择“插入单元格”命令，弹出“插入”对话框，如图 2-34 所示。

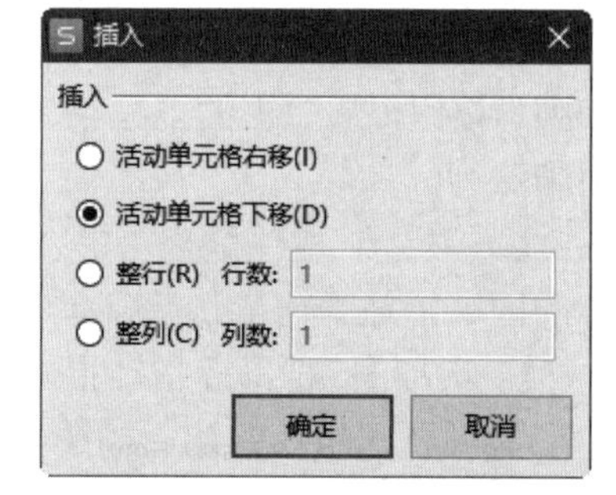

图 2-34　“插入”对话框

在该对话框中选择合适的插入方式。

① 如果选择“活动单元格右移”单选按钮，则当前活动单元格及同一行中右侧的所有单元格右移一个单元格。

② 如果选择“活动单元格下移”单选按钮，则当前单元格及同一列中下方的所有单元格下移一个单元格。

③ 如果选择“整行”单选按钮，则当前单元格所在的行上面会插入一个空行，行数默认为 1，也可以输入行数数值，实现插入多行。

④ 如果选择“整列”单选按钮，则当前单元格所在的列左边会插入空列，列数默认为 1，也可以输入列数数值，实现插入多列。

最后，在“插入”对话框中单击“确定”按钮，完成插入操作。

【方法 3】：使用快捷菜单插入单元格、行或列。

单击某个单元格或选定单元格区域以确定插入位置，然后在选定单元格区域右击，在弹出的快捷菜单中指向“插入”选项，弹出的级联菜单中包括 6 个选项“插入单元格，活动单元格右移”、“插入单元格，活动单元格下移”、“在上方插入行”、“在下方插入行”、“在左侧插入列”、“在右侧插入列”，根据需要选择合适的命令即可插入单元格、行或列。

（2）选定一行或多行后实现插入行操作

【方法 1】：使用功能按钮的下拉菜单插入行。

先选择一行或多行，然后在“开始”选项卡中单击“行和列”按钮，在弹出的下拉菜单中指向“插入单元格”选项，在弹出的级联菜单中直接选择插入命令即可实现行的插入，插入命令包括“插入单元格”、“在上方插入行”、“在下方插入行”3 条命令。

【方法 2】：使用快捷菜单插入行。

先在 WPS 表格中选定一行或多行，然后在选定区域内右击，在弹出的快捷菜单中选择“在上方插入行”或“在下方插入行”命令即可，如图 2-35 所示。

如果需要插入多行时，在行号上拖动鼠标，选定与待插入空行数量相等的若干行，后续操作类似。

（3）选定一列或多列后实现插入行操作

【方法 1】：使用功能按钮的下拉菜单插入列。

先选择一列或多列，然后在“开始”选项卡中单击“行和列”按钮，在弹出的下拉菜单中指向“插入单元格”选项，在弹出的级联菜单中直接选择插入命令即可实现列的插入，插入命令包括“插入单元格”、“在左侧插入列”、“在右侧插入列”3 条命令。

【方法 2】：使用快捷菜单插入列。

先在 WPS 表格中选定一列或多列，然后在选定区域内右击，在弹出的快捷菜单中选择“在左侧插入列”或“在右侧插入列”命令即可，如图 2-36 所示。

图 2-35　在快捷菜单中选择插入行的命令

图 2-36　在快捷菜单中选择列的命令

如果需要插入多列，则在列标上拖动鼠标，选定与待插入空列数量相等的若干列，后续操作类似。

5. 删除单元格、行或列

在 WPS 表格中，可以删除指定单元格、单元格所在行或单元格所在列。

（1）选择 1 个单元格或单元格区域后实现删除单元格、行或列的操作

选择 1 个单元格或单元格区域后删除单元格、行或列的方法有多种，以下方法是常用方法之一。

单击某个单元格或选定单元格区域以确定删除位置，在“开始”选项卡中单击“行和列”按钮，在弹出的级联菜单中直接选择删除命令即可实现删除操作，删除命令包括“删除单元格”、“删除行”、“删除列”、“删除空行”4 条命令，如图 2-37 所示。

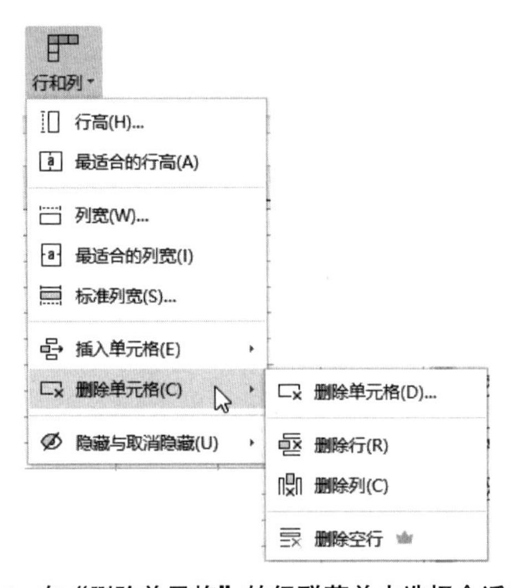

图 2-37　在“删除单元格”的级联菜单中选择合适的命令

电子活页 2-5

删除单元格、行或列

请扫描二维码，浏览电子活页中的相关内容，试用与熟悉其他删除单元格、行或列的方法。

【注意】：“清除”和“删除”是两个不同的操作。“清除”是将单元格里的内容、格式、批注之一或全部删除掉，而单元格本身会被保留；“删除”则是将单元格和单元格里的全部内容一起删除。

（2）选定一行或多行后实现删除行的操作

按住鼠标左键在行号上拖动，选定要删除的行，然后右击选中的区域，从弹出的快捷菜单中选择“删除”命令即可删除选定的行。

（3）选定一列或多列后实现删除列的操作

按住鼠标左键在列标上拖动，选定要删除的列，然后右击选中的区域，从弹出的快捷菜单中选择“删除”命令即可删除选定的列。

6. 合并与拆分单元格

（1）合并单元格

【方法 1】选定要合并的单元格区域，切换到“开始”选项卡，单击“合并居中”按钮下

侧的箭头按钮，从下拉列表中选择“合并单元格”命令即可，如图 2-38 所示。

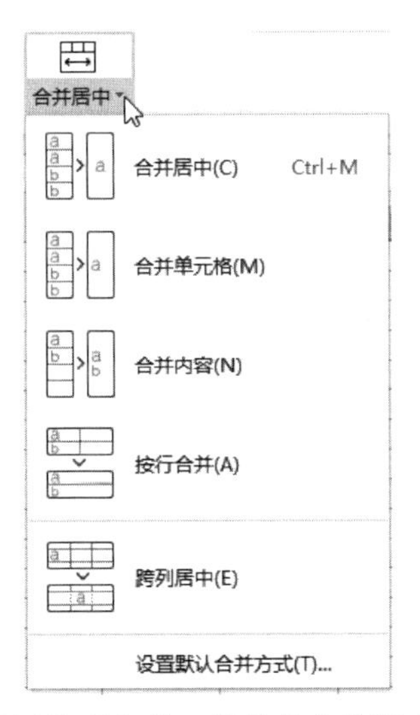

图 2-38　从“合并居中”按钮的下拉菜单中选择“合并单元格”命令

【方法 2】：选定要合并的单元格区域，在弹出的浮动工具栏中单击“合并”按钮，在弹出的下拉菜单中选择“合并单元格”命令即可，如图 2-39 所示。

（2）拆分单元格

选中已经合并的单元格，切换到“开始”选项卡，单击“合并居中”按钮下侧的箭头按钮，从下拉菜单中选择“取消合并单元格”命令，如图 2-40 所示，即可将其再次拆分。

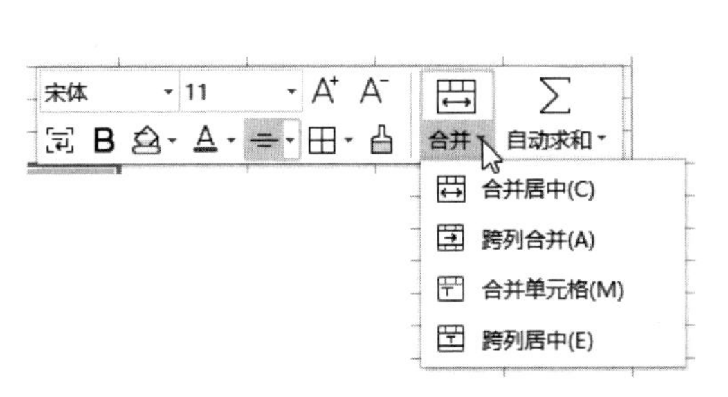

图 2-39　在浮动工具栏“合并”按钮的下拉菜单中选择“合并单元格”命令

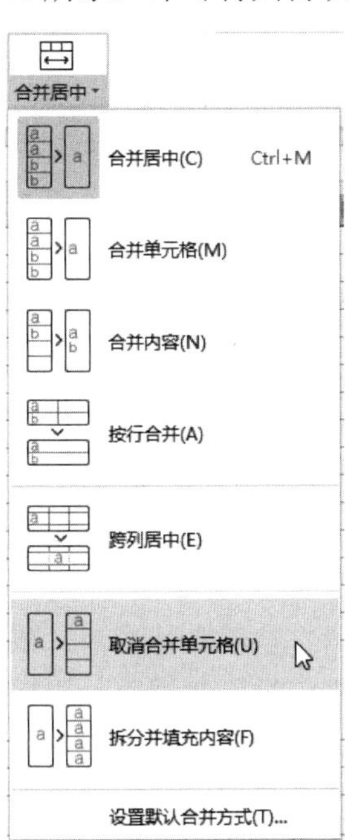

图 2-40　从“合并居中”按钮的下拉菜单中选择“取消合并单元格”命令

2.3　输入与编辑数据

2.3.1　手工输入数据

【示例分析 2-2】向 WPS 工作表中输入成绩数据

创建并打开工作簿“成绩数据.et”，在该工作簿的工作表中输入数据。

单击目标单元格，输入数据后，按【Enter】键或用鼠标单击其他单元格，或单击数据编辑栏上的“√”按钮，就可以结束输入，如图 2-41 所示。

C13　fx　82

	A	B	C	D
1	序号	姓 名	平均成绩	
2	1	成功	75	
3	2	阳光	82	
4	3	高兴	78	
5	4	安静	85	
6	5	温暖	84	
7	6	王武	88	
8	7	李斯	91	
9	8	张珊	91	
10	9	向前	82	
11	10	郑州	76	
12	11	黄山	76	
13	12	简单	82	

图 2-41　向 WPS 表格的工作表中输入数据

1. 输入文本

文本也就是字符串，在 WPS 表格中输入文本时，默认情况下文本内容会左对齐。

当文本不是完全由数字组成时，直接由键盘输入即可。若文本由一串数字组成，可以使用下列方法输入：

① 在该串数字的前面加一个半角单引号，例如，要输入邮政编码 412003，则应输入“'412003”。

② 选定要输入文本的单元格区域，切换到“开始”选项卡，将“数字格式”下拉列表框设置为“文本”选项，然后输入数据。

在单元格中输入数据时，根据字符宽度和列宽的不同，会出现以下三种情况：

- 单元格宽度能够容纳字符内容时左对齐显示。
- 单元格宽度不能够容纳字符全部内容时，如果该单元格右侧单元格无内容，字符会右扩到右侧单元格中显示。
- 单元格宽度不能够容纳字符全部内容，但该单元格右侧单元格中有内容时，字符在本单元格中显示，超出宽度的部分会被隐藏。

如图 2-42 所示，B3 单元格的内容为“成功”，正常左对齐显示；A1 单元格的内容为“第 1 小组《信息技术》考核成绩”，由于 A1 单元格右侧的 B1 单元格为空，A1 单元格的内容右扩显示；如果 B1 单元格中包含了字符，则 A1 单元格中超出的内容会被隐藏。如果要在 A1 单元格中显示全部信息，可以调整 A 列的宽度，也可以将 A1 单元格设置为“自动换行”或“缩小字体填充”。

A1　fx　第1小组《信息技术》考核成绩

	A	B	C	D	E	F
1	第1小组《信息技术》考核成绩					
2	序号	姓 名	平均成绩			
3	1	成功	75			
4	2	阳光	82			
5	3	高兴	78			
6	4	安静	85			
7	5	温暖	84			
8	6	王武	88			
9	7	李斯	91			
10	8	张珊	91			
11	9	向前	82			
12	10	郑州	76			
13	11	黄山	76			
14	12	简单	82			

图 2-42　字符显示

2. 输入数值

在单元格中输入的数值，可以是整数、小数、负数、百分数、科学计数法数值、货币格式数值等。直接输入的数值数据默认为右对齐。在输入数值数据时，除 0～9、正/负号和小数点外，还可以使用以下符号。

① “E” 和 “e” 用于指数的输入，如 1.2E-3。

② 圆括号表示输入的是负数，如（123）表示−123。

③ 以 “$” 或 “￥” 开始的数值，表示货币格式。

④ 以符号 “%” 结尾的数值：表示输入的是百分数，例如，20%表示 0.2。

⑤ 逗号表示千位分隔符，如 1,234.56。

当然，可以先输入基本数值数据，然后切换到“开始”选项卡，通过“数字”选项组中的按钮或下拉列表框实现上述效果，如图 2-43 所示。

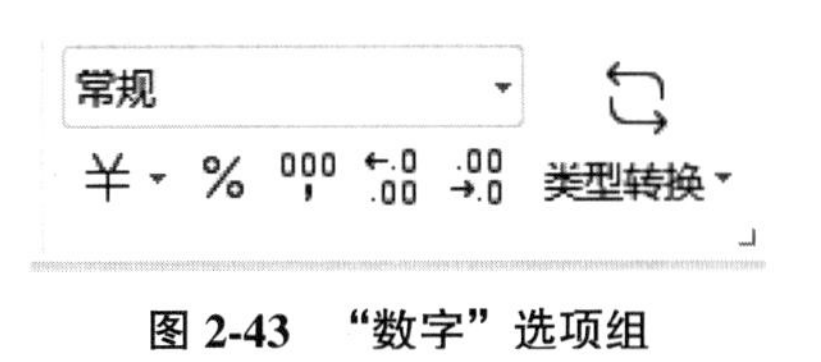

图 2-43　“数字”选项组

另外，当输入的数值长度超过单元格的宽度时，将会自动转换成文本类型；当输入数值时，如果选择“转换为数字”命令，将会自动转换成科学计数法，即以指数法表示。当输入真分数时，应在分数前加 0 及一个空格，例如，输入“0 3/4”表示分数 $\frac{3}{10}$。

根据单元格中数值的不同，可能会出现以下情况。

① 当数值总位数不超过 11 位时右对齐正常显示。

② 当整数位超过 11 位时，系统默认将其转换成文本格式，并且会左对齐显示，文本格式的数字不能参与计算。如果需要进行计算，则须将其转换为数字，转换方法如下：选择该

单元格，单击该单元格左侧或右侧的警告信息，在弹出的下拉菜单中选择“转换为数字”命令即可，如图 2-44 所示。

③ 当含小数的数值位数超过 11 位时，右侧部分将被隐藏。

④ 当列宽不足以显示单元格的数值时，系统用“#”填充，调整列宽即可显示数值。

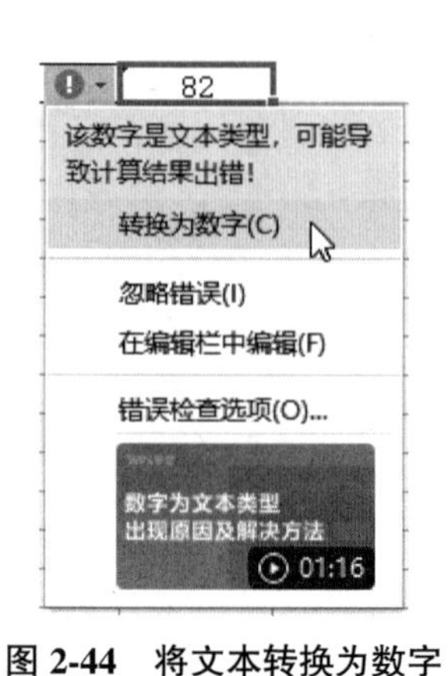

图 2-44　将文本转换为数字

3. 输入日期和时间

在 WPS 表格中，如果输入的数据符合日期或时间的格式，系统会以日期或时间的方式来存储数据，并且右对齐显示。

（1）常用的日期格式

日期的输入形式比较多，可以使用斜杠“/”或连字符“-”对输入的年、月、日进行间隔，例如，输入 2025 年 10 月 1 日，可以输入为 2025-10-01、2025/10/01 均表示 2025 年 10 月 1 日。

如果输入“3/4”形式的数据，系统默认为当前年份的月和日。如果要输入当天的日期，需要按【Ctrl】+【;】快捷键。

（2）常用的时间格式

在输入时间时，时、分、秒之间使用半角冒号“:”隔开，也可以在后面加上“A”（或“AM”）或者“P”（或“PM”），分别表示上午、下午。注意，表示秒的数字和字母之间应有 1 个空格，例如，10:28:30 AM、13:15 PM、21:18、21 时 15 分、下午 3 时 50 分等。

当输入“10:30”形式的时间数据时，表示的是小时和分钟。如果要输入当前时间，则需要按【Ctrl】+【Shift】+【;】快捷键。

如果同时输入日期和时间，则中间要用空格分隔。例如，输入 2025/6/8 10:30:12 A”形式的日期和时间数据，注意二者之间要留有空格。

在单元格中输入“=NOW()”时，可以显示当前的日期时间。

如果需要对日期或时间数据进行格式化，在“开始”选项卡中单击“单元格”按钮，从弹出的下拉菜单中选择“设置单元格格式”命令，如图 2-45 所示。打开“单元格格式”对话框。然后在该对话框“数字”选项卡的“分类”列表框中选择“日期”或“时间”选项，在右侧的“类型”列表框中选择所需的日期类型即可。

图 2-45　在“单元格”下拉菜单中选择“设置单元格格式”命令

2.3.2　快速填充数据

利用 WPS 表格提供的智能填充功能，可以实现快速向单元格输入有规律的数据。

【示例分析 2-3】在 WPS 工作表中快速填充数据

打开工作簿“学习小组数据.et”，参考以下步骤在工作表中快速填充数据。

1. 填充相同数据

例如，先在 C2 单元格中输入专业名称“软件技术”，可以使用智能填充功能在 C2 单元格以下的单元格中也填入同样的内容，具体操作如下：

① 选中 C2 单元格，该单元格显示加粗边框，同时在粗边框的右下角出现一个小方块，该小方块被称为填充句柄（也称控制句柄），如图 2-46 所示，将鼠标指针指向填充句柄，鼠标指针变成“＋”字形状。

② 按住鼠标左键竖向拖动到 C13 单元格，松开左键即可；也可以双击填充句柄进行向下自动填充，填充效果如图 2-47 所示。

	A	B	C	D
1	序号	姓 名	专业名称	
2	1	成功	软件技术	
3	2	阳光		
4	3	高兴		
5	4	安静		
6	5	温暖		
7	6	王武		
8	7	李斯		
9	8	张珊		
10	9	向前		
11	10	郑州		
12	11	黄山		
13	12	简单	+	
14				软件技术

图 2-46　拖动鼠标左键填充相同的内容

	A	B	C
1	序号	姓 名	专业名称
2	1	成功	软件技术
3	2	阳光	软件技术
4	3	高兴	软件技术
5	4	安静	软件技术
6	5	温暖	软件技术
7	6	王武	软件技术
8	7	李斯	软件技术
9	8	张珊	软件技术
10	9	向前	软件技术
11	10	郑州	软件技术
12	11	黄山	软件技术
13	12	简单	软件技术

图 2-47　相同内容填充效果

2. 填充序列数据

（1）以序列方式填充递增式数据

向单元格中输入数据后，例如在 A2 单元格中输入“1”，在控制句柄处按住鼠标左键向下或向右拖动（也可以向上或向左拖动），如图 2-48 所示。如果原单元格中的数据是文本，则鼠标经过的区域中会用原单元格中相同的数据填充；如果原数据是数值，则 WPS 表格将递增式填充，填充结果如图 2-49 所示。

从图 2-49 所示的填充效果可以看出，A2 单元格填充至 A13 单元格的填充效果并不像 C2 单元格填充至 C13 单元格那样的内容复制，而是自动形成了一个数据序列。这是 WPS 表格填充的一项智能填充功能，在填充单元格时，若系统判断到单元格数据可能是一个序列时，会自动以序列方式填充。

也可以在直接拖动序列填充后，打开右下角“自动填充选项”的快捷菜单，可以看到系统默认的是“以序列方式填充”，如图 2-50 所示。

	A	B	C
1	序号	姓 名	专业名称
2	1	成功	软件技术
3		阳光	软件技术
4		高兴	软件技术
5		安静	软件技术
6		温暖	软件技术
7		王武	软件技术
8		李斯	软件技术
9		张珊	软件技术
10		向前	软件技术
11		郑州	软件技术
12		黄山	软件技术
13		简单	软件技术
14		12	
15			

图 2-48 拖动鼠标递增式填充

	A	B	C
1	序号	姓 名	专业名称
2	1	成功	软件技术
3	2	阳光	软件技术
4	3	高兴	软件技术
5	4	安静	软件技术
6	5	温暖	软件技术
7	6	王武	软件技术
8	7	李斯	软件技术
9	8	张珊	软件技术
10	9	向前	软件技术
11	10	郑州	软件技术
12	11	黄山	软件技术
13	12	简单	软件技术

图 2-49 递增式填充结果

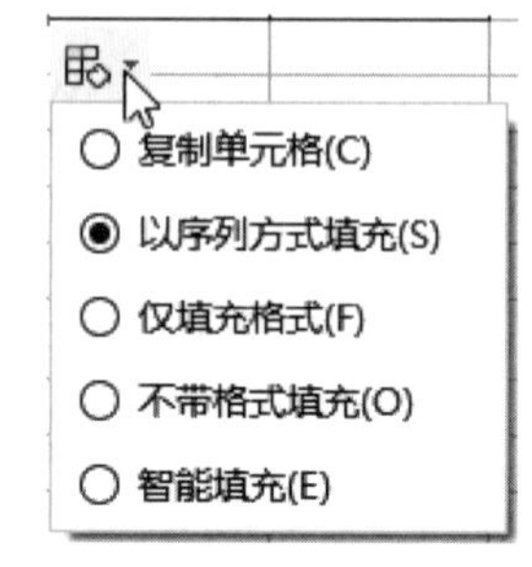

图 2-50 在快捷菜单中选择“以序列方式填充”单选按钮

（2）复制填充相同的数据

按住【Ctrl】键的同时拖动填充句柄进行数据填充，则在拖动的目标单元格中复制原来的数据，即可实现内容的复制，而不是以序列方式填充。例如在图 2-49 中，“专业名称”列的数据都是“软件技术”，在拖动 C2 单元格的填充句柄至 C13 单元格的同时按住【Ctrl】键，实现复制填充。

也可以在直接拖动序列填充后，打开右下角的快捷菜单，如图 2-50 所示，可以看到系统默认的是“以序列方式填充”，这时选择“复制单元格”选项，即可实现复制填充，填充效果与图 2-49 相同。

3. 填充自定义序列数据

电子活页 2-6

自定义序列数据

WPS 表格已经预定义了一些常用的序列数据，用户也可以根据实际工作需要，自定义多种序列，可以更加快捷地填充固定的序列。

请扫描二维码，浏览电子活页中的相关内容，试用与熟悉自定义序列数据的方法。

4. 智能填充数据

除了复制填充和自定义序列填充外，WPS 表格还可以自动分析数据规律（例如，等差数列、等比数列等）进行智能填充。

（1）使用鼠标填充等差数列

在开始的两个单元格中输入数列的前两项，例如，“1”、“3”，然后将这两个单元格选定，并沿填充方向拖动填充句柄，即可在目标单元格区域填充等差数列。

（2）填充日期和时间序列

选中单元格输入第 1 个日期或时间，按住鼠标左键向需要的方向拖动，然后单击“自动填充选项”按钮，从下拉菜单中选择适当的选项即可。例如，在单元格 A1 中输入日期“2025/1/10”，向下拖动并选择“以工作日填充”选项后的结果如图 2-51 所示。

（3）使用对话框填充序列

用鼠标填充的序列范围比较小，如果要填充等比数列，则可以使用对话框方式进行填充。

下面以在单元格区域“A1:E1”中的单元格填充序列 1、3、9、27、81 为例说明其操作步骤。

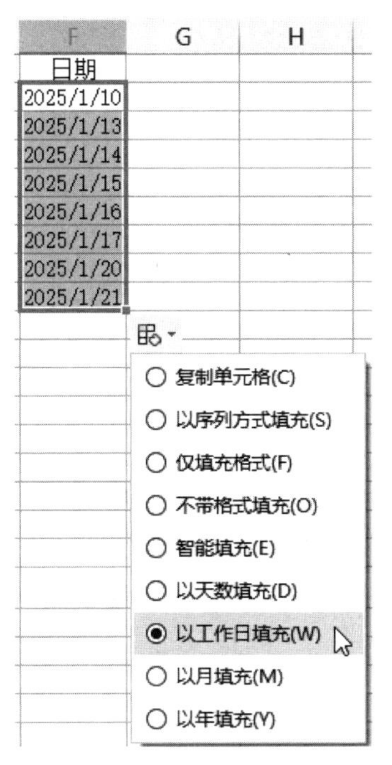

图 2-51　选择“以工作日填充”选项

在单元格 A1 中输入数字 1，然后选中单元格区域“A1:E1”，切换到“开始”选项卡，单击“填充”按钮，从弹出的下拉菜单中选择“序列”命令，如图 2-52 所示。在打开的“序列”对话框的“类型”栏中选中“等比序列”单选按钮，在“步长值”文本框中输入数字 3，如图 2-53 所示，最后单击“确定”按钮。WPS 表格的工作表中等比序列的填充效果如图 2-54 所示。

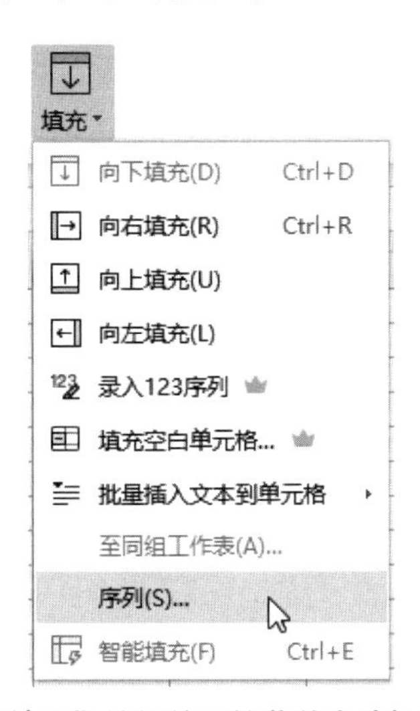

图 2-52　在“填充”按钮的下拉菜单中选择“序列”命令

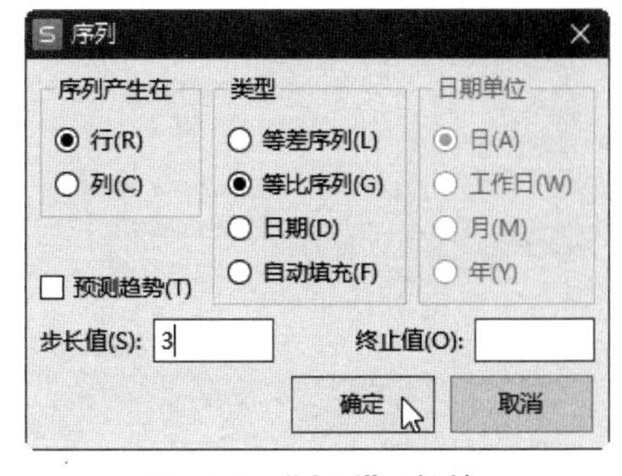

图 2-53　“序列”对话框

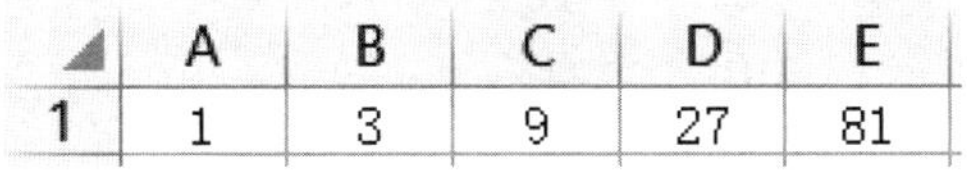

	A	B	C	D	E
1	1	3	9	27	81

图 2-54　等比序列的填充效果

2.3.3　输入时检查数据的有效性

为了更好地提高表格数据录入的准确性，可以为单元格数据设置输入规则，数据在输入时系统自动检查是否符合该规则，这项操作称为数据有效性检查。在 WPS 表格中，这一功能是通过设置数据有效性来实现的。

输入时检查数据的有效性的操作方法与示例分析详见本书的配套教材《信息技术技能提升训练》中对应单元的“技能训练”。

2.3.4　标记重复数据

不同的联系人应有不同的手机号码，如果输入数据过程中由于录入失误，不同的联系人出现了相同的手机号码，应能快速进行标记，然后进行修改。

【示例分析 2-4】在 WPS 表格中标记重复数据

在 WPS 表格中标记重复数据的步骤如下：

（1）打开 WPS 工作簿“标记重复数据.et”。

（2）选中标记重复数据的单元格区域，这里选中 C2 至 C13 单元格区域。

（3）在“数据”选项卡中单击“数据对比”按钮，在弹出的下拉菜单中选择“标记重复数据”命令，如图 2-55 所示。

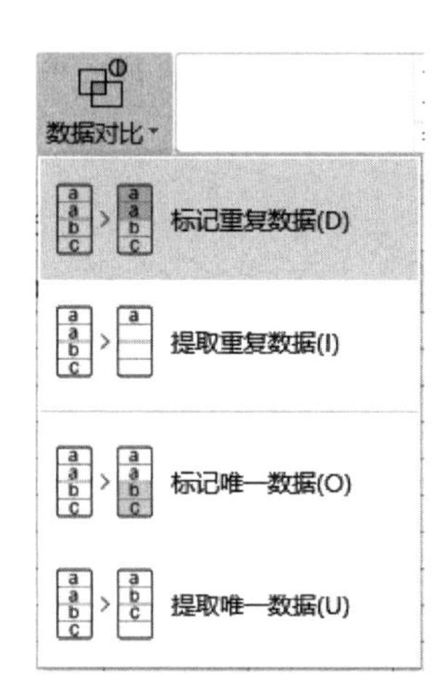

图 2-55　在“数据对比”按钮的下拉菜单中选择“标记重复数据”命令

（4）在弹出的“标记重复数据”对话框中进行必要的设置，这里采用对话框的默认设置，如图 2-56 所示。

图 2-56　“标记重复数据”对话框

（5）在“标记重复数据”对话框中单击“确认标记”按钮，关闭该对话框。在工作表中将重复数据进行了标记，如图 2-57 所示。

	A	B	C
1	序号	姓 名	联系电话
2	1	成功	18807316661
3	2	阳光	18807316662
4	3	高兴	18807316663
5	4	安静	18807316664
6	5	温暖	18807316665
7	6	王武	18807316666
8	7	李斯	18807316667
9	8	张珊	18807316668
10	9	向前	18807316669
11	10	郑州	18807316665
12	11	黄山	18807316671
13	12	简单	18807316672

图 2-57　工作表中标记重复数据

2.3.5　删除重复数据

在录入数据时，为避免数据重复，需要对所录入的数据进行重复性检查，及时删除重复的数据。对应工作表中如图 2-57 所示的 13 行数据，第 1 行为标题行数据，并且标记了重复数据。由于不同联系人的联系电话应该不同，这里拟将重复的数据予以删除。

删除重复数据的操作方法与示例分析详见本书的配套教材《信息技术技能提升训练》中对应单元的“技能训练”。

2.3.6　查找和替换数据

在使用工作表的过程中，有时候需要查找指定的数据，或者要查找指定数据在表中是否存在，或者要将指定的数据替换成其他数据。对于这些需求，WPS 表格中提供的“查找”命令就可以快速、准确地完成操作。

【示例分析 2-5】WPS 工作表中定位、查找与替换数据

打开工作簿“查找、定位与替换.et”，然后进行定位、查找与替换操作。

1. 定位

对于如图 2-58 所示的待定位数据的单元格区域，在“开始”选项卡中单击“查找”按钮，在弹出的下拉菜单中选择“定位”命令，如图 2-59 所示。

打开“定位”对话框，在“定位”选项卡中选择“数据”单选按钮以及“常量”和“文本”两个复选框，如图 2-60 所示。然后单击“定位”按钮。

符合设定条件（选择文本常量数据）数据的定位结果如图 2-61 所示。

	A	B	C
1	序号	姓 名	联系电话
2	1	成功	18807316661
3	2	阳光	18807316662
4	3	高兴	18807316663
5	4	安静	18807316664
6	5	温暖	18807316665
7	6	王武	18807316666
8	7	李斯	18807316667
9	8	张珊	18807316668
10	9	向前	18807316669
11	10	郑州	18807316665
12	11	黄山	18807316671
13	12	简单	18807316672

图 2-58　待定位数据的单元格区域

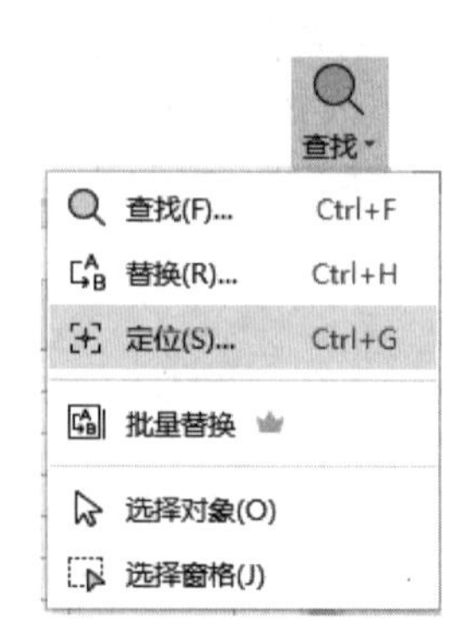

图 2-59　在“查找”按钮的下拉菜单中选择“定位”命令

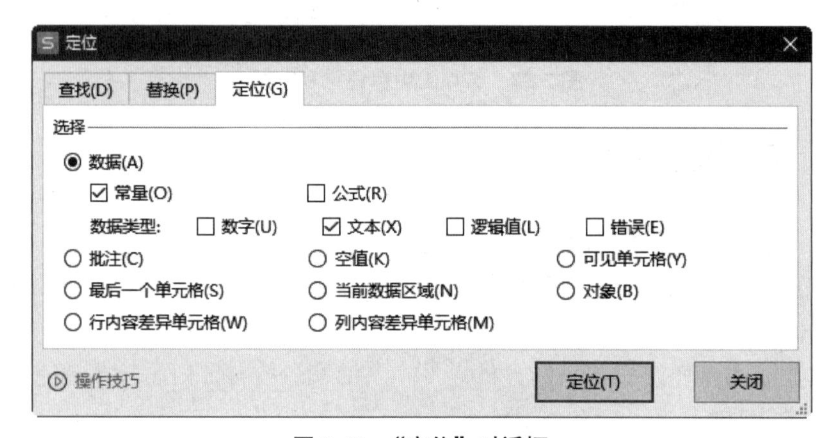

图 2-60　“定位”对话框

	A	B	C
1	序号	姓 名	联系电话
2	1	成功	18807316661
3	2	阳光	18807316662
4	3	高兴	18807316663
5	4	安静	18807316664
6	5	温暖	18807316665
7	6	王武	18807316666
8	7	李斯	18807316667
9	8	张珊	18807316668
10	9	向前	18807316669
11	10	郑州	18807316665
12	11	黄山	18807316671
13	12	简单	18807316672

图 2-61　符合设定条件数据的定位结果

2. 查找

查找是在指定的范围内寻找指定内容的快速方法，反馈找到或者找不到的结果，具体操作步骤如下。

① 选定查找范围，若没有选定查找区域，则默认为在整个当前工作表中进行查找。

切换到“开始”选项卡，单击“查找”按钮，从弹出的下拉菜单中选择“查找”命令，打开“查找”对话框，并显示“查找”选项卡，如图 2-62 所示。

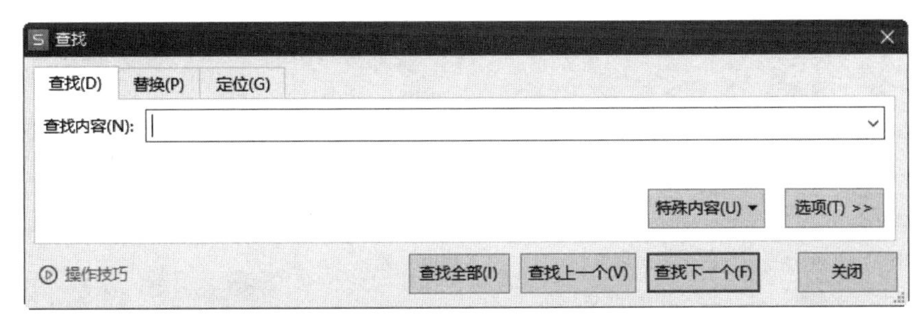

图 2-62　“查找”对话框“查找”选项卡

② 在“查找”对话框中单击“选项”按钮可以将该对话框展开，如图 2-63 所示。当“选项”内容处于展开状态时，再一次单击“选项”按钮就可以隐藏选项内容。

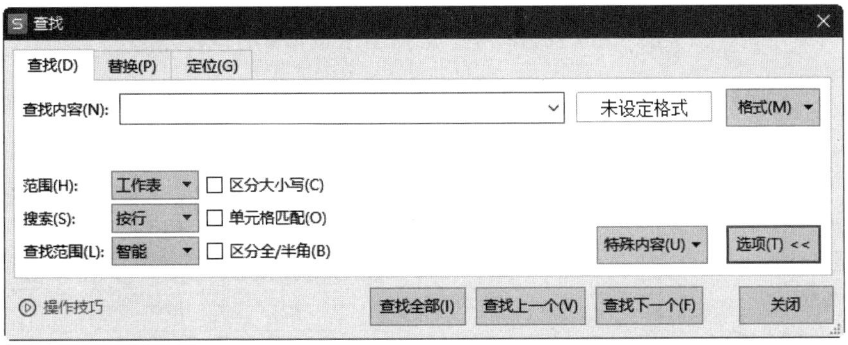

图 2-63　“查找”对话框“查找”选项卡中展开“选项”内容

③ 在“查找内容”下拉列表框中输入或选择要查找的内容，这里输入“安静”，如图 2-64 所示。

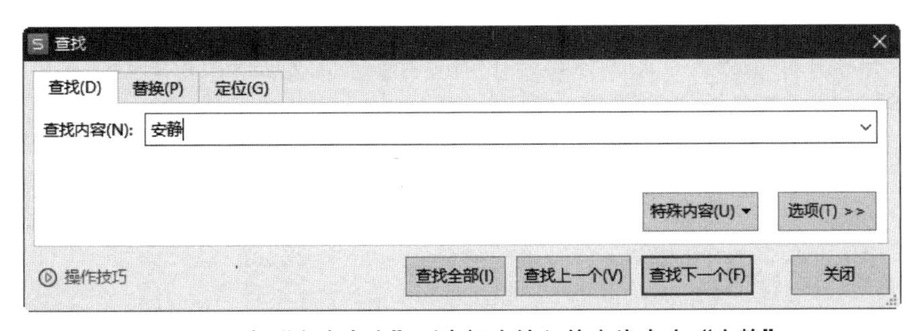

图 2-64　在“查找内容”列表框中输入待查找内容“安静”

④ 单击“查找全部”按钮，就可以在查找范围内找到所有内容相匹配的单元格，并将查找到的所有结果显示在对话框的列表框中，如图 2-65 所示。

⑤ 单击“查找上一个”或“查找下一个”按钮，则从当前单元格位置开始向上或向下查找，找到一个匹配项即停下来，如果要继续查找，则需要再次单击这两个按钮。

⑥ WPS 表格不仅可以查找内容，还可以查找指定格式，用户可以通过“格式”下拉列表来设定要查找的格式，如图 2-66 所示。

⑦ 查找操作完成后，可以单击“关闭”按钮关闭“查找”对话框，在工作表的单元格区域中查找“安静”的结果如图 2-67 所示。

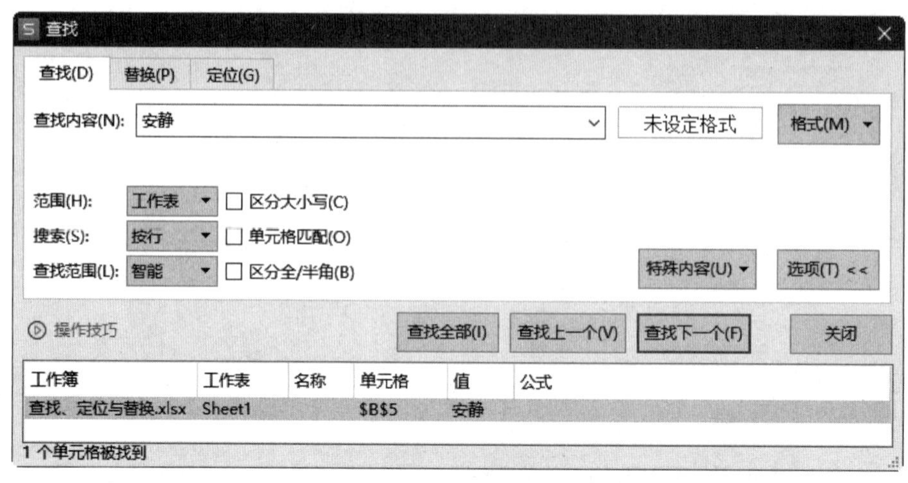

图 2-65　将查找到的所有结果显示在对话框的列表框中

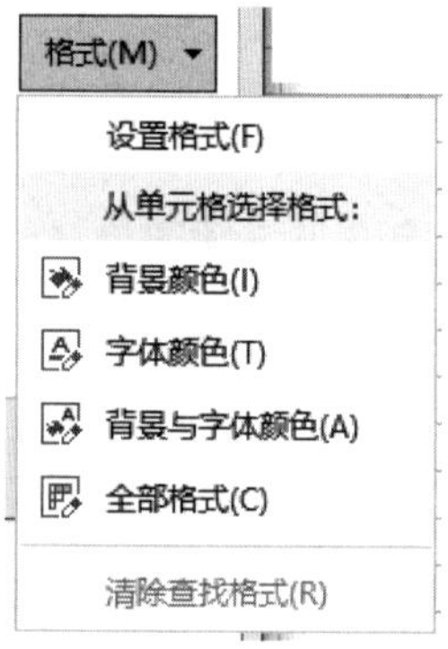

格式(M)
设置格式(F)
从单元格选择格式:
背景颜色(I)
字体颜色(T)
背景与字体颜色(A)
全部格式(C)
清除查找格式(R)

图 2-66　“格式”下拉列表

	A	B	C
1	序号	姓 名	联系电话
2	1	成功	18807316661
3	2	阳光	18807316662
4	3	高兴	18807316663
5	4	安静	18807316664
6	5	温暖	18807316665
7	6	王武	18807316666
8	7	李斯	18807316667
9	8	张珊	18807316668
10	9	向前	18807316669
11	10	郑州	18807316665
12	11	黄山	18807316671
13	12	简单	18807316672

图 2-67　在工作表的单元格区域中查找“安静”的结果

⑧ 如果找不到指定内容，则会弹出“WPS 表格 找不到正在搜索的数据。请检查您的搜索选项、位置”提示信息框，如图 2-68 所示。

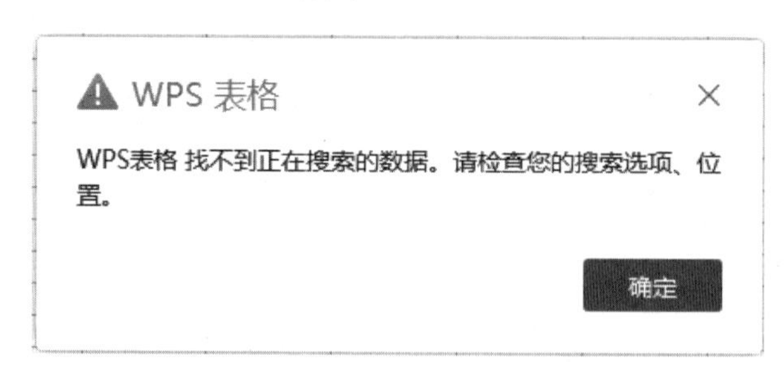

图 2-68　“WPS 表格找不到正在搜索的数据。请检查您的搜索选项、位置”提示信息框

3. 替换

替换操作可以将查找到的内容替换成另外的内容，具体操作步骤如下：

① 选定查找范围，若没有选定查找区域，则在整个工作表中进行查找。

② 在“开始”选项卡中单击“查找”按钮，从弹出的下拉菜单中选择“替换”命令，打开“替换”对话框，并显示“替换”选项卡，如图 2-69 所示。

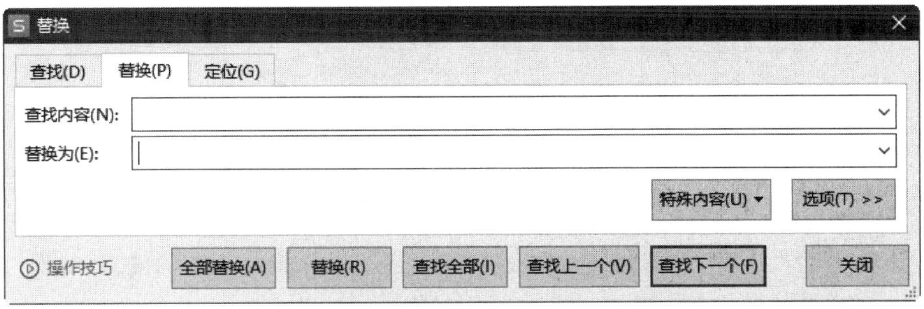

替换

查找(D)　替换(P)　定位(G)

查找内容(N):

替换为(E):

特殊内容(U)　选项(T) >>

操作技巧　全部替换(A)　替换(R)　查找全部(I)　查找上一个(V)　查找下一个(F)　关闭

图 2-69　“替换”对话框“替换”选项卡

③ 在“替换”对话框中单击“选项”按钮可以显示/隐藏选项内容，如图 2-70 所示。

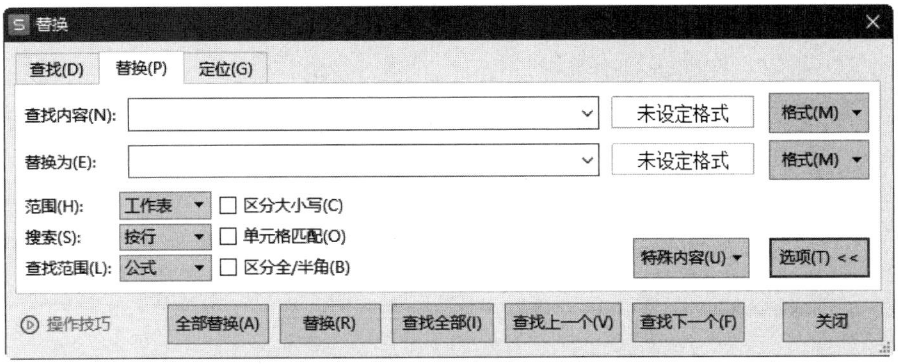

替换

查找(D)　替换(P)　定位(G)

查找内容(N):　未设定格式　格式(M)

替换为(E):　未设定格式　格式(M)

范围(H):　工作表　区分大小写(C)

搜索(S):　按行　单元格匹配(O)

查找范围(L):　公式　区分全/半角(B)

特殊内容(U)　选项(T) <<

操作技巧　全部替换(A)　替换(R)　查找全部(I)　查找上一个(V)　查找下一个(F)　关闭

图 2-70　“替换”对话框中显示选项内容

④ 在“查找内容”文本框中输入或选择要查找的内容，例如，“李斯”，在“替换为”文本框中输入或选择要查找的内容，例如，“李期”，如图 2-71 所示。

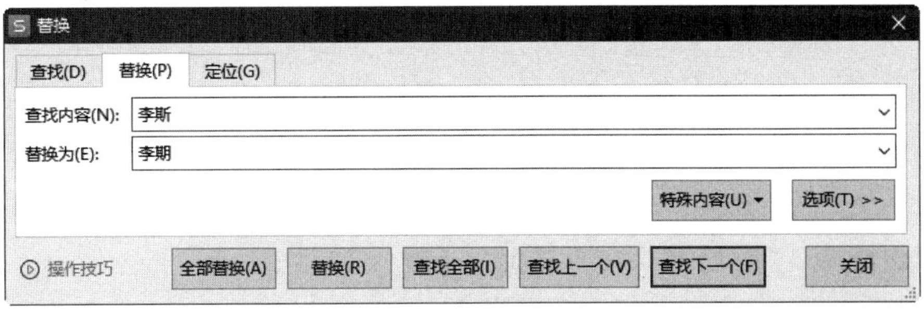

替换

查找(D)　替换(P)　定位(G)

查找内容(N):　李斯

替换为(E):　李期

特殊内容(U)　选项(T) >>

操作技巧　全部替换(A)　替换(R)　查找全部(I)　查找上一个(V)　查找下一个(F)　关闭

图 2-71　在“查找内容”和“替换为”文本框中输入相应的内容

⑤ 单击“查找上一个”或“查找下一个”按钮，则表示从当前活动单元格位置开始向上或向下查找到一个匹配项，当找到第 1 个满足条件的单元格后将停下来，此时如果单击“替换”按钮，当前单元格的内容将被新数据替换。

⑥ 如果再次单击“查找下一个”按钮，则表示不替换该单元格的内容，然后自动查找下一个满足条件的单元格，依此类推。

⑦ 如果单击“全部替换”按钮，则可以一次性地将查找范围内找到的匹配单元格的内容替换成指定内容，即所有满足条件的单元格都将被替换，同时弹出如图 2-72 所示的提示信息框。

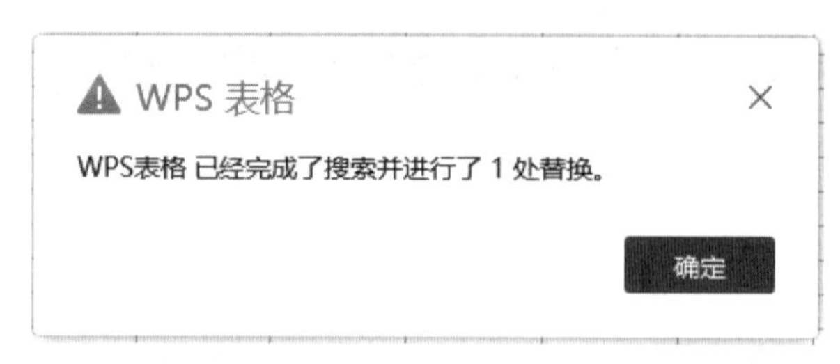

图 2-72　“WPS 表格 已经完成了搜索并进行了 1 处替换”提示信息框

2.3.7　修改与删除单元格内容

在工作表的单元格中输入的文字、数字、时间日期、公式等内容，由于可能存在输入错误或数据发生变化，都需要对其进行编辑和修改。WPS 表格中编辑单元格内容的操作既可以在单元格中进行，也可以在编辑栏中进行。

1. 让单元格进入编辑状态

当需要对单元格中的内容进行编辑时，可以通过下列方式进入编辑状态：

① 双击单元格，可以直接对其中的内容进行编辑修改。

② 将光标定位到要修改的单元格中，然后按【F2】键。

③ 选定需要编辑的单元格，然后在编辑框中修改其内容。

2. 移动插入点

进入单元格编辑状态后，光标变成了垂直竖条“|”的形状，可以使用方向键来控制插入点的移动。按【Home】键，插入点将移至单元格中文本或数值的开始位置；按【End】键，插入点将移至单元格中文本或数据的结束位置。

3. 修改单元格内容

在单元格中，对文本内容或数值进行修改或删除，修改完毕后，按【Enter】键或单击编辑栏中的“输入”按钮对修改予以确认；若要取消修改，按【Esc】键或单击编辑栏中的“取消”按钮。

4. 删除单元格内容

选定单元格或单元格区域，然后按【Delete】键，可以快速删除单元格中的数据内容，并保留单元格原有的格式。

5. 清除单元格

清除单元格是指从单元格中去掉原来存放在单元格中的数据、批注或数据格式等。清除后，单元格还留在工作表中。

【方法 1】：选定要清除的单元格，右击，在弹出的快捷菜单中，根据需要在“清除内容”的级联菜单中选择“全部”、“格式”、“内容”、“批注”、“特殊字符”、“部分文本”、“图片及文本框”选项即可。

【方法 2】：选定要清除的单元格，在“开始”选项卡中单击“单元格”按钮，将鼠标指针指向“清除”选项，根据需要在其级联菜单中选择“全部”、“格式”、“内容”、“批注”、“特殊字符”，如图 2-73 所示。

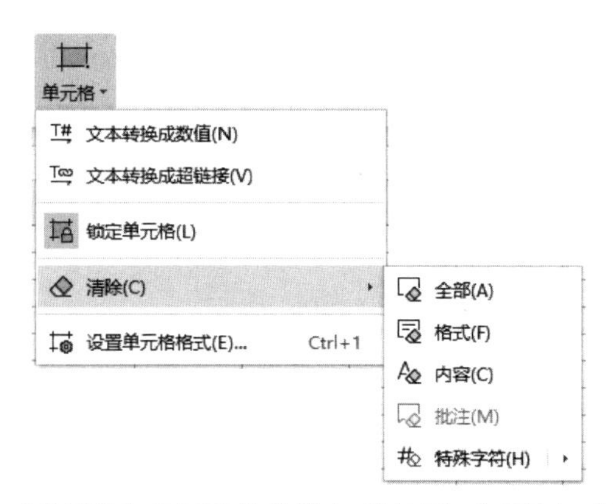

图 2-73　“单元格”按钮下拉菜单中“清除”选项的级联菜单命令

使用以上方式之一，可完成选定单元格的清除。如果选择“全部”命令，则清除单元格中的所有信息，包括内容、格式和批注；如果选择“全部”之外的其他命令，则只做针对性清除。

2.3.8　移动与复制表格数据

1. 移动单元格数据

【方法 1】：使用鼠标拖动实现数据移动。

将鼠标指针移至所选单元格或单元格区域的边框上，指针由空十字形状“✚”变为“✥”形状时，然后按住鼠标左键将数据拖曳到目标位置，再释放鼠标按键即可完成移动数据操作。

【方法 2】：通过快捷菜单操作完成数据移动。

① 选定需要移动的单元格或单元格区域。

② 在选定区域上右击，在弹出的快捷菜单中选择“剪切”命令进行剪切。

③ 到指定的位置上右击，在弹出的快捷菜单中选择“粘贴”命令进行粘贴。

【方法 3】：通过快捷键操作完成数据移动。

① 选定需要移动的单元格或单元格区域。

② 使用快捷键【Ctrl】+【X】进行剪切。

③ 将鼠标指针移到指定的位置，使用快捷键【Ctrl】+【V】进行粘贴。

2. 复制单元格数据

【方法 1】：通过【Ctrl】键+鼠标拖动实现数据复制。

首先将鼠标指针移至所选单元格或单元格区域的边框上，指针由空十字形状“✚”变为“✥”形状时，按住【Ctrl】键并拖动鼠标到目标位置后松开鼠标按键即可完成复制数据操作。

【方法 2】：通过快捷菜单操作完成数据复制。

① 选定需要复制的单元格或单元格区域。

② 在选定区域上右击，在弹出的快捷菜单中选择“复制”命令进行复制。

③ 到指定的位置上右击，在弹出的快捷菜单中选择“粘贴”命令进行粘贴。

【方法 3】：通过快捷键操作完成数据复制。

① 选定需要复制的单元格或单元格区域。

② 使用快捷键【Ctrl】+【C】进行复制。

③ 将鼠标指针移动指定的位置，使用快捷键【Ctrl】+【V】进行粘贴。

3. 选择性粘贴

在 WPS 表格中，除了能够复制选中的单元格外，还可以进行有选择的复制。例如，对单元格区域进行转置处理等。执行选择性粘贴的操作步骤如下：

① 选定包含数据的单元格区域，切换到“开始”选项卡，单击“复制”按钮。

② 选定粘贴单元格区域或区域左上角的单元格，然后单击“粘贴”按钮下方的箭头按钮，从下拉菜单中选择“选择性粘贴”命令，如图 2-74 所示。

图 2-74　在“粘贴”按钮下拉菜单中选择“选择性粘贴”命令

③ 在打开的“选择性粘贴”对话框的不同栏目中选择需要的粘贴方式，如图 2-75 所示。

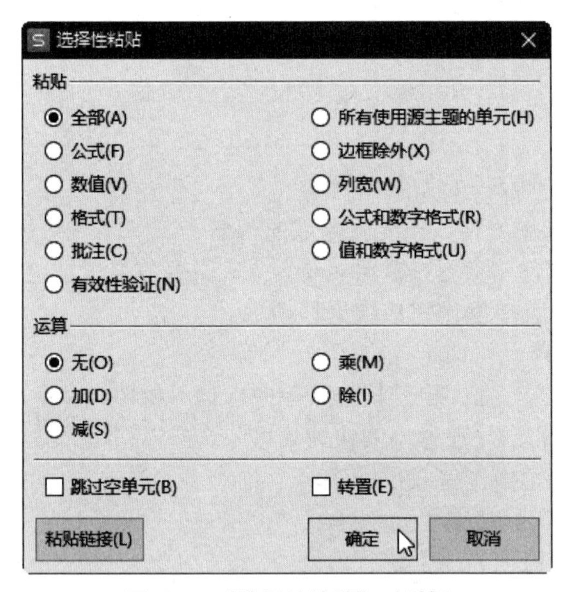

图 2-75　“选择性粘贴”对话框

“选择性粘贴”对话框中各个粘贴方式说明如下。

☆ “粘贴”栏：用于设置粘贴“全部”还是“公式”等。

☆ “运算”栏：如果选中了除“无”之外的单选按钮，则复制单元格中的公式或数值将与粘贴单元格中的数值进行相应的运算。

☆ 选中“跳过空单元”复选框后，可以使目标区域单元格的数值不被复制区域的空白单元格覆盖。

☆ “转置”复选框用于实现行、列数据的位置转换。

④ 单击“确定”按钮，完成有选择地复制数据操作。

【注意】:“选择性粘贴”命令只能将用“复制”命令定义的数值、格式、公式等粘贴到当前选定区域的单元格中，对使用“剪切”命令定义的选定区域则无效。

2.3.9　添加批注

为便于人们理解单元格中数据的含义，可以为单元格添加注释，这个注释被称为批注。一个单元格添加了批注后，单元格的右上角会出现一个三角形标志，鼠标指针移动到这个单元格上时会显示批注内容，如图 2-76 所示。

	A	B	C	D	E	F	G
1	序号	姓 名	专业名称	分组	考核日期	admin: 第1次考核的日期	
2	1	成功	软件技术	1组	2022/8/10		
3	2	阳光	软件技术	2组	2022/8/10		
4	3	高兴	软件技术	3组	2022/8/10		
5	4	安静	软件技术	4组	2022/8/10		
6	5	温暖	软件技术	5组	2022/8/10		
7	6	王武	软件技术	6组	2022/8/10		
8	7	李斯	软件技术	7组	2022/8/10		
9	8	张珊	软件技术	8组	2022/8/10		
10	9	向前	软件技术	1组	2022/8/10		
11	10	郑州	软件技术	2组	2022/8/10		
12	11	黄山	软件技术	3组	2022/8/10		
13	12	简单	软件技术	4组	2022/8/10		

图 2-76　添加批注的标志与批注内容

1. 添加批注

① 在工作表中选定要添加批注的单元格。

② 在“审阅”选项卡中单击“新建批注”按钮，如图 2-77 所示。

图 2-77　在“审阅”选项卡中单击“新建批注”按钮

③ 在弹出的“批注”文本框中输入批注内容，如图 2-78 所示。批注内容输入完毕，单击其他任意单元格即可。

	A	B	C	D	E	F
1	序号	姓 名	专业名称	分组	考核日期	
2	1	成功	软件技术	1组	2022/8/10	
3	2	阳光	软件技术	2组	2022/8/10	
4	3	高兴	软件技术	3组	2022/8/10	
5	4	安静	软件技术	4组	2022/8/10	
6	5	温暖	软件技术	5组	2022/8/10	
7	6	王武	软件技术	6组	2022/8/10	
8	7	李斯	软件技术	7组	admin: 全班共分为8个小组。	
9	8	张珊	软件技术	8组		
10	9	向前	软件技术	1组		
11	10	郑州	软件技术	2组		
12	11	黄山	软件技术	3组		
13	12	简单	软件技术	4组	2022/8/10	

图 2-78　在“批注”文本框中输入批注内容

2. 编辑或删除批注

① 在工作表中选定有批注的单元格。

② 在“审阅”选项卡中单击“编辑批注”或“删除批注”按钮，如图 2-79 所示，即可进行批注编辑或删除已有的批注。

图 2-79 在“审阅”选项卡中单击“编辑批注”或“删除批注”按钮

2.4 单元格格式设置

对工作表中的单元格进行格式设置，可使工作表的外观更加美观，排列更整齐，重点更突出、醒目。单元格的格式设置包括单元格数据的对齐方式、数字格式、字体设置以及边框等。

2.4.1 设置单元格数字格式

在 WPS 表格内部，数字、日期和时间都是以纯数字存储的。WPS 表格将日期存储为一系列连续的序列数，将时间存储为小数。系统以 1900 年的 1 月 1 日作为数值 1，如果在单元格中输入 1900-1-20，则实际存储的是 20。

对于数字、日期和时间的数据，它们在单元格中的显示形式可以通过“单元格格式”对话框来设置。打开“单元格格式”对话框常用以下两种方法。

【方法 1】：先选定需要设置数字格式的单元格，然后在“开始”选项卡中单击“单元格”按钮，在弹出的下拉菜单中选择“设置单元格格式”命令，打开“单元格格式”对话框，显示“数字”选项卡。

【方法 2】：先选定需要设置数字格式的单元格，然后在“开始”选项卡“单元格格式：数字”选项组中单击对话框启动按钮，如图 2-80 所示，同样会打开“单元格格式”对话框，显示“数字”选项卡。

图 2-80 在“开始”选项卡“单元格格式：数字”选项组中单击对话框启动按钮

【方法 3】：先选定需要设置数字格式的单元格，然后在单元格上右击，在弹出的快捷菜单中选择“设置单元格格式”命令，打开“单元格格式”对话框，显示“数字”选项卡。

“单元格格式”对话框中“数字”选项卡的各分类的功能说明如表 2-1 所示，可以根据各类型数据的特点进行相应的显示格式设置。

表 2-1 “单元格格式”对话框中“数字”选项卡的各分类的功能说明

序号	分类名称	功能说明
1	常规	不包含任何特殊的数字格式，仅是一个数字
2	数值	用于一般数字的表示，可以设置小数位数、千位分隔符、负数等不同格式，例如，1,234、-1234.56 等
3	货币	表示一般货币数值，例如，￥123,456、$654
4	会计专用	与货币格式有关的“会计专用”格式，是在货币格式的基础上对一列数值设置以货币符号或以小数点对齐
5	日期、时间	参照日期和时间的不同显示样式进行选择
6	百分比	设置数字为百分比形式，例如，把 0.123 设置成百分比形式为 12.30%
7	分数	显示数字为分数形式，例如，2/3
8	科学计数	以科学计数法显示数字，例如，6000 可以设置为 6.00E+03
9	文本	设置数字为文本格式，文本格式的数字不能参与计算
10	特殊	将数字转换为常用的中文大小写数字、人民币数值的大写形式等

2.4.2 设置单元格数据的对齐方式

（1）选定需要设置对齐方式的单元格或者单元格区域。

（2）在“开始”选项卡中单击“单元格”按钮，在弹出的下拉菜单中选择“设置单元格格式”命令，如图 2-81 所示。

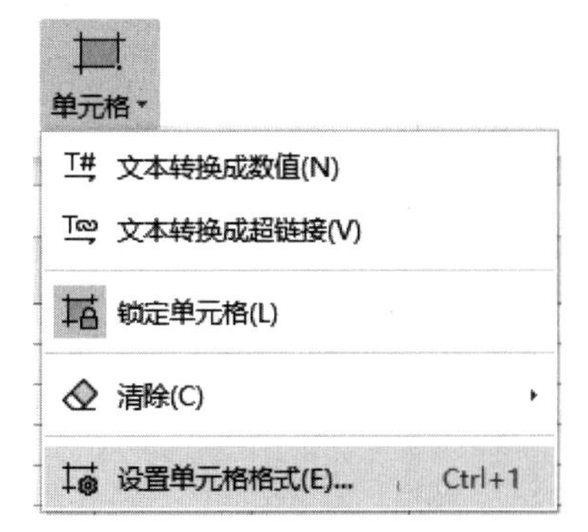

图 2-81 在“单元格”按钮的下拉菜单

（2）打开“单元格格式”对话框，切换到“对齐”选项卡，如图 2-82 所示，根据需要设置“水平对齐”、“垂直对齐”、“文本控制”和“文字方向”等选项，对所选定区域的对齐方式进行设置。

① 设置“水平对齐”。“水平对齐”用来设置单元格水平方向上的对齐方式，包括“常规”、“靠左（缩进）”、“居中”、“靠右（缩进）”、“填充”、“两端对齐”、“跨列居中”和“分散对齐（缩进）”。其中“填充”以当前单元格的内容填满整个单元格；“跨列居中”为将选定的同一行多个单元格的数据（只有一项数据）居中显示。其他方式与 WPS 文字类似。

② 设置“垂直对齐”。“垂直对齐”用来设置单元格垂直方向上的对齐方式，包括“靠上”、“居中”、“靠下”、“两端对齐”和“分散对齐”，其用法与 WPS 文字类似。

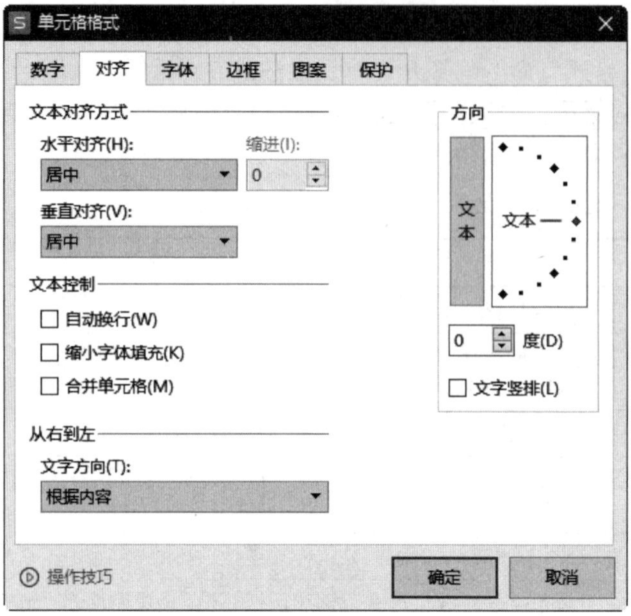

图 2-82 “单元格格式”对话框“对齐”选项卡

③“文本控制”用来设置文本的换行、缩小字体填充和合并单元格。

☆“自动换行”：单元格中输入的文本达到列宽时自动换行。如果单元格中需要人工换行，则按【Alt】＋【Enter】快捷键即可。

☆“缩小字体填充”：在不改变列宽的情况下，通过缩小字符，在单元格内用一行显示所有的数据。

☆“合并单元格”：将已选定的多个单元格合并为一个单元格，与“水平对齐”方式中的“居中”合用，相当于“开始”选项卡“合并居中”命令按钮的功能。

④“方向”（角度）用于改变单元格的文本旋转角度，范围为−90°～90°。

设置单元格或单元格区域的字体和对齐方式，可直接使用“开始”选项卡“字体设置”和“对齐方式”选项组中的命令。

如果要取消单元格合并，则先选定合并后的单元格，在“开始”选项卡中单击“合并居中”按钮，然后在弹出的下拉菜单中选择“取消合并单元格”命令，即可恢复到合并前的状态。

工作表的第一行通常为表格标题行，标题在水平方向上一般位于表格已有数据区域的中间。在 WPS 工作表中插入与设置标题行的操作方法和示例分析详见本书的配套教材《信息技术技能提升训练》中对应单元的“技能训练”。

2.4.3 设置单元格或选定区域的字体

在表格中，通过对单元格或选定区域的字体、字形、字号、下画线、颜色和特殊效果的设置可以使表格更加美观，易于阅读。

【方法 1】在“单元格格式”对话框的“字体”选项卡中进行相应设置即可，如图 2-83 所示。

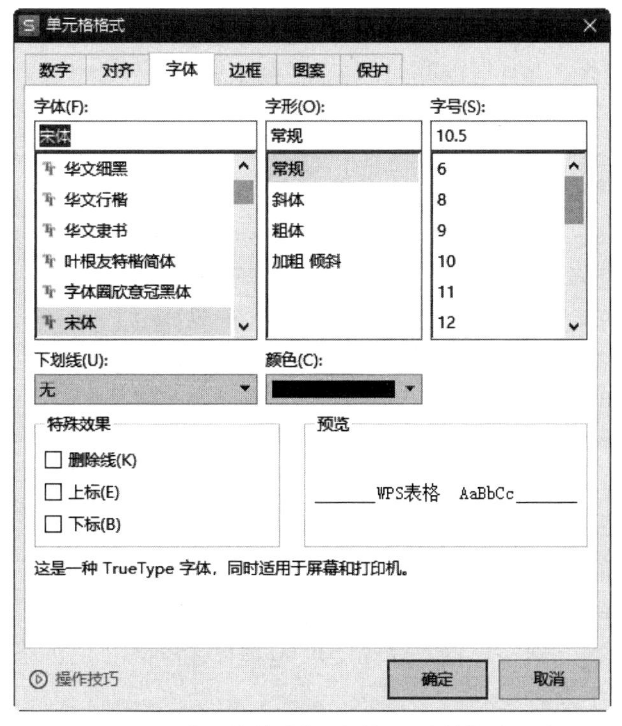

图 2-83　“单元格格式”对话框“字体”选项卡

【方法 2】：直接使用“开始”选项卡“字体设置”选项组中的命令选项进行相应设置，如图 2-84 所示。

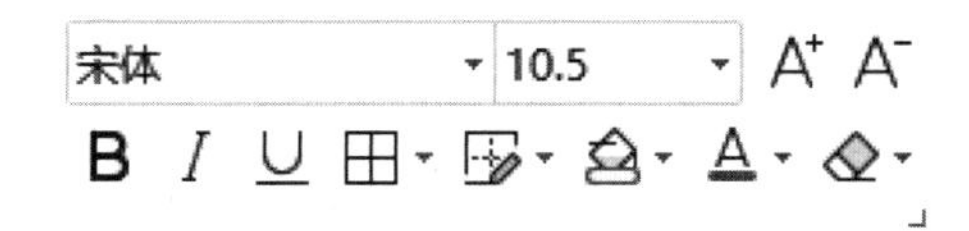

图 2-84　“开始”选项卡“字体设置”选项组中的命令选项

以上设置方法均与 WPS 文字中字体的格式设置基本相同，可以参考本书的“WPS 文字编辑与处理”相应部分内容进行相关设置即可。

2.4.4　设置单元格边框

在默认情况下，WPS 表格中所看到的灰色边框线称为网格线，是供编辑使用的，可以在“视图”选项卡中通过选中或不选中“显示网格线”复选框来设置网格线的显示或隐藏，如图 2-85 所示。

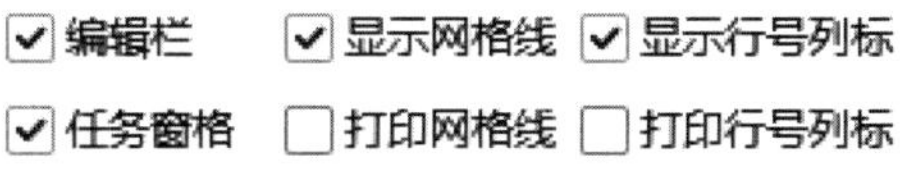

☑ 编辑栏　☑ 显示网格线　☑ 显示行号列标

☑ 任务窗格　☐ 打印网格线　☐ 打印行号列标

图 2-85　“视图”选项卡中的“显示网格线”复选框

默认的网络线在打印时不会被打印出来，如果需要打印带边框线的表格，则必须为其添加不同线型边框。以下是设置单元格边框的两种常用方法。

【方法 1】：在功能区“所有框线”按钮的下拉列表中选择所需要的边框样式。

具体操作步骤如下：

① 选定需要设置边框的单元格或单元格区域。

② 在“开始”选项卡中单击“所有框线”按钮，弹出如图 2-86 所示的下拉菜单，选择所需要的边框样式。如果要设置更加复杂的边框线，可以单击下拉菜单中的“其他边框”命令，弹出如图 2-87 所示的“单元格格式”对话框的“边框”选项卡，在该选项卡中进行边框设置即可。

图 2-86　框线设置的下拉菜

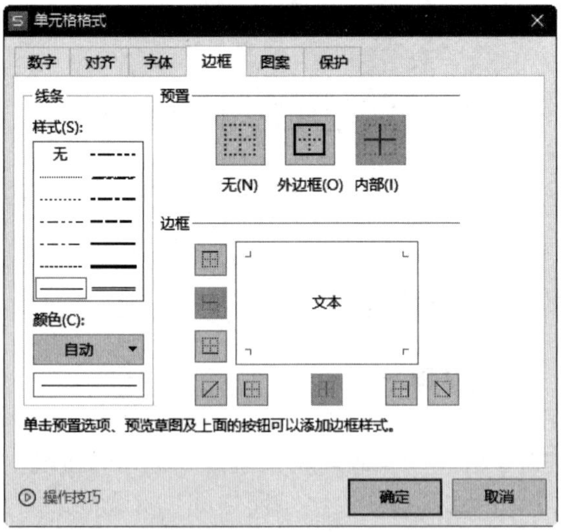

【方法 2】：使用“单元格格式”对话框的“边框”选项卡对单元格边框进行设置。

如果对“所有框线”按钮的下拉菜单中列出的边框样式不满意，可以在下拉菜单中选择“其他边框”命令，打开“单元格格式”对话框并切换到“边框”选项卡。

也可以按以下操作步骤打开“单元格格式”对话框“边框”选项卡。

① 先选定需要设置边框的单元格或单元格区域。

② 然后在选定区域右击，在弹出的快捷菜单中选择“设置单元格格式”命令，打开“单元格格式”对话框，切换到“边框”选项卡，如图 2-87 所示。

图 2-87　“单元格格式”对话框“边框”选项卡

然后，在“边框”选项卡“样式”列表框中选择边框线条样式，在“颜色”下拉列表框中选择边框的颜色，在“预置”栏中为单元格区域添加内、外边框或清除框线，在“边框”栏中可以自定义表格的边框位置，如单击各种形式的边框线（上框线、垂直方向的中框线、下框线、左下至右上的斜线、左框线、水平方向的中框线、右框线、左上至右下的斜线）按钮以指定边框位置。最后单击“确定”按钮完成设置。

【示例分析 2-6】在 WPS 表格中设置数据区域的边框

打开 WPS 工作簿“第 1 小组考试成绩 2.et”，将单元格区域“A2:F14”外边框设为“深蓝色粗实线”，内框线设为“浅蓝色细实线”。

操作步骤如下：

① 选定单元格区域，打开“单元格格式”对话框，切换到“边框”选项卡。

② 在“边框”选项卡“样式”区域选择粗实线，在“颜色”区域选择“深蓝色”，在“预置”区域单击“外边框”，设置结果如图 2-88 所示。

图 2-88　设置单元格区域的外边框

③ 在“边框”选项卡的“样式”区域选择细实线，在“颜色”区域选择“浅蓝色”，在“预置”区域单击“内部”，设置结果如图 2-89 所示。

图 2-89　设置单元格区域的内框线

④ 单击“确定”按钮，设置框线的表格如图2-90所示。表格的左侧外框线因为与行号边缘重合，未显示出粗线，但不影响其实际输出效果。设置了框线的单元格区域，其打印预览效果如图2-91所示。

	A	B	C	D	E	F
1	第1小组考试成绩					
2	序号	姓名	语文	数学	英语	平均成绩
3	1	成功	71	86	68	75
4	2	阳光	79	76	91	82
5	3	高兴	76	80	78	78
6	4	安静	89	85	81	85
7	5	温暖	84	86	82	84
8	6	王武	90	86	88	88
9	7	李斯	92	94	87	91
10	8	张珊	98	92	83	91
11	9	向前	79	72	95	82
12	10	郑州	84	68	76	76
13	11	黄山	84	70	74	76
14	12	简单	79	74	93	82

图2-90 设置框线的单元格区域

第1小组考试成绩

序号	姓名	语文	数学	英语	平均成绩
1	成功	71	86	68	75
2	阳光	79	76	91	82
3	高兴	76	80	78	78
4	安静	89	85	81	85
5	温暖	84	86	82	84
6	王武	90	86	88	88
7	李斯	92	94	87	91
8	张珊	98	92	83	91
9	向前	79	72	95	82
10	郑州	84	68	76	76
11	黄山	84	70	74	76
12	简单	79	74	93	82

图2-91 设置了框线的单元格区域的打印预览效果

2.4.5 设置单元格的填充颜色与图案

为达到更好的视觉效果，可以给工作表的单元格添加颜色或者图案。

1. 给工作表的单元格添加颜色

给工作表的单元格或单元格区域添加颜色可使用“填充颜色”命令，具体操作步骤如下：

① 在工作表中选定需要添加颜色的单元格或单元格区域。

② 在“开始”选项卡中单击“填充颜色”按钮右侧的箭头按钮▾，在弹出的下拉面板中选择所需要的填充颜色即可，如图2-92所示。

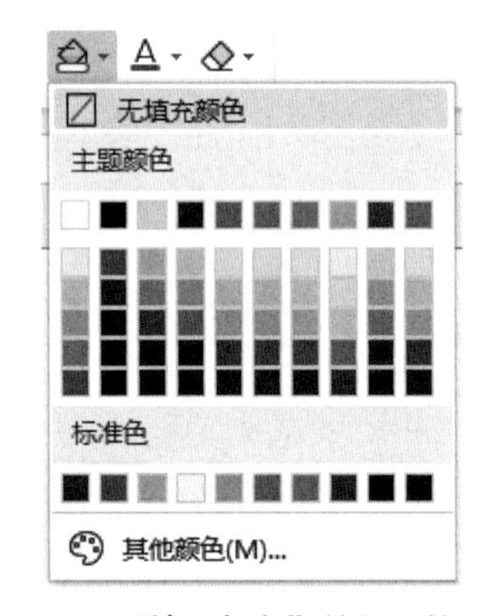

图2-92 “填充颜色”按钮下拉面板

2. 给工作表的单元格添加图案

给工作表的单元格或单元格区域添加图案可使用“图案”选项卡，下面以添加底纹为例介绍操作步骤。

① 在工作表中选定需要添加底纹的单元格或单元格区域。

② 在打开的“单元格格式”对话框中切换到“图案”选项卡，如图2-93所示。可以在左侧的“颜色”区域选择背景色，如果想进一步设置底纹，则可以在右侧“图案样式”和“图案颜色”中，选择底纹的样式和颜色。

在“单元格格式”对话框的“图案”选项卡中单击“填充效果”按钮，打开如图2-94所示的“填充效果”对话框，在该对话框中可以设置多种形式的填充效果。

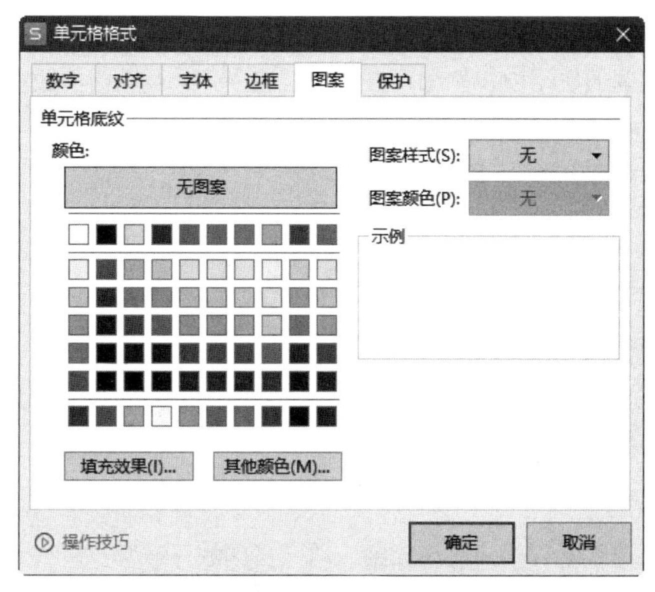

图 2-93　“单元格格式”对话框“图案”选项卡

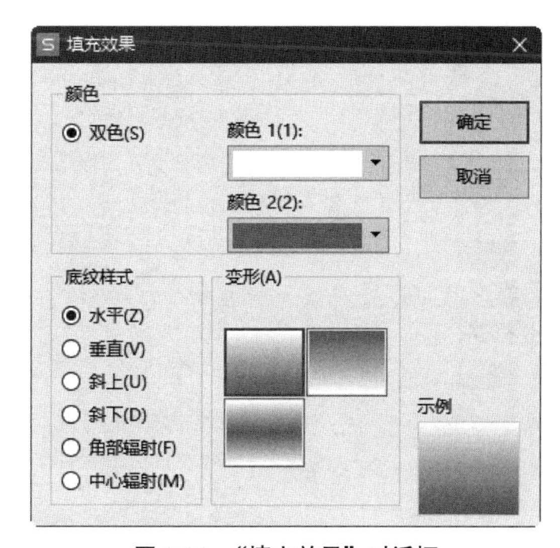

图 2-94　“填充效果”对话框

2.4.6　自动套用表格格式

WPS 表格内置了一些实用的表格格式，可以把它们套用到正在编辑的表格上，从而实现对表格的快速格式化、快速美化外观的目的。

在 WPS 表格中为单元格区域自动套用表格格式的操作方法与示例分析详见本书的配套教材《信息技术技能提升训练》中对应单元的“技能训练”。

2.4.7　设置与修改条件格式

若只对选定单元格区域中满足条件的数据进行格式设置，就要用到条件格式。条件格式是指规定单元格中的数据达到设定的条件时，按规定的格式显示，这样将使表格中的数据更加清晰、易读，有很强的实用性。例如，在考试成绩表中，不及格的成绩用红色标出，90 分以上的优秀成绩用绿色标出等。

1. 设置单元格区域的条件格式

在 WPS 表格中设置单元格区域的条件格式的操作方法与示例分析详见本书的配套教材《信息技术技能提升训练》中对应单元的“技能训练”。

2. 修改条件格式

首先要选定需要更改条件格式的单元格或单元格区域，再打开相应的对话框，然后改变已输入的条件，最后单击“确定”按钮。

3. 清除条件格式

首先要选定需要更改条件格式的单元格或单元格区域，在“开始”选项卡中单击“条件格式”按钮，在弹出的下拉菜单中选择“清除规则”选项，在弹出的级联菜单中可以选择“清除所选单元格的规则”或者“清除整个工作表的规则”命令，如图 2-95 所示。

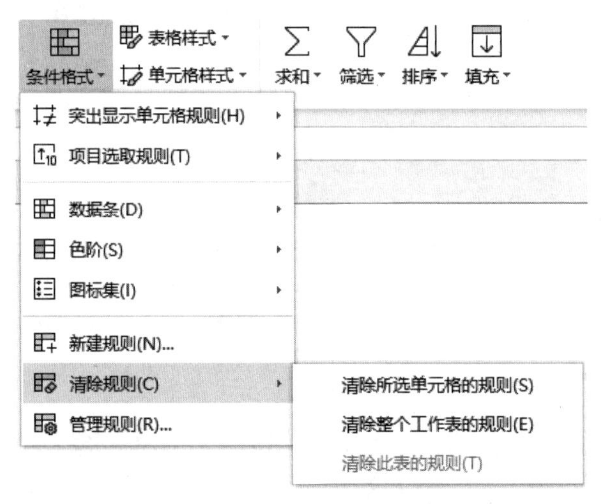

图 2-95 “清除规则”的级联菜单

2.4.8 复制与清除格式

1. 复制格式

和 WPS 文字一样，在 WPS 表格中复制格式最简单的方法是使用格式刷。

2. 清除格式

当用户对单元格区域中设置的格式不满意时，切换到“开始”选项卡，在“字体”选项组中单击“清除”按钮，从下拉菜单中选择“格式”命令将其格式清除，如图 2-96 所示。单元

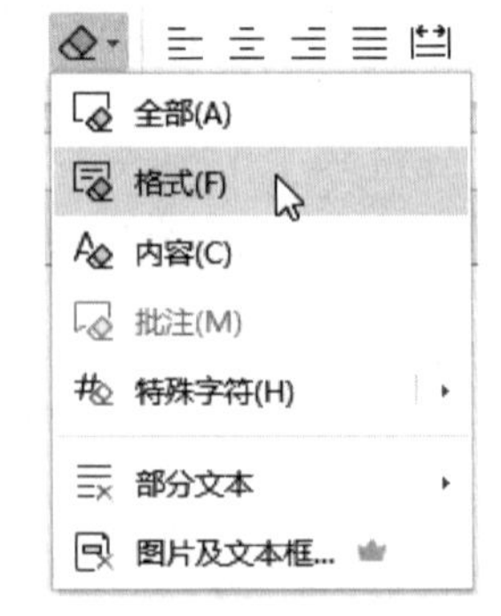

图 2-96 在“清除”下拉菜单中选择“格式”命令

格区域的自定义格式被清除后，单元格中的数据将以默认的格式显示，即文本左对齐、数字右对齐。

2.5　使用公式和函数实现数据计算

WPS 表格不仅能存储数据，还具有强大的计算和分析功能，这些功能是通过公式和函数实现的。用户除可以用公式完成诸如加、减、乘、除等简单的计算外，还可以结合系统所提供的多种类型的函数，在不需要编制复杂计算程序的情况下，完成像财务报表、数理统计分析以及科学计算等复杂的计算工作。借助 WPS 表格所提供的公式和函数，可以大大方便用户对工作表中的数据进行分析和处理。当数据源发生变化时，由公式和函数计算的结果将会自动更改。

2.5.1　使用公式实现数据计算

1. 认知公式

WPS 表格中的公式遵循一个特定的语法，即最前面是半角等号“=”，后面是用于计算的表达式。表达式是用一个或多个运算符将常数、单元格引用和函数连接起来所构成的算式，其中可以使用括号改变运算的顺序。

如图 2-97 所示，各文具耗材销售金额计算公式为“销售金额=数量*单价”（公式中的乘号用“*”表示），因此“G3=D3*F3”。

G3　fx　=D3*F3

	A	B	C	D	E	F	G
1	文具耗材销售统计表						
2	序号	品名	品牌	数量	单位	单价	销售金额
3	1	软抄本	思进	10	本	2.98	29.8
4	2	作业本	西玛	20	本	1.18	23.6
5	3	钢笔	英雄	2	支	19.6	39.2
6	4	签字笔	晨光	10	支	1.59	15.9
7	5	小剪刀	得力	3	把	5.2	15.6
8	6	长尾夹	得力	1	盒	7.7	7.7
9	7	订书机	得力	2	把	16.9	33.8

图 2-97　文具耗材销售金额计算公式示例

录入公式时要先选定要输入公式的单元格，在编辑栏中输入“=”（会在编辑栏和单元格中同时显示），接着依次输入公式中的各个字符（涉及单元格引用的，可以直接单击相应的单元格，其地址会自动填入编辑栏的光标位置），例如这里的“=D3*F3”。

公式输入完毕后，单击编辑栏中的“输入”按钮“√”或按【Enter】键，即可在输入公式的单元格中显示出计算结果，同时公式内容显示在编辑栏中。

修改公式时，可以双击单元格或在编辑栏中进行，修改完毕后，单击“√”按钮或按【Enter】键结束。

【注意】：输入到公式中的英文字母不区分大小写，运算符必须采用半角符号；在输入公式时，可以使用鼠标直接选中参与计算的单元格，从而提高输入公式的效率。

公式常见类型介绍如下。

（1）算术公式：计算对象和计算结果都为数值的公式。

例如，=10*2.98，计算结果为 29.8。

（2）文本公式：计算对象为文本数据的公式。

（3）比较公式（关系式）：计算结果为逻辑值 TRUE（真）或 FALSE（假）的公式。

例如，“=2.98>1.18”，结果为 TRUE，“=3<2”，结果为 FALSE。

2. 认知运算符

在 WPS 表格中，用运算符把常量、单元格地址、函数及括号等连接起来就构成了表达式，常用的运算符除加、减、乘、除等算术运算符外，还有比较运算符和引用运算符等。运算符在计算时具有优先级，优先级高的先算，例如，先乘除后加减，有括号的先算招号。WPS 表格常用的运算符及其功能如表 2-2 所示。

表 2-2　常用运算符及其功能

运算符	功能说明	示例
( )	圆括号，可以改变运算的优先级	(2+4)*2
:	冒号，区域运算符，产生对包括在两个引用地址之间的所有单元格的引用	公式“=SUM(A1:A2)”的值为 5，其中 SUM()为求和函数
	空格，交叉运算符，产生对两个引用区域共有单元格的引用	公式“=SUM(A1:A2 A2:B2)”的值为 3
,	逗号，联合运算符，将多个引用合并成一个引用	公式“=SUM(A1:A2,A2:B2)”的值为 13
-	负号，使正数变为负数	−2，−A2
%	百分号，将数字变为百分数	20%即 0.2
^	乘方，一个数自乘一次	2^3 的值为 8
*和/	乘和除	C1*5，D2/3
+和-	加和减	C2+3，D1-C1
=和<>	等于，不等于	4=5 的值为 FALSE，4<>5 的值为 TRUE
>和>=	大于，大于或等于	5>4 的值为 TRUE，5>=4 的值为 TRUE
<和<=	小于，小于或等于	5<4 的值为 FALSE，5<=4 的值为 FALSE
&	将两个文本值连接成一个新的文本值	公式“="快乐"&"平安"”的值为"快乐平安"

表 2-2 中的示例数据如图 2-98 所示，即第 1 行的单元格 A1、B1、C1、D1 中的数值分别为 2、4、6、8，第 2 行的单元格 A2、B2、C2、D2 中的数值分别为 3、5、7、9。

	A	B	C	D
1	2	4	6	8
2	3	5	7	9

图 2-98　表 2-2 中的示例数据

表 2-2 中的常用运算符可以分为以下几种类型。

（1）算术运算符

算术运算符包括加号“+”、减号“-”、乘号“*”、除号“/”、乘方“^”和百分号“%”，用于对数值数据进行四则运算。例如，20%表示 0.20，2^3 表示 8。

（2）比较运算符

比较运算符包括等于“=”、不等于“<>”、大于“>”、小于“<”、大于或等于“>=”、小于或等于“<=”，用于对两个数值或文本进行比较，并产生一个逻辑值，如果比较的结果成立，逻辑值为 TRUE，否则为 FALSE。例如，“5>4”的结果为 TRUE，而“5<4”的结果为 FALSE。

（3）文本运算符

文本运算符（有时称为连接运算符）“&”用于将两个文本连接起来形成一个连续的文本值。

（4）引用运算符

引用运算符可以将单元格区域合并计算，包括区域运算符“:”（冒号）和联合运算符“,”（逗号）两种。区域运算符是对指定区域之间，包括两个引用单元格在内的所有单元格进行引用，例如，A2:A4 单元格区域是引用 A2、A3、A4 共 3 个单元格。联合运算符可以将多个引用合并为一个引用，例如，SUM(A1:B2,C1,D2)是对 A1、A2、B1、B2、C1 和 D2 共 6 个单元格进行求和运算。

在公式中同时用到多个运算符时，应该了解运算符的优先级。WPS 表格按照表 2-3 中的优先级顺序进行运算。如果公式中包含了相同优先级的运算符，则按照从左到右的原则进行运算。如果要更改计算的顺序，要将公式中先计算的部分用半角圆括号括起来。

表 2-3　WPS 表格中运算符的运算优先级

运算符	优先级
( )	1
–（负号）	2
%	3
^	4
*和/	5
+和-	6
&	7
=、<、>、>=、<=、<>	8

3. 单元格引用

在公式中，通过对单元格地址的引用来使用其中存放的数据。一般而言，引用分为相对引用、绝对引用和混合引用 3 种类型。另外，公式还可以引用其他工作表中的数据。

（1）相对引用

相对引用是指在复制或移动公式时，引用单元格的行号、列标会根据目标单元格所在的行号、列标的变化自动进行调整。即当把一个含有单元格或单元格区域地址的公式复制到新的位置时，公式中的单元格地址或单元格区域会随着相对位置的改变而改变，公式的值将会依据改变后的单元格或单元格区域的值重新计算。

例如，在图 2-97 中，G3 的值是通过公式“=D3*F3”计算得出的，D3 和 F3 相对 G3 的位置，简单来说，就是 G3 左侧的第 3 个单元格中的数值乘以左侧第 1 个单元格中的数值。如果将公式“=D3*F3”复制到 G4 单元格（可以使用“复制”→“粘贴”命令或用鼠标拖动填充句柄），G3 到 G4 的位置变化规律会同样作用到 D3 和 F3 上，使公式中的 D3 和 F3 变化为 D4 和 F4，也就是说，将公式“=D3*F3”复制到 G4 单元格后，公式会变为“=D4*F4”，这种自动变化也正好和 G4 单元格值的计算公式相同，如图 2-99 所示。

G4　fx　=D4*F4

	A	B	C	D	E	F	G	H
1	文具耗材销售统计表							
2	序号	品名	品牌	数量	单位	单价	销售金额	
3	1	软抄本	思进	10	本	2.98	29.8	
4	2	作业本	西玛	20	本	1.18	23.6	
5	3	钢笔	英雄	2	支	19.6	39.2	
6	4	签字笔	晨光	10	支	1.59	15.9	
7	5	小剪刀	得力	3	把	5.2	15.6	
8	6	长尾夹	得力	1	盒	7.7	7.7	
9	7	订书机	得力	2	把	16.9	33.8	

图 2-99　公式复制后相对引用地址的变化

（2）绝对引用

如图 2-100 所示，H3 的计算公式为“=G3/G10”，即“软抄本”的销售金额除以金额合计，结果是正确的，但如果将这个公式复制到 H4，按照上述“相对引用”的变化规则，H4 的计算公式为“=G4/G11”，显然分母是错误的，无法得到正确的结果。同样，将 H3 的公式复制到 H5 至 H9，结果都是错误的。其出错的原因是金额合计作为分母应是不变的，也就是说，在复制公式时分母的值都应是对 G10 单元格的绝对引用。

H3　fx　=G3/$G$10

	A	B	C	D	E	F	G	H	I
1	文具耗材销售统计表								
2	序号	品名	品牌	数量	单位	单价	销售金额	金额占比	
3	1	软抄本	思进	10	本	2.98	29.8	18.0%	
4	2	作业本	西玛	20	本	1.18	23.6	14.3%	
5	3	钢笔	英雄	2	支	19.6	39.2	23.7%	
6	4	签字笔	晨光	10	支	1.59	15.9	9.6%	
7	5	小剪刀	得力	3	把	5.2	15.6	9.4%	
8	6	长尾夹	得力	1	盒	7.7	7.7	4.6%	
9	7	订书机	得力	2	把	16.9	33.8	20.4%	
10		合计					165.6		

图 2-100　使用绝对引用地址

如果希望公式复制后引用的单元格或单元格区域的地址不发生变化，那么就必须采用绝对引用。所谓绝对引用，是指在复制或移动公式时，公式中引用单元格的行号和列标均保持不变，即公式中的单元格地址或单元格区域地址不会随着公式所在位置的改变而发生改变。在列标和行号的前面加上一个“$”符号就表示绝对引用的地址，即表示为“$列标$行号”的形式。

例如，在图 2-100 中，将 H3 的公式改为“=G3/$G$10”，复制公式后，所有“金额占比”的计算结果都正确了。即表示计算每种商品销售金额占比时，分子为各种商品的销售金额，其数值是变化的，而分母为合计金额，为同一个单元格 G10 中的数值。

（3）混合引用

如果把单元格或单元格区域的地址表示为部分采用相对引用、部分采用绝对引用，如行号为相对引用、列标为绝对引用，或者行号为绝对引用、列标为相对引用，这种引用称为混合引用。例如，单元格地址“=$A3”和“=A$5”，前者表示保持列标不发生变化，而行号会随着公式行位置的变化而变化，后者表示保持行号不发生变化，而列标会随着公式列位置的变化而变化。

混合引用是指在复制或移动公式时，引用单元格的行号或列标只有一个进行自动调整，而另一个保持不变。其表示方法是在行号或列标前面加上符号“$”，即表示为“$列标行号”或“列标$行号”的形式。例如，C$5、$D2、F$3:G$7、$A6:$E8 等都是混合引用。

（4）跨工作表引用单元格或单元格区域

上述 3 种引用方式都是在同一个工作表中完成的，如果要引用其他工作表中的单元格，则应用形式为“工作表名!单元格地址”。

跨工作表引用是指在当前工作表中引用其他工作表内的单元格或单元格区域。引用格式是：工作表名!单元格引用。即在引用地址之前加上单元格所在的工作表名称，例如，在 Sheet2 工作表中引用 Sheet1 工作表中的 A2 单元格，就可以在 Sheet2 工作表的公式中用“Sheet1!A2”表示。

如果引用的是单元格区域，例如，在 Sheet2 工作表中引用 Sheetl 工作表中的 D2:D5 单元格区域，可以在 Sheet2 工作表的公式中用“Sheet1!D2:D5”表示。

（5）三维引用

三维引用是指引用连续的工作表中同一位置的单元格或单元格区域。就像多张工作表整齐叠在一起的三维立体，用刻刀从上往下刻穿后在每张纸上都留下刻痕的效果。引用格式是：

工作表名称 1:工作表名称 2!单元格引用

例如，在 Sheet5 工作表中要引用 Sheet1～Sheet3 表中的 A2 单元格，就可以在 Sheet5 工作表的公式中用“Sheet1:Sheet3!A2”表示。

2.5.2 使用函数

WPS 表格内置的函数是预先定义的用于执行计算、分析等处理数据任务的特殊公式，也是按照特定语法进行计算的一种表达式，熟练地使用函数可以有效提高数据处理速度。WPS 表格提供了多种类型的内置函数，包括财务、日期与时间、数学和三角函数、统计、查找与引用、数据库、文本、逻辑等多种类型。

1. 函数的结构组成

函数由函数名和相应的参数组成，其一般形式如下：

函数名([参数 1],[参数 2],…)

其中，函数名是系统保留的名称，函数的功能由系统规定，用户不能改变，参数放在函数名后的圆括号内，例如，SUM()函数是一个求和函数，其功能是将各参数求和。

参数可以是数字、文本、逻辑值、单元格引用、公式或其他函数，参数的类型可以是数值、名称、数组或是包含数值的引用（单元格或单元格区域的地址表示）。

参数可以是一个或多个，当函数有多个参数时，它们之间使用半角逗号“,”分隔。例如，函数 SUM(A1:D3)的函数名为 SUM，参数为“A1:D3”，是一个单元格区域的引用，表示计算单元格区域 A1:D3 中的数据之和。也有个别函数没有参数，称为无参函数。对于无参函数，函数名后面的圆括号不能省略。例如，NOW()函数就没有参数，它返回的是系统内部时钟的当前日期与时间。

2. 自动求和

WPS 表格提供了“自动求和”功能，利用它可以对工作表中所选定的单元格快速进行自动求和，也可以智能选定求和区域进行求和运算，它实际上相当于 SUM 求和函数，但比插入函数更方便。

“开始”选项卡中的“求和”按钮及其下拉菜单如图 2-101 所示，下拉菜单中包括了“求和”、“平均值”、“计数”、“最大值”、“最小值”、“条件统计”和“其他函数”等命令。

“公式”选项卡中的“自动求和”按钮及其下拉菜单如图 2-102 所示，该按钮下拉菜单中包含的命令与“开始”选项卡中“求和”按钮下拉菜单包含的命令一致。

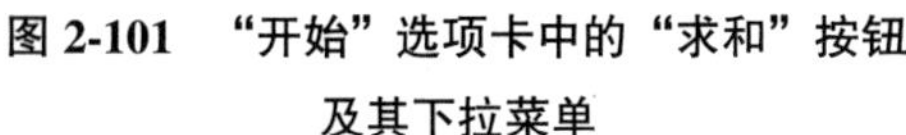

图 2-101　“开始”选项卡中的“求和”按钮及其下拉菜单

图 2-102　“公式”选项卡中的“自动求和”按钮及其下拉菜单

【示例分析 2-7】WPS 工作表中实现自动求和

打开 WPS 工作簿“第 2 季度家电产品销售数量统计表 1.et”，该工作簿中用于实现“自动求和”的初始数据如图 2-103 所示。

以下介绍多种自动求和的方法。

【方法 1】：将光标置于 B7 单元格中，在“开始”选项卡中单击“求和”按钮，系统智能判断出求和区域为 B3:B6，并自动填入求和的计算公式“=SUM(B3:B6)”，如图 2-104 所示。

此时，直接按【Enter】键或者单击“输入”按钮✓，B7 单元格中会显示求和结果，即 4 月份家电产品销量总计为 99。

同样，将光标置于 E3 单元格中，在“公式”选项卡中单击“自动求和”按钮，系统智能判断出求和区域为 B3:D3，并自动填入求和的计算公式“=SUM(B3:D3)”，如图 2-105 所示。

J22　fx

	A	B	C	D	E	F
1	第2季度家电产品销售数量统计表					
2	产品名称	4月	5月	6月	季度总计	
3	彩电	20	30	40		
4	洗衣机	25	35	45		
5	空调	28	38	48		
6	冰箱	26	36	42		
7	月度总计					

图 2-103　用于“自动求和”的初始数据

IF　× ✓ fx　=SUM(B3:B6)

	A	B	C	D	E	F
1	第2季度家电产品销售数量统计表					
2	产品名称	4月	5月	6月	季度总计	
3	彩电	20	30	40		
4	洗衣机	25	35	45		
5	空调	28	38	48		
6	冰箱	26	36	42		
7	月度总计	=SUM(B3:B6)				

图 2-104　智能选定垂直方向的求和区域进行求和运算

IF　× ✓ fx　=SUM(B3:D3)

	A	B	C	D	E	F
1	第2季度家电产品销售数量统计表					
2	产品名称	4月	5月	6月	季度总计	
3	彩电	20	30	40	=SUM(B3:D3)	
4	洗衣机	25	35	45	SUM（数值1，...）	
5	空调	28	38	48		
6	冰箱	26	36	42		
7	月度总计	99				

图 2-105　智能选定水平方向的求和区域进行求和运算

此时，直接按【Enter】键或者单击“输入”按钮✓，E3 单元格中会显示求和结果，即第 2 季度彩电销量总计为 90。

【方法 2】：单行或单列相邻单元格自动求和。

先选定待求和的单元格行或单元格列（这里不选中存放求和结果的单元格），然后在“开始”选项卡中单击“求和”按钮，求和结果将自动放在选定行的右侧或选定列的下方单元格中。

例如，对单元格区域 C3:C6 进行自动求和，首先选定单元格区域 C3:C6，在“开始”选项卡中单击“求和”按钮，求和结果会显示在 C7 中。

对单元格区域 B4:D4 进行自动求和，首先选定单元格区域 B4:D4，在“开始”选项卡中单击“求和”按钮，求和结果会显示在 E4 中。

【方法 3】：多列相邻单元格的求和。

先选定需要求和的多列单元格区域（这里可以选中存放求和结果的单元格，也可以不选中），在“开始”选项卡中单击“求和”按钮，求和结果会显示在每列底部的对应单元格中。

例如，对单元格区域 C3:D6 进行自动求和，首先选定单元格区域 C3:D6 或者选定 C3:D7，在“开始”选项卡中单击“求和”按钮，求和结果会显示在 C7 和 D7 中。

【方法 4】：多行相邻单元格的求和。

先选定需要求和的多行单元格区域（这里要选中存放求和结果的单元格），在“开始”选项卡中单击“求和”按钮，求和结果会显示在每行最右边的空白单元格中。

例如，对单元格区域 B5:D6 进行自动求和，首先选定单元格区域 B5:E6，在“开始”选项卡中单击“求和”按钮，求和结果会显示在 E5 和 E6 中。

第 2 季度家电产品销售数量的计算结果如图 2-106 所示。

	A	B	C	D	E
1	第2季度家电产品销售数量统计表				
2	产品名称	4月	5月	6月	季度总计
3	彩电	20	30	40	90
4	洗衣机	25	35	45	105
5	空调	28	38	48	114
6	冰箱	26	36	42	104
7	月度总计	99	139	175	

图 2-106　第 2 季度家电产品销售数量的计算结果

3. 输入函数

打开 WPS 工作簿“使用公式和函数.et”，该工作簿中使用函数计算的实例数据如图 2-107 所示。

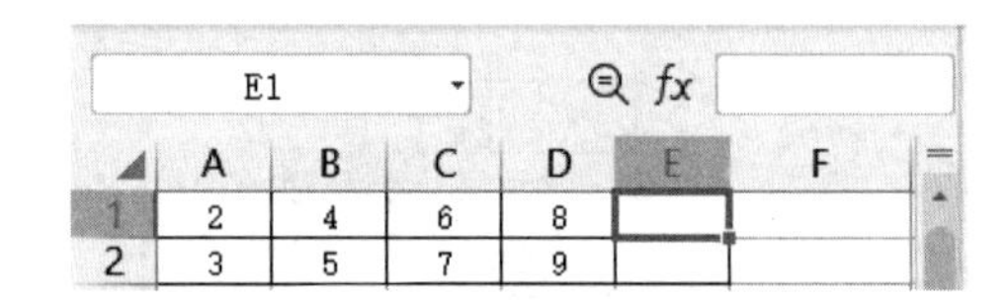

	A	B	C	D	E	F
1	2	4	6	8		
2	3	5	7	9		

图 2-107　使用函数计算的实例数据

（1）手动输入函数

当用户对某个函数名称及参数很熟悉时，可以像输入公式那样直接输入函数。下面以获取一组数字中的最小值为例介绍手动输入函数的过程，操作步骤如下：

① 选定要输入函数的单元格，例如 E1，输入等号“=”，然后输入函数名的第 1 个字母“M”，WPS 表格会自动列出以该字母“M”开头的函数名，如图 2-108 所示。

② 随着函数名字母的逐个输入，例如“MI”，系统会逐步给出更精确的提示，直到显示出要使用的函数后，可以直接从函数名称列表框中双击该函数，例如“MIN”，该函数就会显示在编辑栏中，供编辑公式使用。

如果函数列表框中已出现需要的函数名称，也可以通过多次按【↓】键定位到对应的函数名称，例如“MIN”，如图 2-109 所示，并按【Tab】键进行选择。

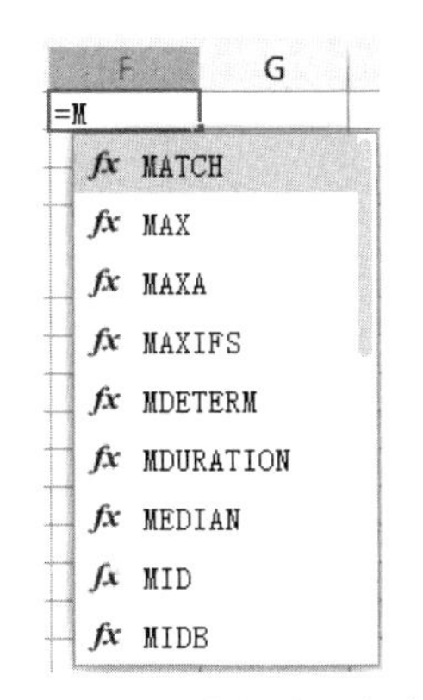

图 2-108　WPS 表格中函数名称的自动匹配功能

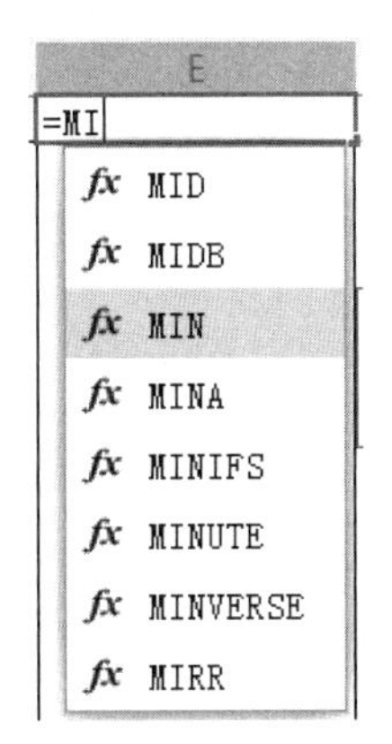

图 2-109　在函数列表框选择对应的函数名称“MIN”

单元格内函数名的右侧会自动输入一对半角圆括号“()”，此时，WPS 表格会出现一个带有语法和参数的提示信息，如图 2-110 所示。

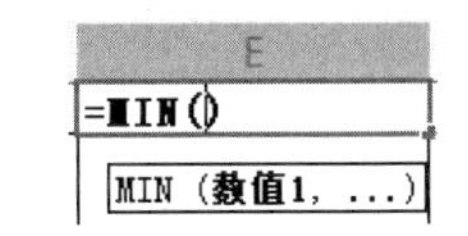

图 2-110　函数格式及提示信息

③ 选定要引用的单元格或单元格区域，然后按【Enter】键，函数所在的单元格中显示出公式的结果。

WPS 中的函数可以嵌套，即某一函数或公式可以作为另一个函数的参数使用。

（2）通过函数下拉列表选择函数

【方法 1】：通过“公式”选项卡各个函数分类的下拉菜单列表选择函数。

切换到“公式”选项卡，如图 2-111 所示。

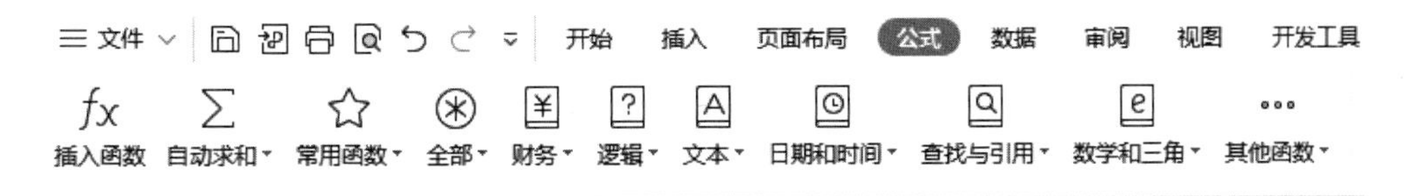

图 2-111　“公式”选项卡“函数库”选项组

单击某个函数分类，例如，单击“常用函数”，从下拉菜单中选择所需的函数，例如“SUM”函数，如图 2-112 所示。

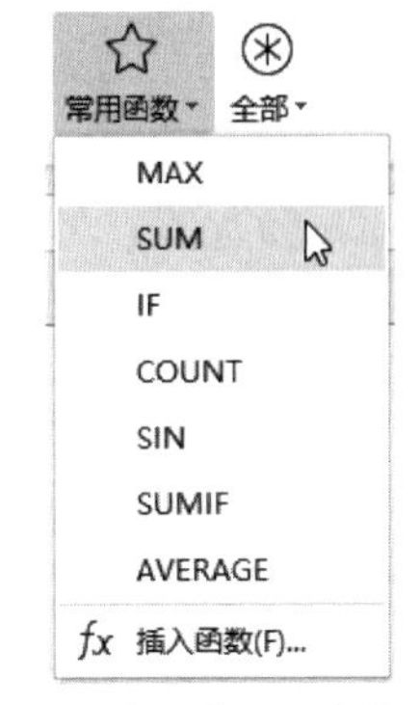

图 2-112　从“常用函数”按钮下拉菜单中选择“SUM”函数

打开“函数参数-SUM”对话框，如图 2-113 所示。

在“函数参数-SUM”对话框中单击“数值 1”编辑框，然后使用鼠标选定要引用的单元格区域，这里选定 A1:D1 单元格区域，返回“函数参数-SUM”对话框，在“数值 1”输入框中显示选定的单元格区域地址“A1:D1”、各单元格中对应的数值{2,4,6,8}以及选定单元格的数值之和的计算结果“20”，如图 2-114 所示。

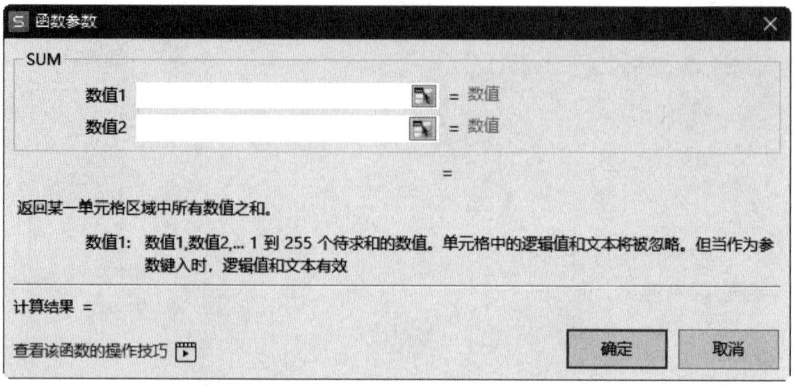

图 2-113 “函数参数-SUM”对话框（1）

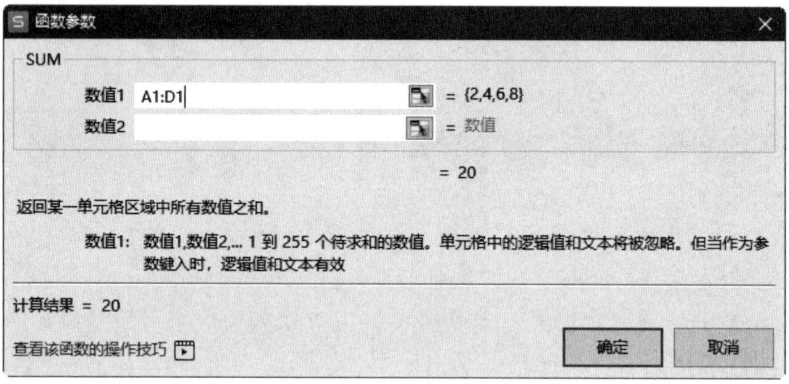

图 2-114 “函数参数-SUM”对话框（2）

【方法 2】：通过“名称框”的常用函数列表选择函数。

在计算结果单元格中输入半角等号“=”，然后单击“名称框”右侧的下拉箭头▾，在弹出的函数下拉列表框中选择所需的函数，例如“SUM”，如图 2-115 所示，后续步骤与方法 1 类似。

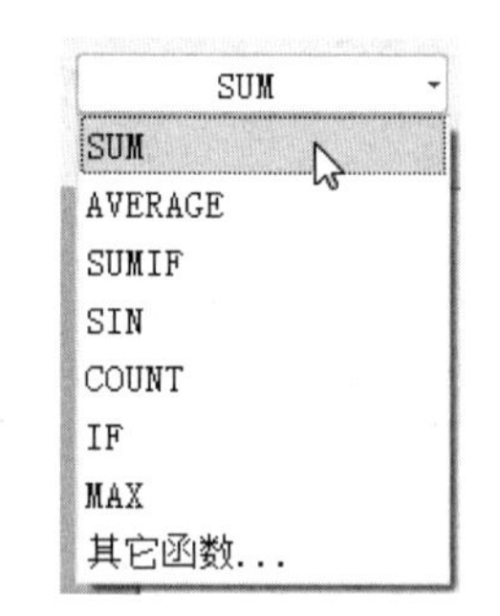

图 2-115 在函数下拉列表框中选择函数

（3）使用“插入函数”对话框选择函数

当用户记不住函数的名称或参数时，可以使用粘贴函数的方法，即启动函数向导引导建立函数运算公式，操作步骤如下：

① 选定需要应用函数的单元格，例如单元格 E2。

② 使用下列方法打开“插入函数”对话框。

【方法 1】：在“公式”选项卡单击“插入函数”按钮，如图 2-116 所示。

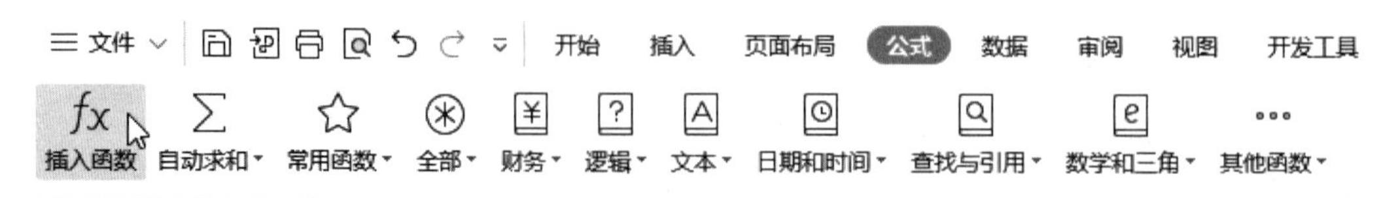

图 2-116 在“公式”选项卡中单击“插入函数”按钮

【方法 2】：在“公式”选项卡中，单击某个函数分类，例如，单击“常用函数”按钮，从下拉菜单中选择“插入函数”命令，如图 2-117 所示。

【方法 3】：在公式编辑栏中输入半角等号“=”后，单击其左侧的“插入函数”按钮 fx，如图 2-118 所示。

【方法 4】：在计算结果单元格中输入半角等号“=”，然后单击“名称框”右侧的下拉箭头▾，在弹出的函数下拉列表框中选择“其他函数”命令，如图 2-119 所示。

③ 在打开的“插入函数”对话框中会显示函数类别的下拉列表。在“或选择类别”下拉列表框中选择要插入的函数类别，这里选择“统计”类型，然后从“选择函数”列表框中选择要使用的函数，这里选择“MAX”，如图 2-120 所示。

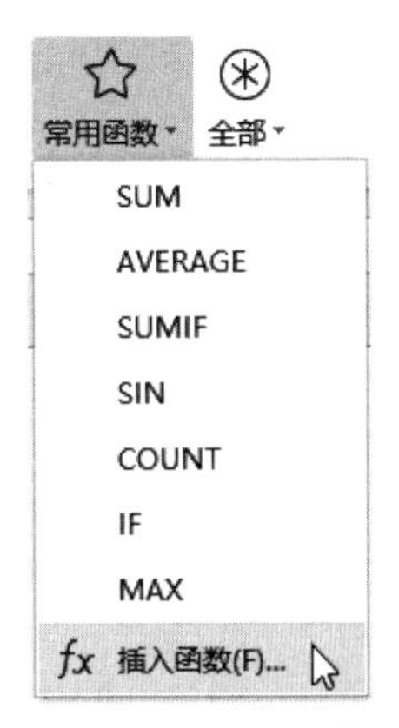

图 2-117　在“常用函数”按钮下拉菜单中选择“插入函数”命令

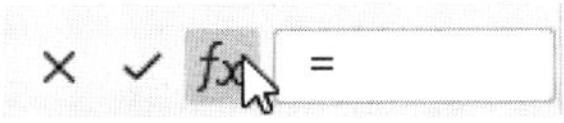

图 2-118　在公式编辑栏左侧单击“插入函数”按钮

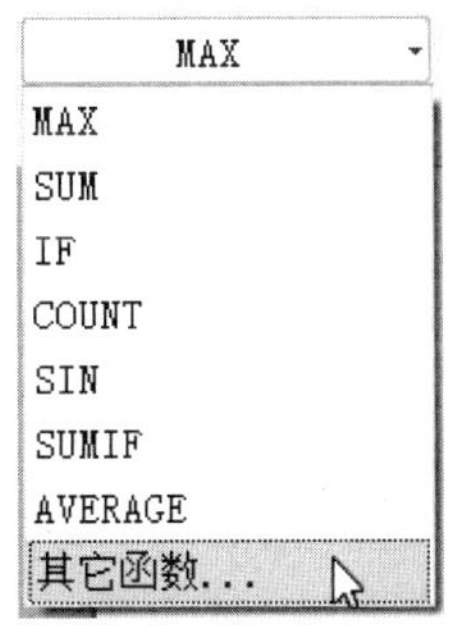

图 2-119　在常用函数下拉列表框中选择“其他函数”命令

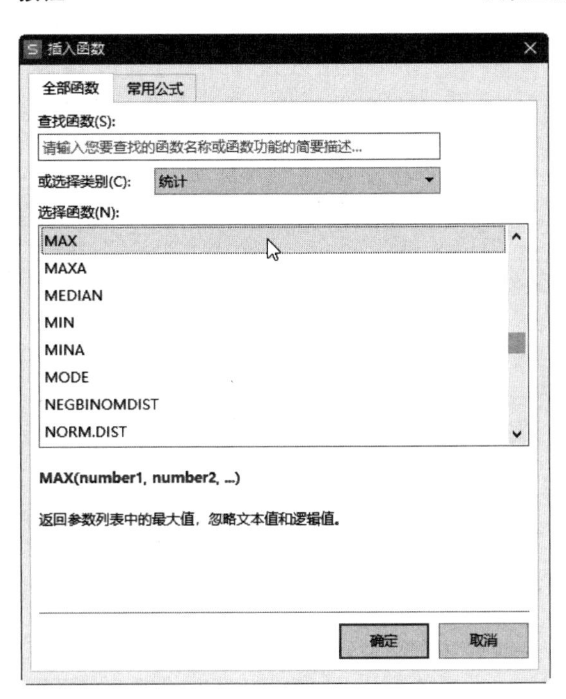

图 2-120　“插入函数”对话框“全部函数”选项卡

④ 单击“确定”按钮，打开“函数参数-MAX”对话框，如图 2-121 所示。

也可以在“插入函数”对话框中通过查找或分类选择到要用的函数后，双击该函数打开如图 2-121 所示的“函数参数-MAX”对话框。

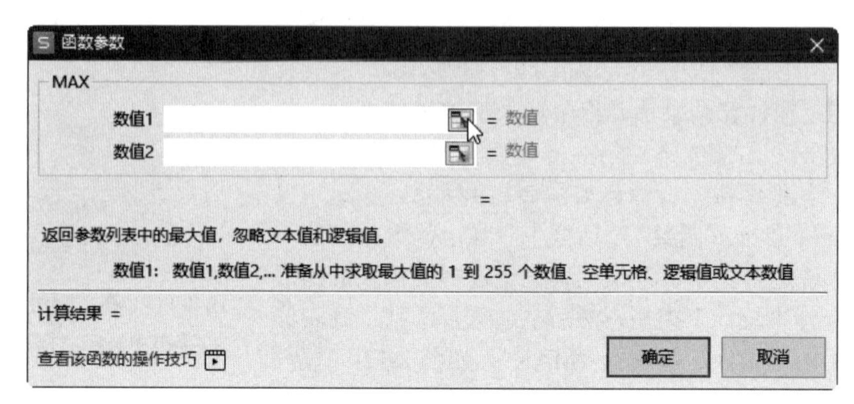

图 2-121　“函数参数-MAX”对话框

⑤ 在打开的“函数参数-MAX”对话框的参数框中输入待计算的数值、单元格或单元格区域。在 WPS 表格中，可以直接输入计算范围，也可以按以下方法之一进行输入。

【方法 1】：在“函数参数-MAX”对话框中单击计算范围编辑框右侧的“折叠”按钮，将对话框缩小，然后从工作表中选择单元格或单元格区域，选定计算范围后自动缩小的“函数参数”对话框如图 2-122 所示。

图 2-122　自动缩小的“函数参数-MAX”对话框

要引用单元格或单元格区域选定结束后，在自动缩小的“函数参数”对话框中再次单击“展开”按钮或者在选择完成后按【Enter】键，返回正常大小的“函数参数-MAX”对话框，显示包含单元格区域地址的“函数参数-MAX”对话框，如图 2-123 所示。

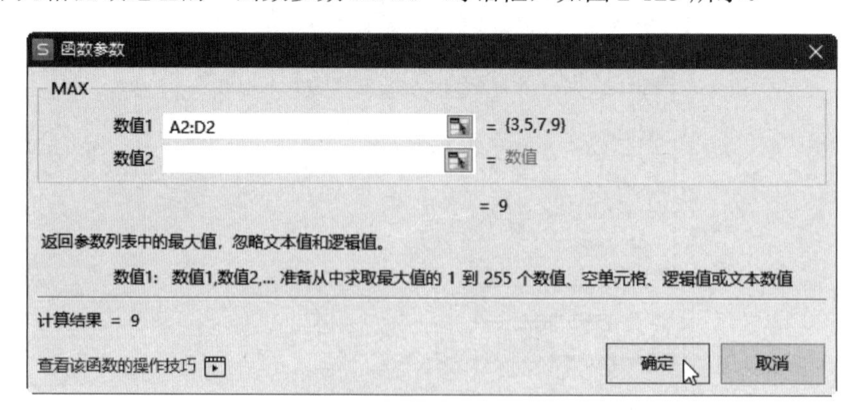

图 2-123　包含单元格区域地址的“函数参数-MAX”对话框

【方法 2】：首先在“函数参数-MAX”对话框中单击计算范围编辑框，然后使用鼠标选定要引用的单元格区域，此时，“函数参数-MAX”对话框会自动缩小。要引用单元格或单元格区域选定结束后，自动缩小的“函数参数-MAX”对话框一闪便消失，直接返回正常大小的“函数参数-MAX”对话框，并在计算范围编辑框中显示计算范围的单元格或单元格区域地址，如图 2-123 所示。

⑥ 在正常大小的“函数参数-MAX”对话框中单击“确定”按钮完成公式输入，且返回 WPS 表格的工作表区域，在公式编辑栏中可以看到刚才输入的公式，在单元格 E2 中显示出公式“=MAX(A2:D2)”的计算结果，如图 2-124 所示。

E2　fx　=MAX(A2:D2)

	A	B	C	D	E	F	G
1	2	4	6	0	20		
2	3	5	7	9	9		

图 2-124　在单元格 E2 中显示公式“=MAX(A2:D2)”的计算结果

4. WPS 表格的常用函数

电子活页 2-7

WPS 表格的常用函数

WPS 表格提供了 300 多个函数，请扫描二维码，浏览电子活页中的相关内容，熟悉 WPS 表格的常用函数。

WPS 表格中内置的函数很多，表 2-4 中列出了最常用的 8 个函数的函数格式及功能说明。

表 2-4　常用函数的函数格式及功能说明

函数格式	功能说明
SUM(参数 1, [参数 2]…)	返回所有参数的和
AVERAGE(参数 1, [参数 2]…)	返回所有参数的平均值
MAX(参数 1, [参数 2]…)	返回所有参数中的最大值
MIN(参数 1, [参数 2]…	返回所有参数中的最小值
COUNT(参数 1, [参数 2]…)	返回所有参数中数值型数据的个数
ROUND(参数 1，参数 2)	将参数 1 四舍五入，保留参数 2 位小数
INT(参数)	返回一个不大于参数的最大整数值，即取整
ABS(参数)	返回参数的绝对值

5. 在函数中使用单元格名称

【示例分析 2-8】在 WPS 工作表中进行单元格或单元格区域命名

打开工作簿“第 2 季度家电产品销售数量统计表 2.et”，针对该工作簿中的工作表进行单元格或单元格区域命名操作。

（1）单元格或单元格区域命名

有以下几种方法可以对选定单元格或单元格区域进行命名。

【方法 1】：先选定待命名的单元格或单元格区域，然后在编辑栏左侧的名称框中输入所需的名称，接着按【Enter】键。

【方法 2】：先选定待命名的单元格或单元格区域，这里选定单元格区域 B3:B6。

切换到“公式”选项卡，单击“名称管理器”按钮，如图 2-125 所示。

打开“名称管理器”对话框，单击“新建”按钮，打开“新建名称”对话框，在该对话框的“名称”输入框中输入单元格或单元格区域的名称，例如，输入“四月份销售数量”；在“范围”下拉列表中选择名称的有效范围，例如，选择“工作簿”；在“引用位置”输入框中直接输入单元格或单元格区域的地址，或单击输入框右侧的“折叠”按钮，然后选择单元格或单元格区域，例如，输入“=Sheet1!$B$3:$B$6”，如图 2-126 所示。

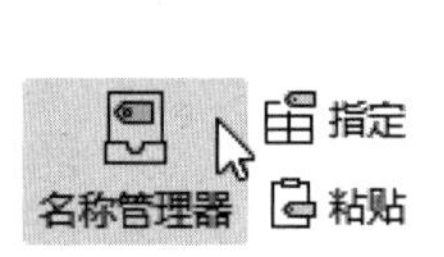

图 2-125　在“公式”选项卡中单击“名称管理器”按钮

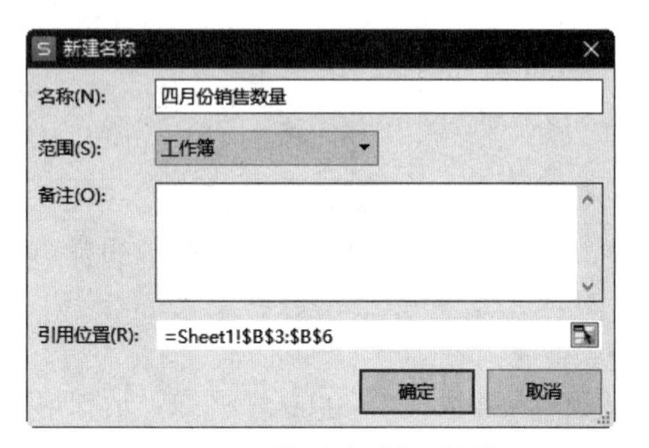

图 2-126　“新建名称”对话框

在“新建名称”对话框中单击“确定”按钮，返回“名称管理器”对话框，如图 2-127 所示。

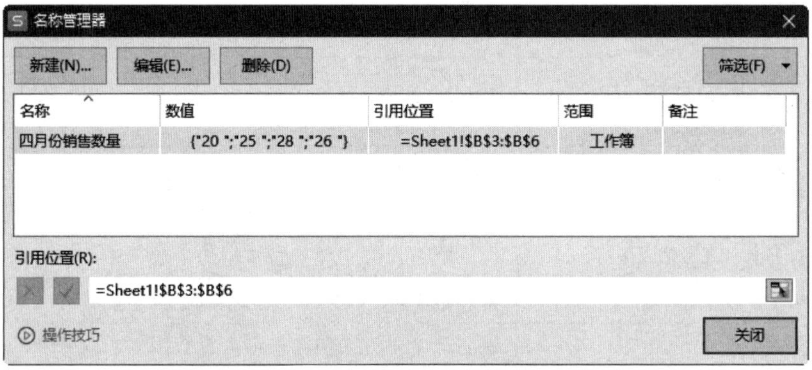

图 2-127　“名称管理器”对话框（1）

在“名称管理器”对话框中单击“关闭”按钮，工作表中命名的单元格区域如图 2-128 所示。

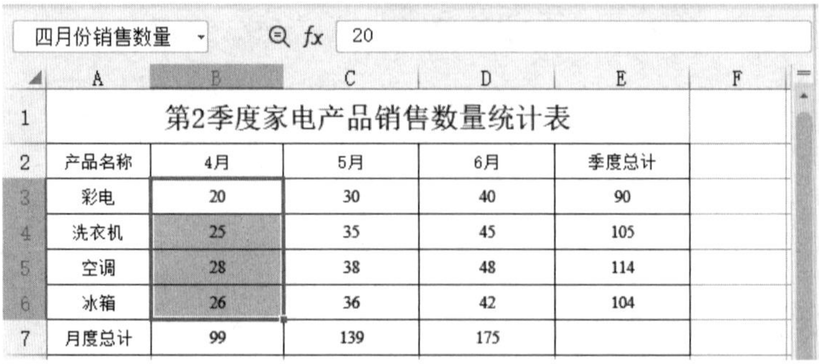

	A	B	C	D	E	F
1	第2季度家电产品销售数量统计表					
2	产品名称	4月	5月	6月	季度总计	
3	彩电	20	30	40	90	
4	洗衣机	25	35	45	105	
5	空调	28	38	48	114	
6	冰箱	26	36	42	104	
7	月度总计	99	139	175		

图 2-128　工作表中命名的单元格区域

【方法 3】：先选定待命名的单元格或单元格区域，这里选定单元格区域 E2:E6。

切换到“公式”选项卡，单击“指定”按钮，打开“指定名称”对话框，根据标题名称所在的位置选中相应的复选框，这里选择“首行”复选框，即可将名称创建于“首行”，如图 2-129 所示。

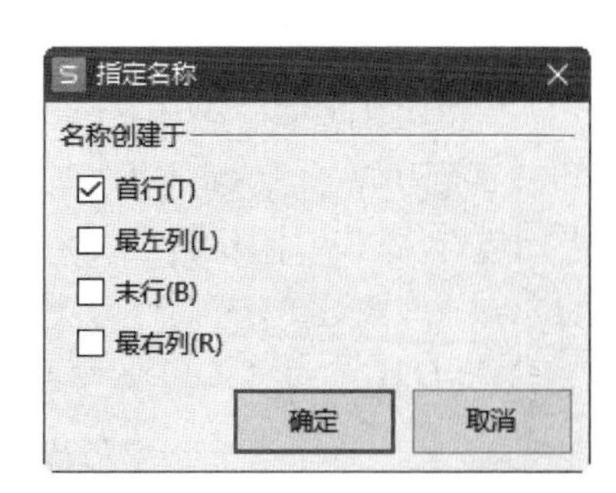

图 2-129　“指定名称”对话框

在“指定名称”对话框中单击“确定”按钮即可。

在“公式”选项卡中再一次单击“名称管理器”按钮，弹出如图 2-130 所示的“名称管理器”对话框，在该对话框中可以看出，添加了 2 个单元格区域的名称“四月份销售数量”和“季度总计”。

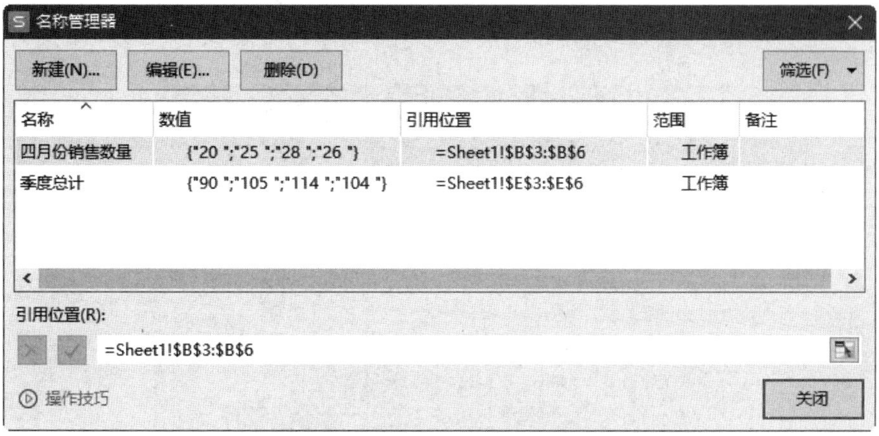

图 2-130　“名称管理器”对话框（2）

（2）定义常量的名称

定义常量的名称就是为常量命名，例如，将圆周率定义一个名称 Pi，以后就可以通过名称 Pi 对圆周率进行引用。此时，只需要打开“新建名称”对话框，在“名称”文本框中输入要定义的常量名称，在“引用位置”文本框中输入常量值，如图 2-131 所示，然后单击“确定”按钮即可。

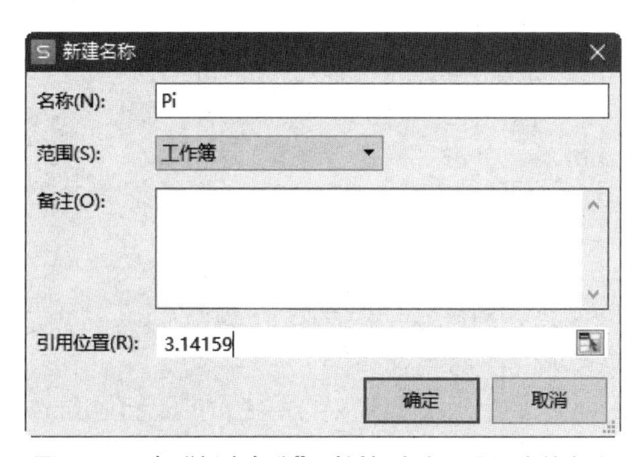

图 2-131　在“新建名称”对话框中定义圆周率的名称

（3）定义公式的名称

除可以为常量定义名称外，还可以为常用公式定义名称。

首先打开“新建名称”对话框，在“名称”文本框中输入要定义的公式的名称，如“销量平均值”，在“引用位置”文本框中输入“=AVERAGE(”，然后单击“引用位置”文本框右侧的“折叠”按钮，缩小“新建名称”对话框，在工作表中选择单元格区域，这里选择单元格区域 B3:D3，如图 2-132 所示。

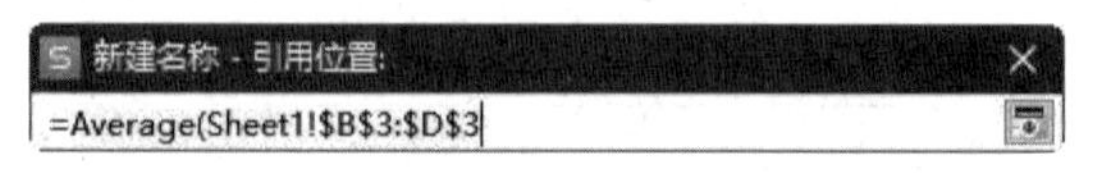

图 2-132 “新建名称-引用位置”对话框

在自动缩小的“新建名称”对话框中，再单击“展开”按钮，返回正常大小的“新建名称”对话框，最后在该对话框“引用位置”文本框中输入“)”，如图 2-133 所示。

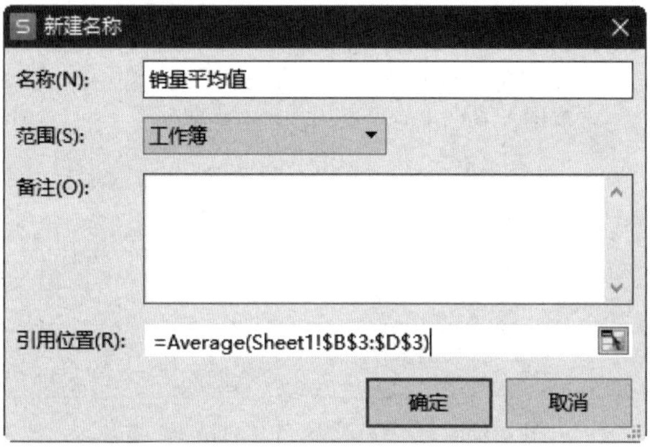

图 2-133 在“新建名称”对话框中输入名称和引用位置

（4）在公式和函数中使用命名区域

在使用公式和函数时，如果选定了已经命名的数据区域，则公式和函数内会自动出现该区域的名称。此时，按【Enter】键就可以完成公式和函数的输入。

例如，在工作簿“第 2 季度家电产品销售数量统计表 2.et”的工作表中选定单元格 F3，切换到“公式”选项卡，单击“粘贴”按钮，打开“粘贴名称”对话框，选择定义的公式名称“销量平均值”，如图 2-134 所示，单击“确定”按钮，然后按【Enter】键即可得到计算结果。

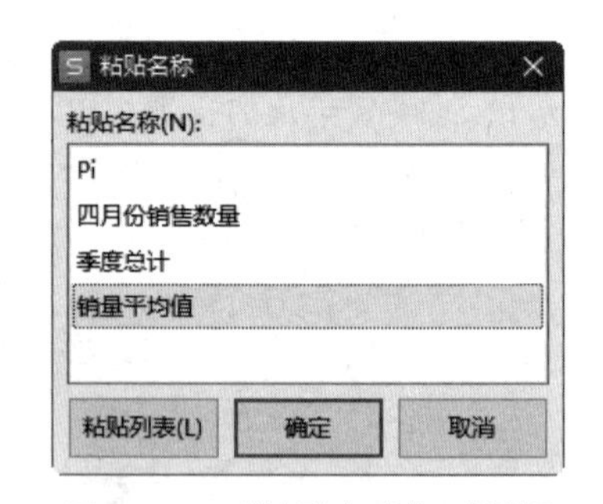

图 2-134 “粘贴名称”对话框

6. 函数嵌套

函数嵌套是指把一个函数作为另外一个函数的参数来使用，以满足更为复杂的计算需求。在 WPS 表格中，函数最多可以有 65 级嵌套。

例如，公式“=ROUND(AVERAGE(MAX(B3:E6), MIN(B3:E6)),2)”，这是一个三重的函数嵌套，意思是求 B3:E6 单元格区域的最大值和最小值的平均值，对这个平均值四舍五入，保留两位小数。

2.6　数据排序

数据排序是指根据工作表中的一列或多列数据的大小重新排列数据行（记录）的顺序。这里的一列或多列的字段称为排序的关键字段。排序分为升序（递增）和降序（递减）。

1. 一般排序规则

（1）数值

数值的升序排列是指按其值从小到大排序。

（2）文本

一般字符的排列是指按照数字、空格、标点符号、字母的顺序排序。汉字可以按照其拼音的字母顺序排列，也可以按照笔画多少排列，可以在排序时指定。

（3）日期

日期从最早的日期到最晚的日期的排序称为升序，反之称为降序。

（4）逻辑值

逻辑值升序排列时，逻辑假（FALSE）排在前面，逻辑真（TRUE）排在后面。

2. 排序的方法

（1）按列简单排序

如果只将工作表中的一列作为排序关键字段进行排序，可以使用系统提供的“升序”/“降序”命令进行快速排序。

【示例分析 2-9】针对 WPS 工作表中的数据按列简单排序

打开 WPS 工作簿“第 2 季度家电产品销售数量统计表 3.et”，针对该工作簿下工作表 Sheet1 中的数据进行按列简单排序。

按列简单排序的操作步骤如下：

① 将光标置于工作表中作为排序依据的列“4 月”（此列即关键字段）中任意一个单元格。例如，在图 2-135 所示的工作表中选择 B3 单元格，即按照“4 月”销量排序。

	A	B	C	D	E	F
1	第2季度家电产品销售数量统计表					
2	产品名称	4月	5月	6月	季度总计	销量平均值
3	彩电	20	30	40	90	30.00
4	洗衣机	25	35	45	105	35.00
5	空调	28	38	48	114	38.00
6	冰箱	26	36	42	104	34.67
7	月度总计	99	139	175		

图 2-135　排序前的“第 2 季度家电产品销售数量统计表”

② 在“开始”选项卡中单击“排序”按钮下侧的箭头按钮▾，如图 2-136 所示，从下拉菜单中选择“升序”或“降序”选项，这里选择了“升序”，即完成以“4 月”销量为关键字的“升序”排列。

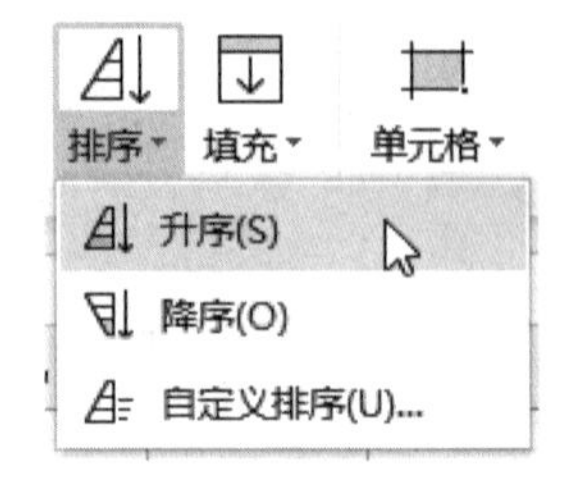

图 2-136　在“排序”按钮下拉菜单中选择“升序”命令

排序的调整是以行为单位的，也就是说重新排列次序时是整行移动的。在此例中按“4 月”销量升序排序的结果如图 2-137 所示。

（2）按行简单排序

按行简单排序是指对选定的数据按其中的一行作为排序关键字进行排序的方法。

	A	B	C	D	E	F
1	第2季度家电产品销售数量统计表					
2	产品名称	4月	5月	6月	季度总计	销量平均值
3	彩电	20	30	40	90	30.00
4	洗衣机	25	35	45	105	35.00
5	冰箱	26	36	42	104	34.67
6	空调	28	38	48	114	38.00
7	月度总计	99	139	175		

图 2-137　按“4 月”销量升序排序的结果

【示例分析 2-10】针对 WPS 工作表中的数据按行简单排序

打开 WPS 工作簿“第 2 季度家电产品销售数量统计表 4.et”，针对该工作簿中的 Sheet1 工作表按行简单排序，其初始数据如图 2-138 所示。

针对图 2-138 所示的初始数据按行简单排序的操作步骤如下：

① 打开要进行按行排序的工作表，单击数据区域中的任意单元格，例如，在图 2-140 所示的工作表中选择 B3 单元格，即按照“彩电”销量排序。

② 切换到“数据”选项卡，单击“排序”按钮下侧的箭头按钮▾，从下拉菜单中选择“自定义排序”命令，打开“排序”对话框。

③ 在“排序”对话框中单击“选项”按钮，打开“排序选项”对话框，在“方向”栏中选中“按行排序”单选按钮，如图 2-139 所示，单击“确定”按钮，返回“排序”对话框。

	A	B	C	D
1	第2季度家电产品销售数量统计表			
2	产品名称	4月	5月	6月
3	彩电	20	30	40
4	洗衣机	25	35	45
5	冰箱	26	36	42
6	空调	28	38	48

图 2-138　按行简单排序的初始数据

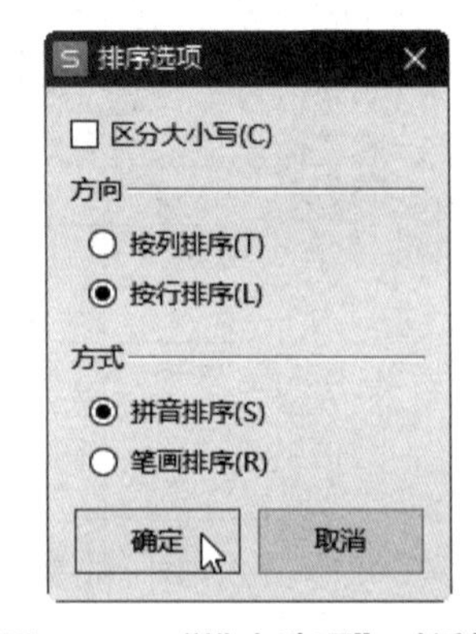

图 2-139　“排序选项”对话框

④ 单击“主要关键字”下拉列表框右侧的箭头按钮，从弹出的列表中选择“行 3”作为排序关键字，在“次序”中选择“降序”选项，如图 2-140 所示。然后单击“确定”按钮，结果如图 2-143 所示。

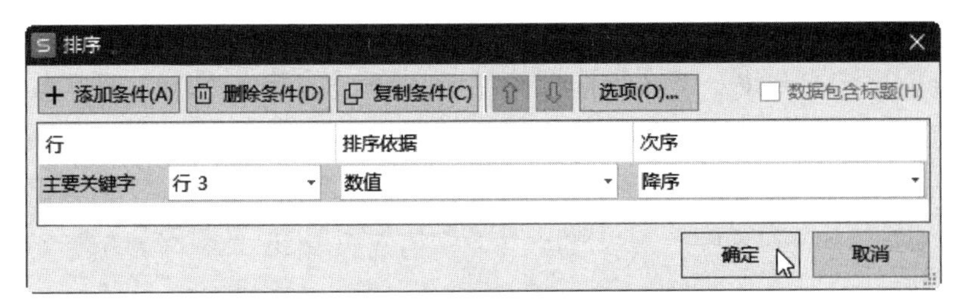

图 2-140　“排序”对话框（按行简单排序）

	A	B	C	D
1	第2季度家电产品销售数量统计表			
2	产品名称	6月	5月	4月
3	彩电	40	30	20
4	洗衣机	45	35	25
5	冰箱	42	36	26
6	空调	48	38	28

图 2-141　按行简单排序结果

（3）自定义排序

简单排序只能按一个关键字进行排序，有时不能满足数据处理要求。自定义排序可以指定一个或多个排序关键字，每个排序关键字都可以设定升序或降序，因此自定义排序非常灵活，可以满足复杂的排序需求。

自定义排序是指对选定的数据区域，按照两个或以上的排序关键字按行或按列进行排序。在多关键字排序过程中，首先按主要关键字排序，在主要关键字相同的情况下，再依次按次要关键字排序。

【示例分析 2-11】针对 WPS 工作表中的数据进行多关键字自定义排序

打开 WPS 工作簿“第 2 季度家电产品销售数量统计表 5.et”，针对该工作簿的 Sheet1 工作表中的“季度总计”降序排列、季度总计相同的按“4 月”销量降序排列为例，介绍多关键字排序的操作步骤，自定义排序的初始数据如图 2-142 所示。

	A	B	C	D	E
1	产品名称	4月	5月	6月	季度总计
2	彩电	20	30	40	90
3	洗衣机	25	35	45	105
4	冰箱	26	36	42	104
5	空调	28	38	48	114

图 2-142　“多关键字复杂排序”的初始数据

① 单击数据区域 B2:E5 的任意单元格，切换到“数据”选项卡，单击“排序”按钮下侧的箭头按钮，从下拉菜单中选择“自定义排序”命令，打开“排序”对话框。由于此工作表中包含列标题，选中“数据包含标题”复选框。

② 此时，对话框中默认已有“主要关键字”，在“主要关键字”下拉列表框中选择排序的首要条件“季度总计”，并将“排序依据”设置为“数值”，将“次序”设置为“降序”。

③ 如果有多个排序关键字，则单击“添加条件”按钮，添加“次要关键字”，在“次要关键字”下拉列表中选定排序的列名为“4 月”，在“排序依据”下拉列表中选定排序的对象为“数值”，在“次序”下拉列表中选定“升序”或“降序”，这里选择“降序”。设置完成的“排序”对话框如图 2-143 所示。

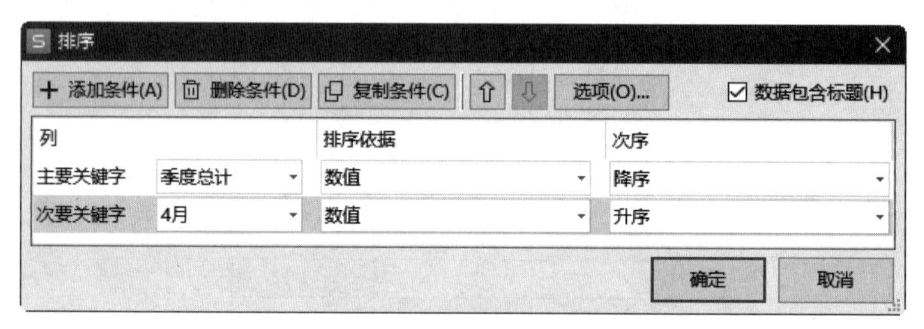

图 2-143　多关键字复杂排序的“排序”对话框

④ 设置完毕后，单击“确定”按钮，即可看到多关键字复杂排序后的结果，如图 2-144 所示。

	A	B	C	D	E
1	产品名称	4月	5月	6月	季度总计
2	空调	28	38	48	114
3	洗衣机	25	35	45	105
4	冰箱	26	36	42	104
5	彩电	20	30	40	90

图 2-144　多关键字复杂排序的结果

2.7　数据筛选

筛选是查看指定数据的快捷方法，与排序不同的是，筛选不重排数据。它是按照用户的查看要求，暂时将不希望显示的数据行隐藏起来，只显示满足条件的数据行。WPS 表格提供了“筛选”和“高级筛选”两类数据筛选方式。

1. 自动筛选

自动筛选是指按单一条件进行数据筛选，是针对一列或多列的数值给出显示条件，系统会根据条件从工作表中筛选出符合要求的数据行并显示出来，其他不需要显示的数据行被暂时隐藏起来。

【示例分析 2-12】针对 WPS 表格中的数据进行自动筛选

打开 WPS 工作簿“第 2 季度家电产品销售数量统计表 2.et”，筛选操作的初始数据如图 2-145 所示，从图 2-145 所示的“第 2 季度家电产品销售数量统计表”数据中，筛选出所有产品名称为“空调”和“冰箱”的数据。

	A	B	C	D	E
1	产品名称	4月	5月	6月	季度总计
2	彩电	20	30	40	90
3	洗衣机	25	35	45	105
4	空调	28	38	48	114
5	冰箱	26	36	42	104

图 2-145　筛选操作的初始数据

具体操作步骤如下：

① 单击工作表中数据区域的任意一个单元格。

② 在“开始”选项卡中单击“筛选”按钮，从弹出的下拉菜单中选择“筛选”命令，如图 2-146 所示，这时工作表的标题行每个列标题的右侧会出现自动筛选下拉按钮“▾”，如图 2-147 所示。

图 2-146　在“筛选”按钮下拉

③ 单击“产品名称”列右侧的自动筛选下拉按钮▾，弹出“筛选”对话框，如图 2-148 所示。从中选择筛选条件对应的名称，可以根据需要选择一个或多个查看对象，这里可以先从对话框中取消选中“(全选)”复选框，然后依次选中“空调”和“冰箱”复选框。

	A	B	C	D	E
1	产品名称 ▾	4月 ▾	5月 ▾	6月 ▾	季度总计 ▾
2	彩电	20	30	40	90
3	洗衣机	25	35	45	105
4	空调	28	38	48	114
5	冰箱	26	36	42	104

图 2-147　工作表的标题行每个列标题的右侧出现下拉按钮

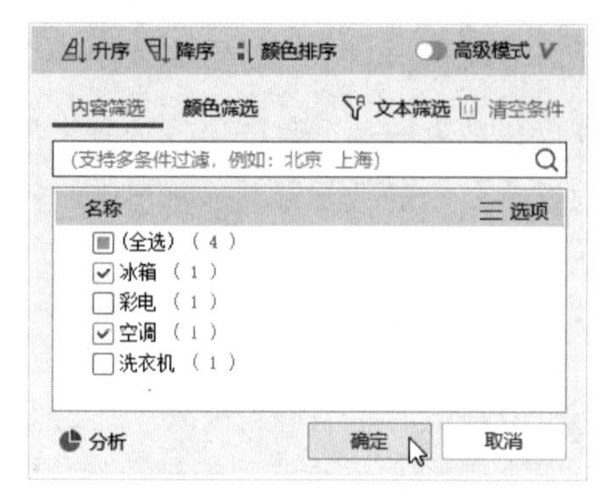

图 2-148　“筛选”对话框

④ 单击“确定”按钮，即可显示符合设定条件的数据，筛选结果如图 2-149 所示。还可以在其他列上添加筛选条件，进行多条件筛选。

	A	B	C	D	E
1	产品名称	4月	5月	6月	季度总计
4	空调	28	38	48	114
5	冰箱	26	36	42	104

图 2-149　筛选结果

如果需要取消或添加筛选项，可以再次打开“筛选”对话框，进行调整后，单击“确定”按钮即可。

如果需要取消对某一列的筛选，单击该列旁边的自动筛选箭头按钮，从“筛选”对话框中选中“(全选)”复选框，然后单击“确定”按钮即可。

如果需要取消整个工作表的筛选，在“开始”选项卡中再次单击“筛选”按钮或者在“筛选”按钮的下拉菜单中再次选择“筛选”命令，即可关闭自动筛选功能。

2. 自定义筛选

当基于工作表中的某一列进行多个条件的筛选时，可以使用“自定义自动筛选”功能。

单击标题行每个列标题右侧的下拉按钮“”，弹出“筛选”对话框。根据列数据格式的不同，这个对话框也有些不同，如果列为文本数据类型，则在对话框中会有“文本筛选”按钮；如果列为日期类型，则在对话框中会有“日期筛选”按钮；如果列为数值、货币等类型，则会出现“数字筛选”按钮，如图 2-150 所示。

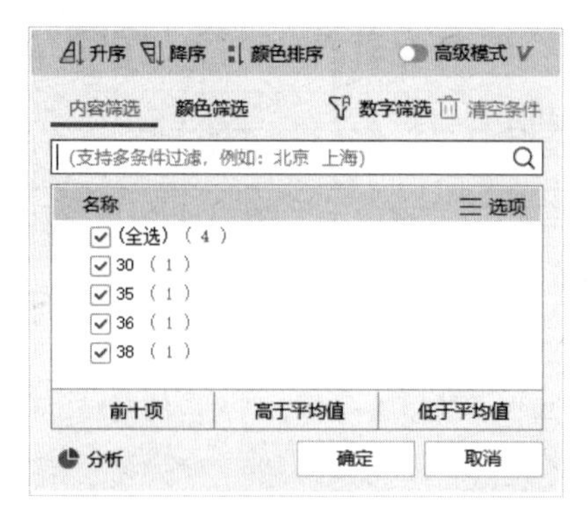

图 2-150　在“筛选”对话框中出现“数字筛选”按钮

单击这些筛选按钮都会弹出下拉菜单，下拉菜单的最下面都有一个“自定义筛选”命令，如图 2-151 所示。

图 2-151　在“筛选”对话框中“数字筛选”下拉菜单中选择“自定义筛选”命令

【示例分析 2-13】针对 WPS 工作表中的数据进行自定义筛选

打开“第 2 季度家电产品销售数量统计表 7.et”，要从“第 2 季度家电产品销售数量统计表”中筛选出 5 月销量在 35 台及 35 台以上的家电产品数据，可以参照下述操作步骤进行。

① 单击工作表中数据区域的任意一个单元格。

② 在“开始”选项卡中单击“筛选”按钮，从弹出的下拉菜单中选择“筛选”命令，工作表进入筛选状态，标题行每个列标题的右侧会出现筛选下拉按钮“▾”。

③ 单击“5 月”右侧的下拉按钮，在弹出的对话框中单击“数字筛选”按钮，在弹出的下拉菜单中选择“自定义筛选”命令，弹出“自定义自动筛选方式”对话框。在该对话框“5 月”栏的“运算符”列表中选择“大于或等于”，在“数值”列表中选择“35”，即筛选条件设置为“大于或等于 35”，如图 2-152 所示。

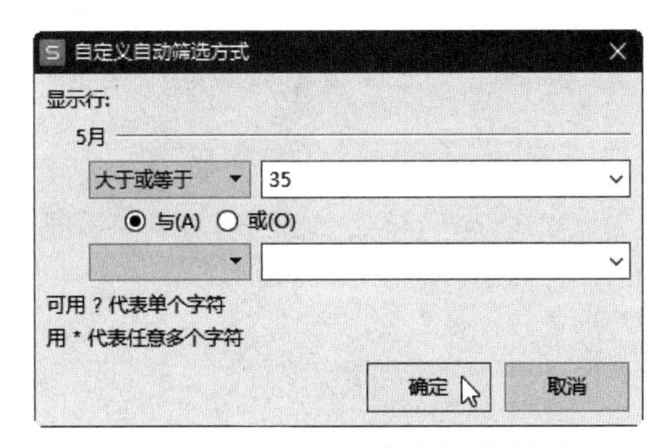

图 2-152　“自定义自动筛选方式”对话框

“自定义自动筛选方式”对话框中的筛选条件设置完毕，单击“确定”按钮即可。自定义的筛选结果如图 2-153 所示，从图中可以看出，“5 月”列只显示了 35 台及 35 台以上的数据。

	A	B	C	D	E
1	产品名称	4月	5月	6月	季度总计
3	洗衣机	25	35	45	105
4	空调	28	38	48	114
5	冰箱	26	36	42	104

图 2-153　自定义自动筛选结果

使用“自定义自动筛选方式”对话框中的“与”“或”单选按钮可以设置更为复杂的条件，其中“与”表示上下两个条件必须同时满足才能显示，“或”表示上下两个条件只需满足之一就能显示。例如，如果筛选 5 月份销量在 30 至 36 台之间的家电产品数据，在“自定义自动筛选方式”对话框中分别选择“大于或等于”和“30”选项、“与”单选按钮、“小于或等于”和“36”选项，如图 2-154 所示。

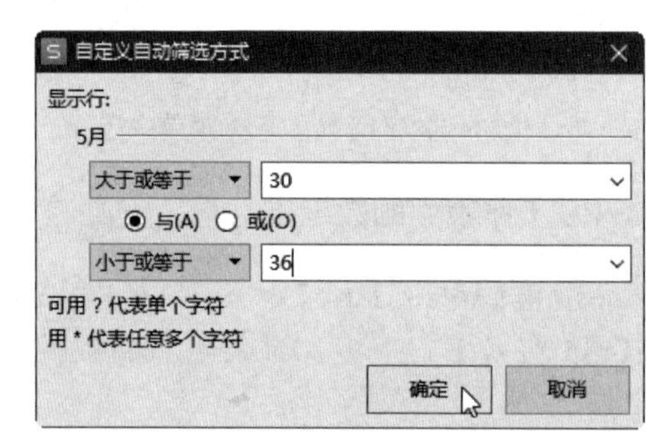

图 2-154　使用“与”单选按钮设置复杂筛选条件

单击“确定”按钮，即可显示符合条件的记录，其筛选结果如图 2-155 所示。

	A	B	C	D	E
1	产品名称	4月	5月	6月	季度总计
2	彩电	20	30	40	90
3	洗衣机	25	35	45	105
5	冰箱	26	36	42	104

图 2-155　5 月份销量在 30 至 36 台之间的家电产品数据的筛选结果

3. 高级筛选

自定义筛选只能对某列数据进行两个条件的筛选，并且在不同列上同时筛选时，只能是“与”关系。对于更为复杂的筛选问题，自定义筛选就难以解决。WPS 表格提供的“高级筛选”功能可以读取事先录入的筛选条件，依据筛选条件对指定工作表执行筛选操作，筛选的结果不仅可以在原表中显示，还可以输出到其他指定位置。

【示例分析 2-14】针对 WPS 工作表中的数据进行高级筛选

打开 WPS 工作簿“文具耗材销售统计表 1.et”，该工作簿中“文具耗材销售”的初始数据如图 2-156 所示，要从“文具耗材销售统计表”中筛选出销售金额大于或等于 200 元的软抄本以及销售数量大于或等于 80 的中性笔。

	A	B	C	D	E	F	G	H
1	文具耗材销售统计表							
2	序号	销售日期	品名	品牌	数量	单位	单价	销售金额
3	1	9月1日	软抄本	得力	110	本	2.3	253
4	2	9月1日	软抄本	晨光	120	本	1.25	150
5	3	9月1日	软抄本	广博	210	支	1.39	291.9
6	4	9月1日	中性笔	晨光	210	支	1.48	310.8
7	5	9月1日	中性笔	得力	53	支	2.39	126.67
8	6	9月1日	中性笔	小米	41	支	1.99	81.59
9	7	9月1日	中性笔	齐心	32	支	2.5	80
10	8	9月2日	软抄本	得力	118	本	2.3	271.4
11	9	9月2日	软抄本	晨光	224	本	1.25	280
12	10	9月2日	软抄本	广博	15	支	1.39	20.85
13	11	9月2日	中性笔	晨光	28	支	1.48	41.44
14	12	9月2日	中性笔	得力	24	把	2.39	57.36
15	13	9月2日	中性笔	小米	82	盒	1.99	163.18
16	14	9月2日	中性笔	齐心	33	把	2.5	82.5
17	15	9月3日	软抄本	得力	112	本	2.3	257.6
18	16	9月3日	软抄本	晨光	215	本	1.25	268.75
19	17	9月3日	软抄本	广博	54	支	1.39	75.06
20	18	9月3日	中性笔	晨光	144	支	1.48	213.12
21	19	9月3日	中性笔	得力	56	把	2.39	133.84
22	20	9月3日	中性笔	小米	68	盒	1.99	135.32
23	21	9月3日	中性笔	齐心	82	把	2.5	205

图 2-156　“文具耗材销售统计表”的初始数据

可以参照下述操作步骤进行筛选。

① 复制数据的列标题，在当前工作表中建立条件区域，以指定筛选结果必须满足的条件，如图 2-157 所示。该筛选条件表示从“品名”列筛选“软抄本”和“中性笔”两种类型的文具，其中“软抄本”只显示“销售金额>=200”的行数据，“中性笔”只显示“数量>=80”的行数据。

② 单击待筛选数据区域中的任意单元格，然后切换到“开始”选项卡，单击“筛选”按钮下侧的箭头按钮，从下拉菜单中选择“高级筛选”命令，如图 2-158 所示，打开“高级筛选”对话框。

品名	数量	销售金额
软抄本		>=200
中性笔	>=80	

图 2-157　设置“高级筛选”条件

图 2-158　在“筛选”按钮下拉菜单中选择“高级筛选”命令

③ 在“高级筛选”对话框的“方式”栏中选中“将筛选结果复制到其他位置”单选按钮；如果选中“在原有区域显示筛选结果”单选按钮，则后面不需要指定“复制到”区域。

④ 将光标移至“列表区域”中，然后拖动鼠标选定包括列标题在内的列表区域，也可以在“列表区域”输入框中输入工作表区域地址，即设定数据区域为“Shect1!$A$2:$H$23”。

⑤ 将光标移至“条件区域”框中，然后拖动鼠标选定包括列标题在内的条件区域，也可以在“条件区域”输入框中输入条件区域地址，即设定条件区域为“Sheet1!$C$25:$E$27”。

⑥ 将光标移至“复制到”输入框中，然后输入拟显示筛选结果的区域的左上角单元格地址“Sheet1!$A$29”。

【提示】：选定数据区域时，也可以单击各输入框右侧的“折叠”按钮从工作表中选取单元格区域。

⑦ 若要从结果中排除相同的行，选中该对话框中的“选择不重复的记录”复选框。各个选项设置完成后的“高级筛选”对话框如图 2-159 所示。

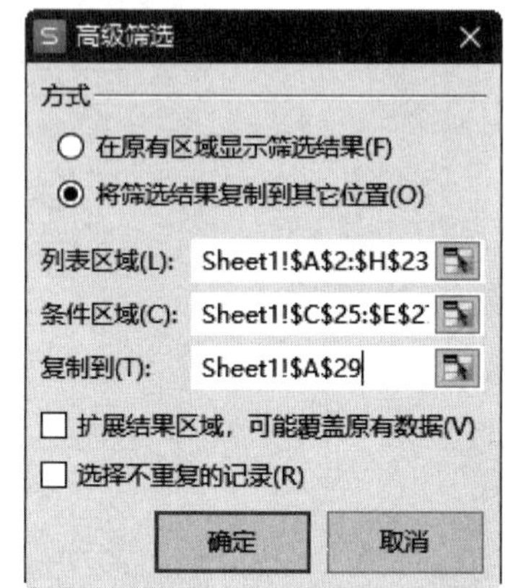

图 2-159　各个选项设置完成后的“高级筛选”对话框

⑧ 单击“确定”按钮，完成高级筛选，筛选的结果如图 2-160 所示。

29	序号	销售日期	品名	品牌	数量	单位	单价	销售金额
30	1	9月1日	软抄本	得力	110	本	2.3	253
31	3	9月1日	软抄本	广博	210	支	1.39	291.9
32	4	9月1日	中性笔	晨光	210	支	1.48	310.8
33	8	9月2日	软抄本	得力	118	本	2.3	271.4
34	9	9月2日	软抄本	晨光	224	本	1.25	280
35	13	9月2日	中性笔	小米	82	盒	1.99	163.18
36	15	9月3日	软抄本	得力	112	本	2.3	257.6
37	16	9月3日	软抄本	晨光	215	本	1.25	268.75
38	18	9月3日	中性笔	晨光	144	支	1.48	213.12
39	21	9月3日	中性笔	齐心	82	把	2.5	205

图 2-160　高级筛选的结果

2.8　数据分类汇总

在实际工作中，有时需要对工作表中的行数据按某列进行分类，然后对每一类别进行数据汇总，从而快速地对大型表格中的数据进行汇总与分析，获得所需的统计结果，这种操作可以利用 WPS 表格的“分类汇总”功能快速完成。

1. 创建分类汇总

在进行分类汇总之前需要将数据区域按关键字排序，例如，在“文具耗材销售统计表”中，先将“销售日期”作为主要关键字进行排序，从而使相同销售日期的行排列在相邻行中。

【示例分析 2-15】针对 WPS 工作表中的数据进行分类汇总

打开 WPS 工作簿“文具耗材销售统计表 2.et”，针对工作表“文具耗材销售统计表”中的数据按天汇总文具耗材的销售数量和销售金额。

分类汇总的操作步骤如下。

① 将需要进行分类汇总的数据区域按分类字段进行排序。单击数据区域中“销售日期”列的任意单元格，切换到“数据”选项卡，单击“排序”按钮下侧的箭头按钮，从下拉菜单中选择“升序”命令，对该字段进行排序。

② 选中数据区域“A2:H23”，切换到“数据”选项卡，单击“分类汇总”按钮，打开“分类汇总”对话框。

③ 在“分类字段”下拉列表中选择“销售日期”字段，在“汇总方式”下拉列表中选择“求和”，在“选定汇总项”列表框中选中“数量”和“销售金额”复选框。其他选项保持默认设置不变，各个选项设置完成的“分类汇总”对话框如图 2-161 所示。

④ 单击“确定”按钮，即可得到分类汇总结果，如图 2-162 所示。

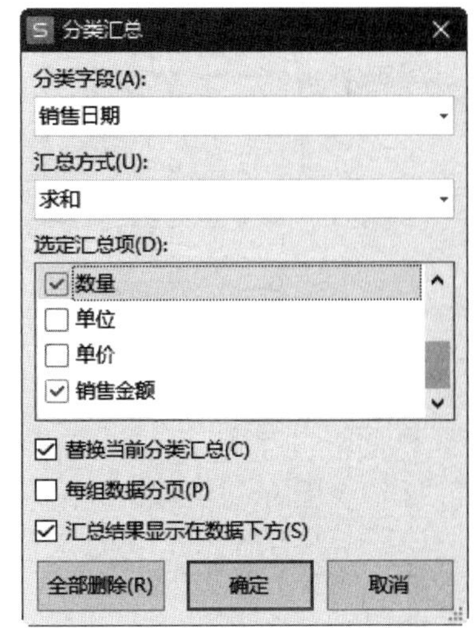

图 2-161　各个选项设置完成的“分类汇总”对话框

	A	B	C	D	E	F	G	H
1	文具耗材销售统计表							
2	序号	销售日期	品名	品牌	数量	单位	单价	销售金额
3	1	9月1日	软抄本	得力	110	本	2.3	253
4	2	9月1日	软抄本	晨光	120	本	1.25	150
5	3	9月1日	软抄本	广博	210	支	1.39	291.9
6	4	9月1日	中性笔	晨光	210	支	1.48	310.8
7	5	9月1日	中性笔	得力	53	支	2.39	126.67
8	6	9月1日	中性笔	小米	41	支	1.99	81.59
9	7	9月1日	中性笔	齐心	32	支	2.5	80
10		**9月1日 汇总**			776			1293.96
11	8	9月2日	软抄本	得力	118	本	2.3	271.4
12	9	9月2日	软抄本	晨光	224	本	1.25	280
13	10	9月2日	软抄本	广博	15	支	1.39	20.85
14	11	9月2日	中性笔	晨光	28	支	1.48	41.44
15	12	9月2日	中性笔	得力	24	把	2.39	57.36
16	13	9月2日	中性笔	小米	82	盒	1.99	163.18
17	14	9月2日	中性笔	齐心	33	把	2.5	82.5
18		**9月2日 汇总**			524			916.73
19	15	9月3日	软抄本	得力	112	本	2.3	257.6
20	16	9月3日	软抄本	晨光	215	本	1.25	268.75
21	17	9月3日	软抄本	广博	54	支	1.39	75.06
22	18	9月3日	中性笔	晨光	144	支	1.48	213.12
23	19	9月3日	中性笔	得力	56	把	2.39	133.84
24	20	9月3日	中性笔	小米	68	盒	1.99	135.32
25	21	9月3日	中性笔	齐心	82	把	2.5	205
26		**9月3日 汇总**			731			1288.69
27		**总计**			2031			3499.38

图 2-162　“文具耗材销售统计表”的分类汇总结果

分类汇总成功完成后，在数据区域的行号左侧出现了多个层次按钮，这是分级显示按钮，单击左侧树中的按钮，会隐藏该分类的具体数据，只显示该分类的汇总数据，如图 2-163 所示。具体数据处于隐藏状态时，单击按钮可以将隐藏的数据重新显示。

	A	B	C	D	E	F	G	H
1	文具耗材销售统计表							
2	序号	销售日期	品名	品牌	数量	单位	单价	销售金额
10		9月1日 汇总			776			1293.96
18		9月2日 汇总			524			916.73
26		9月3日 汇总			731			1288.69
27		总计			2031			3499.38

图 2-163　只显示分类的汇总数据

分类汇总结果的左上方有一排数字按钮 1 2 3，用于对分类汇总的数据区域分级显示数据，以便用户看清其结构。单击按钮“1”，只显示全部数据的汇总结果，即总计结果；单击按钮“2”，只显示每组数据的汇总结果，即小计；单击按钮“3”，显示全部数据。

2. 嵌套分类汇总

当需要在一项指标汇总的基础上按另一项指标进行汇总时，使用分类汇总的嵌套功能。

分类汇总的嵌套功能的操作方法与示例分析详见本书的配套教材《信息技术技能提升训练》中对应单元的“技能训练”。

3. 删除分类汇总

对于已经设置了分类汇总的数据区域，再次打开“分类汇总”对话框，在该对话框中单击“全部删除”按钮，即可删除当前的所有分类汇总。

4. 复制分类汇总的结果

在实际工作中，可能需要将分类汇总结果复制到其他工作表中另行处理。此时，不能使用一般的复制、粘贴操作，否则会将数据与分类汇总结果一起进行复制。仅复制分类汇总结果的操作步骤如下。

① 通过单击分级显示按钮仅显示需要复制的结果，按【Alt】+【;】快捷键选取当前显示的内容，然后按【Ctrl】+【C】快捷键将其复制到剪贴板中。

② 在目标单元格区域中按【Ctrl】+【V】快捷键完成粘贴操作。

2.9　数据合并

WPS 表格提供的“数据合并”功能，能够快速地对多个数据区域中的数据进行合并计算、统计等。这里说的多个数据区域包括在同一工作表中、在同一工作簿的不同工作表中或在不同工作簿中等多种情况。数据合并是通过建立合并表格的方式进行的，合并后的表格可以放在数据区域所在的工作表中，也可以放在其他工作表中。

WPS 表格中数据合并的操作方法与示例分析详见本书的配套教材《信息技术技能提升训练》中对应单元的“技能训练”。

2.10　制作与编辑 WPS 图表

图表是 WPS 常用对象之一，它是依据选定区域中的数据按照一定的数据系列生成的，是对工作表中数据的图形化表示方法。图表能直观地体现工作表中的数据差异和发展趋势，能有效增强数据的说服力，能激发阅读者的兴趣，给观看者留下深刻的印象。

WPS 表格提供了柱形图、折线图、饼图、条形图、面积图、XY（散点图）、股价图、雷达图、组合图、模板、动态图表等多种图表类型，每种图表又含有多种不同的展现形式。例如，柱形图可直观地展示各数值间的差异，折线图可以清晰地展现数值的发展变化趋势，饼图在展示部分整体的占比关系方面最有优势。

以柱形图为例，图表区主要由标题、绘图区、图例和坐标轴（包括分类组和数值轴）等组成，如图 2-164 所示。

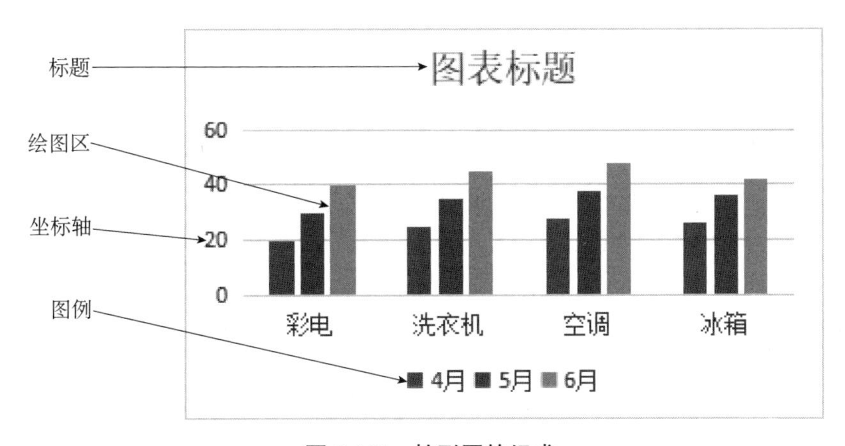

图 2-164　柱形图的组成

图表是数据源的外观表现，这里的数据源就是指为图表提供数据支撑的工作表，当数据源发生变化时，图表中对应的数据也会自动更新，使得数据显示更加直观、一目了然。

（1）柱形图和条形图

柱形图是最常见的图表之一。在柱形图中，每个数据都显示为一个垂直的柱体，其高度对应数据的值。柱形图通常用于表现数据之间的差异，表达事物的分布规律。

将柱形图沿顺时针方向旋转 90° 就成为条形图。当项目的名称比较长时，柱形图横坐标上没有足够的空间写名称，只能排成两行或者倾斜放置，而条形图却可以排成一行。

（2）饼图

饼图适合表达各个部分在整体中所占的比例。为了便于阅读，饼图包含的扇区数量不宜太多，原则上不要超过 5 个扇区，如果扇区数量太多，可以尝试把一些不重要的项目合并成“其他”，或者用条形图代替饼图。

（3）折线图

折线图通常用来表达数值随时间变化的趋势。在这种图表中，横坐标是时间刻度，纵坐标则是数值的大小刻度。

2.10.1　创建图表

在 WPS 表格中，可以先将数据以图表的形式展现出来，然后对生成的图表进行各种设置和编辑。

WPS 表格中的图表分为嵌入式图表和图表工作表两种。嵌入式图表是置于工作表中的图表对象，图表工作表是指图表与工作表处于平行地位。对于嵌入式图表，单击可以将其选中；对于图表工作表，单击相应的工作表标签可以将其选中。

创建图表时，首先在工作表中选定要创建图表的数据，然后切换到“插入”选项卡，单击要创建的图表类型按钮，如图 2-165 所示。

例如，在“插入”选项卡中单击“插入柱形图”按钮，从弹出的下拉面板中选择需要的图表类型，即可在工作表中创建图表。

全部图表

图 2-165　“插入”选项卡中的“图表类型”按钮

选定创建的图表时，功能区中会显示“图表工具”选项卡，如图 2-166 所示，使用其中的命令，可以对图表进行编辑处理。

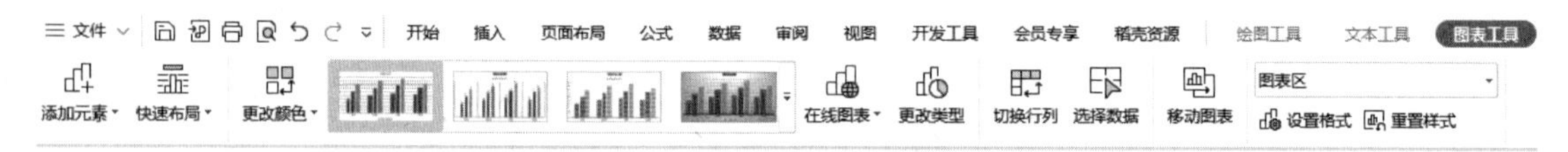

图 2-166　“图表工具”选项卡

【示例分析 2-16】创建“第 3 季度家电产品销售数量”数据的图表

打开 WPS 工作簿“第 3 季度家电产品销售数量 1.et”，该工作簿中“第 3 季度家电产品销售数量”的数据如图 2-167 所示。

	A	B	C	D
1	产品名称	7月	8月	9月
2	彩电	1220	930	1540
3	洗衣机	1025	1435	1845
4	空调	1828	1538	1348
5	冰箱	1526	1836	1342

图 2-167　“第 3 季度家电产品销售数量”数据

下面以创建“第 3 季度家电产品销售数量”数据的图表为例来说明创建图表的操作步骤。

① 选定“第 3 季度家电产品销售数量”中的数据区域“A1:D5”。

② 在“插入”选项卡中单击“全部图表”按钮，弹出“插入图表”对话框。

③ 根据需要在“图表”对话框左侧选择所需的图表类型，在右侧选择该类型下的图形样式。这里在左侧选择“柱形图”，在右侧选择“簇状柱形图”的第 1 个图形样式。在所选择的图形样式位置单击即可插入图表，工作表中插入的“簇状柱形图”如图 2-168 所示。

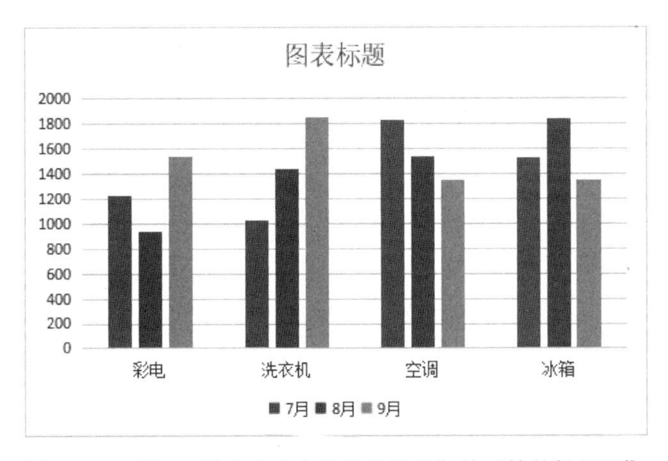

图 2-168　“第 3 季度家电产品销售数量”的“簇状柱形图”

2.10.2　编辑图表

图表创建完成后，可以对图形进行编辑操作，主要包括改变图表类型、变更图表选项、更改图表数据源、调整图表的大小和位置等操作。

【示例分析 2-17】对 WPS 工作表中的“簇状柱形图”进行编辑操作

打开 WPS 工作簿“第 3 季度家电产品销售数量 2.et”，针对该工作簿中的“簇状柱形图”进行编辑操作。

1. 更改图表类型

更改图表类型的具体操作步骤如下。

① 选中图 2-168 所示的“簇状柱形图”后，窗口顶部的选项卡会显示“图表工具”选项卡。

② 在“图形工具”选项卡中，单击“更改类型”按钮，弹出“更改图表类型”对话框，在其左侧图表类型列表中选择“折线图”，在右侧顶部选择“带数据标记的折线图”，然后在右侧“带数据标记的折线图”区域单击左上角的图形样式。

“第 3 季度家电产品销售数量”的“带数据标记的折线图”如图 2-169 所示。使用此方法还可以更改为其他的图表类型。

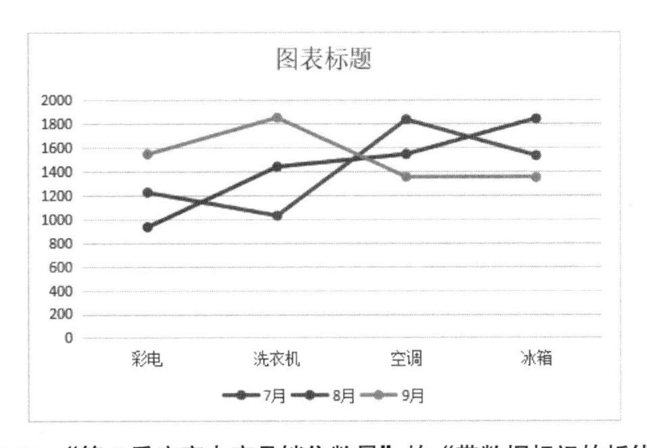

图 2-169　“第 3 季度家电产品销售数量”的“带数据标记的折线图”

2. 交换图表的行与列

创建图表后，如果发现其中的图例与分类轴的位置颠倒了，可以很方便地对其进行调整。方法为切换到“图表工具”选项卡中，单击“切换行列”按钮。

选中“第 3 季度家电产品销售数量”的“带数据标记的折线图”，在“图表工具”选项卡中单击“切换行列”按钮进行行列转换，“第 3 季度家电产品销售数量”切换行列后的“带数据标记的折线图”如图 2-170 所示。

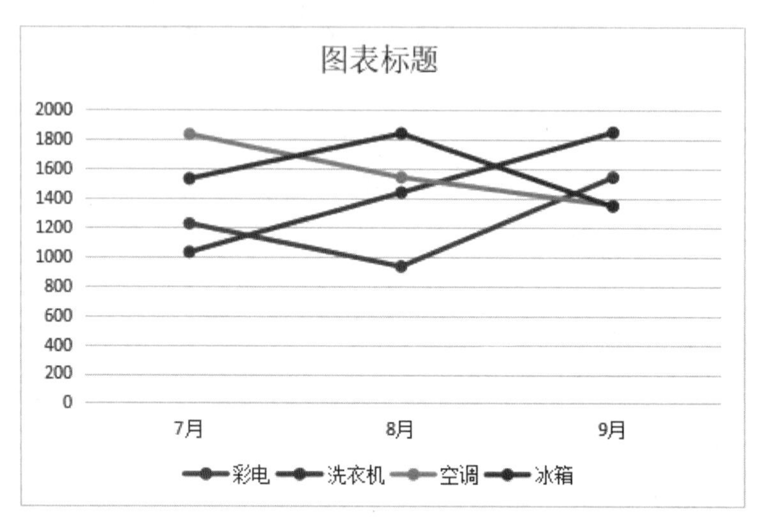

图 2-170　“第 3 季度家电产品销售数量”切换行列后的“带数据标记的折线图”

3. 调整图表的大小

（1）使用按住鼠标左键拖动的方法调整图表大小

如果要调整图表的大小，将鼠标指针移动到图表边框的控制点上，当指针形状变为双向箭头时按住鼠标左键拖动即可，如图 2-171 所示。

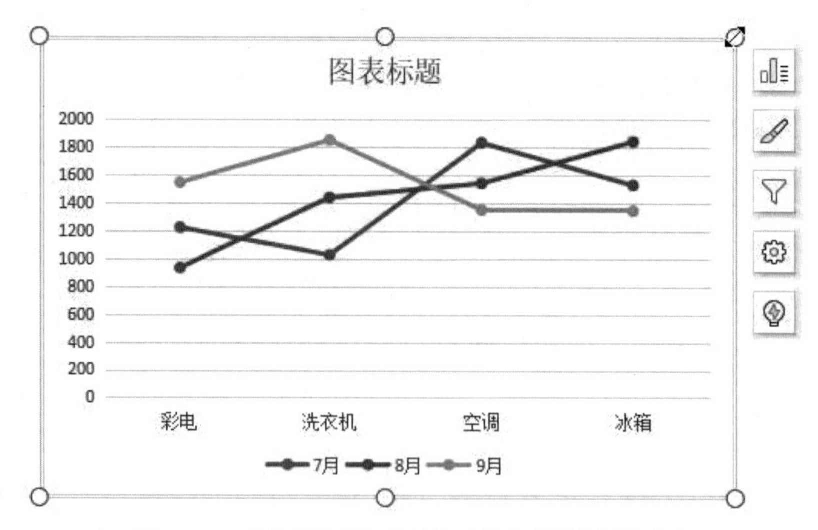

图 2-171　使用按住鼠标左键拖动的方法调整图表大小

（2）使用“属性”窗格-“图表选项”选项卡-“大小与属性”选项卡调整图形大小

切换到“图表工具”选项卡，单击“设置格式”按钮，如图 2-172 所示。打开“属性”窗格，自动切换到“图表选项”选项卡，在“大小与属性”选项卡中可以精确地设置图表的高度和宽度。

图 2-172　在“图表工具”选项卡中单击“设置格式”按钮

4. 调整图表的位置

调整图表位置分为在当前工作表中移动和在工作表之间移动两种情况。

（1）在当前工作表中移动图表

在当前工作表中移动图表时，只要单击图表区并按住鼠标左键进行拖动即可。

（2）在工作表之间移动图表

将图表在工作表之间移动，例如将其由 Sheet1 移动到 Sheet3 时，可参考以下操作步骤：

① 右击工作表中图表的空白处，从弹出的快捷菜单中选择“移动图表”命令，打开“移动图表”对话框。

② 在“移动图表”对话框中选中“对象位于”单选按钮，在右侧的下拉列表中选择“Sheet3”选项，如图 2-173 所示。单击“确定”按钮，即可实现图表的移动操作。

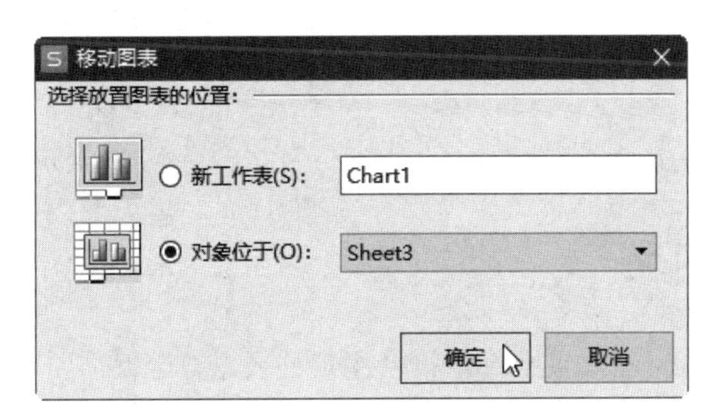

图 2-173　“移动图表”对话框

5. 更改图表源数据

图表创建完成后，可以在后续操作中根据需要向其数据源中添加新数据，或者删除已有的数据。

（1）重新添加所有数据

切换到“图表工具”选项卡，单击“选择数据”按钮，打开“编辑数据源”对话框，如图 2-174 所示。

然后单击“图表数据区域”右侧的折叠按钮，在工作表中重新选择数据源区域。选取完成后单击“展开”按钮，返回对话框，WPS 表格将自动输入新的数据区域，并添加相应的图例和水平轴标签。单击“确定”按钮，即可在图表中添加新的数据。

（2）添加部分数据

可以根据需要只添加某一列数据到图表中，方法为：在“编辑数据源”对话框的“图例项（系列）”栏中，单击 + 按钮，打开“编辑数据系列”对话框，如图 2-175 所示。通过单击“折叠”按钮，分别选择“系列名称”和“系列值”，然后单击“确定”按钮，返回“编辑数据源”对话框，可以看到添加的图例项。单击“确定”按钮，图表中出现了新添加的数据区域。

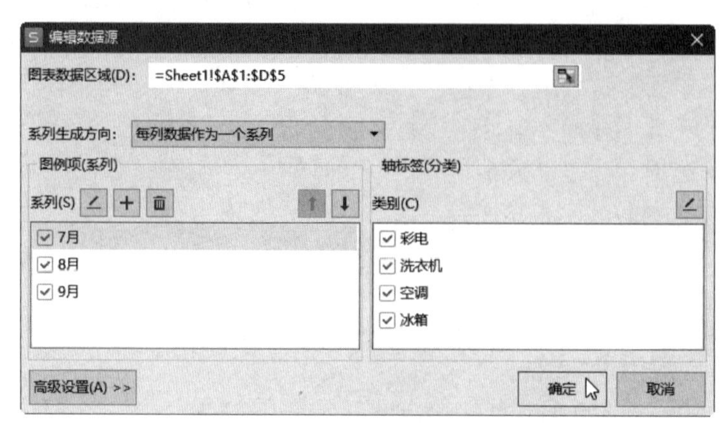

图 2-174 “编辑数据源”对话框

6. 删除图表中的数据

如果要删除图表中的数据，首先打开“编辑数据源”对话框，然后在“图例项（系列）”列表框中选择要删除的数据系列，接着单击“删除”按钮，最后单击“确定”按钮。

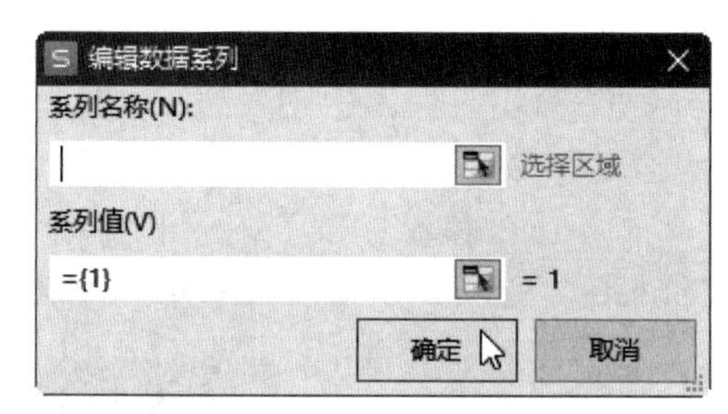

图 2-175 “编辑数据系列”对话框

也可以直接单击图表中的数据系列，然后按【Delete】键将其删除。

注意，当工作表中的某项数据被删除后，图表内相应的数据系列也会自动消失。

2.10.3 修饰图表

创建图表后，默认的视觉效果不一定符合用户的要求，这就需要对图表的颜色、图案、线形、填充、边框、图片等方面进行调整，使图表更加美观，更有表现力。

如果要重新修饰图表，可以在图表上右击，从弹出的快捷菜单中选择“设置×××格式”命令（其中“×××”与右击的对象有关），例如，在图表中的“数据系列”位置单击右键时弹出的快捷菜单如图 2-176 所示，这里“×××”为“数据系列”。

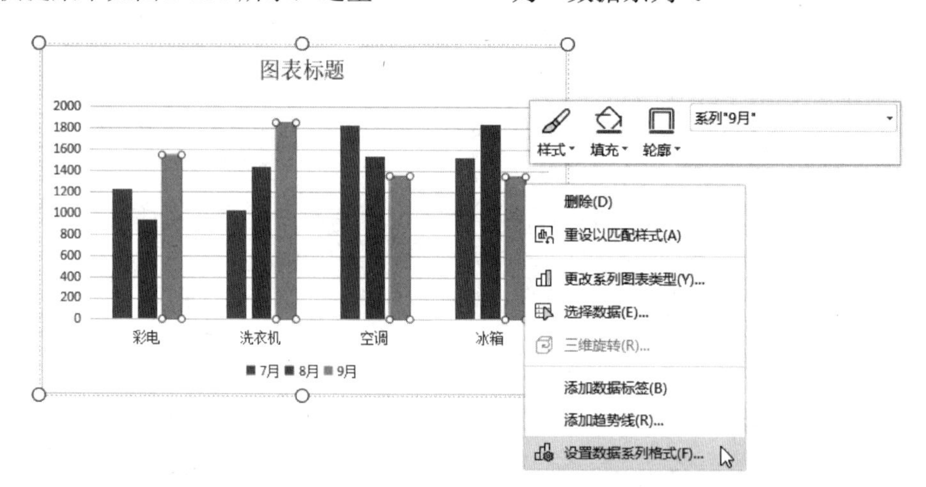

图 2-176 在图表中的“数据系列”位置单击右键时弹出的快捷菜单

在窗口右侧显示其对应的“属性”窗格。例如，在图表中“数据系列”上右击，则显示如图 2-177 所示的“系列选项”选项卡，可以对图表属性的“填充与线条”、“效果”和“系列”进行调整。单击“系列选项”右侧的下拉按钮，展开包含更多属性的列表，该列表中的选项与图表中的元素一一对应，选择相应的选项就可对图形对应元素进行修饰设置。

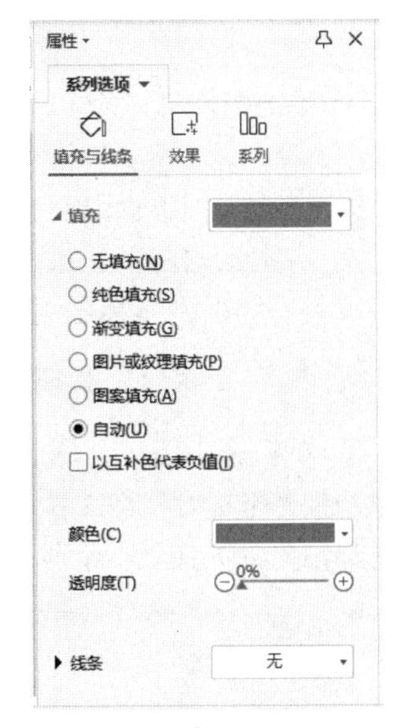

图 2-177　“属性”窗格的“系列选项”-“填充与线条”选项卡

2.10.4　修改图表元素

【示例分析 2-18】修改 WPS 工作表中“簇状柱形图”的图表元素

打开 WPS 工作簿“第 3 季度家电产品销售数量 3.et”，针对该工作簿中的“簇状柱形图”进行图表元素的修改。

1. 选定图表项

在对图表进行编辑之前，应当先选定好图表项，有些成组显示的图表项可以细分为单独的元素。例如，为了在数据系列中选定一个单独的数据标记，可以先单击数据系列，再单击其中的数据标记。

另外一种选择图表项的方法为：单击图表的任意位置将其激活，然后切换到“图表工具”选项卡，单击“图表区”下拉列表右侧的箭头按钮▾，从其下拉列表中选择要处理的图表项，如图 2-178 所示。

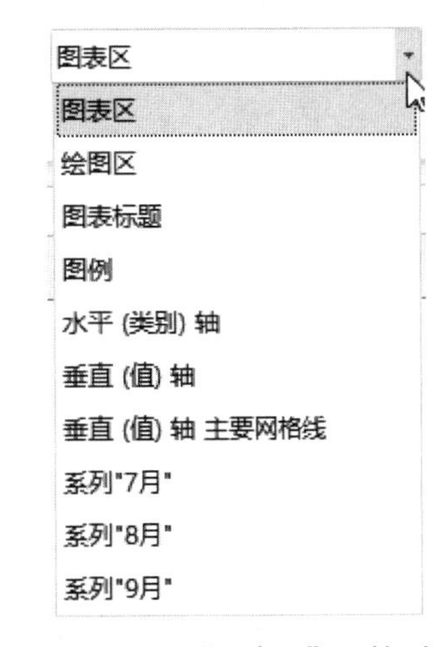

图 2-178　“图表区”下拉列

2. 添加图表元素

选定图表后，在其右侧会出现快捷按钮，单击“图表元素”按钮，在弹出的下拉列表框中选择或取消选择对应图表元素左侧的复选框，可以显示/隐藏更多的图表元素，如图 2-179 所示。

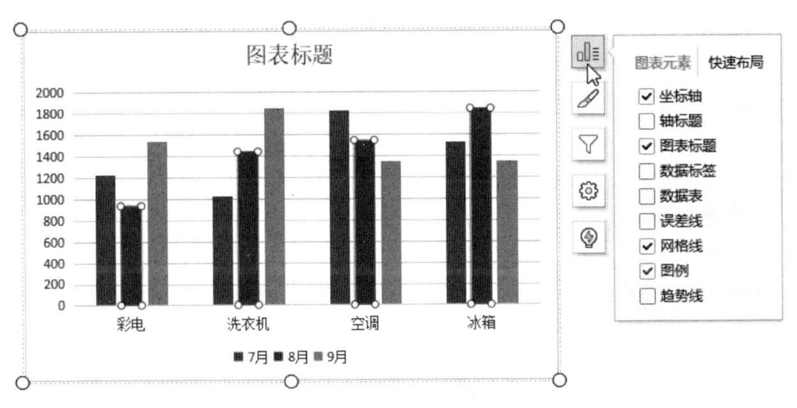

图 2-179　添加图表元素的列表

3. 添加并修改图表标题

① 单击图表将其选中，然后切换到“图表工具”选项卡，单击“添加元素”按钮，从下拉菜单中选择“图表标题”命令，然后从其级联菜单中选择一种放置标题的方式，如图 2-180 所示。

② 在文本框中输入标题文本。

③ 右击标题文本，从弹出的快捷菜单中选择“设置图表标题格式”命令，打开“属性”窗格，自动切换到“标题选项”选项卡，可以在标题选项中设置填充效果和边框样式等。

4. 设置坐标轴及标题

① 单击选中图表，然后切换到“图表工具”选项卡，单击“添加元素”按钮，从下拉菜单中选择“坐标轴”命令，从其级联菜单中选择“主要横向坐标轴”或“主要纵向坐标轴”命令进行设置，如图 2-181 所示。

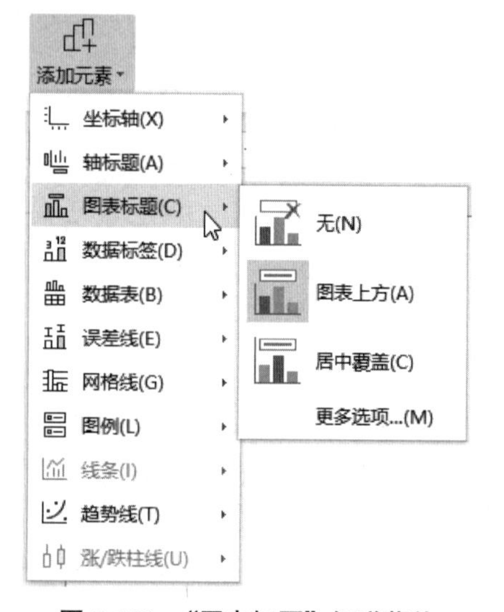

图 2-180 “图表标题”级联菜单

图 2-181 “坐标轴”级联菜单

② 在图 2-181 所示界面中选择“更多选项”命令，或者右击图表坐标中的纵（横）坐标轴数值，在弹出的快捷菜单中选择“设置坐标轴格式”命令，可打开“属性”窗格，自动切换到“坐标轴选项”选项卡。

③ 在打开的“属性”窗格中对坐标轴进行设置。例如，切换到“坐标轴选项”→“坐标轴”选项卡，设置“单位”的“主要”值为适当的数据，也可以调整坐标轴的刻度单位。

5. 添加图例

选择图表，然后切换到“图表工具”选项卡，单击“添加元素”按钮，从下拉菜单中选择“图例”命令，从其级联菜单中选择一种放置图例的方式，如图 2-182 所示，WPS 表格会根据图例的大小调整绘图区的大小。

若在“图例”级联菜单中选择“更多选项”命令，则打开“属性”窗格，自动切换到“图例选项”选项卡，可以在其中设置图例的位置、填充、边框和阴影效果等，如图 2-183 所示。

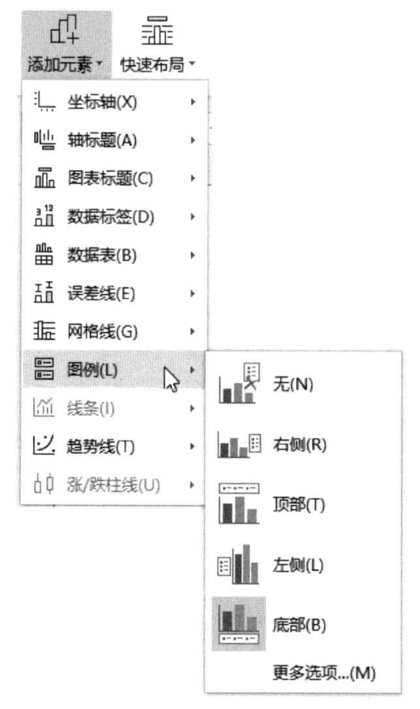

图 2-182　“图例”级联菜单

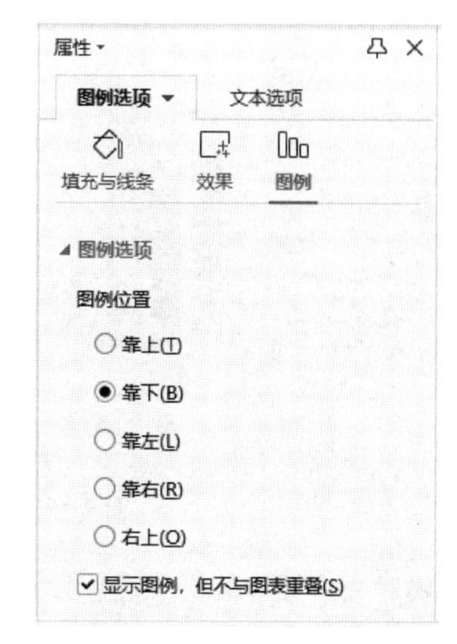

图 2-183　“属性”窗格中的“图例选项”选项卡

6. 添加数据标签

数据标签是显示在数据系列上的数据标记。可以为图表中的数据系列、单个数据点或者所有数据点添加数据标签，添加的标签类型由选定数据点对应的图表类型决定。

如果要添加数据标签，单击图表区，切换到“图表工具”选项卡，单击“添加元素”按钮，从下拉菜单中选择“数据标签”选项，再从其级联菜单中选择添加数据标签的位置，例如“数据标签外”，如图 2-184 所示。

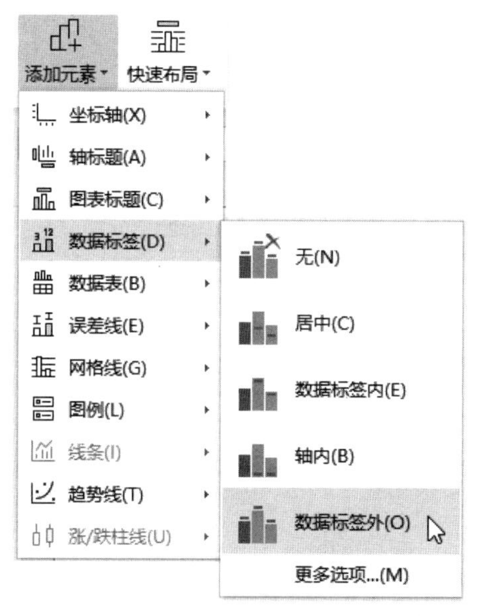

图 2-184　在“数据标签”级联菜单中选择“数据标签外”命令

添加了数据标签的柱形图如图 2-185 所示。

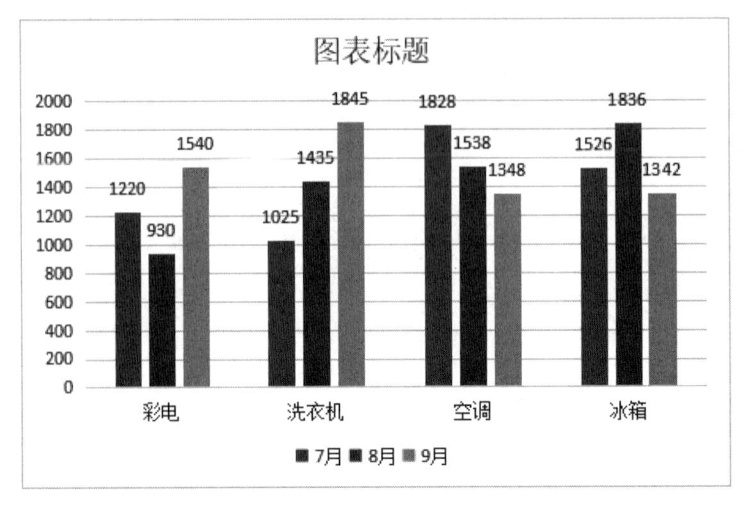

图 2-185　添加了数据标签的柱形图

如果要对数据标签的格式进行设置，在其级联菜单中选择“更多选项”命令，打开“属性”窗格，自动切换到“标签选项”选项卡，在“标签选项”选项卡中可以设置数据标签的显示内容、标签位置、数字的显示格式以及文字对齐方式等。

7. 设置图表样式

可以使用 WPS 表格提供的布局和样式快速设置图表的外观，方法为：单击图表区，切换到“图表工具”选项卡，单击“快速布局”按钮，从下拉列表中选择图表的布局类型，这里选择“布局 9”，如图 2-186 所示。然后在“预设样式”列表中选择图表的颜色搭配方案，对图表样式进行重新设置，并设置图表标题和坐标轴标题，结果如图 2-187 所示。

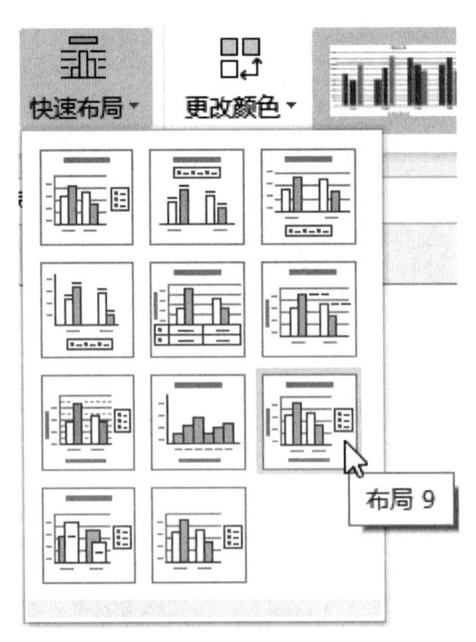

图 2-186　在“快速布局”按钮下拉列表中选择“布局 9”

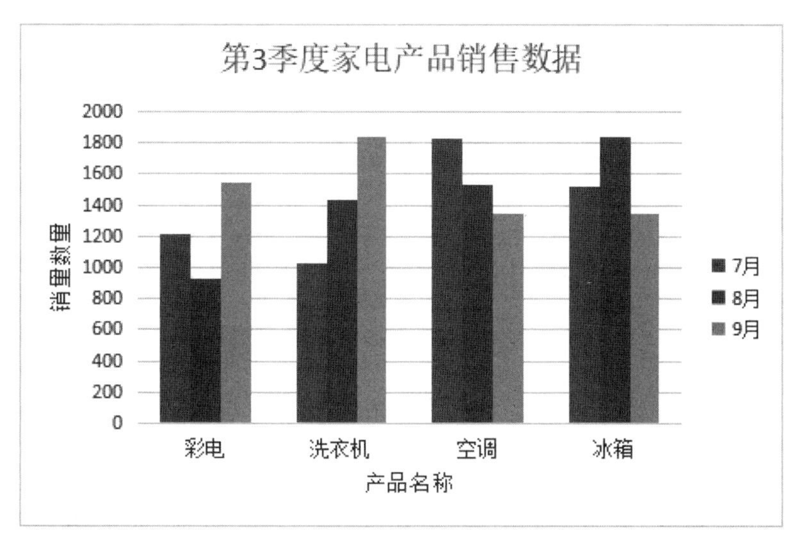

图 2-187　对图表样式重新设置后的图表

8. 添加趋势线

趋势线用于预测分析，可以在柱形图、折线图、条形图、股价图等图表中为数据系列添加趋势线。下面以创建折线图，然后为折线图添加趋势线为例进行说明，操作步骤如下：

① 选定创建折线图的数据，然后切换到“插入”选项卡，单击“插入折线图”按钮，从下拉菜单中选择一种折线图子类型。

② 单击图表区，切换到“图表工具”选项卡，单击“添加元素”按钮，从下拉菜单中选择“趋势线”命令，再从其级联菜单中选择一种趋势线，打开“添加趋势线”对话框，在对话框中选择需要添加的系列。

③ 右击图表中已添加的趋势线，在弹出的快捷菜单中选择“设置趋势线格式”命令，打开“属性”窗格，自动切换到“趋势线选项”选项卡，在“趋势线选项”选项卡中可以设置趋势线的线条颜色、线型和箭头类型等样式。

2.11　创建与修改数据透视表

数据透视表是一种对大量数据快速汇总和建立交叉表的交互式表格，是一种可以基于源数据表进行快速分类和统计、提取有效信息的交互式方法，能够帮助用户多层次、多角度深入分析数值、组织数据。

数据透视表特别适合以下应用场景：

① 需要从大量基础数据中提取关键信息。

② 需要多类别分类汇总、聚合、统计分析数值数据。

③ 需要提供简明、有吸引力并且带有批注的联机报表或打印报表。

通过数据透视表，可以对已有的数据进行交叉制表和汇总，然后重新发布并立即计算出结果；也可以转换行以查看数据源的不同汇总结果，并显示不同页面以筛选数据，以及根据需要显示区域中的明细数据。

1. 创建数据透视表

创建数据透视表的源数据表必须是标准表。

【示例分析 2-19】创建第 3 季度家电产品销售情况的数据透视表

打开工作簿“第 3 季度家电产品销售数量 4.et”，以工作表“第 3 季度家电产品销售数量”中的数据为基础，创建数据透视表，依据工作表 Sheet1 中的销售数量数据，分别求出各产品在 3 个月中的最大销售数量，各月所有产品中的最大销售数量，存入新工作表 Sheet2 中，根据数据透视表分析以下问题：

① 第 3 季度各种商品的单月最大销售数量各是多少，对应月份是哪月？

② 第 3 季度各月销售数量最多的家电产品是哪一种？

建立数据透视表的操作步骤如下：

① 打开 WPS 工作簿“第 3 季度家电产品销售数量.et”，在“第 3 季度家电产品销售数量”数据区域中单击任意单元格。

② 在“插入”选项卡或“数据”选项卡中，单击“数据透视表”按钮，打开“创建数据透视表”对话框。在该对话框中 WPS 自动选中了“请选择单元格区域”按钮，并在文本框中自动填入数据区域，这里为“Sheet1!$A$1:$D$28”。如果文本框中的区域地址与源数据表区域相同，就不必修改，如果不同，可以单击其右侧的“折叠”按钮，然后在源数据表中选择需要创建透视表的数据区域，这里应包含列标题。

在“请选择放置数据透视表的位置”选项组中选中“新工作表”单选按钮，将数据透视表放入新工作表中，也可以选择“现有工作表”单选按钮，然后填入或选择要显示数据透视表的左上角单元格地址，如图 2-188 所示。

图 2-188　“创建数据透视表”对话框

③ 单击“确定”按钮，进入数据透视表的初始设计环境，显示出空白数据透视表及“数据透视表”窗格，如图 2-189 所示。

④ 在“字段列表”列表框中选中需要显示的字段名称复选框，本例选中“产品名称”复选框或者将“产品名称”字段拖到“行”列表框中，选择“月份”复选框或者将“月份”字段拖到“列”列表框中，选择“销售数量”复选框或者将“销售数量”字段拖到“值”列表框中。“数据透视表”窗格中的“数据透视表区域”栏如图 2-190 所示。

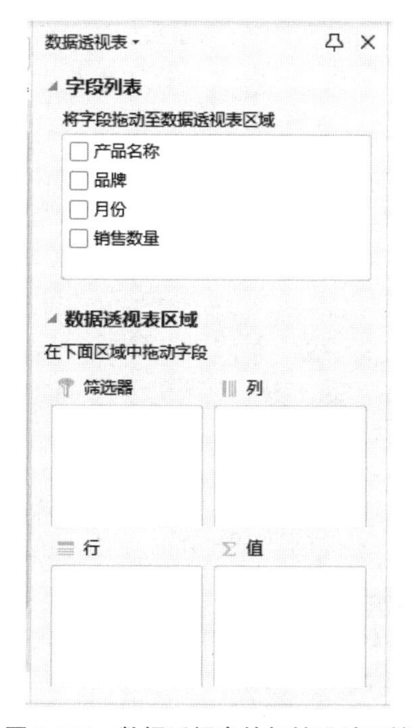

图 2-189　数据透视表的初始设计环境

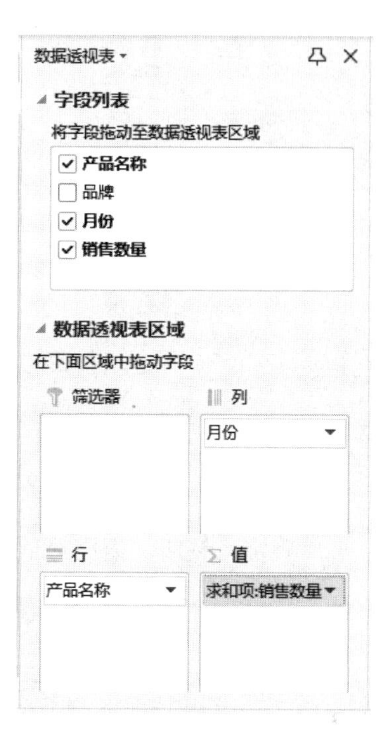

图 2-190　在“数据透视表”窗格中完成行、列和值的选取

基于工作表“第 3 季度家电产品销售数量”创建的数据透视表如图 2-191 所示。

3	求和项:销售数量	月份			
4	产品名称	7月	8月	9月	总计
5	冰箱	1526	1836	1342	4704
6	彩电	1220	930	1540	3690
7	空调	1828	1538	1348	4714
8	洗衣机	1025	1435	1845	4305
9	总计	5599	5739	6075	17413

图 2-191　基于工作表“第 3 季度家电产品销售数量”创建的数据透视表

⑤ 在工作表中单击文本“求和项:销售数量”所在的单元格，切换到“分析”选项卡，单击“字段设置”按钮，如图 2-192 所示，打开“值字段设置”对话框。

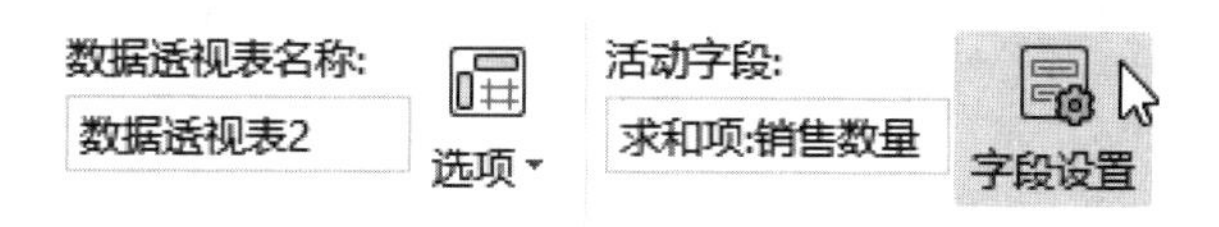

图 2-192　在“分析”选项卡中单击“字段设置”按钮

在“值字段设置”对话框的“值字段汇总方式”列表框中选中“最大值”选项，然后单击“数字格式”按钮，打开“单元格格式”对话框，在“数字”选项卡“分类”列表框中选择“数值”选项，小数位数设置为“0”，如图 2-193 所示。

图 2-193　“单元格格式”对话框

接着单击“确定”按钮，返回“值字段设置”对话框，如图 2-194 所示。

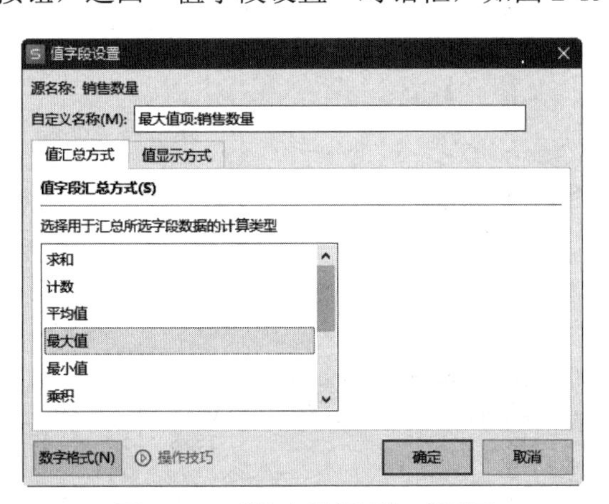

图 2-194　“值字段设置”对话框

⑥ 单击“确定”按钮，即完成数据透视表的创建。

⑦ 将“第 3 季度家电产品销售数量”数据透视表中的“总计”修改为“最大销售数量”，修改后的数据透视表如图 2-195 所示。

3	最大值项:销售数量	月份			
4	产品名称	7月	8月	9月	最大销售数量
5	冰箱	770	954	721	954
6	彩电	638	468	892	892
7	空调	992	684	505	992
8	洗衣机	615	748	964	964
9	最大销售数量	992	954	964	992

图 2-195　值字段汇总方式为“最大值”的“第 3 季度家电产品销售数量”数据透视表

2. 查看数据透视表中的部分数据

可以在数据透视表中单击行标签“产品名称”右侧的箭头按钮，在弹出的快捷菜单中选择要查看的“产品名称”，如图 2-196 所示，即可查看数据透视表中的部分数据。

3. 更新数据透视表数据

对于建立了数据透视表的数据区域，修改其数据时，对应的数据透视表并不会同步更新。因此，当数据源发生变化后，在数据透视表区域右击任意单元格，从弹出的快捷菜单中选择“刷新”命令，如图 2-197 所示，以便及时更新数据透视表中的数据。

图 2-196　在行标签的快捷菜单中选择要查看的“产品名称”

图 2-197　在数据透视表区域的快捷菜单中选择“刷新”命令

4. 查看数据透视表中的明细数据

在 WPS 表格中，可以显示或隐藏数据透视表中字段的明细数据，操作步骤如下：

① 选中要查看明细的列名，这里选择“产品名称”列名，在“分析”选项卡中单击“展开字段”按钮，打开“显示明细数据”对话框。

② 在“显示明细数据”对话框的列表框中选择要查看的字段名称，这里选择“品牌”，如图 2-198 所示。

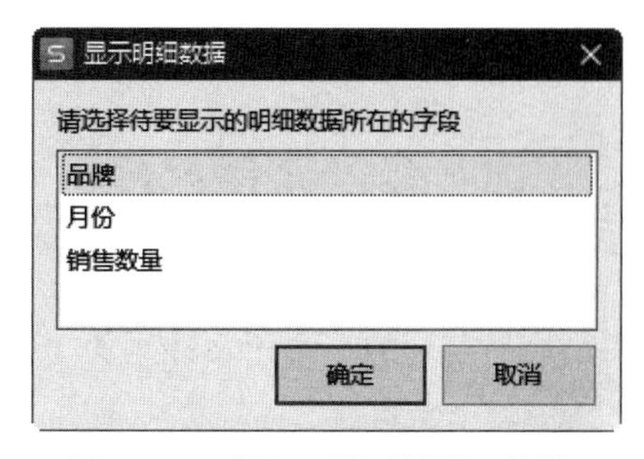

图 2-198　“显示明细数据”对话框

③ 单击“确定”按钮，“产品名称”的“品牌”明细数据便显示在数据透视表中，如图 2-199 所示。单击行标签前面的⊞或⊟按钮，即可展开或折叠数据透视表中的数据。

3	最大值项：销售数量		月份			
4	产品名称	品牌	7月	8月	9月	最大销售数量
5	⊟冰箱		**770**	**954**	**721**	**954**
6		美菱	770	954	721	954
7		容声	756	882	621	882
8	⊟彩电		**638**	**468**	**892**	**892**
9		创维	638	468	892	892
10		海信	582	462	648	648
11	⊟空调		**992**	**684**	**505**	**992**
12		格力	992	684	505	992
13		海尔	410	367	418	418
14		美的	426	487	425	487
15	⊟洗衣机		**615**	**748**	**964**	**964**
16		荣事达	410	687	881	881
17		小天鹅	615	748	964	964
18	最大销售数量		**992**	**954**	**964**	**992**

图 2-199　在数据透视表中显示“产品名称”的“品牌”明细数据

5. 修改数据透视表

数据透视表创建完成后，其布局、字段、统计规则、样式等都是可以修改的，可以根据需要在数据透视表中添加或删除字段。在数据透视表中选定任一单元格，在窗口右侧的“数据透视表”窗格的“字段列表”列表框中，可以对“行”、“列”、“值”等进行修改。同时在窗口顶部显示出了“分析”和“设计”两个选项卡，如图 2-200、图 2-201 所示。执行选项卡中的命令可以实现对数据透视表的修改。

图 2-200　“分析”选项卡

图 2-201　“设计”选项卡

也可以在数据透视表上右击，从弹出的快捷菜单中选择相应命令对数据透视表进行修改。

例如，在“第 3 季度家电产品销售数量”数据透视表中统计各个品牌第 3 季度各月的销售数量及平均销售数量，在数据透视表中单击任意单元格，在“数据透视表”窗格“字段列表”列表框中将“品牌”字段拖到“列”列表框中。

如果要在数据透视表中删除某个字段，可以在“数据透视表”窗格中取消选中“字段列表”列表框中相应列名的复选框，或者在“数据透视表区域”栏中单击字段，在弹出的快捷菜单中选择“删除字段”命令即可。

如果需要修改“值字段汇总方式”，可以在“数据透视表”窗格的“数据透视表区域”栏中，单击“值”列表框中的“最大值项:销售数量”，在弹出的快捷菜单中选择“值字段设置”命令，在弹出的“值字段设置”对话框的“选择用于汇总所选字段数据的计算类型”列表框中选择“平均值”值字段汇总方式，修改“自定义名称”为“平均值项：销售数量”，如图 2-202 所示。

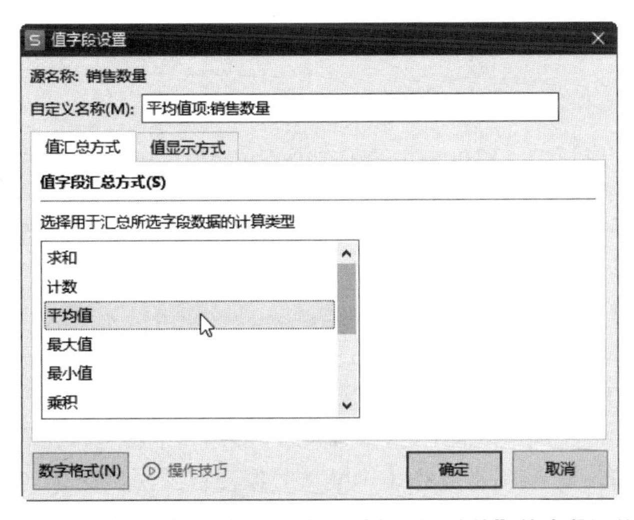

图 2-202　在“值字段设置”对话框中选择“平均值”值字段汇总方式

单击“确定”按钮，即完成数据透视表“值字段汇总方式”重新设置为“平均值”的操作。将“第 3 季度家电产品销售数量”数据透视表中的“最大销售数量”修改为“平均销售数量”，同时为数据透视表设置表格线，修改后的数据透视表如图 2-203 所示。

3	平均值项:销售数量	月份			
4	品牌	7月	8月	9月	平均销售数量
5	创维	638	468	892	666
6	格力	992	684	505	727
7	海尔	410	367	418	398
8	海信	582	462	648	564
9	美的	426	487	425	446
10	美菱	770	954	721	815
11	荣事达	410	687	881	659
12	容声	756	882	621	753
13	小天鹅	615	748	964	776
14	平均销售数量	622	638	675	645

图 2-203　统计各个品牌第 3 季度各月的销售数量及平均销售数量的数据透视表

6. 删除数据透视表

【方法 1】: 先在数据透视表中选定任一单元格，在“分析”选项卡中单击“删除数据透视表”按钮。

【方法 2】: 在“分析”选项卡的“选择”按钮下拉菜单中选择“整个数据透视表”命令，如图 2-204 所示，然后按【Delete】键删除即可。

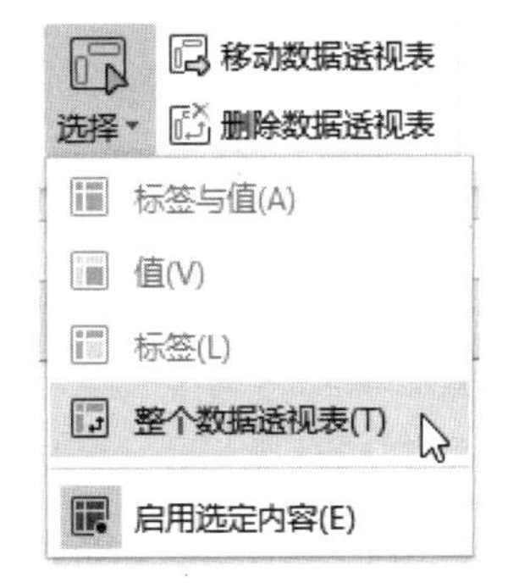

图 2-204　在“分析”选项卡“选择”按钮下拉菜单中选择“整个数据透视表”命令

2.12　创建与修改数据透视图

数据透视图是以图形形式表示的数据透视表，即为关联数据透视表中的数据提供其图形表示形式。创建数据透视图时，会显示数据透视图“字段列表”，可以修改图中的字段和数据。数据透视图与数据透视表是交互式的，修改其中的布局和数据都是互相影响的。

1. 基于数据透视表创建数据透视图

【示例分析2-20】以“第3季度家电产品销售数量”数据透视表为基础创建数据透视图

打开WPS工作簿“第3季度家电产品销售数量5.et”，以“第3季度家电产品销售数量”的数据透视表为基础创建数据透视图。

创建数据透视图的操作步骤如下：

① 在“第3季度家电产品销售数量”的数据透视表中单击任意单元格，然后在“插入”或者“分析”选项卡中单击“数据透视图”按钮，打开“图表”对话框，从左侧列表框中选择“柱形图”图表类型，从右侧列表框中选择“簇状柱形图”子类型，在右侧“簇状柱形图”的第1个图形样式位置单击，即可在工作表中插入数据透视图，如图2-205所示。

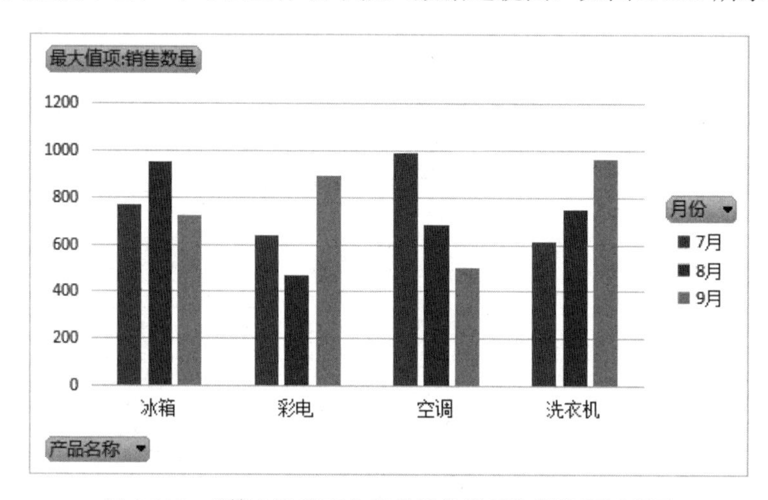

图2-205　“第3季度家电产品销售数量”的数据透视图

② 如果只需要显示指定的“产品名称”，对于不需要显示的“产品名称”，在“数据透视图”窗格“字段列表”列表框中取消对应列名复选框的选中状态即可。

③ 在“图表工具”选项卡，可以利用其中的相关命令，更改图表类型、图表布局和图表样式。

④ 在“分析”选项卡中，可以进行更改数据源、移动图表等操作。

⑤ 在“绘图工具”选项卡中，可以对数据透视图进行外观上的设计，设置内容与方法和普通图表类似。

2. 基于工作表数据区域创建数据透视图

基于WPS工作表的数据区域也可以创建数据透视图，其操作方法和示例分析详见本书的配套教材《信息技术技能提升训练》中对应单元的“技能训练”。

数据透视图创建后也可以更改图表类型（散点图、股价图等特定类型除外），修改标题、图例、数据标签、图表位置等信息，其操作步骤与标准图表类似，这里不再赘述。

2.13　WPS 表格页面设置和打印输出

制作好的工作表，可以打印输出到纸张上，便于交换和存档，这就要用到 WPS 表格的页面设置和打印输出功能。

打开 WPS 工作簿“第 1 小组考试成绩 1.et”，对该工作簿中的工作表进行页面设置、打开预览和打印操作。

2.13.1　WPS 表格页面设置

如果要将工作表打印输出，则一般需要在打印之前对页面进行一些设置，例如，纸张大小和方向、页边距、页眉和页脚、要打印的数据区域等。切换到“页面布局”选项卡，可以对要打印的工作表进行相关设置。“页面布局”选项卡功能区的主要命令如图 2-206 所示。

图 2-206　“页面布局”选项卡功能区的命令

电子活页 2-8

WPS 表格页面设置

请扫描二维码，浏览电子活页中的相关内容，熟悉以下 8 个方面的实现方法与具体要求：①设置打印区域；②设置纸张大小与打印缩放；③设置纸张方向；④设置页边距；⑤设置页眉和页脚；⑥设置打印标题；⑦插入分页符；⑧打印缩放。

2.13.2　打印预览

在打印工作表之前，使用“打印预览”功能可以在正式打印前在屏幕上预览工作表的打印效果，如打印的内容、文字大小、边距、位置是否合适，表格线是否合乎要求等，并进行必要的调整，以避免打印出来后不能使用而导致纸、墨的浪费。

① 进入打印预览窗口，显示打印的预览效果。

【方法 1】：在快速访问工具栏中单击“打印预览”按钮。

【方法 2】：在“页面布局”选项卡中单击“打印预览”按钮。

【方法 3】：在快速访问工具栏左侧单击“文件”按钮，在下拉菜单中依次选择“打印”→“打印预览”命令。

② 如果看不清楚预览效果，可以在预览区域中单击鼠标，此时，预览效果按比例放大，可以拖动垂直或水平滚动条来查看工作表的内容。

③ 当工作表由多页组成时，可以单击“下一页”按钮，预览其他页面。

④ 如果要调整页边距，可以单击“页边距”按钮，显示用于指示边距的虚线，然后将鼠标指针移到这些虚线上，对其进行拖动以调整表格到四周的距离，如图 2-207 所示。

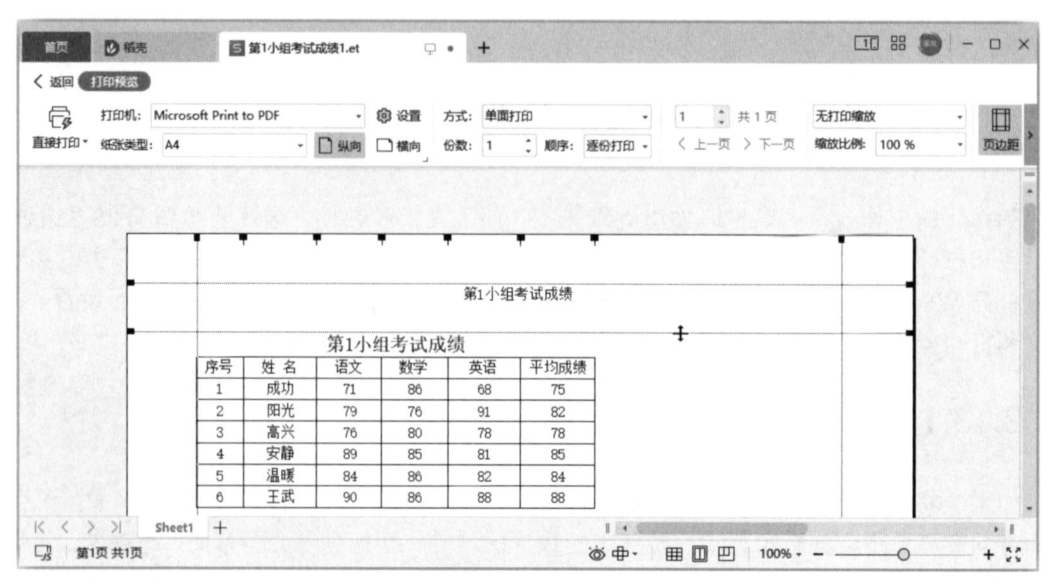

图 2-207　拖动鼠标调整表格到四周的距离

2.13.3　打印输出

1. 在“打印预览”窗口中直接打印

先在“打印预览”窗口中选择好打印机、纸张类型和方向，然后单击左侧的“直接打印”按钮，弹出如图 2-208 所示的下拉菜单。在该下拉菜单中选择“直接打印”命令，会将当前工作表直接发送至打印机打印。

在该下拉菜单中如果选择“打印”命令，则会弹出“打印”对话框，可以进行详细设置，具体设置内容与方法见后面的介绍。

图 2-208　“直接打印”按钮的下拉菜单

2. 利用“打印”对话框进行相关设置后打印

在快速访问工具栏中单击“打印”按钮，或者单击“文件”菜单，在弹出的下拉菜单中选择“打印”级联菜单中的“打印”命令，打开“打印”对话框，在该对话框中可以进行以下各项设置：①设置打印机；②设置打印范围；③设置打印内容；④设置打印份数；⑤并打和缩放；⑥开始打印工作表。

请扫描二维码，浏览电子活页中的相关内容，熟悉“打印”对话框中各项设置的方法与要求。

电子活页 2-9

利用“打印”对话框进行相关设置后打印

2.13.4　输出 PDF 格式的文档

PDF（Portable Document Format）是一种便携的能保存原有格式设置、跨平台、可移植且不易被修改的文件格式，具有良好的阅读兼容性和安全性，在文件交换中被广泛使用。WPS

表格提供了将工作表或图表输出为 PDF 文件的功能。

打开 WPS 工作簿“第 1 小组考试成绩 1.et”，然后在“文件”菜单中选择“输出为 PDF”命令，或在快速访问工具栏中单击“输出为 PDF”按钮，弹出“输出为 PDF”对话框，如图 2-209 所示。在“输出范围”中可选择“整个工作簿”或“当前工作表”，还可以设定 PDF 文件的“保存位置”，然后单击“开始输出”按钮，输出完成后，在“状态”列会显示“输出成功”。

图 2-209　“输出为 PDF”对话框

模块 3　WPS 演示文稿设计与制作

WPS 演示文稿是 WPS 办公套装软件中的一个重要组件，是一款功能强大、操作方便的演示文稿制作软件，能够把所要表达的信息组织在一组图文并茂的画面中，方便地制作出集文字、图形、图像、声音、视频、动画等多媒体元素于一体，图文并茂、富有感染力的演示文稿，用于介绍公司产品、展示自己工作成果等。演示文稿通过每一张幻灯片来传达信息，使用 WPS 演示文稿可以很容易地创建幻灯片，并在幻灯片中输入文字、添加表格、插入图片、绘制图形。利用 WPS 演示文稿提供的幻灯片设计功能，既可以设计出把主题表达得淋漓尽致、声情并茂的幻灯片，也可以为幻灯片的对象设置动画效果，让对象在放映时具有动态效果，还可以创建交互式演示文稿，实现放映时的快捷切换。我们不仅可以在投影仪或者计算机上进行演示，还可以将演示文稿打印出来，制作成胶片，以便应用于更广泛的领域。

WPS 演示文稿将“轻办公、云办公”的理念体现得更加到位，丰富的在线模板和各种素材，让演示文稿的制作变得更加容易，文件在线存储让用户可以随时随地在计算机、手机、平板电脑多平台切换操作。

3.1　认识 WPS 演示文稿

3.1.1　WPS 演示文稿的基本概念

在学习 WPS 演示文稿前，必须熟悉演示文稿和幻灯片两个基本概念。

1. 演示文稿

使用 WPS 演示文稿生成的文件称为演示文稿，其自有扩展名为.dps，也可保存为.ppt、.ppts 格式，与微软的 PowerPoint 兼容。一个演示文稿由若干张幻灯片及相关联的备注和演示大纲等内容组成。

2. 幻灯片

幻灯片是演示文稿的组成部分，演示文稿中的每一页就是一张幻灯片。幻灯片由标题、文本、图形、图像、声音、视频以及图表等多个对象组成。

WPS 演示文稿由多张幻灯片组成。幻灯片可以包含醒目的标题、合适的文字、生动的图片以及丰富多彩的多媒体元素。

3.1.2　WPS 演示文稿工作窗口的基本组成及其主要功能

电子活页 3-1

WPS 演示工作窗口基本组成及其主要功能

启动 WPS 演示文稿即打开演示文稿应用程序工作窗口，如图 3-1 所示。WPS 演示文稿工作窗口的基本组成如下：标题栏、快速访问工具栏、选项卡、功能区、工作区域、状态栏、视图按钮、缩放按钮。

请扫描二维码，浏览电子活页中的相关内容，熟悉 WPS 演示文稿工作窗口的基本组成及其主要功能的具体内容。

图 3-1　WPS 演示文稿工作窗口的组成

3.1.3　WPS 演示文稿的视图类型与切换方式

WPS 演示文稿主要有普通视图、幻灯片浏览视图、备注页视图和阅读视图 4 种视图，每种视图各有特点，适用于不同的场合。

其中普通视图是最常用的视图，也是 WPS 演示文稿的默认视图模式。该视图模式可以用于撰写或设计演示文稿，该视图有 3 个工作区域：左侧为幻灯片缩略图窗格，可以通过缩略图窗格上方的选项卡在“幻灯片”和“大纲”之间进行切换；右侧上面为幻灯片编辑窗格，以大纲视图模式显示和编辑当前幻灯片；右侧底部为备注窗格。在普通视图中通过拖动窗格边框可以调整不同窗格的大小。

电子活页 3-2

WPS 演示文稿的视图类型

请扫描二维码，浏览电子活页中的相关内容，详细了解 WPS 演示文稿各种视图类型的主要特点与应用场合。

【示例分析 3-1】WPS 演示文稿视图的切换

打开一个演示文稿“五四青年节活动方案.pptx”，WPS 演示文稿窗口右下角有视图切换按钮。通过单击演示文稿工作界面底部的“普通”按钮、“幻灯片浏览”按钮、“阅读视图”按钮和“备注页”按钮，可以在不同的视图之间进行切换。也可以在“视图”选项卡中的视图切换按钮，如图 3-2 所示，将演示文稿切换到不同的视图，实现在不同的视图中预览演示文稿。

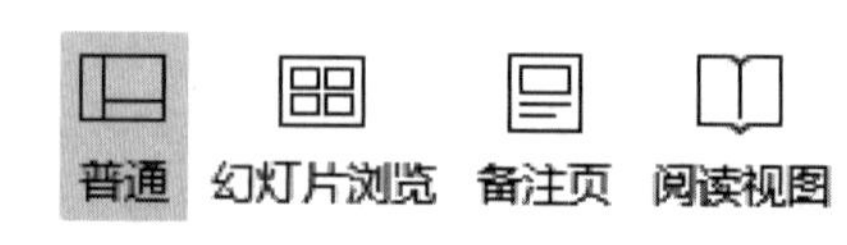

图 3-2 “视图”选项卡中的视图切换按钮

3.2 WPS 演示文稿的基本操作

3.2.1 启动和退出 WPS 演示文稿

1. 启动 WPS 演示文稿

WPS 演示文稿的启动方法主要有如下 3 种。

【方法 1】：单击“开始”按钮或者按键盘上的“开始”按键，在弹出的“开始”菜单中依次选择“WPS Office”→“WPS Office”命令，启动 WPS Office 应用程序。

【方法 2】：如果操作系统的桌面上有 WPS Office 的快捷图标，则双击该图标即可启动 WPS Office 应用程序。

【方法 3】：打开任意一个 WPS 演示文档即可启动 WPS Office 应用程序。

2. 退出 WPS Office 应用程序的同时关闭 WPS 演示文稿

以下两种方法可以关闭当前打开的 WPS 演示文稿并且退出 WPS Office 应用程序。

【方法 1】：单击 WPS 演示文稿窗口标题栏中的“关闭”按钮。

【方法 2】：按【Alt】+【F4】快捷键。

注意，退出 WPS 演示文稿时，对当前正在运行而没有被保存的演示文稿，系统会弹出“是否保存对演示文稿的更改”提示信息框，可以根据需要选择是否保存文件。

3.2.2 创建 WPS 演示文稿

在 WPS 演示文稿中创建一个演示文稿比较简单，它根据用户的不同需要，提供了多种新文稿的创建方式，常用的有“新建空白演示文稿”和“使用模板创建演示文稿”两种方式。

1. 新建空白演示文稿

如果对所创建文件的结构和内容比较熟悉，可以从空白的演示文稿开始，操作方法如下。

【方法 1】：先成功启动 WPS Office 应用程序，后创建空白演示文稿。

成功启动 WPS Office 应用程序后，在“首页”中单击“新建”命令或按【Ctrl】+【N】快捷键，弹出“新建”页面，然后切换到“新建演示”选项卡，如图 3-3 所示。

图 3-3 “新建”页面

在右侧单击“新建空白演示”按钮，WPS 演示文稿会自动创建一个名为“演示文稿 1”的空白演示文稿，该演示文稿只包含了一张标题幻灯片。

【方法 2】：在 WPS 演示文稿编辑环境中创建空白演示文稿。

在 WPS 演示文稿编辑环境中，直接单击标题栏上的+按钮或者在左侧的“文件”菜单的下拉菜单中依次选择“新建”→“新建”命令，弹出“新建”页面，后面步骤与“方法 1”相同。

2. 使用模板创建演示文稿

我们可以在模板库中选择合适的模板，使用 WPS 演示文稿模板来构建具有专业水准的演示文稿，操作步骤如下。

① 打开“新建”页面，并切换到“新建演示”选项卡。

② 在“新建演示”选项卡右侧区域，找到合适的演示文档模板，然后单击要使用的模板，例如，在“演示文稿模板”区域中选择“总结汇报”-“通用总结”模板类型，如图 3-4 所示，即可利用模板创建演示文稿。

【说明】：大多数 WPS 演示文稿模板都要付款使用。

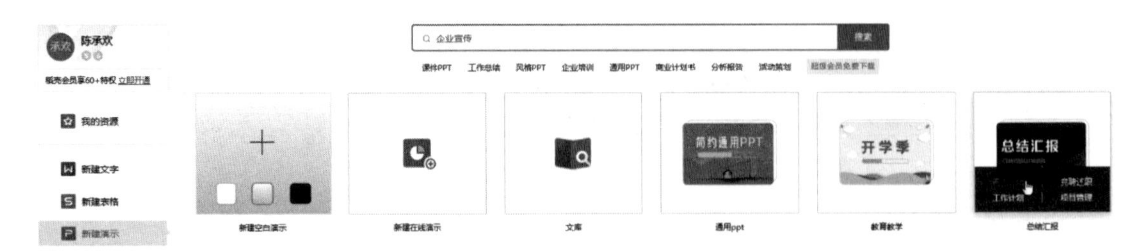

图 3-4 在“演示文稿模板”区域中选择“总结汇报”-“通用总结”模板类型

3.2.3 保存 WPS 演示文稿

1. 第 1 次保存新演示文稿

【示例分析 3-2】第 1 次保存新的 WPS 演示文稿

对于一个没有保存过的演示文稿，其保存方法和步骤如下。

（1）通过以下三种方法之一打开“另存文件”对话框，如图 3-5 所示。

【方法 1】：在快速访问工具栏中单击“保存”按钮。

【方法 2】：单击快速访问工具栏左侧的“文件”菜单，在弹出的下拉菜单中选择“保存”命令。

【方法 3】：按【Ctrl】＋【S】快捷键。

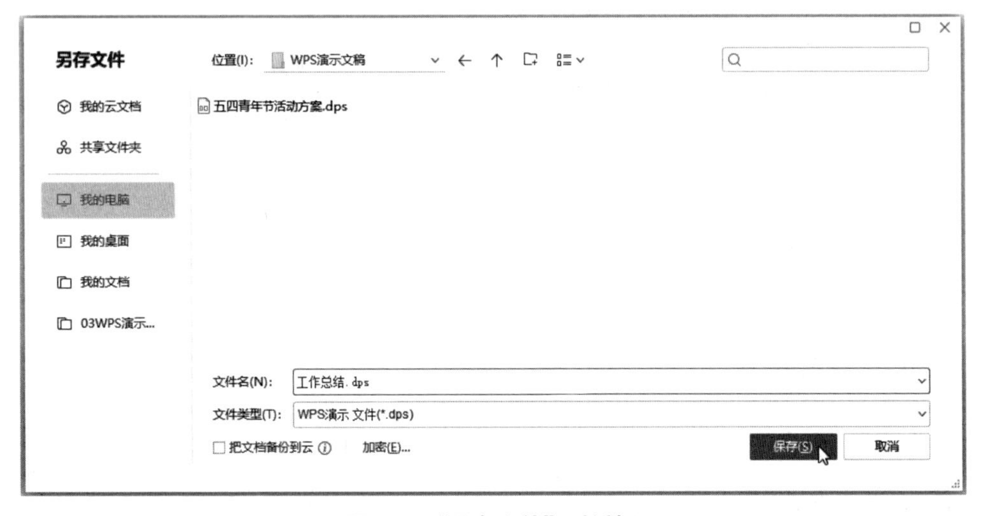

图 3-5 “另存文件”对话框

（2）在“另存文件”对话框中选择保存位置，例如，“WPS 演示文稿”，在“文件名”输入框中输入合适的演示文稿文件名，例如，“工作总结.dps”。

（3）选择文件类型，可以设为“WPS 演示文件（*.dps）”，也可以设为“Microsoft PowerPoint（*.pptx）”文件类型，以便用微软的 Microsoft PowerPoint 打开演示文稿。

（4）单击“保存”按钮，完成新建 WPS 演示文稿的保存工作。

2. 保存已保存过的演示文稿

打开一个已保存好的演示文稿，对该演示文稿进行编辑后，可以直接单击快速访问工具栏中的"保存"按钮进行保存，原来的文件名和文件保存的位置都保持不变。

如果希望将现有的演示文稿保存为一个副本，也可以在"文件"下拉菜单中选择"另存为"命令，在弹出的"另存文件"对话框中选择新的保存位置和输入新的文件名，然后单击"保存"按钮，完成"另存为"操作。

3.2.4　关闭 WPS 演示文稿

以下多种方法可以只是关闭当前打开的 WPS 演示文稿，但不退出 WPS Office 应用程序。

【方法 1】：按【Ctrl】+【W】快捷键。

【方法 2】：单击快速访问工具栏左侧的"文件"菜单，在弹出的下拉菜单中选择"退出"命令。

【方法 3】：依次选择经典菜单中的"文件"→"关闭"命令，关闭文档窗口。

3.2.5　添加新幻灯片

1. 在普通视图中添加新幻灯片

WPS 演示文稿中添加新幻灯片的方法如下。

【方法 1】：在"开始"选项卡中单击"新建幻灯片"按钮，即可增加一张空白幻灯片。

【方法 2】：在左侧幻灯片缩略图窗格中的两张幻灯片缩略图之间单击，出现一条水平线，如图 3-6 所示，然后按【Enter】键，可以快速插入一张空白幻灯片。

【方法 3】：在左侧幻灯片缩略图窗格中的两张幻灯片缩略图之间单击，出现一条水平线，然后右击，在弹出的快捷菜单中选择"新建幻灯片"命令，如图 3-7 所示，也可以快速插入一张空白幻灯片。

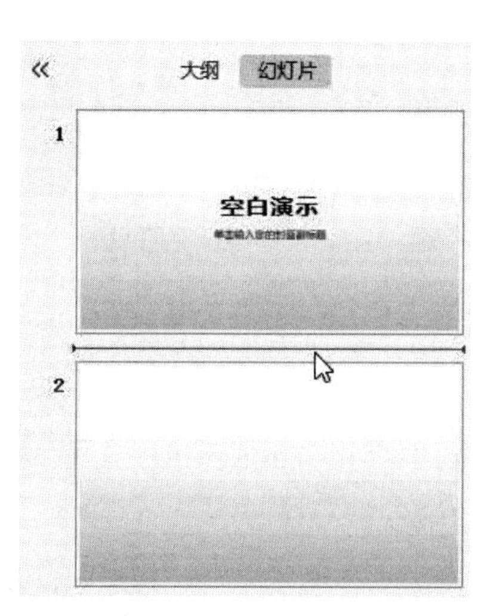

图 3-6　在两张幻灯片缩略图之间单击

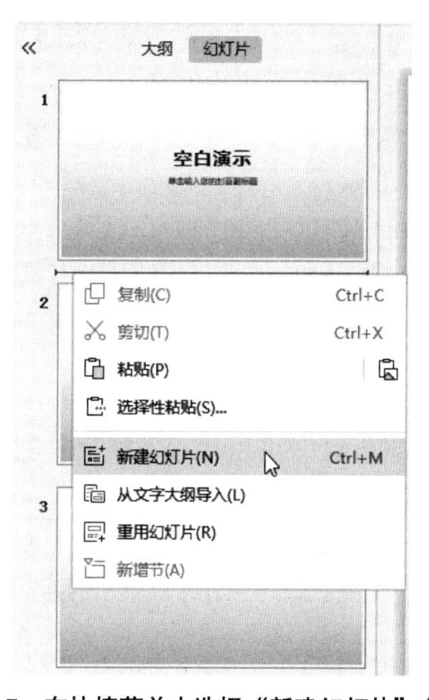

图 3-7　在快捷菜单中选择"新建幻灯片"命令

【方法 4】：按【Ctrl】＋【M】快捷键，即可快速添加一张空白幻灯片。

2. 在幻灯片浏览视图中插入新幻灯片

如果要在幻灯片浏览视图中插入新幻灯片，可以参照以下步骤进行操作。

① 在“视图”选项卡中单击“幻灯片浏览”按钮，切换到幻灯片浏览视图。

② 定位到要插入新幻灯片的位置，在“开始”选项卡中单击“新建幻灯片”按钮下侧的箭头按钮，从下拉菜单中选择一种版式，即可插入一张新幻灯片。

3.2.6 操作处理幻灯片

一般来说，WPS 演示文稿中会包含多张幻灯片，用户需要对这些幻灯片进行相应的处理。

1. 选择幻灯片

在对幻灯片进行编辑之前，首先要将其选中。

（1）选中 1 张幻灯片

【方法 1】：在普通视图的“幻灯片”选项卡中，单击幻灯片缩略图，即可选中该幻灯片。

【方法 2】：在普通视图的“大纲”选项卡中，单击幻灯片标题前面的图标，即可选中该幻灯片。

【方法 3】：在幻灯片浏览视图中，单击幻灯片的缩略图可以将该张幻灯片选中。

（2）选中多张连续的幻灯片

【方法 1】：在普通视图中，先选中第 1 张幻灯片的缩略图，然后按住【Shift】键，再选中最后一张幻灯片的缩略图，即可选中一组连续的幻灯片。

【方法 2】：在幻灯片浏览视图中，先选中第 1 张幻灯片的缩略图，然后按住【Shift】键，再选中最后一张幻灯片的缩略图，即可选中一组连续的幻灯片。

（3）选中多张不连续的幻灯片

若要选中多张不连续的幻灯片，可以先按住【Ctrl】键，然后分别单击要选中的幻灯片缩略图即可。

（4）选中演示文稿中所有幻灯片

在普通视图和幻灯片浏览视图中，按【Ctrl】+【A】快捷键可以选中所有幻灯片。

2. 复制幻灯片

在制作 WPS 演示文稿的过程中，可能有多张幻灯片的版式和背景是相同的，只是其中的文本不同，此时可以进行幻灯片复制操作，复制幻灯片有多种方法，以下方法是常用的方法之一：

在普通视图“幻灯片”选项卡中，右击幻灯处缩略图，在弹出的快捷菜单中选择“复制幻灯片”命令，在选中的幻灯片下方便会出现一张复制的幻灯片。

请扫描二维码，浏览电子活页中的相关内容，试用与熟悉其他复制幻灯片的方法。

电子活页 3-3

复制幻灯片

3. 移动幻灯片

【方法 1】：通过“剪切”+“粘贴”命令实现幻灯片移动。

① 在幻灯片浏览视图中或者在普通视图中，选定要移动的幻灯片。

② 在“开始”选项卡中选择“剪切”命令，或者右击待移动的幻灯片，在弹出的快捷菜单中选择“剪切”命令。

③ 将鼠标指针定位到移动幻灯片的目标位置，在“开始”选项卡中选择“粘贴”命令，或者右击，在弹出的快捷菜单中选择“粘贴”命令即可。

【方法 2】：使用快捷键实现幻灯片移动。

① 在幻灯片浏览视图中或者在普通视图中，选定要移动的幻灯片。

② 按【Ctrl】+【X】快捷键实现幻灯片剪切。

③ 将鼠标指针定位到移动幻灯处的目标位置，按【Ctrl】+【V】快捷键即可。

【方法 3】：使用“快捷键+鼠标拖动”实现幻灯片移动。

① 在幻灯片浏览视图中或者在普通视图中，选定要移动的幻灯片。

② 按住鼠标左键拖动选定的幻灯片，在拖动过程中，出现一根竖条表示选定幻灯片的插入点。

③ 到达新的位置释放鼠标按键，选定的幻灯片将被移动到目标位置。

4. 删除幻灯片

选中要删除的一张或多张幻灯片，然后使用下列方法进行删除操作：

① 直接按【Delete】键。

② 在普通视图的“幻灯片”选项卡中，右击幻灯片的缩略图，从弹出的快捷菜单中选择“删除幻灯片”命令。

幻灯片被删除后，后面的幻灯片会自动向前排列。

5. 更改幻灯片的版式

选定要设置的幻灯片，然后切换到“开始”选项卡，单击“版式”按钮下侧的箭头按钮，从下拉面板中选择一种版式，即可快速更改当前幻灯片的版式，如图 3-8 所示。

3.3　幻灯片中的文本编辑与格式设置

文本是演示文稿中的重要组成部分，WPS 演示文稿中的文本有标题文本、正文文本、项目列表等多种形式。其中，项目列表常用于列出纲要和要点等，每项列表内容前可以有一个可选的符号作为标记。

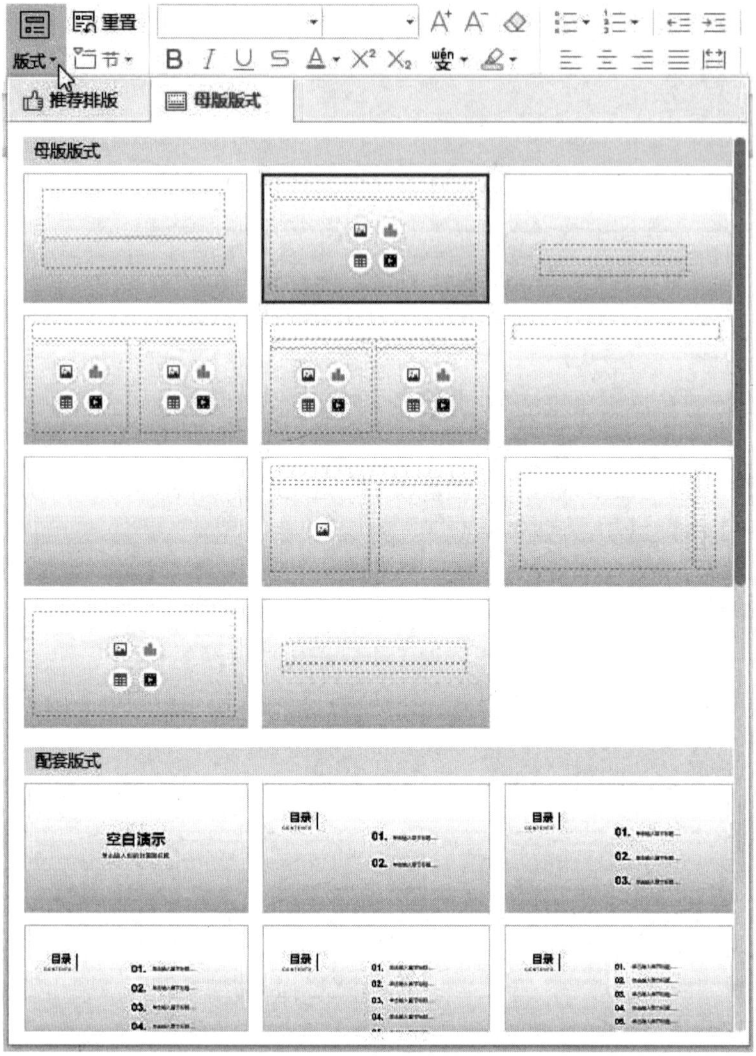

图 3-8 “开始”选项卡“版式”按钮的下拉面板

1. 输入文本

（1）输入正文内容

通常在普通视图下输入文本，操作步骤如下：

① 单击幻灯片中文本对象，选中要输入文本的占位符。

② 输入所需的文本内容。

③ 完成文本输入后，单击占位符对象外任意位置即可。

（2）输入标题文本

输入标题时，只需在标题占位符或者文本框中单击，然后直接输入相应的标题即可。

2. 选中文本

选中文本可以通过鼠标拖动实现，也可以通过鼠标拖动结合【Shift】键来实现。

3. 文本的相关操作

文本的插入、删除、复制、移动及查找/替换方法与 WPS 文字中文档处理的方法类似。插入时都要先将插入点移至插入位置后再输入；删除、复制、移动时要先选定幻灯片中的文本内容，再利用“开始”选项卡“剪切板”选项组中的命令，或者右击，在弹出的快捷菜单中选择“剪切”、“复制”和“粘贴”命令来完成。

4. 文本的格式化

可以根据需要对文本对象进行格式化，操作步骤如下。

① 选定需要格式化的文本。

② 在“开始”选项卡中单击“字体”对话框启动按钮，弹出如图 3-9 所示的“字体”对话框。

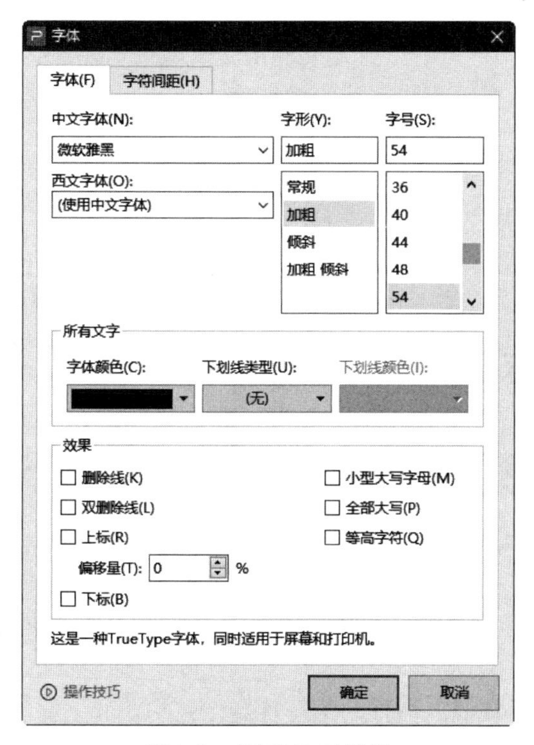

图 3-9　“字体”对话框

③ 在“字体”对话框中设置选中文本内容的字体、字形、字号等格式，然后单击“确定”按钮即可。

此外，选中需要格式化的文本内容后，也可以在“文本工具”选项卡→“字体”选项组中，利用相关按钮进行文本格式化，如图 3-10 所示。

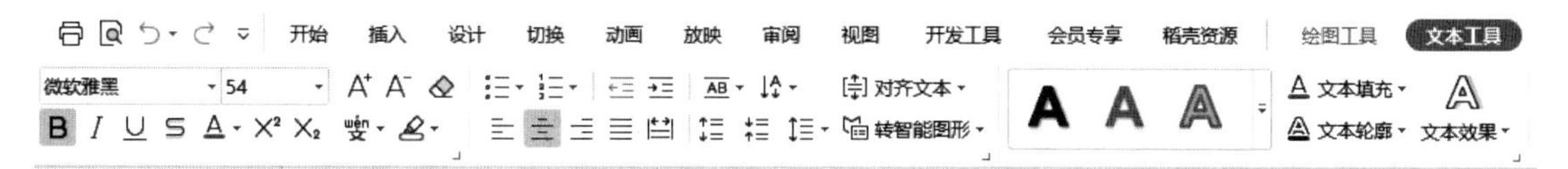

图 3-10　“文本工具”选项卡

3.4 向幻灯片中插入与设置对象

幻灯片的对象是幻灯片的基本组成，通常包括文本对象、图片对象、表格对象、图表对象和其他媒体对象等多种类型的对象。在 WPS 演示文稿中新建幻灯片时，只需要选择含有内容的版式，就会在内容占位符上出现内容类型选择按钮。单击其中的某个按钮，即可在该占位符中添加相应的内容。

3.4.1 插入文本框

幻灯片中常用的文本框有标题文本框、正文文本框、项目列表文本框等形式。如果希望在幻灯片的任意位置插入文本内容，则需要利用文本框来实现，操作步骤如下。

① 在普通视图中显示要插入文本框的幻灯片。

② 在“插入”选项卡中单击“文本框”按钮下侧的箭头按钮，在弹出的下拉菜单中选择“横向文本框”或“竖向文本框”命令。

③ 移动光标至需要插入文本框的位置，按下鼠标左键，此时光标变成+形状，然后按住鼠标左键拖动出现一个矩形框。

④ 释放鼠标左键，将在幻灯片中插入一个文本框，在该文本框中可以直接输入文本内容。

3.4.2 插入图片

在幻灯片中插入合适的图片，可使幻灯片的外形显得更加美观、生动，给人以赏心悦目的感觉。

首先要在普通视图中显示要插入图片的幻灯片，然后在幻灯片中插入图片，具体的操作步骤如下。

【方法 1】：从“插入”选项卡“图片”按钮下拉列表中选择“本地图片”命令插入本地图片。

① 在普通视图中显示要插入图片的幻灯片。

② 在如图 3-11 所示的“插入”选项卡中单击“图片”按钮下侧的箭头按钮，在弹出的下拉菜单中选择“本地图片”命令。

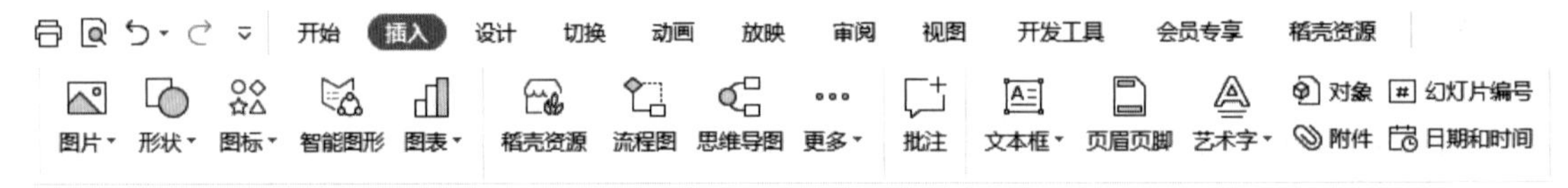

图 3-11 “插入”选项卡

③ 在弹出的“插入图片”对话框中选定含有图片文件的驱动器和文件夹，然后在文件名列表框中单击图片缩略图，这里选择图片“夏日清凉绿意深.jpg”，然后单击“打开”按钮，将图片插入到幻灯片中。

【方法 2】：从“稻壳资源”窗口选择合适图片插入。

除插入本机图片外，还可以插入“图片库”中的在线图片。其插入方法为：在“插入”选项卡“图片”按钮的下拉菜单中或者在“图片工具”选项卡“添加图片”按钮的下拉菜单中选择“查看更多稻壳图片”命令，打开“稻壳资源”窗口，可以在该窗口的图片搜索栏中按照关键字搜索所需图片，并在搜索结果中选择合适的图片，选中后插入到幻灯片。

【方法 3】：通过单击幻灯片内容占位符中的“插入图片”按钮插入图片。

在幻灯片的内容占位符中单击“插入图片”按钮，也可以在幻灯片中插入图片。

将图片插入到幻灯片中，然后选中该图片，会弹出“图片工具”选项卡，如图 3-12 所示。

图 3-12　“图片工具”选项卡

对于插入的图片，可以利用“图片工具”选项卡功能区中的按钮设置图片的效果、边框、大小等，也可以进行适当的修饰，例如，裁剪、旋转、色彩、图片拼接等。

如果需要设置图片阴影，可以在“图片工具”选项卡中单击“效果”按钮，在弹出的下拉菜单中选择合适的效果即可，如图 3-13 所示。

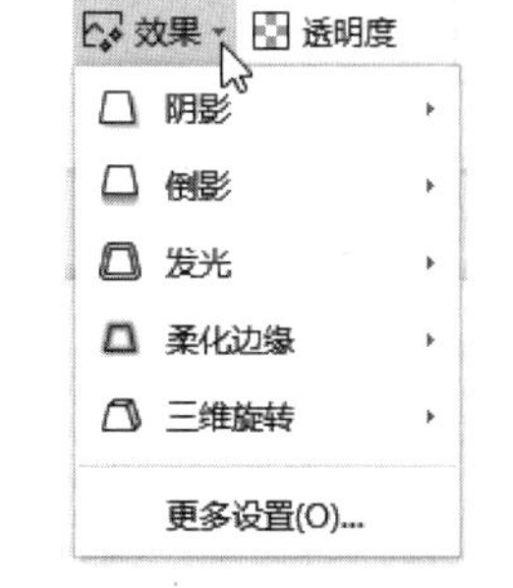

图 3-13　“效果”按钮的下拉菜单

3.4.3　插入形状

在幻灯片中可以插入线条、矩形、基本形状、箭头、标注等多种类型的形状。

【示例分析 3-3】在幻灯片中插入“心形”

操作步骤如下：

① 在普通视图中，选定要插入形状的幻灯片。

② 在“插入”选项卡中单击“形状”按钮，打开“形状”下拉列表。

③ 在“形状”下拉列表“基本形状”区域中单击“心形”按钮。

④ 此时在幻灯片中鼠标指针变为十形状，在幻灯片中按住鼠标左键拖曳，可以插入一个长与宽不等的图形，例如，椭圆、长方形等。如果在拖动鼠标的同时，按住【Shift】键，将创建一个长与宽相等的图形，例如，正圆、正方形等。这里按住鼠标左键拖曳，可以绘制一个合适的心形对象。

⑤ 在幻灯片中选取刚才插入的图形对象“心形”，在该图形对象的右侧会自动弹出一个浮动工具栏，如图 3-14 所示，该工具栏中的按钮可以用于快速设置形状样式、形状填充、形状轮廓等。

图 3-14　“形状”浮动工具栏

单击该“心形”图形对象，将会显示该对象的“绘图工具”选项卡，如图 3-15 所示，在“设置形状格式”选项组中，可能利用“填充”、“轮廓”、“格式刷”和“形状效果”来设置图表的格式。

图 3-15　“绘图工具”选项卡

3.4.4　插入与转换智能图形

1. 插入智能图形

在 WPS 演示文稿中，可以向幻灯片中插入列表、关系图、循环图、层次结构图等智能图形对象，操作步骤如下。

① 在普通视图中显示要插入智能图形的幻灯片，切换到“插入”选项卡，单击“智能图形”按钮，打开“智能图形”对话框，如图 3-16 所示。

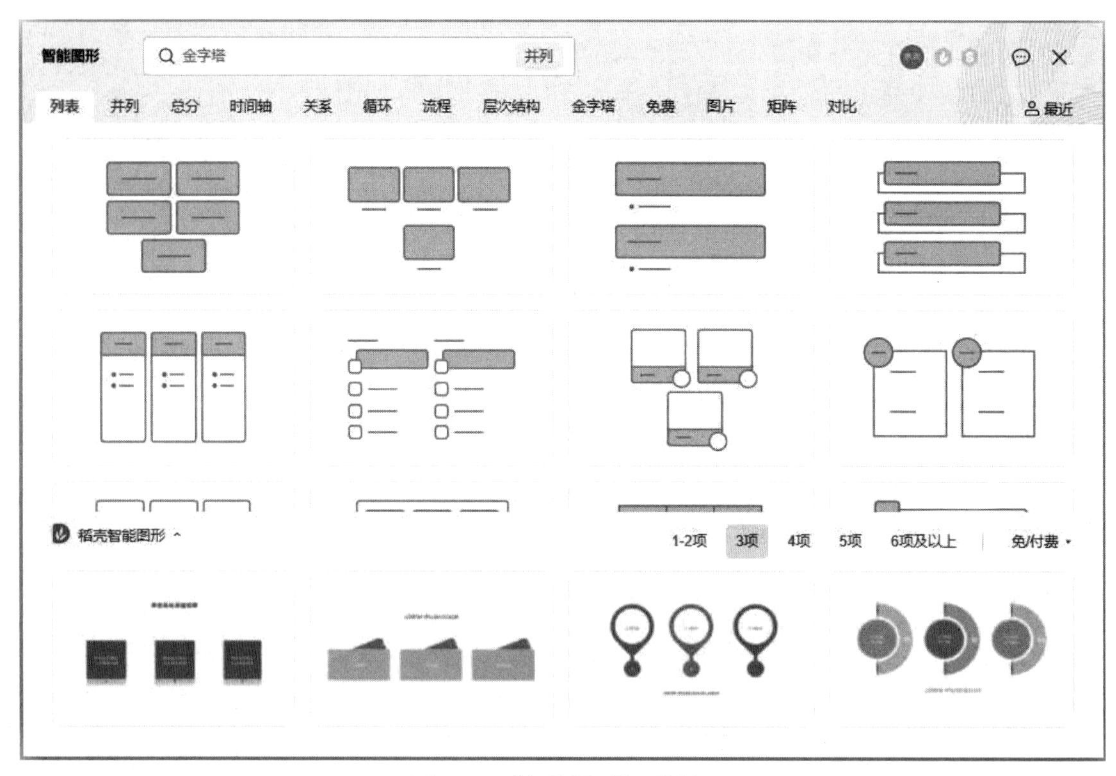

图 3-16　“智能图形”对话框

② 在“智能图形”对话框中选择一种类型，再从对应选项卡中选择一种合适的“智能图形”并单击，即可创建一个智能图形。

③ 输入图形中所需的文字，并利用如图 3-17 所示“设计”选项卡设置图形的版式、颜色样式等格式。

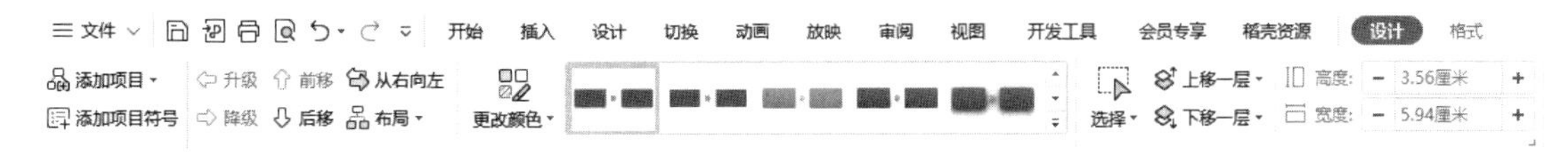

图 3-17 “设计”选项卡

2. 将幻灯片中的文本转换为智能图形

单击幻灯片中包含要转换的文本占位符，切换到“开始”选项卡，在“段落”选项组中单击“转智能图形”按钮，在弹出的下拉列表中选择所需的智能图形布局样式，即可将幻灯片中的文本转换为智能图形。

也可以在下拉列表中选择“更多智能图形”命令，在打开的“转智能图形”窗口中选择所需的智能图形布局样式，如图 3-18 所示。

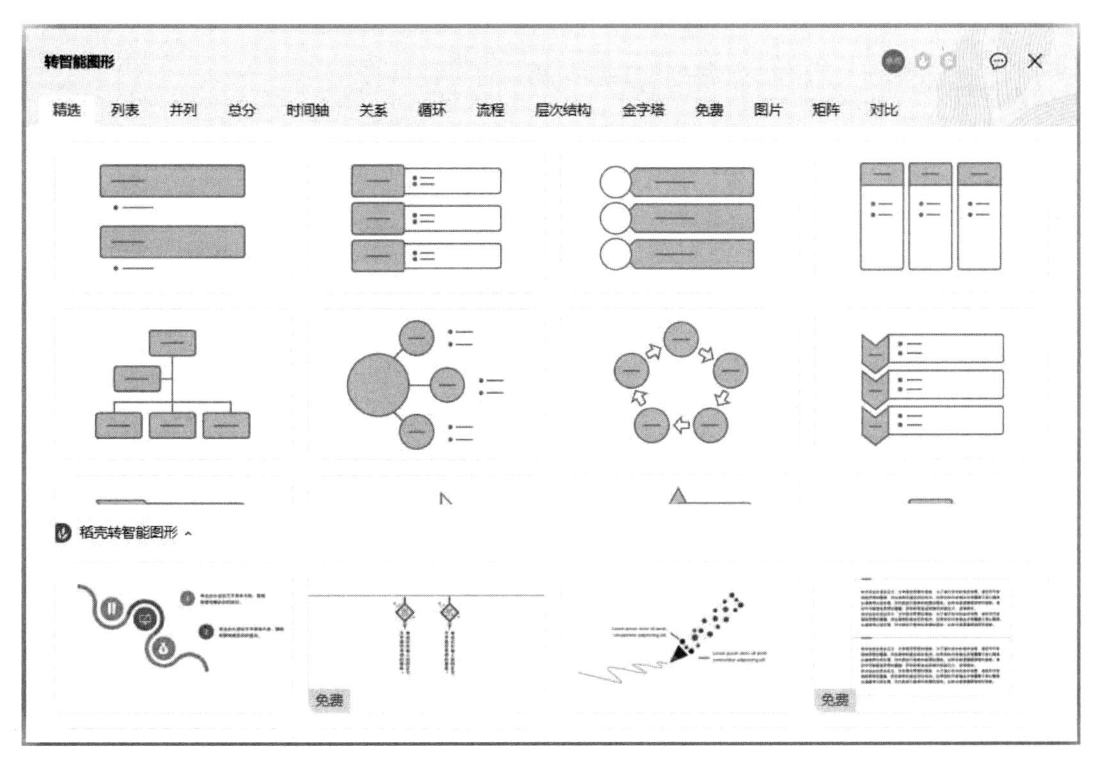

图 3-18 “转智能图形”窗口

3.4.5 插入艺术字

插入艺术字的操作步骤如下。

① 在“插入”选项卡中单击“艺术字”按钮，弹出“预设样式”下拉列表。

② 选择一种预设或者稻壳艺术字样式，此时在幻灯片中即出现“请在此处输入文字”文本框，如图 3-19 所示。

③ 在“请在此处输入文字”文本框中输入所需的文字内容即可。

④ 在幻灯片中选定插入的艺术字，其右侧也会出现一个浮动工具栏，使用该工具栏中的按钮可以设置文字的形状、填充、轮廓等效果。

图 3-19　幻灯片中出现的“请在此处输入文字”文本框

幻灯片中艺术字的编辑与 WPS 文字处理中艺术字的编辑类似，在此不再详述。

3.4.6　插入与使用表格

如果需要在演示文稿中显示排列整齐的数据，可以使用表格实现。

1. 插入表格

在幻灯片中插入表格的操作步骤如下。

① 打开要插入表格的幻灯片。

② 向幻灯片中插入表格。

【方法 1】：在“插入”选项卡中单击“表格”按钮，在弹出的下拉面板中使用鼠标拖动的方式，快速选择若干行和列，然后单击鼠标左键，即可在幻灯片中快速插入表格。

【方法 2】：在“插入”选项卡“表格”按钮的下拉面板中选择“插入表格”命令，弹出“插入表格”对话框，在“行数”和“列数”微调框中输入对应的数值，如图 3-20 所示。然后单击“确定”按钮，即可在幻灯片中插入设定行列数的表格。

【方法 3】：在幻灯片的内容占位符中单击“插入表格”按钮，也会弹出如图 3-20 所示的“插入表格”对话框，输入行列数后，单击“确定”按钮即可。

向幻灯片中插入表格后，选中表格后会出现如图 3-21 所示的“表格工具”选项卡。

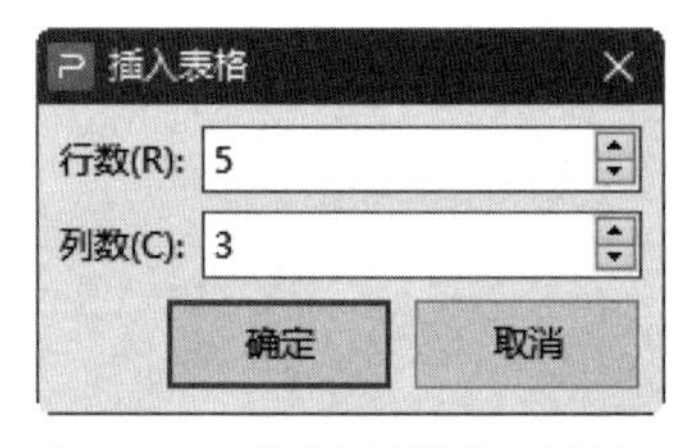

图 3-20　“插入表格”对话框

图 3-21　WPS 演示文稿中的“表格工具”选项卡

2. 使用表格

（1）选定表格的行或列

在对表格进行操作之前，首先要选定表格中的行或列。单击表格中的单元格，切换到“表格工具”选项卡，再单击“选择”按钮右侧的箭头按钮，从下拉菜单中选择“选择行”或“选择列”命令，如图 3-22 所示，即可选定表格的一行或一列。

（2）修改表格的结构

对于幻灯片中已经创建的表格，用户可以对表格的行、列结构进行修改。如果要插入新行，则插入点置于表格中希望插入新行的位置，然后切换到“表格工具”选项卡，单击如图 3-23 所示的“在上方插入行”按钮或“在下方插入行”按钮即可。插入列的方法与插入行的方法类似。

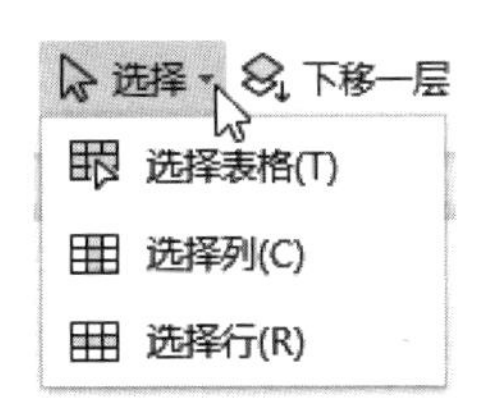

图 3-22　“选择”按钮的下拉菜单

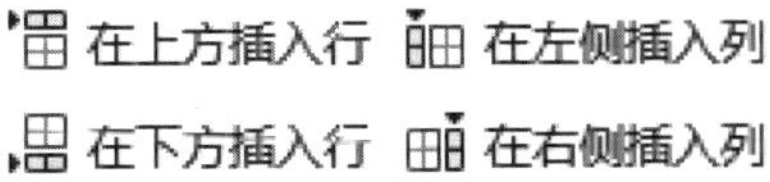

在上方插入行　在左侧插入列
在下方插入行　在右侧插入列

图 3-23　“表格工具”选项卡中插入行或列的按钮

（3）设置表格格式

为了增强幻灯片的感染力，还需要对插入的表格进行格式化，从而给观众留下深刻的印象。选定要设置格式的表格，切换到“表格样式”选项卡，在选项组的“预设样式”列表框中选择一种样式，如图 3-24 所示，即可利用 WPS 演示文稿提供的表格样式快速设置表格的格式。

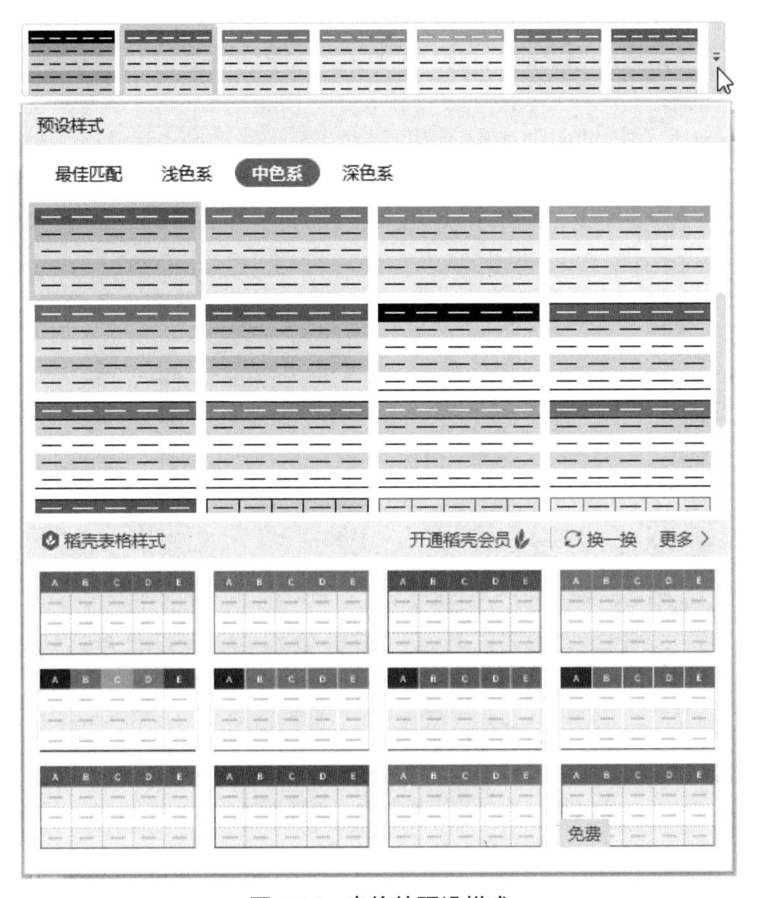

图 3-24　表格的预设样式

3.4.7 插入图表

用图表来表示数据，可以使数据更容易理解。默认情况下，在创建好图表后，需要在关联的 WPS 表格中输入图表所需的数据。也可以打开 WPS 表格工作簿并选择所需的数据区域，然后将其添加到 WPS 演示文稿的图表中。

【示例分析 3-4】在幻灯片中插入图表

创建并打开 WPS 演示文稿“幻灯片中插入图表.dps”，向幻灯片中插入图表的操作步骤如下。

① 打开要插入图表的幻灯片。

② 打开“图表”对话框。

【方法 1】：在“插入”选项卡中单击“图表”按钮。

【方法 2】：在“插入”选项卡中单击“图表”按钮下侧的箭头按钮，从下拉菜单中选择“图表”命令，如图 3-25 所示。

图 3-25 在“图表”按钮的下拉菜单中选择“图表”命令

【方法 3】在幻灯片的内容占位符中单击“插入图表”按钮。

以上三种方法都可以打开“图表”对话框。

③ 在“图表”对话框的左、右列表框中分别选择图表的类型、子类型，这里在左侧图表类型列表中选择“柱形图”，在右侧图表样式列表中“簇状柱形图”区域的第 1 个样式位置单击。在幻灯片中默认位置自动出现如图 3-26 所示“簇状柱形图”图表。

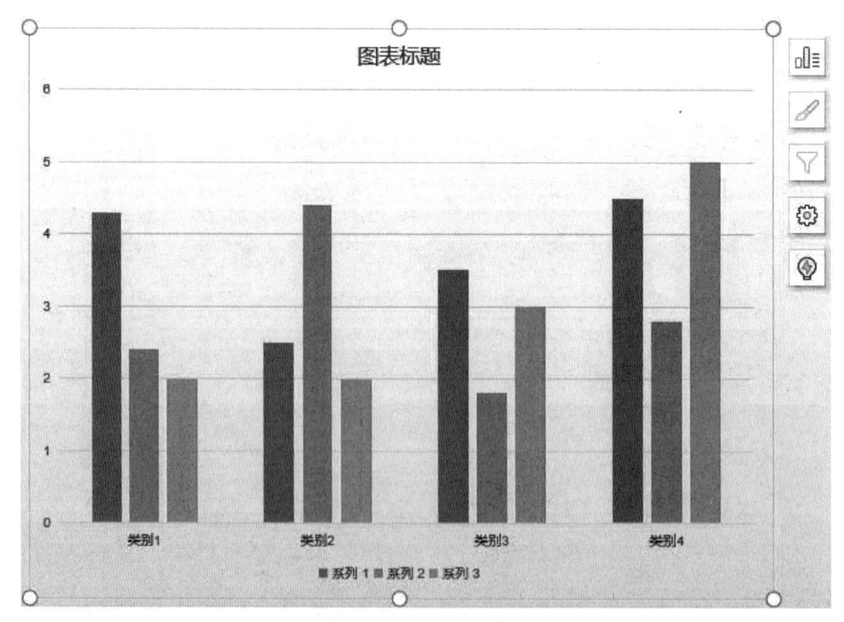

图 3-26 幻灯片中插入的“簇状柱形图”图表

④ 编辑与选择数据。在幻灯片中，选中刚插入的图表，在“图表工具”选项卡中单击“编辑数据”按钮，如图 3-27 所示，打开图表的数据源编辑窗口，如图 3-28 所示，该数据源编辑

窗口为 WPS 表格编辑环境，在 WPS 表格的工作表的单元格中直接编辑数据，修改后的数据如图 3-29 所示，WPS 演示文稿中的图表也会随之发生改变，将“图表标题”也修改为“第 2 季度家电产品销售情况”，完善后的图表如图 3-30 所示。

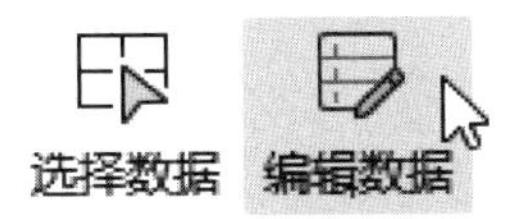

图 3-27 在“图表工具”选项卡中单击“编辑数据”按钮

	A	B	C	D
1		系列 1	系列 2	系列 3
2	类别 1	4.3	2.4	2
3	类别 2	2.5	4.4	2
4	类别 3	3.5	1.8	3
5	类别 4	4.5	2.8	5

图 3-28 图表的数据源编辑窗口

	A	B	C	D
1	产品名称	4月	5月	6月
2	彩电	20	30	40
3	洗衣机	25	35	45
4	空调	28	38	48
5	冰箱	26	36	42

图 3-29 修改后的图表数据

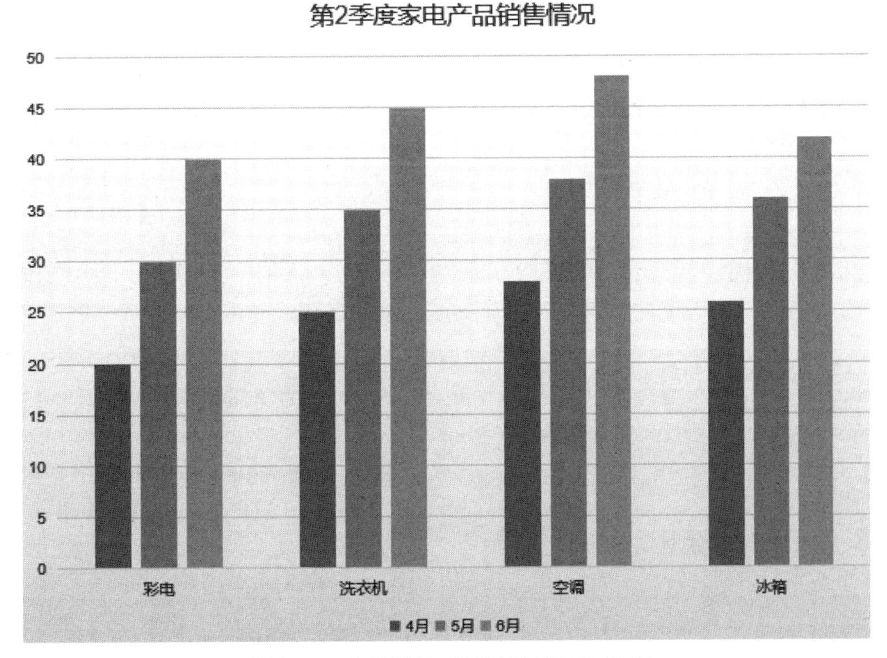

图 3-30 完善后的“簇状柱形图”图表

也可以先选中图表，然后在“图表工具”选项卡中单击“选择数据”按钮，打开 WPS 表格编辑环境，同时自动打开“编辑数据源”对话框，在该对话框“图表数据区域”中输入或选择数据区域，例如，输入“=[第 2 季度家电产品销售数量 2.xlsx]Sheet1!$A$1:$D$5”，表示在工作簿文件“第 2 季度家电产品销售数量 2.xlsx”的 Sheet1 工作表中选中单元格区域$A$1:$D$5，这里的单元格区域地址为绝对地址。图表数据区域确定后，该对话框下方的“图例项（系列）”和“轴标签（分类）”也与数据区域中的系列名称和分类名称对应，如图 3-31 所示。

在“编辑数据源”对话框中单击“确定”按钮即完成图表数据源的选择。

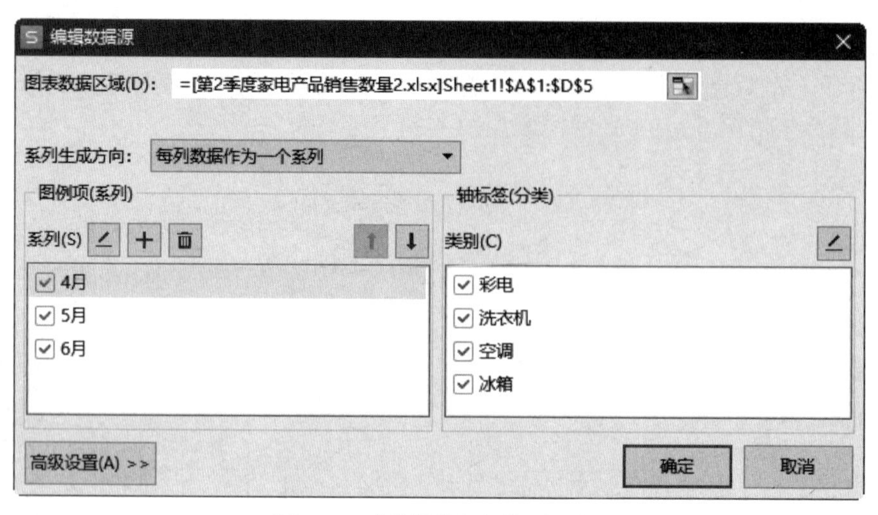

图 3-31　“编辑数据源”对话框

⑤ 在 WPS 表格编辑环境中选择或编辑数据完成后，单击 WPS 表格窗口的“关闭”按钮，退出 WPS 表格应用程序。

⑥ 可以利用“图表工具”选项卡中的“快速布局”和“图表样式”等工具快速设置图表的格式。

3.4.8　插入音频文件

在演示文稿中适当添加声音，能够吸引观众的注意力和新鲜感。WPS 演示文稿支持 MP3 文件（MP3）、Windows 音频文件（WAV）、Windows Media Audio（WMA）以及其他类型的声音文件。

在 WPS 幻灯片中插入音频文件的操作方法与操作示例详见本书的配套教材《信息技术技能提升训练》中对应单元的“技能训练”。

【注意】：演示文稿支持.mp3、.wav、.mid 等多种格式的音频文件。

3.4.9　插入视频文件

视频可以为演示文稿增添活力，常见视频文件格式有：MP4 格式（是一套用于音频、视频信息的压缩编码标准）、AVI 格式（由微软公司发布的视频格式）、WMV 格式（一种独立于编码方式的在 Internet 上实时传播多媒体的技术标准）、MPEG 格式（MPEG 是包括了 MPEG-1、MPEG-2 和 MPEG-4 在内的多种视频格式，MPEG 系列标准已成为国际上影响最大的多媒体技术标准）。

创建并打开 WPS 演示文稿“幻灯片中插入视频文件.pptx”，在该演示文稿中插入视频文件的操作步骤如下。

① 选定需要插入视频的幻灯片。

② 添加视频文件。

③ 插入视频文件后，还可以对视频文件进行编辑与剪辑。

④ 控制视频文件的播放。

⑤ 设置视频封面样式。

请扫描二维码，浏览电子活页中的相关内容，试用与熟悉 WPS 幻灯片中插入视频文件的过程与方法。

视频文件编辑修改后，如果需要恢复其初始状态，在“视频工具”选项卡单击“重置视频”按钮即可。

【注意】：WPS 演示文稿支持.mp4、.avi、.flv 等多种格式的视频文件。

电子活页 3-4

WPS 幻灯片中插入视频文件

3.4.10　插入动作按钮

使用绘图工具在幻灯片中绘制图形按钮，然后为其设置动作，能够在幻灯片中起到指示、引导或控制播放的作用。

（1）在幻灯片中插入动作按钮

【示例分析 3-5】在幻灯片中插入动作按钮

创建并打开 WPS 演示文稿“幻灯片中插入动作按钮.dps”，在该演示文稿第 1 张幻灯片中插入动作按钮，并设置该动作按钮连接到第 4 张幻灯片。

操作步骤如下。

在普通视图中创建动作按钮时，先切换到“插入”选项卡，然后单击“形状”按钮，从弹出的下拉列表中选择“动作按钮”栏中的按钮选项，如图 3-32 所示。

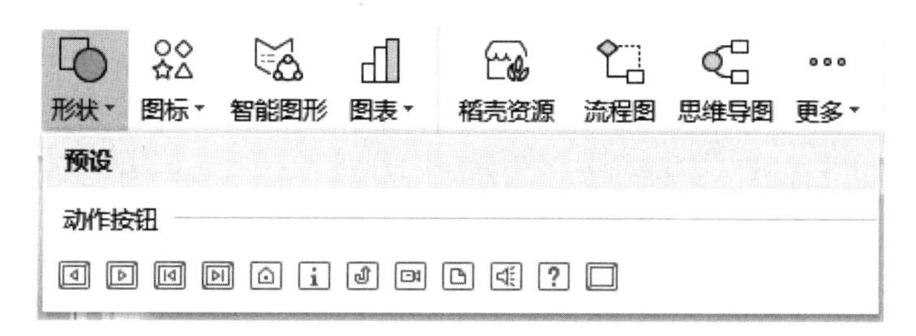

图 3-32　“形状”按钮下拉列表中“动作按钮”栏中的按钮选项

① 如果要插入一个预定义好的动作按钮，单击预设置好 4 个动作按钮即可，如图 3-32 所示，分别可以设置链接到“后退或前一项”、“前进或下一项”、“开始”和“结束”幻灯片的动作按钮。选择其中一个动作按钮后，这里单击“后退或前一项”动作按钮，将动作按钮放到幻灯片合适位置，选中插入的“后退或前一项”动作按钮，会自动出现浮动工具栏，如图 3-33 所示。

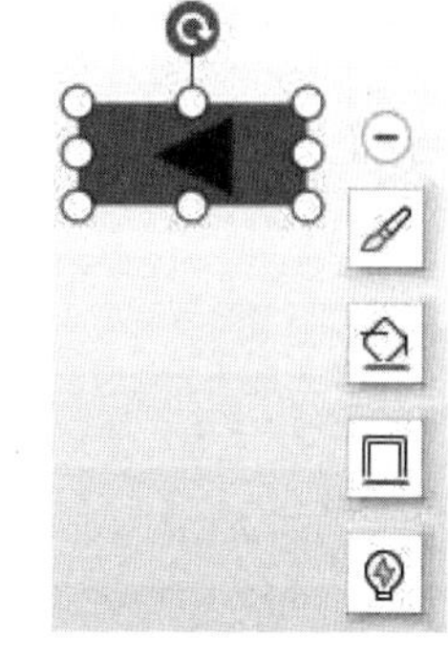

图 3-33　“后退或前一项”动作按钮的浮动工具栏

动作按钮插入到幻灯片时，会自动打开“动作设置”对话框，在该对话框中可以设置播放声音等效果，如图 3-34 所示。

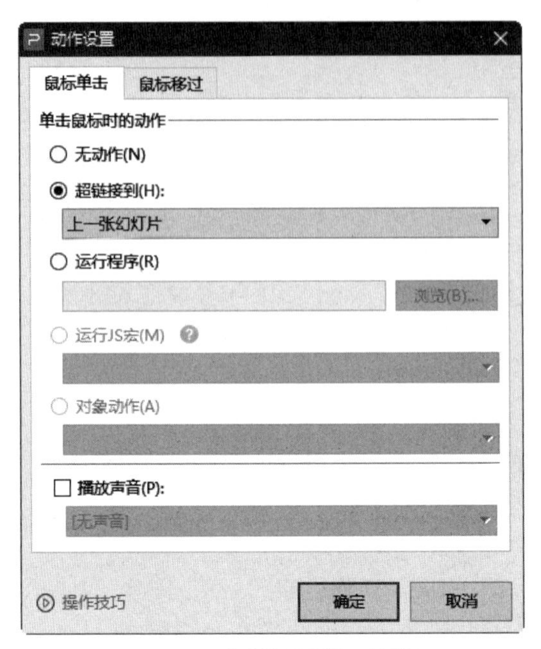

图 3-34 “动作设置”对话框

【说明】：如果“动作设置”对话框被关闭，则右击幻灯片中的动作按钮，在弹出的快捷菜单中选择“动作设置”命令，也可以自行打开“动作设置”对话框。

② 如果要在幻灯片中插入一个自定义的动作按钮，在“动作按钮”组中单击最后一个“自定义动作”按钮□，然后将“自定义动作”按钮插入到幻灯片中后，此时会自动打开“动作设置”对话框，在“鼠标单击”选项卡的“单击鼠标时的动作”栏中选中“超链接到”单选按钮。然后单击“超链接到”框右侧下拉箭头，找到合适的选项。如果要切换到演示文稿中的其他幻灯片，则在“超链接到”下拉列表中选择“幻灯片”选项，如图 3-35 所示。

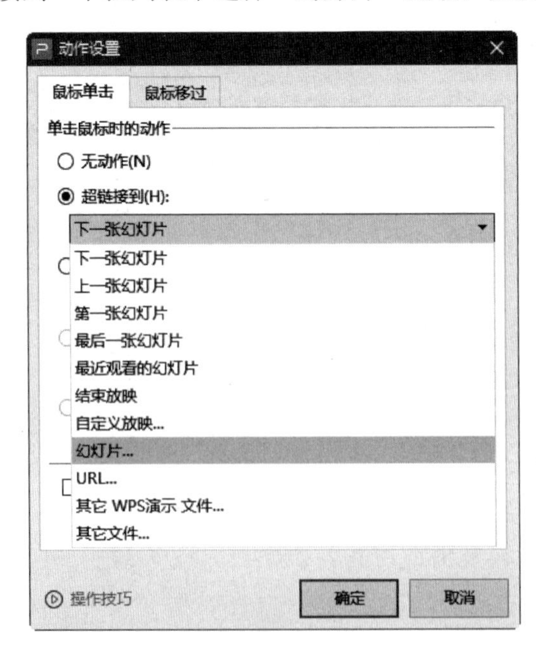

图 3-35 在“动作设置”对话框“鼠标单击”选项卡中设置单击鼠标时的动作

打开“超链接到幻灯片”对话框，该对话框左侧显示幻灯片主题，右侧显示幻灯片预览效果，在其中选择该按钮将要链接的幻灯片，这里选择“4.幻灯片 4”选项，如图 3-36 所示，然后单击“确定”按钮返回“动作设置”对话框。

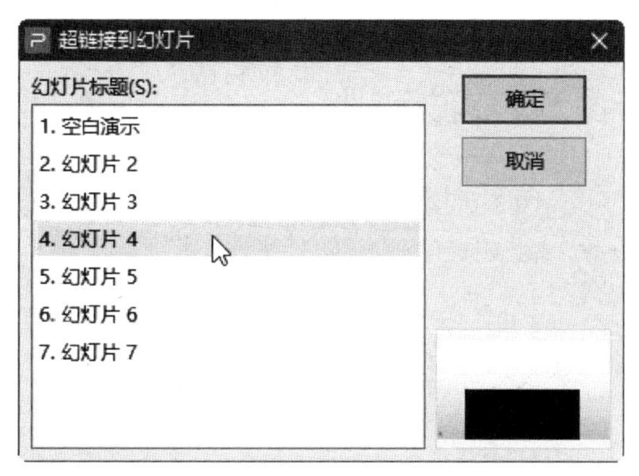

图 3-36　“超链接到幻灯片”对话框

在“动作设置”对话框中选中“播放声音”复选框，然后在“声音”下拉列表中选择一种合适的声音，这里选择“箭头”声音，完成播放声音的设置。

完成了单击鼠标时的动作和播放声音设置的“动作设置”对话框如图 3-37 所示。

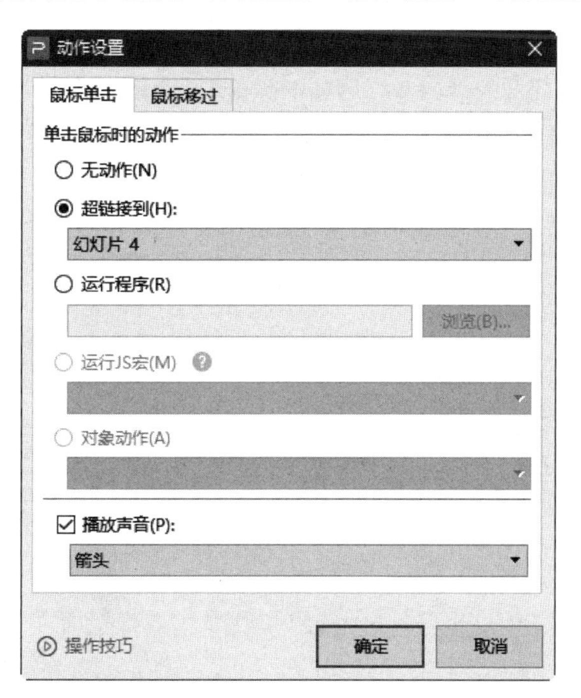

图 3-37　在“动作设置”对话框中设置单击鼠标时的动作和播放声音

（2）为空白动作按钮添加文本

插入到幻灯片的动作按钮默认是没有文字的，右击插入到幻灯片中的自定义动作按钮，从弹出的快捷菜单中选择“编辑文字”命令，然后在插入点处输入文本，即可向自定义动作按钮中添加文字。

（3）格式化动作按钮的形状

选定要格式化的动作按钮，切换到“绘图工具”选项卡，从“编辑形状”下拉菜单“更改形状”的列表中选择一种合适的形状，即可对动作按钮的形状进行更换操作。还可以进一步利用按钮图标右侧的“样式”、“填充”和“轮廓”按钮，对动作按钮进行美化。

3.4.11　插入与设置超链接

在幻灯片中插入超链接，可以实现从当前幻灯片跳转到其他张幻灯片、文档或网页等特定位置。可以为任何对象创建超链接，例如，文本、图形和按钮等。如果图形中有文本，可以对图形和文本分别设置超链接。只有在演示文稿放映时，超链接才能被激活。在放映幻灯片时，将鼠标指针移到超链接上，鼠标指针将变成手形，单击即可跳转到相应的链接位置。

1. 创建超链接

【示例分析 3-6】在幻灯片中插入与设置超链接

创建并打开 WPS 演示文稿“幻灯片中插入与设置超链接.dps”，在该演示文稿的第 1 张幻灯片中插入超链接，单击该超链接跳转到第 5 张幻灯片。

操作步骤如下。

（1）在普通视图中选定幻灯片中要创建超链接的文本或其他对象，这里选择文本“跳转到第 5 张幻灯片”，然后切换到“插入”选项卡，单击“超链接”按钮，打开“插入超链接”对话框，在“链接到”列表框中列出了多种超链接的类型。“链接到”列表框中的超链接的类型的功能说明如下。

① 选择“原有文件或网页”选项，再单击右侧“浏览文件”按钮，在弹出的对话框中选择要链接到的文件或 Web 页面的地址，也可以在右侧文件列表中选择所需链接的文件名，还可以在地址框中输入超链接的网页地址。

② 选择“本文档中的位置”选项，可以链接到本演示文稿中的任意一张幻灯片上，例如，第 1 张幻灯片或最后一张幻灯片等。

③ 选择“电子邮件地址”选项，可以在右侧列表框中输入电子邮件地址和主题。

④ 选择“链接附件”选项，可以选择在放映演示文稿时需要浏览的附件文件。

在“链接到”列表框中选择“本文档中的位置”选项。

（2）在“插入超链接”对话框的中部“请选择文档中的位置”列表中选择“5.幻灯片 5”，如图 3-38 所示。

（3）在“插入超链接”对话框中，单击右上角的“屏幕提示”按钮，打开“设置超链接屏幕提示”对话框，设置当鼠标指针位于超链接上时出现的提示内容，这里输入“跳转到幻灯片 5”提示文字，如图 3-39 所示。

（4）最后，在“插入超链接”对话框中单击“确定”按钮，超链接创建完成。

2. 编辑超链接

在幻灯片中创建超链接后，可以根据需要随时编辑或更改超链接的目标。

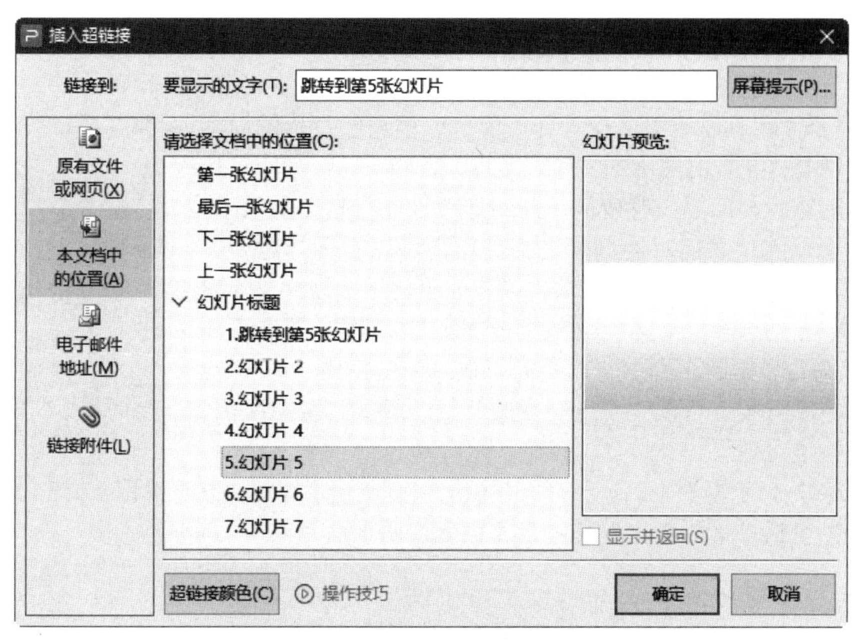

图 3-38　在“请选择文档中的位置”列表中选择“5.幻灯片 5”

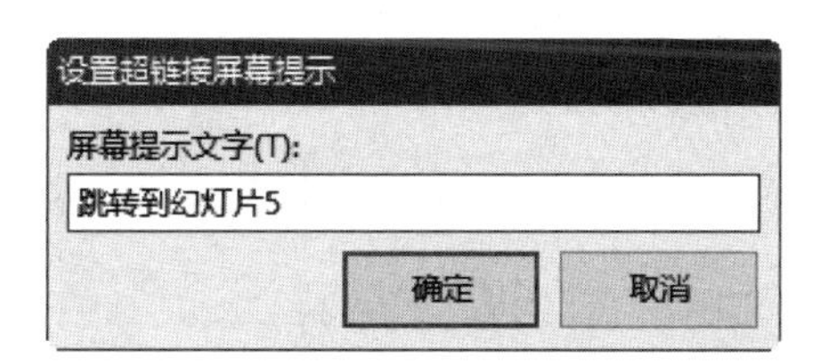

图 3-39　“设置超链接屏幕提示”对话框

在更改超链接目标时，先选定包含超链接的文本或图形，然后切换到“插入”选项卡，单击“超链接”按钮，在打开的“编辑超链接”对话框中输入新的目标地址或者重新指定跳转位置即可。

【注意】：先选中幻灯片中的超链接，单击鼠标右键，在弹出的快捷菜单中选择“超链接”选项，然后在其级联菜单选择“编辑超链接”命令，也可以打开“编辑超链接”对话框。

3. 删除超链接

如果要删除超链接关系，则可以右击要删除超链接的对象，从弹出的快捷菜单中依次选择“超链接”→“取消超链接”命令即可。若选定包含超链接的文本或图形，然后按【Delete】键，则超链接以及代表该超链接的对象将全部被删除。

3.5　幻灯片的美化设计

WPS 的设计方案包括一组主题颜色、一组主题字体和一组主题效果，主题效果包括线条和填充效果。通过应用主题方案，可以快速而轻松地设置整个文档的格式，赋予它专业和时尚的外观。

3.5.1 使用智能美化功能美化幻灯片

WPS 演示文稿具有智能美化功能，即可以根据幻灯片的内容进行智能识别与优化，对常用的文字、图片、表格、视频等幻灯片对象进行智能排版与匹配，有效地提高幻灯片设计与制作的效率。

要使用智能美化功能对幻灯片进行美化，可以先选择想要美化的幻灯片，在“设计”选项卡中单击“智能美化”按钮，在弹出的下拉菜单中分别选择“全文换肤”、“统一版式”、“智能配色”和“统一字体”命令，如图 3-40 所示。在打开的“全文美化”窗口中，选择合适的主题方案，可以实现全文换肤、统一版式、智能配色、统一字体，并预览效果。

图 3-40 “智能美化”按钮的下拉菜单

另外，幻灯片编辑窗口正下方的状态栏上也有一个“智能美化”按钮，单击该按钮，弹出的快捷菜单中包括“单页美化”和“全文美化”两项命令。

1. 文本内容图表表达

幻灯片中文字如果一条一条进行罗列，看起来比较单调，缺少特色，不能吸引浏览者的眼球，使用 WPS 演示文稿的“智能美化”功能对幻灯片进行美化，可以将枯燥的文字以图形的形式展现出来，迅速提升幻灯片的观赏性和可读性。

【示例分析 3-7】使用智能美化功能将文本内容运用图表表达

创建并打开 WPS 演示文稿“应用智能美化功能 1.dps”，在该演示文稿添加 1 张幻灯片，然后使用智能美化功能美化幻灯片。

操作步骤如下。

① 选中需要智能美化的幻灯片。

② 在幻灯片底部单击“智能美化”按钮，在弹出的快捷菜单中选择“单页美化”命令，如图 3-41 所示。

图 3-41 在“智能美化”按钮的快捷菜单中选择“单页美化”命令

③ 此时，在幻灯片编辑窗口下方会自动显示多个“智能美化”的排版样式。从免费的“智能美化”排版样式中选择一个合适的排版样式，WPS 演示文稿进行自动排版，如图 3-42 所示。

【说明】：在“设计”选项卡中直接单击“单页美化”按钮，在幻灯片编辑窗口下方也会自动显示多个“智能美化”的排版样式。

④ 选择一种合适的排版样式后，原幻灯片会被新的排版样式所代替，多行文本内容美化后的效果如图 3-43 所示。

2. 图片拼图

幻灯片中包含多张图片时，如果图片排列不当会影响幻灯片的美观效果，采用智能美化功能，可以对图片进行自动排版，并转化为拼图，并可以对拼图样式、图片顺序进行调整。

使用智能美化功能实现图片拼图的操作方法与操作示例详见本书的配套教材《信息技术技能提升训练》中对应单元的“技能训练”。

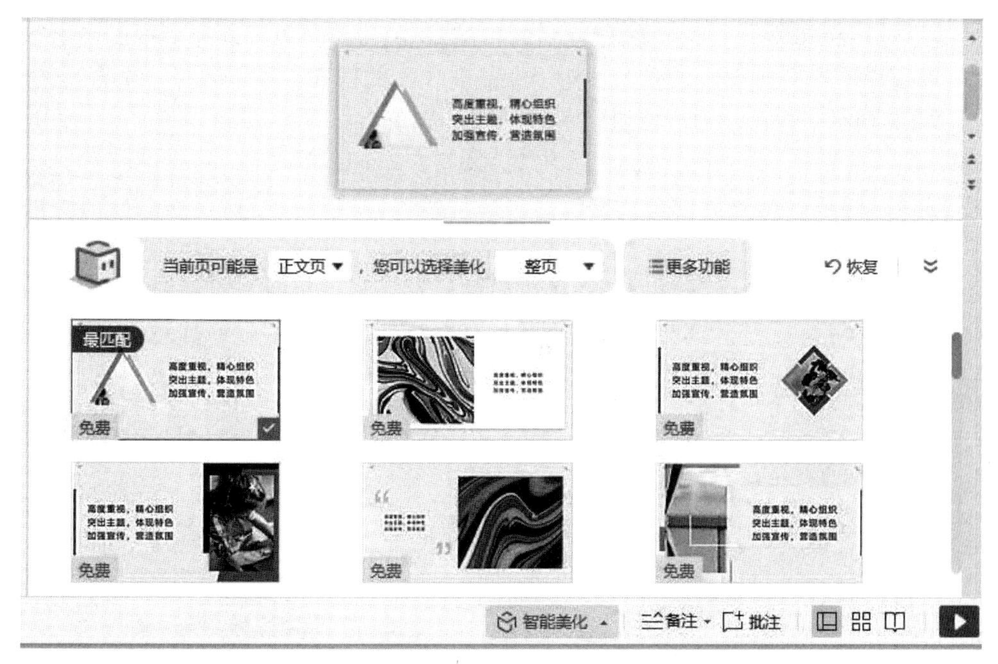

图 3-42　幻灯片编辑窗口下方的“智能美化”排版样式列表

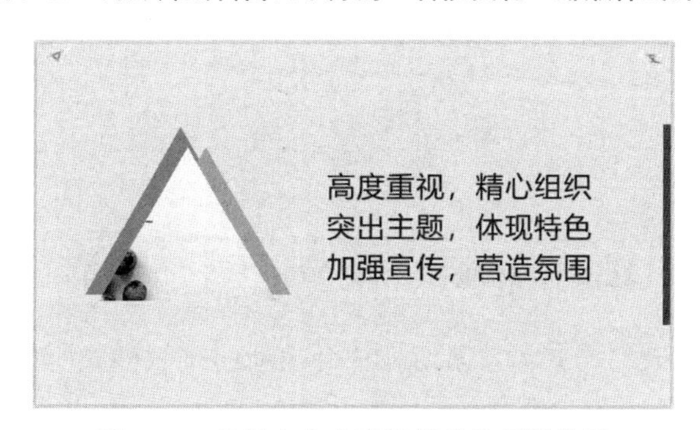

图 3-43　多行文本内容智能美化后的效果

3. 表格美化

在幻灯片中直接插入的表格，其样式不够美观，如果采用智能美化功能，可以根据表格的内容自动调整表格行高、列宽，套用样式进行表格美化，调整后的表格兼具美观性和可读性。

【示例分析 3-8】使用智能美化功能美化表格

创建并打开 WPS 演示文稿“应用智能美化功能 2.dps”，在该演示文稿中添加 1 张幻灯片，然后使用智能美化功能美化幻灯片。

操作步骤如下。

① 选中包含表格的幻灯片，如图 3-44 所示。

季度	投资金额	营业收入	利润
第1季度	82	50	25
第2季度	118	78	36
第3季度	175	120	70
第4季度	246	183	68

图 3-44　待美化的表格

② 在幻灯片底部单击“智能美化”按钮，在弹出的快捷菜单中选择“单页美化”命令，幻灯片编辑窗口下方会自动显示多个表格“智能美化”的样式。从中选择一个合适的表格美化样式，WPS 演示文稿自动对表格进行美化处理，如图 3-45 所示。

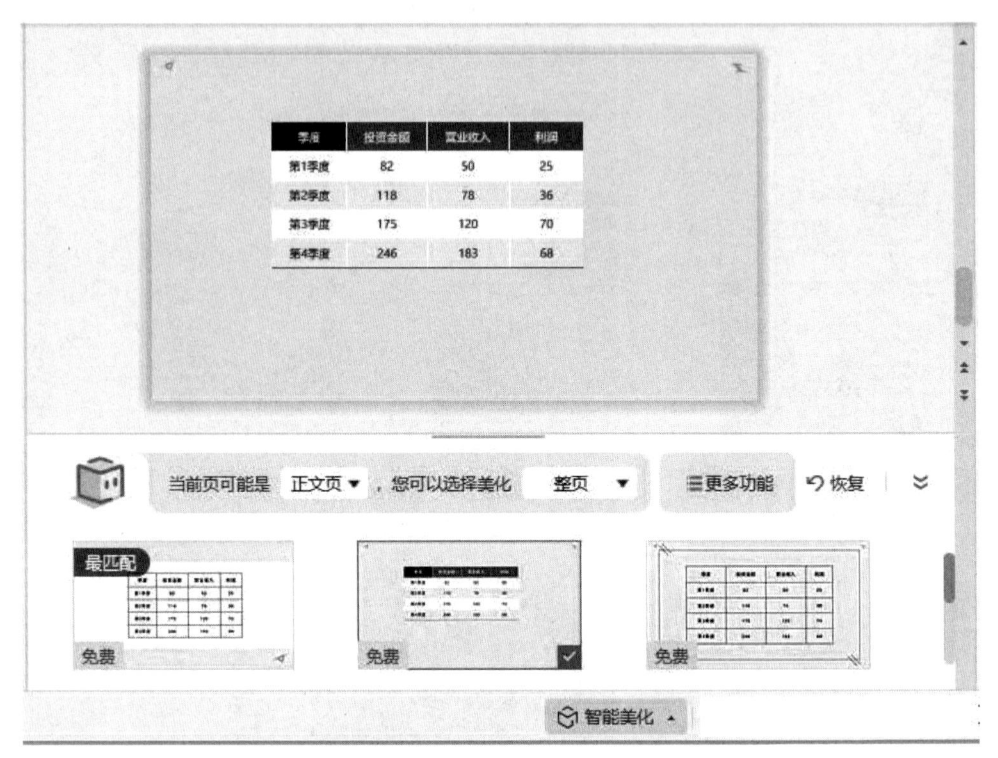

图 3-45　幻灯片编辑窗口下方的“智能美化”表格的样式列表

③ 选择一种合适的表格样式后，原幻灯片会被新的排版样式所代替，表格美化后的效果如图 3-46 所示。

季度	投资金额	营业收入	利润
第1季度	82	50	25
第2季度	118	78	36
第3季度	175	120	70
第4季度	246	183	68

图 3-46　智能美化后的表格

4. 创意裁剪

幻灯片中使用图片来装饰文字是常用的方法，但文字旁边的图片一般都是方方正正的，稍显单调，智能美化提供了创意裁剪特效，可以自动对图片进行裁剪，产生各种有创意的效果。

使用智能美化功能实现图片创意裁剪的操作方法与操作示例详见本书的配套教材《信息技术技能提升训练》中对应单元的“技能训练”。

5. 为幻灯片中的视频添加播放容器图片

利用智能美化功能能自动识别幻灯片中的视频，并可以自动为其添加播放容器图片，例如，平板电脑、笔记本电脑、手机、卷轴等效果，让视频播放显得更加生动。

使用智能美化功能为幻灯片中的视频添加播放容器图片的操作方法与操作示例详见本书的配套教材《信息技术技能提升训练》中对应单元的“技能训练”。

3.5.2　使用主题设计方案美化幻灯片

WPS 演示文稿提供了完善的在线设计方案，在线设计方案是字体样式、背景图颜色、装饰花纹等一系列风格的综合应用。使用在线设计方案可以提高制作演示文稿的效率。

为幻灯片快速应用一种主题时，应先打开要应用主题的演示文稿，然后切换到“设计”选项卡，在“设计方案”列表框中选择要应用的文档主题，或者在文档主题右侧单击“更多设计”按钮，打开“全文美化”窗口，在该窗口中可以查看与选择多个可用的设计方案。

1. 新建的演示文稿选择设计方案

针对新建的演示文稿可以先选择设计方案，然后在新建的幻灯片中输入内容，这些内容都会按照设计方案来排版、配色。

选择合适的设计方案创建演示文稿的操作方法与操作示例详见本书的配套教材《信息技术技能提升训练》中对应单元的“技能训练”。

2. 已有的演示文稿使用设计方案

针对已经存在的演示文稿，如果对其设计方案不满意，可以重新选择设计方案，演示文稿整体更换设计方案的操作步骤与新建演示文稿时选择设计方案类似，也是通过“设计”选项卡单击“更多设计”按钮，在打开的“全文美化”窗口中选择合适的设计方案来实现的。

【示例分析 3-9】使用设计方案改变已有幻灯片的设计样式

创建与打开“五四青年节活动方案使用设计方案.dps”，如果只想改变该演示文稿中的某一张幻灯片的设计样式，可以采用如下操作步骤。

□ 选中需要修改设计版式的幻灯片，该幻灯片的外观如图 3-47 所示。

② 右击，在弹出的快捷菜单中选择“版式”命令，然后在弹出的版式面板中依次选择“推荐排版”→“文字排版”选项，在推荐的版式列表中选择一个合适的设计版式，这里选择“运营周报”版式，然后单击版式图例右下角的“应用”按钮。

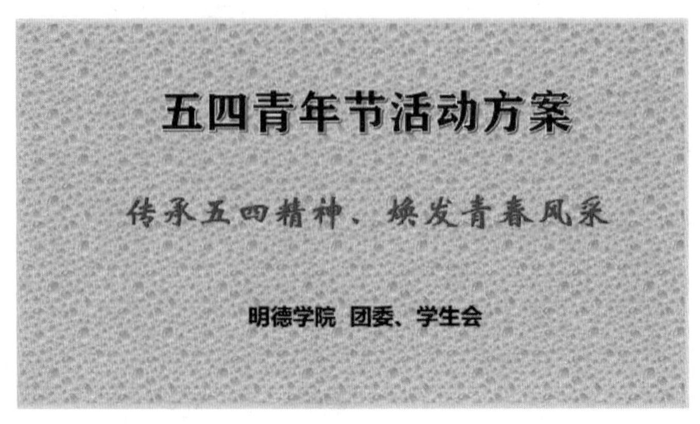

图 3-47　待修改设计版式的幻灯片

③ 选择版式后，当前幻灯片就应用了此版式，在原来的幻灯片上添加了背景图，幻灯片更改版式后的效果如图 3-48 所示。

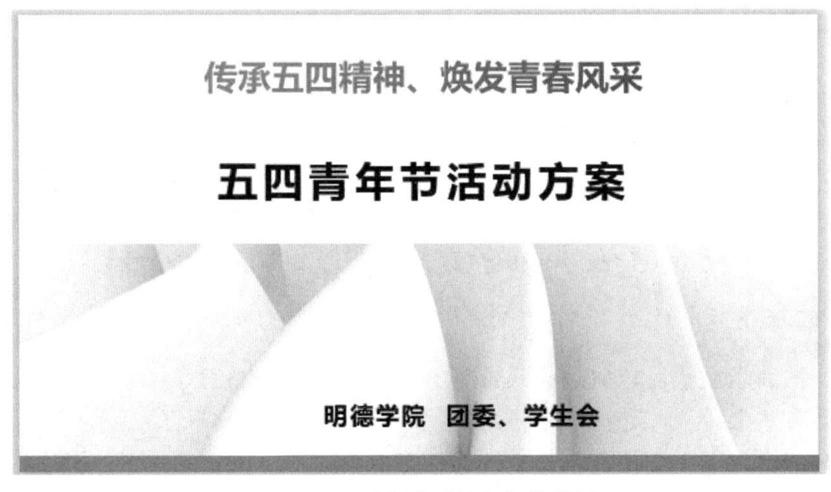

图 3-48　更改版式后的幻灯片效果

3.5.3　使用配色方案美化幻灯片

配色方案可以从整体上修改演示文稿的主题配色，演示文稿的背景色、字体颜色、表格颜色等都会跟随配色方案的更换而发生相应的变化。

1. 更换配色方案

【示例分析 3-10】更换已有演示文稿中幻灯片的配色方案

创建并打开“使用 WPS 演示的配色方案设计幻灯片.pptx”，更换该演示文稿中幻灯片的配色方案的操作步骤如下。

① 打开需要更换配色方案的演示文稿。

② 在“设计”选项卡中单击“配色方案”按钮，在打开的“配色方案”下拉列表中依次选择“推荐方案”→“按风格”选项，然后在“配色方案”列表中选择一种合适的配色方案，

这里选择“各尽其责”配色方案。

在当前幻灯片中应用“各尽其责”配色方案的效果如图 3-49 所示。

图 3-49　幻灯片中应用“各尽其责”配色方案的效果

2. 修改配色方案

切换到“设计”选项卡，单击“配色方案”按钮，弹出下拉面板，然后在“预设颜色方案”中选择要更改的主题颜色元素对应的选项。

如果仍不满足需求，还可以选择“更多”命令，打开“全文美化”窗口“智能配色”选项卡，如图 3-50 所示。在该选项卡中根据需要选择合适的“风格”、“色系”和“颜色”即可。

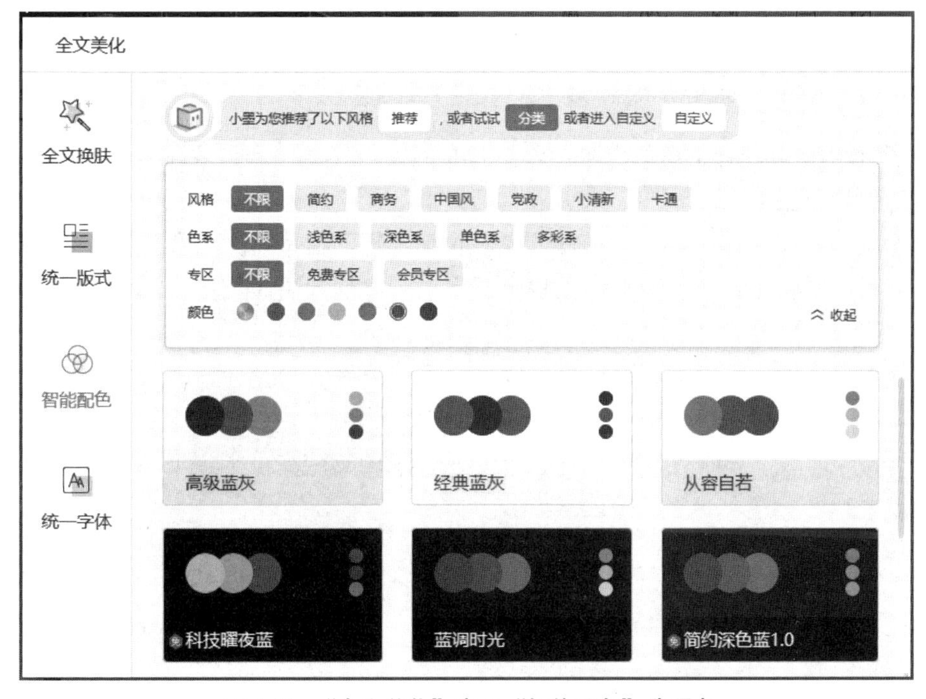

图 3-50　“全文美化”窗口“智能配色”选项卡

3.6　统一幻灯片风格

一个好的演示文稿，应该具有一致的外观风格。母版和主题的使用、幻灯片背景的设置以及模板的创建，都可以使演示文稿的外观风格更加高效控制。

制作演示文稿时经常会套用相关主题或模板，创建演示文稿时，幻灯片风格由主题确定，新增一张幻灯片，可以使用当前默认主题，也可以改为其他主题，每一种主题都规定了相应的颜色、字体、效果和背景样式。

3.6.1　幻灯片母版与版式应用

1. 关于母版

使用幻灯片母版的主要优点是可以对演示文稿中的幻灯片（包括以后添加到演示文稿中的幻灯片）进行统一的样式设置。幻灯片母版是一张特殊的幻灯片，可以控制整个演示文稿的外观风格，包括颜色、字体、背景、效果等内容，可以将它看作是一个用于构建幻灯片的框架，例如，希望每张幻灯片上的同样位置都出现同样的元素对象，利用母版就可以实现。使用母版可以为演示文稿中所有的幻灯片设置统一的风格，对母版的任何设置都将影响到每一张幻灯片。

【注意】：在普通视图中无法编辑或删除幻灯片母版中的元素。

在演示文稿中，所有幻灯片都基于该幻灯片母版创建。如果更改了幻灯片母版，则会影响所有基于母版创建的演示文稿幻灯片。

2. WPS 演示文稿母版的类型

WPS 演示文稿有三种主要的母版：幻灯片母版、讲义母版和备注母版。

（1）幻灯片母版

幻灯片母版是存储模板信息的幻灯片，它包括字形、占位符大小和位置、背景设计和配色方案。其目的是使用户能实现演示文稿全局更改，并使此更改应用到演示文稿的所有幻灯片中。

在“视图”选项卡中单击“幻灯片母版”按钮，如图 3-51 所示。打开“幻灯片母版”视图，同时显示“幻灯片母版”选项卡，如图 3-52 所示。

在“幻灯片母版”选项卡中单击“关闭”按钮，即可退出“幻灯片母版”视图模式，返回普通视图模式。

图 3-51　在“视图”选项卡中单击“幻灯片母版”按钮

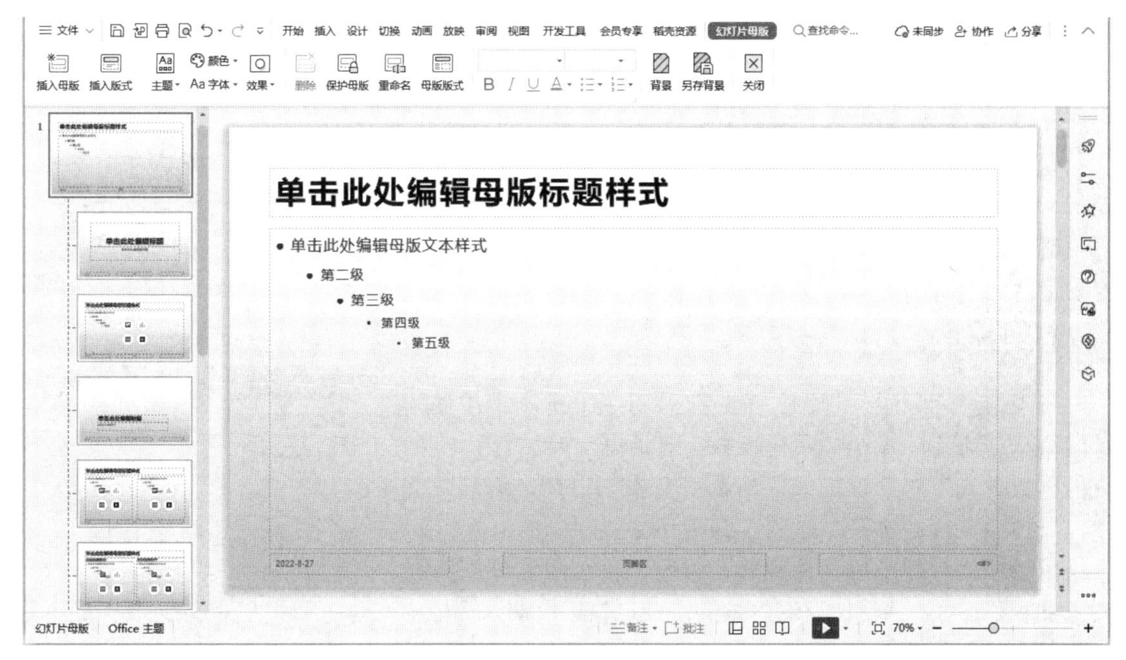

图 3-52　“幻灯片母版”视图

（2）讲义母版

如果需要更改讲义中页眉和页脚内文本、日期或页码的外观、位置和大小，这时就可以更改讲义母版。讲义母版用来格式化讲义页面。

（3）备注母版

备注可以充当演讲者的脚注，它提供现场演示时演讲者所能提供给听众的背景和细节情况。备注母版用来格式化备注页面。

3. WPS 演示文稿母版的版式

在 WPS 演示文稿中，每个幻灯片母版都包含一个或多个标准或自定义的版式集。当创建“空白演示文稿”时，将显示名为“空白演示”的默认版式，即“标题幻灯片版式”，如图 3-53 所示。其他标准版式也可以使用。

图 3-53　“空白演示”的默认版式

在“视图”选项卡中单击“幻灯片母版”按钮，打开“幻灯片母版”视图，左侧“版式”列表中可以看出“空白演示”的各个默认版式为：Office 主题母版、标题幻灯片版式、标题和内容版式、节标题版式、两栏内容版式、比较版式、仅标题版式、空白版式、图片与标题版式、竖排标题与文本版式、内容版式、末尾幻灯片版式。

请扫描二维码，浏览电子活页中的相关内容，熟悉 WPS 演示文稿母版各个默认版式的外观。

电子活页 3-5

WPS 演示文稿母版的版式

4. 幻灯片版式中的占位符

在“幻灯片母版”视图的“幻灯片母版”选项卡中单击“母版版式”按钮，打开“母版版式”对话框，WPS 演示文稿的“母版版式”中默认提供了标题、文本、日期、幻灯片编号、页脚等 5 种占位符，如图 3-54 所示。

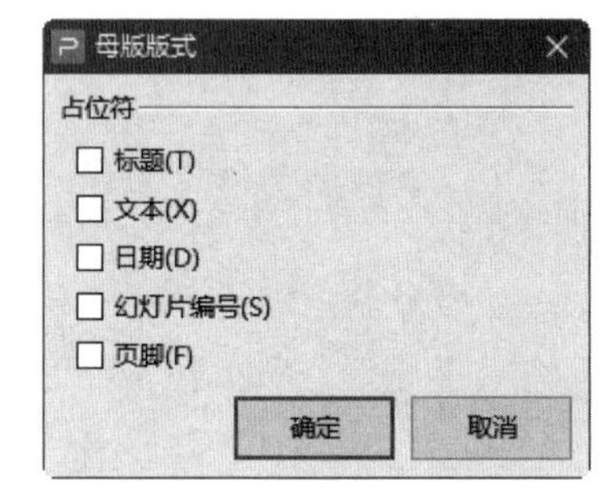

图 3-54 “母版版式”对话框

在幻灯片母版中选择相应的占位符就可以设置其字符格式和段落格式等，保持所有幻灯片的统一风格。日期、幻灯片编号和页脚的设置是在“幻灯片母版”视图状态下，在“插入”选项卡中单击“页眉页脚”按钮实现的，如图 3-55 所示。在“插入”选项卡中单击“幻灯片编号”或者“日期和时间”，均可打开“页眉和页脚”对话框。

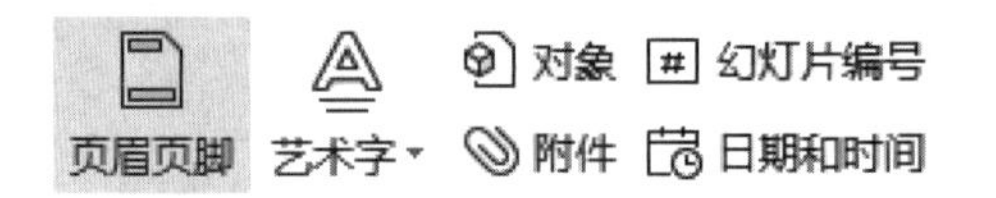

图 3-55 在“插入”选项卡中单击“页眉页脚”按钮

在弹出的“页眉和页脚”对话框中可以选择或取消“日期和时间”、“幻灯片编号”、“页脚”复选框，如图 3-56 所示，还可以设置标题幻灯片是否显示这些内容。

图 3-56 “页眉和页脚”对话框

在“页眉和页脚”对话框中进行相应的设置后，单击“全部应用”按钮，即给所有幻灯片添加了统一的内容。

在设计幻灯片版式时，如果用户不能确定其内容，也可以在版式中插入通用的“内容”占位符，它可以容纳任意内容，以便版面具有更广泛的可用性。

5. 重命名幻灯片版式名称

在“幻灯片母版”视图中，在包含幻灯片母版和版式的左侧窗格中单击选中一个版式，例如，选择“标题幻灯片 版式”，然后在“幻灯片母版”选项卡中单击“重命名”按钮，也可以右击幻灯片版式，在弹出的快捷菜单中选择“重命名版式”命令，如图 3-57 所示。

在打开的“重命名”对话框的“名称”文本框中输入新的版式名称即可，如图 3-58 所示。

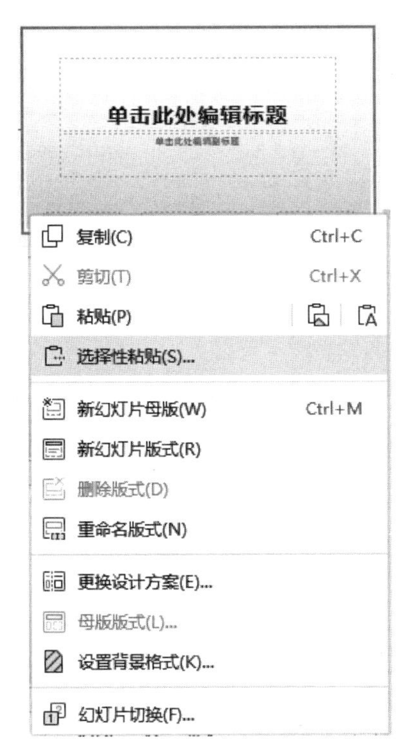

图 3-57　在“幻灯片版式”的快捷菜单中选择“重命名版式”命令

图 3-58　“重命名”对话框

6. 添加幻灯片母版

如果找不到合适的标准母版，可以添加和自定义新的母版。首先切换到“视图”选项卡，单击“幻灯片母版”按钮，进入“幻灯片母版”视图，如果需要添加母版，在“幻灯片母版”选项卡中单击“插入母版”按钮，如图 3-39 所示。

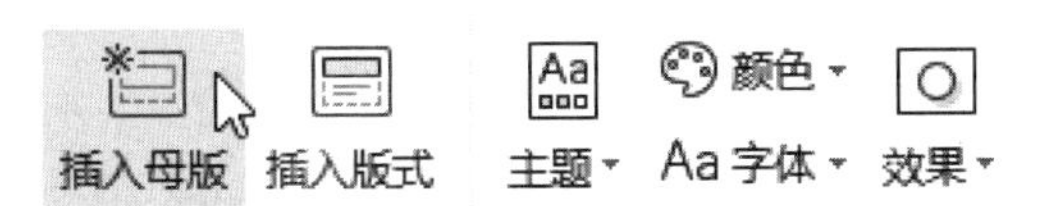

图 3-59　在“幻灯片母版”选项卡中单击“插入母版”按钮

在当前选中的母版的最后一个版式后面，添加一个新的“自定义设计方案”母版，如图 3-60 所示。

7. 添加幻灯片版式

如果用户找不到合适的版式，可以添加和自定义新的版式。

首先切换到“视图”选项卡，单击“幻灯片母版”按钮，进入“幻灯片母版”视图，在包含幻灯片母版和版式的左侧窗格中，在幻灯片母版下方版式区域定位到要添加新版式的位置，然后切换到“幻灯片母版”选项卡，单击“插入版式”按钮，在当前选中的母版的最后一个版式后插入新的“自定义版式”的版式，如图 3-61 所示。

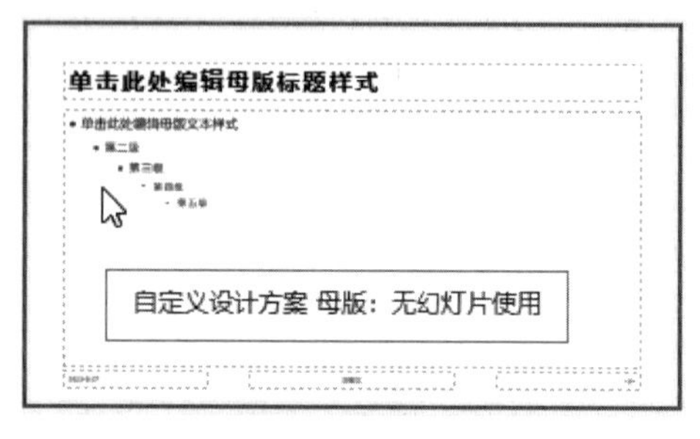

图 3-60　添加一个新的“自定义设计方案”母版

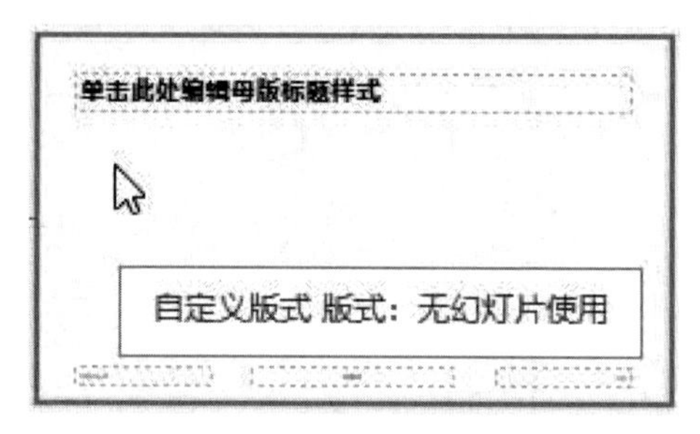

图 3-61　在当前选中母版中添加的“自定义版式”的版式

8. 选择母版版式与编辑版式内容

（1）选择合适的母版版式

在演示文稿中添加新的幻灯片时，在“开始”选项卡中单击“版式”按钮，在弹出的下拉面板中有多种版式供选择，选择一种合适的母版版式，如图 3-62 所示，直接使用即可。

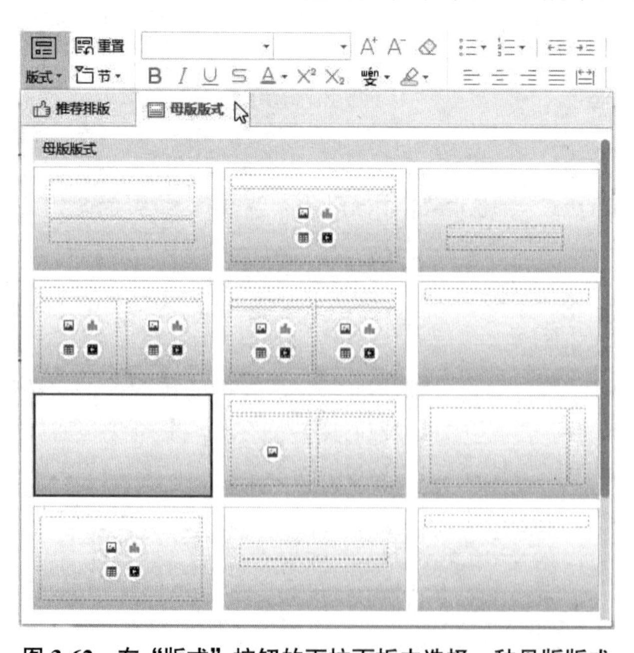

图 3-62　在“版式”按钮的下拉面板中选择一种母版版式

（2）调整占位符

占位符就是幻灯片页面中出现的类似文本框的边框线，在“幻灯片母版”视图中或者在幻灯片的编辑状态下都可以对占位符的大小、位置进行调整，还可以旋转和删除占位符。占位符调整操作说明如下。

① 调整大小：像调整文本框一样调整占位符的大小。

② 移动占位符：单击占位符的边框，选中占位符后直接拖动即可移动占位符。

③ 旋转占位符：将鼠标指针指向占位符上方的旋转图标，按住鼠标左键拖动即可旋转。

④ 删除占位符：对不需要的占位符，可以单击其边框选中占位符，然后按【Delete】键即可将其删除。

（3）编辑版式内容

进入“幻灯片母版”视图，在“标题”占位符中单击“单击此处编辑母版标题样式”字样，激活标题占位符，选定其中的提示文字，并且改变其格式，可以一次性地更改所有的标题格式。

同样的方法，在“文本”占位符中单击“单击此处编辑母版文本样式”字样，激活文本占位符，选定其中的提示文字，并且改变其格式，可以一次性地更改所有的文本格式。

母版幻灯片版式的其他占位符中的版式内容编辑方法类似。另外，也可以在母版中加入任何对象，使每张幻灯片中都自动出现该对象。

母版版式内容编辑完成后，在“幻灯片母版”选项卡中单击“关闭”按钮，返回普通视图中，可以看出，在母版版式中修改过的标题、文本或其他对象，演示文稿中每张幻灯片对应的内容均发生了变化。

9. 自定义母版字体

自定义母版字体的方法如下：

在“设计”选项卡“演示工具”按钮的下拉菜单中选择“自定义母版字体”命令，打开“自定义母版字体”对话框。在该对话框对应文本框中设置文本格式，如图 3-63 所示，母版字体定义完毕，单击“应用”按钮即可。

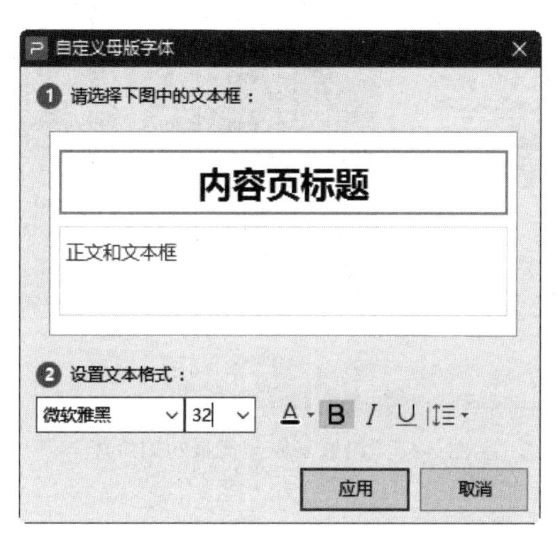

图 3-63　“自定义母版字体”对话框

也可以在“幻灯片母版”视图中单击“字体”按钮，在弹出的字体列表中选择合适的字体，可以一次性地更改幻灯片中同层的所有文字的字体。

【示例分析 3-11】在演示文稿中制作幻灯片母版

创建并打开 WPS 演示文稿“制作幻灯片母版.pptx”，在该演示文稿中制作幻灯片母版，并给每一张幻灯片都设置背景。

操作步骤如下。

① 在“视图”选项卡中单击“幻灯片母版”按钮，打开“幻灯片母版”视图。

② 在“幻灯片母版”视图左侧“母版”与“版式”列表中，选中第 1 张“Office 主题母版”，在“幻灯片母版”选项卡中单击“背景”按钮，打开“对象属性”窗格。

③ 在“对象属性”窗格“填充”选项卡中选择“图片或纹理填充”单选按钮，然后选择一个“纸纹 2”纹理作为幻灯片背景，并且把透明度设置为 50%，放置方式设置为“平铺”，如图 3-64 所示。

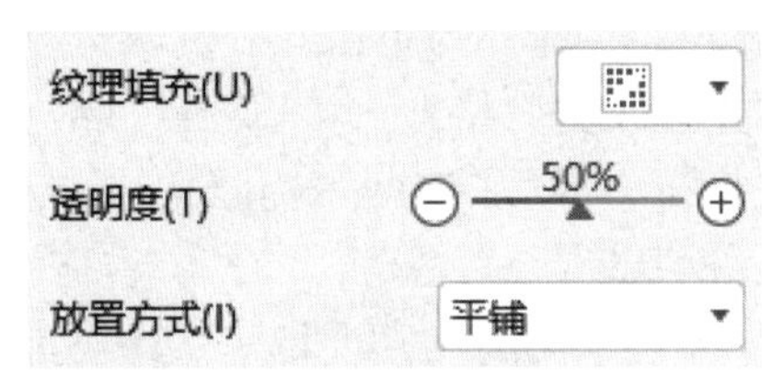

图 3-64　幻灯片版式的对象属性设置

④ 在“幻灯片母版”选项卡中单击“关闭”按钮，完成母版版式的设置，可以看到在母版版式中设置的纹理背景在每一张幻灯片中都出现了，如图 3-65 所示。

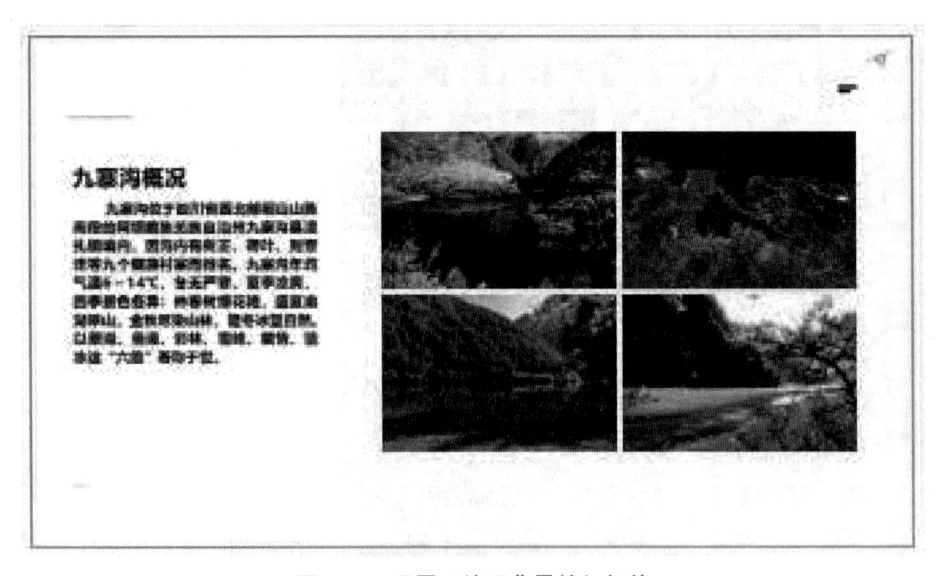

图 3-65　设置了纹理背景的幻灯片

10. 删除母版或版式

如果在演示文稿中创建了数量过多的母版和版式，那么在选择幻灯片版式时会造成不必要的混乱。为此，需要进入“幻灯片母版”视图，删除一些不用的母版或版式。

（1）删除版式

如果幻灯片母版中的版式已被幻灯片应用了，在“幻灯片母版”视图左侧，将鼠标指针指向幻灯片版式时会显示有哪些幻灯片在使用该版式，例如，将鼠标指针指向图 3-66 所示的版式时，显示“标题幻灯片 版式：由幻灯片 1 使用”提示信息，表示该版式已被使用。

再如，将鼠标指针指向图 3-67 所示的版式时，显示“标题和内容 版式：无幻灯片使用”提示信息，表示该版式未被任何幻灯片使用，可以将其删除。

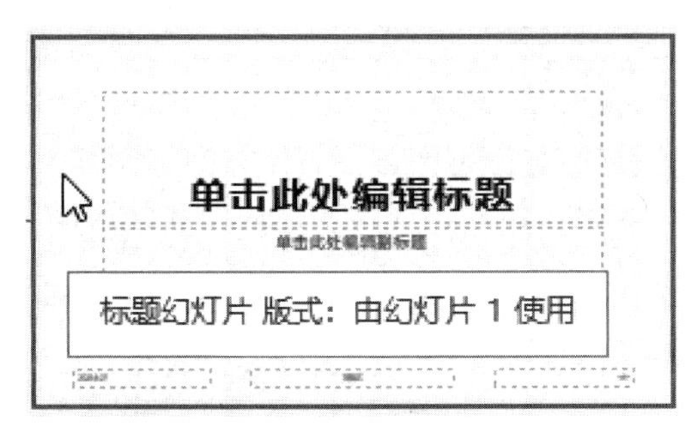

图 3-66　显示“标题幻灯片 版式：由幻灯片 1 使用”提示信息

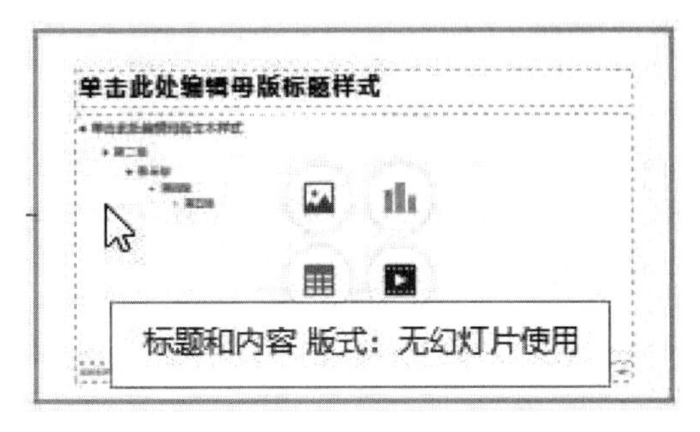

图 3-67　显示“标题和内容 版式：无幻灯片使用”提示信息

将母版中的版式删除的方法如下。

【方法 1】：在“幻灯片母版”视图左侧的版式列表中右击要删除的版式，从弹出的快捷菜单中选择“删除版式”命令，如图 3-68 所示，即可将选中的版式删除。

【方法 2】：在“幻灯片母版”视图左侧的版式列表中选择待删除的版式，在“幻灯片母版”选项卡中单击“删除”按钮，将选中版式删除。

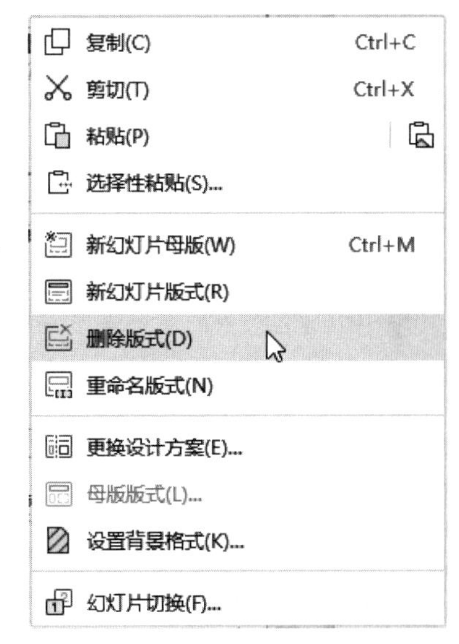

图 3-68　在“版式”快捷菜单中选择“删除版式”命令

（2）删除母版

如果幻灯片母版中包含了多个母版，将鼠标指针指向已有幻灯片使用的母版时，会出现如图 3-69 所示的提示信息。

将鼠标指针指向所有幻灯片都没有使用的母版时，会出现如图 3-70 所示的提示信息。

对于所有幻灯片都没有使用的母版，可以将该母版进行删除，删除母版的方法如下：

【方法 1】：在“幻灯片母版”视图左侧的母版列表中右击要删除的母版，从弹出的快捷菜单中选择“删除母版”命令，将一些不用的母版删除。

【方法 2】：在“幻灯片母版”视图左侧的母版列表中选择待删除的母版，在“幻灯片母版”选项卡中单击“删除”按钮，将选中母版删除。

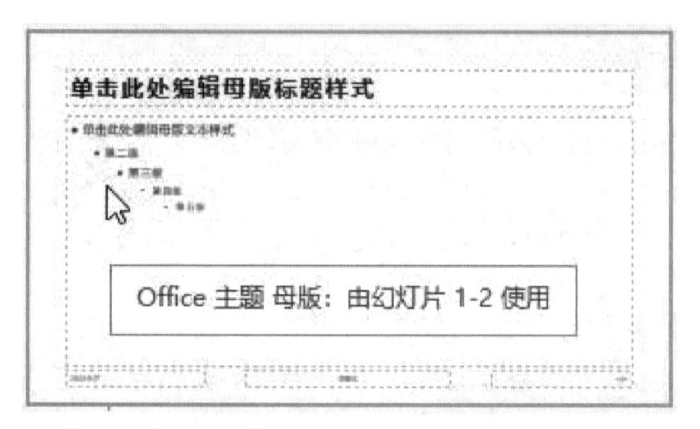

图 3-69　显示“Office 主题 母版：由幻灯片 1-2 使用”提示信息

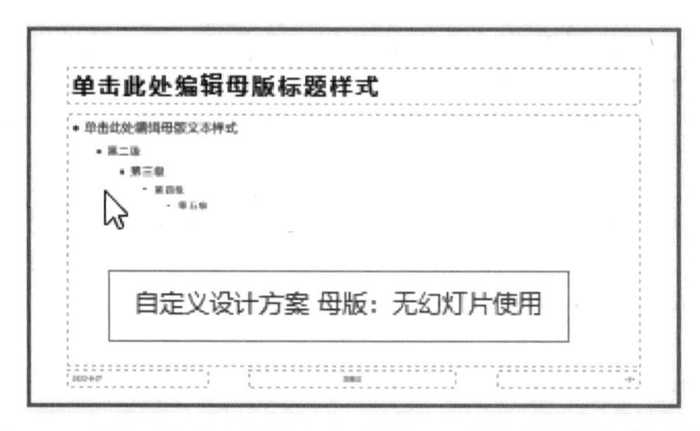

图 3-70　显示“自定义设计方案 母版：无幻灯片使用”提示信息

3.6.2　统一幻灯片版式

WPS 演示文稿的“统一版式”功能是系统根据幻灯片的内容自动适应版式布局，如果一种版式布局不满意，可以选择其他的版式布局，直到满意为止。

【示例分析 3-12】使用“统一版式”功能智能更换幻灯片版式

打开“智能更换幻灯片版式.pptx”，幻灯片的初始版式如图 3-71 所示，在该演示文稿中智能更换该幻灯片的版式。

图 3-71　幻灯片的初始版式

① 在“设计”选项卡中单击“智能美化”按钮，在弹出的下拉菜单中选择“统一版式”命令。

② 打开“全文美化”窗口，自动切换到“统一版式”选项卡，如图 3-72 所示。

图 3-72　“全文美化”窗口的“统一版式”选项卡

③ 在“全文美化”窗口的右侧选中需要更换版式的幻灯片缩略图的复选框，如图 3-73 所示。

图 3-73　选中需要更换版式的幻灯片缩略图的复选框

④ 在该窗口中部区域选择一种合适的版式，这里选择“线型版”，在版式图例中单击“预览版式效果”按钮，如图 3-74 所示。在对应图例下侧会出现“预览完成”提示文字，如图 3-75 所示。

图 3-74　在版式图例中单击“预览版式效果”按钮

图 3-75　版式效果预览完成

⑤ 在右侧下方单击“应用美化”按钮，应用了所选版式“线型版”后的幻灯片效果如图 3-76 所示。

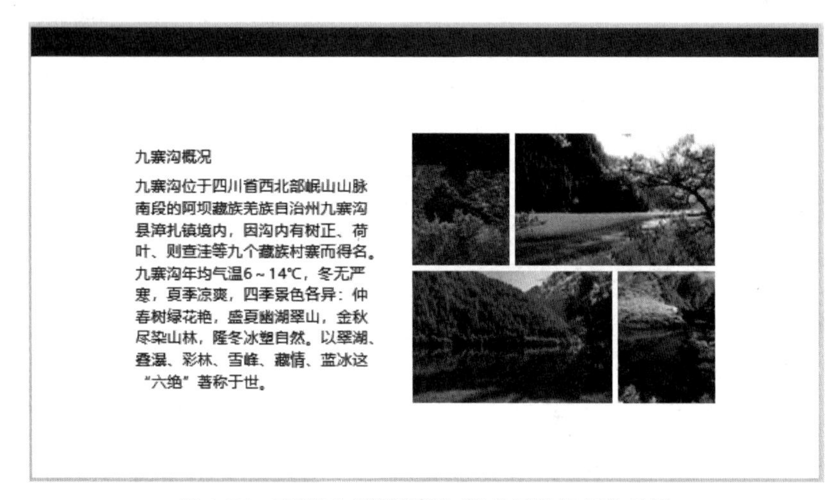

图 3-76　应用了“线型版”版式后的幻灯片效果

3.6.3　统一幻灯片字体

1. 在已有的字体列表中选择合适的字体

使用“统一字体”功能设置幻灯片字体的步骤如下：

① 打开已有演示文稿。

② 在“设计”选项卡中单击“统一字体”按钮，在弹出的下拉选项中选择合适的字体即可。

2. 替换字体

在“设计”选项卡中单击“演示工具”按钮，在弹出的下拉菜单中选择“替换字体”命令，如图 3-77 所示。

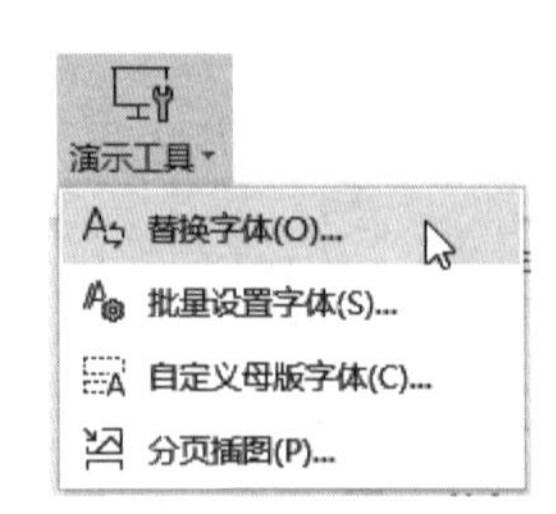

图 3-77　“演示工具”按钮的下拉菜单

打开“替换字体”对话框，在“替换”下拉列表框中选择待替换的字体名称，这里选择“宋体”，然后在“替换为”下拉列表框中选择所需的字体名称，这里选择“微软雅黑”，如图 3-78 所示，接着单击“替换”按钮，完成演示文稿中的字体替换。

图 3-78　“替换字体”对话框

3.6.4　设置幻灯片背景

电子活页 3-6

设置幻灯片背景

在 WPS 演示文稿中，为幻灯片设置背景主要是添加一种背景样式。在更改文档主题后，背景样式会随之更新，以反映新的主题颜色和背景。

请扫描二维码，浏览电子活页中的相关内容，从以下三个方面熟悉设置幻灯片背景的方法：向演示文稿中添加预设的背景样式、自定义幻灯片的背景、清除幻灯片中的背景。

3.7　设置 WPS 幻灯片的动画效果

动画效果是指给幻灯片内的对象，例如，文本对象、图片对象、形状对象、表格对象等添加特殊视觉效果，其目的是突出重点，增加演示文稿的趣味性和吸引力，WPS 演示文稿提供的动画丰富且使用方便，所有动画设计功能都集成到“动画”选项卡的功能区中。

通过为幻灯片中的对象设置动画效果，可以让原本静止的演示文稿变得生动。可以利用 WPS 演示文稿提供的动画方案、自定义动画、智能动画等功能，制作出形象生动、有吸引力的演示文稿。

3.7.1　WPS 演示文稿提供的动画类型

WPS 演示文稿提供了“进入”、“强调”、“退出”和“动作路径”等四类动画。

在幻灯片中选中需要设置动画效果的对象，然后切换到“动画”选项卡，显示预设的“动画”列表框，如图 3-79 所示。

图 3-79　“动画”选项卡中的“动画”列表框

电子活页 3-7

WPS 演示文稿动画的类型

单击“动画”列表框右下角箭头按钮，打开动画分类列表框，可以看到进入、强调、退出、动作路径等几类动画。

请扫描二维码，浏览电子活页中的相关内容，熟悉 WPS 演示文稿动画类型的主要特点及其细分类型。

3.7.2　为幻灯片对象设置动画效果

【示例分析 3-13】为演示文稿中各张幻灯片设置合适的动画效果

打开 WPS 演示文稿“设置幻灯片的动画效果.pptx”，为该演示文稿中各张幻灯片设置合适的动画效果。

1. 为幻灯片对象添加动画效果

WPS 演示文稿可以快速为幻灯片对象添加动画效果，下面为如图 3-80 所示的幻灯片中的文本对象添加动画效果。

图 3-80　为幻灯片中的文本对象添加动画效果

操作步骤如下。

① 在普通视图中，选中需要设置动画效果的对象，这里选中包含文本内容“设置幻灯片的动画效果”的文本框。

② 切换“动画”选项卡，并打开“动画”功能区。

③ 在预设的“动画”列表框中选择一种合适的动画效果，其将应用于所选对象。也可以单击“动画”列表框右下角箭头，打开动画分类窗口，可以看到进入、强调、退出、动作路径等几类动画。此处选择“进入”动画“擦除”。

④ 在“动画”选项卡中单击“动画属性”按钮，在弹出的下拉菜单中选择“自左侧”命令，如图 3-81 所示。

⑤ 在“动画”选项卡中单击“文本属性”按钮，在弹出的下拉菜单中选择“整体播放”命令，如图 3-82 所示。

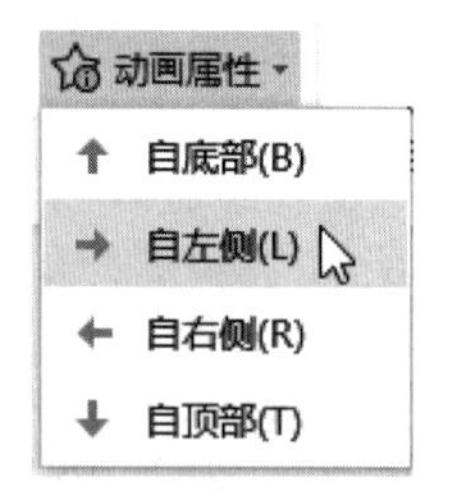

图 3-81　在“动画属性”按钮的下拉菜单中选择“自左侧”命令

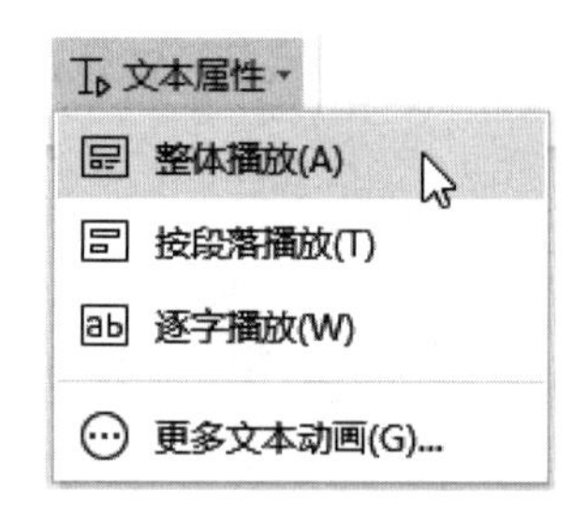

图 3-82　在“文本属性”按钮的下拉菜单中选择“整体播放”命令

⑥ 在“动画”选项卡中，“擦除”动画的“开始播放”选择“单击时”选项，“持续时间”设置为“01.00”，“延迟时间”设置为“00.00”，如图 3-83 所示。

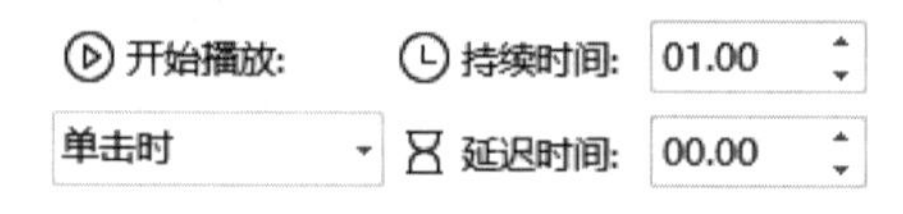

图 3-83　设置动画选项

⑦ 在“动画”选项卡中，单击“动画窗格”按钮，在右侧显示“动画窗格”，在该窗格中可以看出刚添加的“擦除”动画及其属性设置，如图 3-84 所示。在“动画窗格”中也可以从对应的下拉列表中分别选择“开始”、“方向”、“速度”等属性选项。

⑧ 在“动画”列表框中选择“强调”动画“放大/缩小”，设置“放大/缩小”动画实现放大后再自动缩小回原尺寸大小，在“动画窗格”中右击刚添加的“放大/缩小”动画，在弹出的快捷菜单中选择“效果选项”命令，如图 3-85 所示。

图 3-84　在“动画窗格”中查看与设置“擦除”动画的属性选项

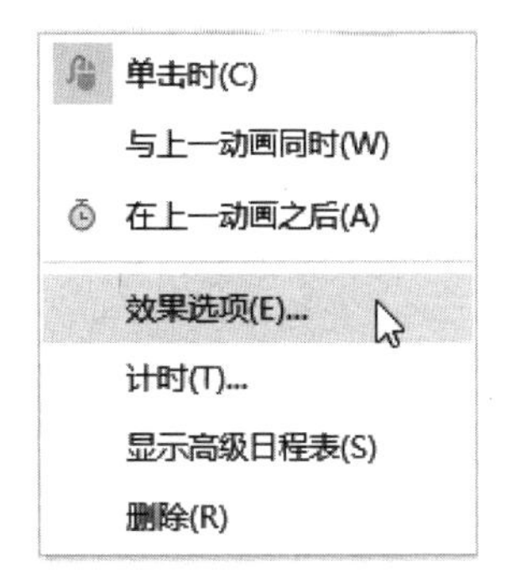

图 3-85　在动画快捷菜单中选择“效果选项”命令

打开“放大/缩小”对话框，在“效果”选项卡“设置”栏中选择“自动翻转”复选框，如图 3-86 所示。这样在播放“放大/缩小”动画的时候就可以实现放大再缩小的动画过程。

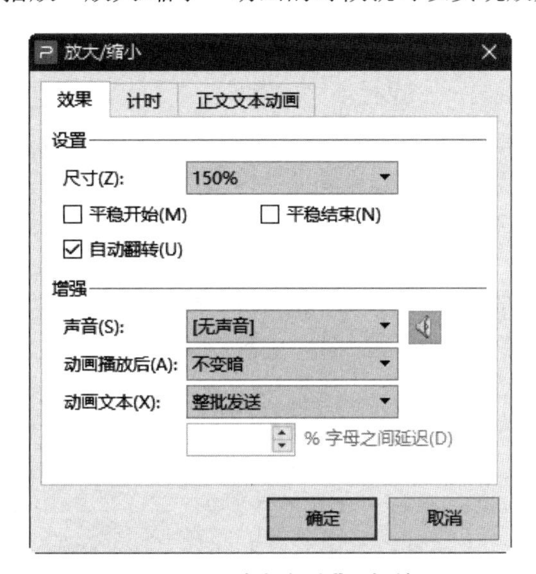

图 3-86　“放大/缩小”对话框

⑨ 在“动画”选项卡中，“放大/缩小”动画“开始播放”选择“在上一动画之后”选项，设置“持续时间”为“02.00”，“延迟时间”为“00.00”。

⑩ 在“动画窗格”中单击“播放”按钮，实时观看刚才所添加“擦除”基本动画和“放大/缩小”强调动画的效果。

2. 设置动画选项

（1）重新排列动画的播放顺序

当在同一张幻灯片中添加了多个动画效果后，可以重新排列动画效果的播放顺序。

如图 3-87 所示的一张幻灯片中有多个对象都添加了动画效果，在“动画窗格”中看到这些动画的排序情况，如图 3-88 所示，动画将按照这样的排序顺序进行播放，即幻灯片对象出现的先后顺序为图片 1（左侧图片）→标题 1：夏日清凉绿意深→图片 3（右侧图片）→标题 1：一湖平静倒影起。

图 3-87　幻灯片中有多个对象添加了动画效果

可以对动画进行重新排序，右侧的图片和标题先出现，左侧的图片和标题后出现，设置步骤如下。

① 打开需要重新进行动画排序的幻灯片。

② 在“动画”选项卡中单击“动画窗格”按钮，打开如图 3-88 所示的“动画窗格”窗格，在窗格中可以查看已设动画的播放顺序。

③ 在“动画窗格”中选定要调整顺序的动画，在“重新排序”栏中单击向下箭头按钮或者向上箭头按钮按钮可以改变动画的播放顺序。

这里，在“动画窗格”中选定第 1 行的动画（即图片 1），在“重新排序”栏中单击 3 次向下箭头按钮，第 1 行图片 1 对应的动画移至第 4 行。

④ 在“动画窗格”中选定要调整顺序的动画，将其拖到列表框中的所需位置即可。

这里，在“动画窗格”中单击“标题 1：夏日清凉绿意深”对应的动画并拖动到最后。

图 3-88　“动画窗格”中的多个动画列表

“动画窗格”中重新调整了播放顺序的多个动画如图 3-89 所示。

图 3-89　“动画窗格”中重新调整了播放顺序的多个动画

（2）设置动画的开始方式

幻灯片中对象的动画有以下几种开始方式。

① 单击时：单击鼠标时开始播放动画。

② 与上一动画同时：动画与上一个动画同时开始播放。

③ 在上一动画之后：动画在上一个动画结束后开始播放。

在“动画窗格”中可以对每个动画的开始方式进行设置，默认是“单击时”，设置动画打开方式的步骤如下。

① 在“动画窗格”中选择第 3 行“图片 1”对应的动画。

② 在“动画”选项卡“开始播放”区域单击“开始播放”列表框右侧的箭头按钮，在弹出的动画开始播放列表中选择“在上一动画之后”选项，如图 3-90 所示，此动画将在前一个“标题 1”的动画之后开始播放。

③ 在“动画窗格”中选择第 1 行“图片 3”对应的动画。

④ 在“动画窗格”的“开始”栏的下拉列表中重新选择“单击时”选项，如图 3-91 所示，此动画将在鼠标左键被“单击时”开始播放。

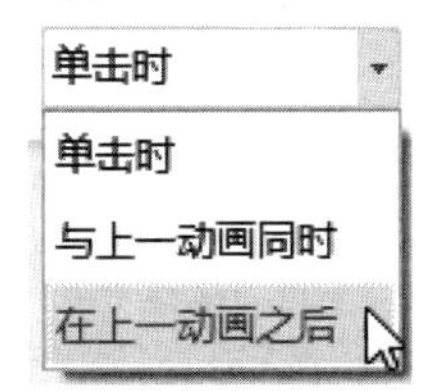

图 3-90　在动画开始播放列表中选择“在上一动画之后”选项

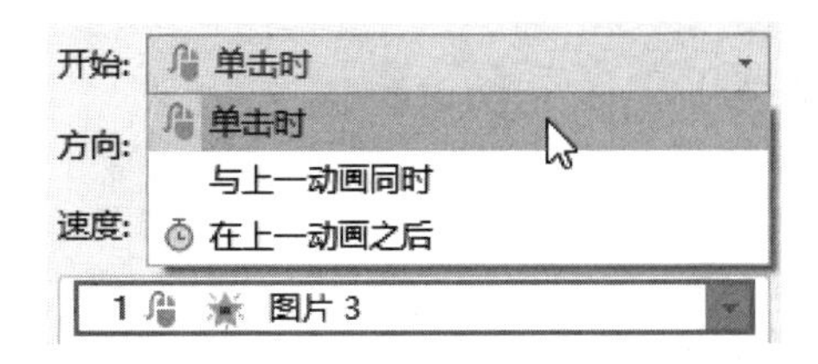

图 3-91　在“开始”栏的开始方法下拉列表中选择“单击时”选项

⑤ 还可以设置动画的方向和速度，完成设置后，可通过单击“动画窗格”底部的“播放”按钮来观看所设置的动画效果。

3. 预览动画的播放效果

在“动画”选项卡中单击“预览效果”按钮，可以预览当前幻灯片中动画的播放效果。如果对动画的播放速度不满意，在“动画窗格”中选定需要调整播放速度的动画效果，在“速度”选项的下拉框中选择播放速度，如图 3-92 所示。

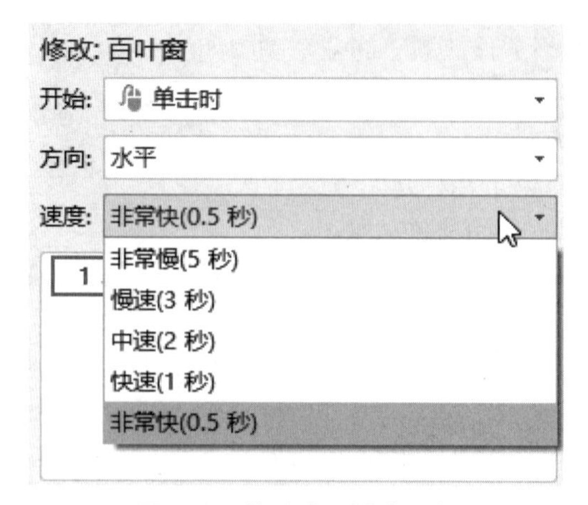

图 3-92　修改动画播放速度

也可以在“动画窗格”中单击所需要设计播放时间的动画，在“动画窗格”中单击动画右侧的箭头按钮，从下拉菜单中选择“效果选项”命令。在打开的对话框中切换到“计时”选项卡，如图 3-93 所示。然后在“延迟”微调框中输入该动画与上一动画之间的延迟时间；在“速度”下拉列表框中选择动画的播放速度；在“重复”下拉列表框中设置动画的重复次数。设置完毕后，单击“确定”按钮即可。

为动画添加声音的方法如下：在“动画窗格”中选定要添加声音的动画，单击其右侧的箭头按钮，从下拉菜单中选择“效果选项”命令，打开“百叶窗”对话框（对话框的名称与选择的动画名称对应）。然后切换到“效果”选项卡，在“声音”下拉列表框中选择要增强的声音，这里选择了“单击”，如图 3-94 所示。

图 3-93　动画的计时设置

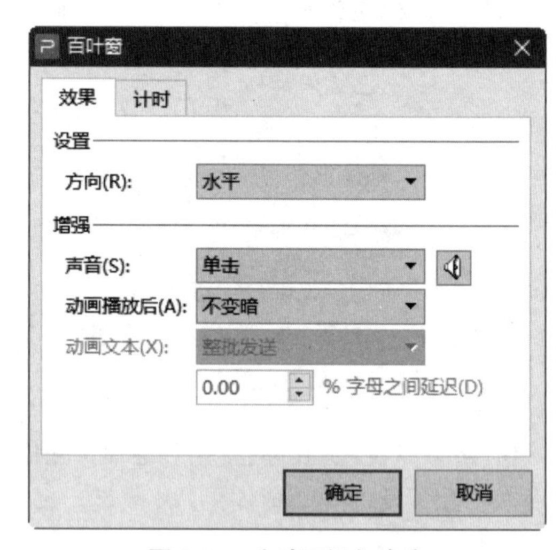

图 3-94　为动画添加声音

4. 删除动画效果

删除幻灯片中设置的动画效果的方法很简单，可以在选定待删除动画的对象后，切换到“动画”选项卡，通过下列方法来删除动画效果。

① 在“动画”选项卡“动画样式”列表框中选择“无”选项即可。

② 在“动画窗格”列表区域中右击要删除的动画，从弹出的快捷菜单中选择“删除”命令即可。

③ 在“动画窗格”列表区域中右击要删除的动画，单击“动画窗格”右上方的“删除”按钮即可。

④ 在“动画”选项卡单击“删除动画”按钮，在弹出的下拉菜单中选择删除动画的选项，如图 3-95 所示，例如，选择“删除选中对象的所有动画”，然后在弹出的提示信息框中单击“确定”按钮即可，如图 3-96 所示。

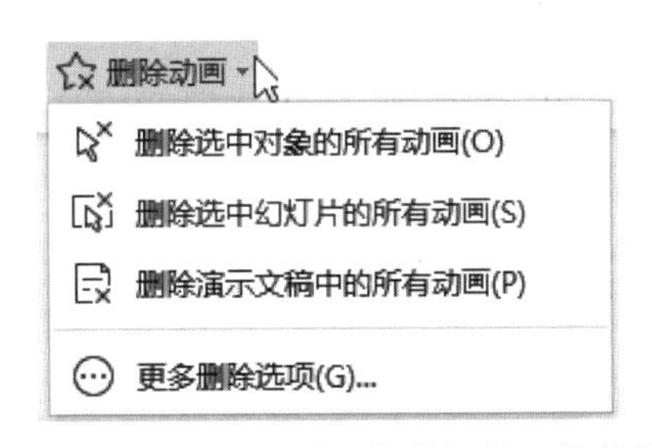

图 3-95　在“删除动画”按钮的下拉菜单中选择删除动画的选项

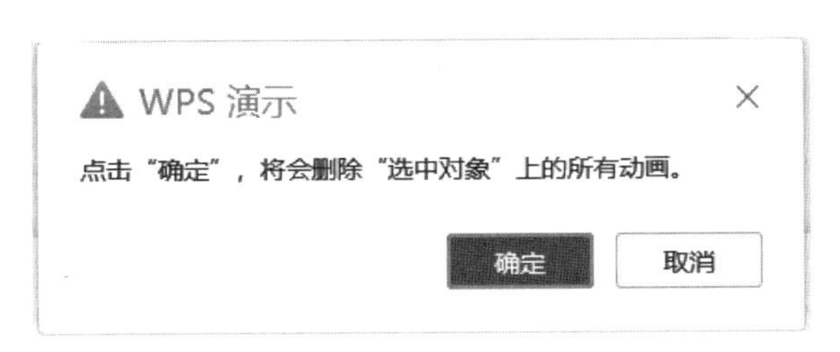

图 3-96　“删除选中对象的所有动画”提示信息框

5. 智能添加动画

WPS 演示文稿可以根据幻灯片的内容智能地添加动画，提高了设计的效率。智能动画主要包括主题强调、逐项进入、逐项强调、逐项退出、触发强调等几类。智能添加动画时需要联网操作。

WPS 演示文稿中根据幻灯片的内容智能地添加动画的操作方法与操作示例详见本书的配套教材《信息技术技能提升训练》中对应单元的“技能训练”。

6. 设置动态数字效果

WPS 演示文稿可以把文本框中的数字设置成“动态数字”效果，还可以设置数字动画的类型、调整数值和动画样式。

WPS 幻灯片中设置动态数字效果的操作方法与操作示例详见本书的配套教材《信息技术技能提升训练》中对应单元的“技能训练”。

3.8　设置幻灯片的切换效果

在演示文稿放映过程中由一张幻灯片进入另一张幻灯片的过程称为幻灯片之间的切换。幻灯片切换效果是在播放期间从一张幻灯片切换到下一张幻灯片时出现的动画效果。WSP 演示文稿不但可以控制切换效果的速度、添加声音，而且可以对切换效果的属性进行自定义。

1. 设置幻灯片切换方式

幻灯片的切换方式有两种，分别为手动换片和自动换片。手动换片是指在放映幻灯片时通过单击鼠标的方式来一张张地翻页与换片，自动换片是设置每一张幻灯片的播放时间，时间一到就自动切换到下一张幻灯片。设置幻灯片切换方式的操作步骤如下。

（1）选中需要设置切换方式的幻灯片，切换到“切换”选项卡。

（2）确定换片方式。

①“手动换片”方式。在“切换”选项卡中选择“单击鼠标时换片”复选框，如图 3-97 所示，此时在放映幻灯片时，由播放者自行通过单击鼠标或者翻页笔来切换幻灯片。

②“自动换片”方式。在“切换”选项卡中选择“自动换片”复选框，并设置时长，这里设置为“00:05”，如图 3-98 所示，即播放到此幻灯片时，停留 5 秒后就会自动切换到下一张幻灯片。

单击鼠标时换片
自动换片: 00:00

图 3-97　“手动换片”方式

单击鼠标时换片
自动换片: 00:05

图 3-98　“自动换片”方式

③ 如果“单击鼠标时换片”复选框和“自动换片”复选框两者同时被选中，如图 3-99 所示。此时在设置的时长内单击鼠标则切换幻灯片，超过设置时长且未单击鼠标，则幻灯片自动换片。

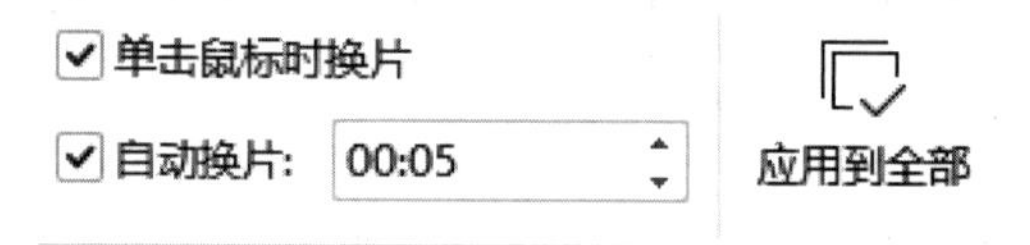

图 3-99　“单击鼠标时换片”复选框和“自动换片”复选框两者同时被选中

④ 如果同时取消了两个复选框的选择，则在幻灯片放映时，只能单击鼠标右键，在弹出的快捷菜单中选择“下一页”命令时才能切换幻灯片。

切换方式设置完成以后，则自动将切换方式应用到选定的幻灯片上；如果单击“应用到全部”按钮，将切换方式应用到演示文稿中所有幻灯片上。

2. 设置幻灯片切换效果

所谓幻灯片切换效果，就是指两张连续幻灯片之间的过渡效果，设置了切换效果的幻灯片在放映的时候过渡更加自然。切换效果设置步骤如下。

① 在普通视图的“幻灯片”选项卡中单击某个幻灯片缩略图，选中需要设置切换效果的幻灯片。

② 切换到“切换”选项卡，在“切换效果”列表框中选择一种幻灯片切换效果，如图 3-100 所示。

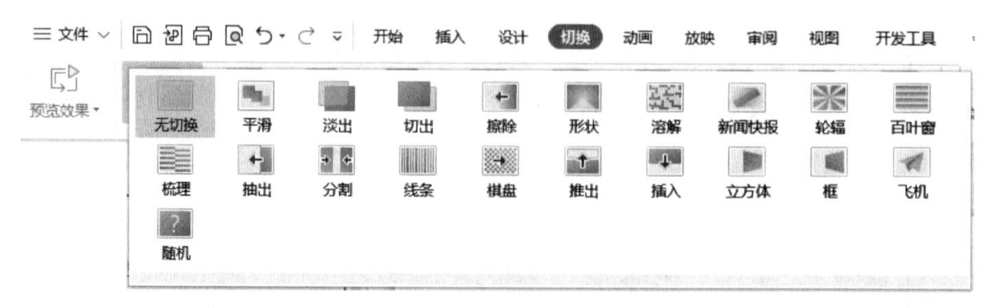

图 3-100　幻灯片的切换效果列表

此处选择了“立方体”效果，如果要设置幻灯片切换效果的速度，在右侧选项组的“速度”微调框中输入幻灯片切换的速度值，这里设置切换速度为“01.20”；如果需要设置幻灯片换页时的声音，在“声音”下拉列表框中选择所需的声音即可，这里选择“风铃”，如图 3-101 所示。

图 3-101　切换效果的参数设置

③ 在“切换”选项卡中单击“效果选项”按钮，弹出下拉列表，如图 3-102 所示，不同的动画对应的效果选项也不同，此处选择“右侧进入”效果。

④ 设置完成后播放幻灯片，会出现“立方体”的切换效果。

同样地，单击“应用到全部”按钮，则将切换效果应用到演示文稿中所有幻灯片上。

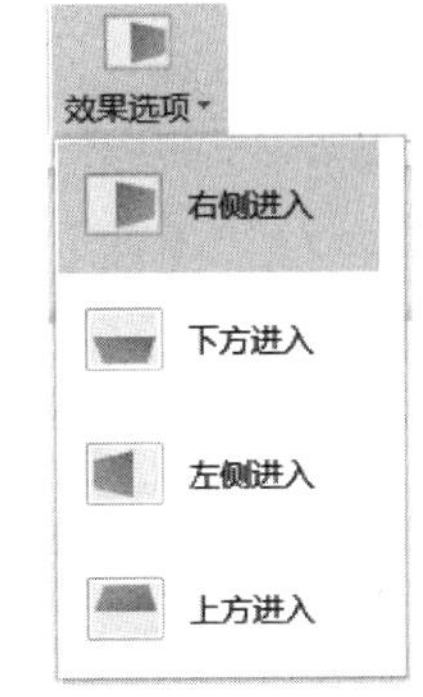

图 3-102　在“效果选项”按钮下拉列表中选择“右侧进入”选项

3.9　放映幻灯片

制作幻灯片的最终目标是放映幻灯片，幻灯片的放映设置包括控制幻灯片的放映方式、设置放映时间等。

3.9.1　幻灯片的放映方式

WPS 演示文稿的放映方式主要分为“从头开始”和“当页开始”两种方式。

1. “从头开始”放映幻灯片

【方法 1】：按【F5】键，从头开始放映。

【方法 2】：在“开始”选项卡中单击“从当前开始”按钮下方的箭头按钮▾，在弹出的下拉菜单中选择“从头开始”命令，如图 3-103 所示。

【方法 3】：在“放映”选项卡中，单击“从头开始”按钮，如图 3-104 所示。

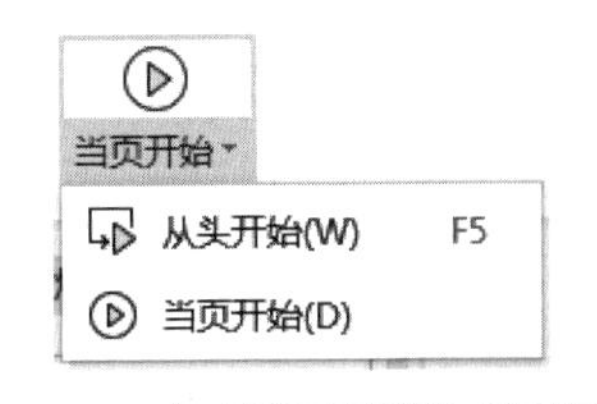

图 3-103　在“当页开始”按钮下拉菜单中选择“从头开始”命令

图 3-104　在“放映”选项卡中单击“从头开始”按钮

【方法 4】：在底部状态栏中单击“从当前幻灯片开始播放”按钮右侧的箭头按钮，在弹出的快捷菜单中选择“从头开始”命令，如图 3-105 所示。

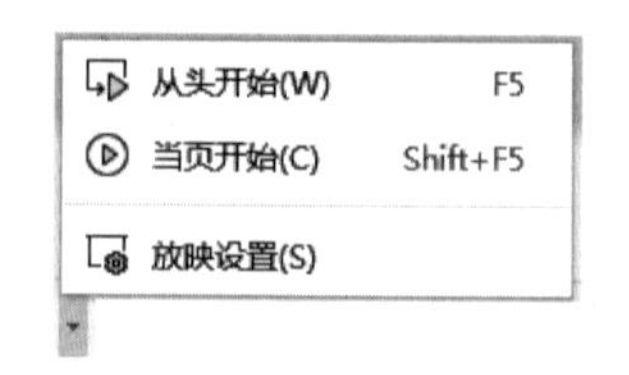

图 3-105 “从当前幻灯片开始播放”按钮右侧箭头按钮的快捷菜单

2. “当页开始”放映幻灯片

【方法 1】：按【Shift】+【F5】快捷键，从当前页开始放映。

【方法 2】：在“开始”选项卡中直接单击“从当页开始”按钮。

【方法 3】：在“放映”选项卡中，单击“当页开始”按钮。

【方法 4】：在幻灯片底部状态栏中单击右侧的“从当前幻灯片开始播放”按钮，可从当前页开始播放。

【方法 5】：在底部状态栏中单击“从当前幻灯片开始播放”按钮右侧的箭头按钮，在弹出的快捷菜单中选择“当页开始”命令。

3.9.2 控制幻灯片的放映进程

【示例分析 3-14】控制幻灯片的放映进程

打开 WPS 演示文稿“五四青年节活动方案.pptx”，分别通过快捷菜单控制幻灯片的放映进程、通过鼠标按键和快捷键控制幻灯片的放映进程。

1. 通过快捷菜单控制幻灯片的放映进程

在幻灯片放映过程中，可以单击鼠标右键，弹出如图 3-106 所示的快捷菜单，利用该快捷菜单可以控制放映进程。

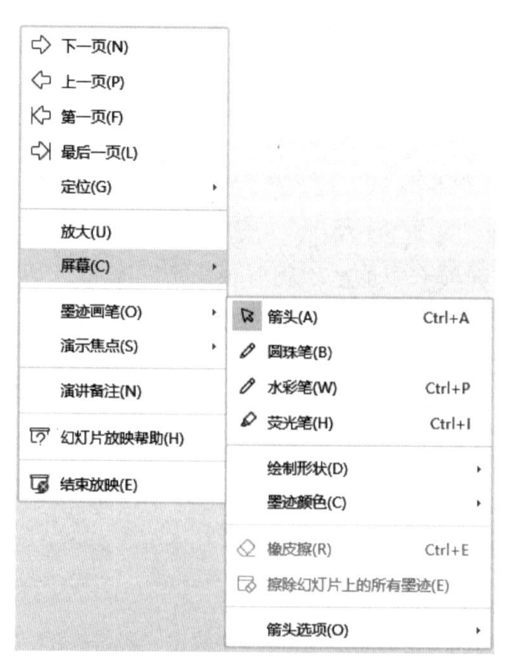

图 3-106 幻灯片放映时的快捷菜单

（1）从弹出的快捷菜单中选择“下一页”命令切换到下一页幻灯片。

（2）从弹出的快捷菜单中选择“上一页”命令切换到上一页幻灯片。

（3）从弹出的快捷菜单中选择“第一页”命令切换到第一页幻灯片。

（4）从弹出的快捷菜单中选择“最后一页”命令切换到最后一页幻灯片。

在幻灯片放映时，如果要切换到指定的某一张幻灯片，首先右击，从弹出的快捷菜单中选择“定位”选项，然后在级联菜单中选择“按标题”命令，选择目标幻灯片的标题即可。

鼠标指针可以在箭头和绘图笔间进行切换。鼠标作为绘图笔使用时，可以在屏幕上标识重点和难点、写字、绘图等。使用该快捷菜单还可以设置绘制形状、墨迹颜色、选择箭头选项。

如果想退出幻灯片的放映，则可以右击再从弹出的快捷菜单中选择“结束放映”命令即可。

2. 通过鼠标按键和快捷键控制幻灯片的放映进程

（1）移动到下一张幻灯片

查看整个演示文稿最简单的方式是移动到下一张幻灯片，常用的方法如下。

【方法1】：单击。

【方法2】：按【Space】键。

【方法3】：按【Enter】键。

【方法4】：按【N】键。

【方法5】：按【Page Down】键。

【方法6】：按【↓】键。

【方法7】：按【→】键。

【方法8】：将鼠标指针移到屏幕的左下角，单击按钮。

（2）返回上一张幻灯片

如果要回到上一张幻灯片，则可以使用以下任意方法。

【方法1】：按【Backspace】键。

【方法2】：按【P】键。

【方法3】：按【Page Up】键。

【方法4】：按【↑】键。

【方法5】：按【←】键。

【方法6】：将鼠标指针移到屏幕的左下角，单击按钮。

如果要快速回转到第一张幻灯片，则按【Home】键即可。

（3）退出幻灯片放映

如果想退出幻灯片的放映，则可以使用下列方法：

【方法1】：按【Esc】键。

【方法2】：按【-】键。

3.9.3 手机遥控放映幻灯片

在WPS演示文稿中可以使用手机遥控幻灯片的放映，需要在演讲者的手机中先下载WPS Office应用，操作步骤如下。

① 在“放映”选项卡中单击“手机遥控”按钮，弹出包含二维码的“手机遥控”对话框，在该对话框中单击“投影教程”按钮，弹出如图 3-107 所示投影教程窗口，其中有如何下载 WPS App 和扫描二维码的方法。

图 3-107　投影教程窗口

② 打开手机中的 WPS Office App，扫描图 3-107 中的二维码，此时手机将开始连接计算机，连接成功后在手机上会出现“开始播放”按钮，单击此按钮将开始播放幻灯片，通过单击或左右滑动手机屏幕进行翻页。

3.9.4　自定义放映

针对不同的观众，将一个演示文稿中的不同幻灯片组合起来，形成一套自定义的幻灯片放映，并加以命名，然后根据不同的需要，选择其中自定义放映的名称进行放映，这就是自定义放映。

【示例分析 3-15】对演示文稿进行自定义放映设置

打开 WPS 演示文稿“大美九寨沟.pptx”，针对该演示文稿进行自定义放映设置。

操作步骤如下。

① 在 WPS 演示文稿窗口中，在“放映”选项卡中单击“自定义放映”按钮，弹出“自定义放映”对话框。

② 在“自定义放映”对话框中单击“新建”按钮，弹出“定义自定义放映”对话框，如图 3-108 所示。

③ 在“定义自定义放映”对话框的左边列表框中列出了演示文稿中的所有幻灯片的标题，从中选择要添加到自定义放映的幻灯片，然后单击“添加”按钮，这时选定的幻灯片就出现在右边列表框中，当右边列表框中出现多个幻灯片标题时，可通过右侧的上、下箭头调整顺

序。如果右边列表中有选错的幻灯片，选中对应幻灯片后，单击“删除”按钮就可以从自定义放映幻灯片中删除，但它仍然在原演示文稿中。

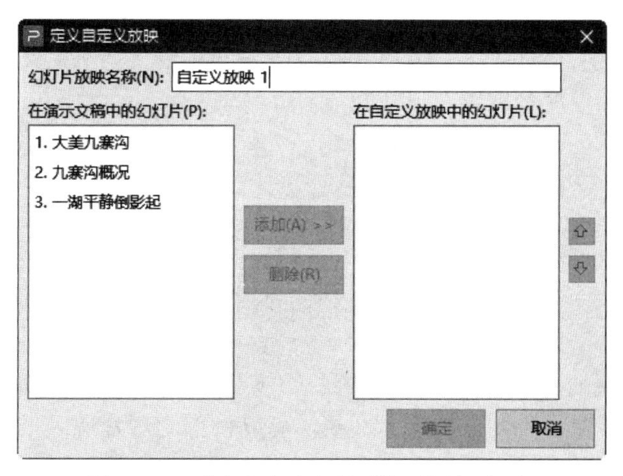

图 3-108　“定义自定义放映”对话框（1）

④ 幻灯片选取并调整完毕后，在“幻灯片放映名称”文本框中输入名称，这里输入“大美九寨沟”，如图 3-109 所示，然后单击“确定”按钮，返回“自定义放映”对话框，如图 3-110 所示。

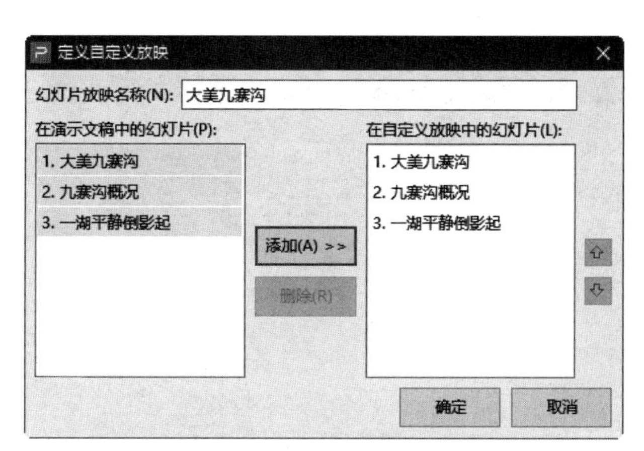

图 3-109　“定义自定义放映”对话框（2）

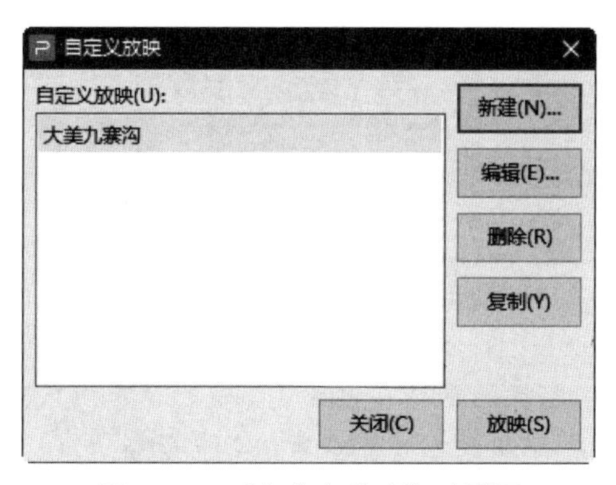

图 3-110　“自定义放映”对话框

如果要预览自定义放映，在“自定义放映”对话框中单击“放映”按钮即可预览。

⑤ 如果要添加或删除自定义放映中的幻灯片，单击“编辑”按钮，重新进入“定义自定义放映”对话框，利用“添加”或“删除”按钮进行调整。如果要删除整个自定义的幻灯片放映，可以在“自定义放映”对话框中选择其中要删除的自定义名称，然后单击“删除”按钮，则自定义放映被删除，但原来的演示文稿仍存在。

3.9.5　设置幻灯片的放映方式

在 WPS 演示文稿中，可以根据需要使用不同的方式进行幻灯片的放映。默认情况下，演示者需要手动放映演示文稿；也可以创建自动播放演示文稿，在商贸展示或展台中播放。

（1）演讲者放映（全屏幕）

演讲者放映是常规的放映方式。在放映过程中，可以使用人工控制幻灯片的放映进度和动画出现的效果；如果希望自动放映演示文稿，可以设置幻灯片放映的时间，使其自动播放。

（2）展台自动循环放映（全屏幕）

如果演示文稿在展台、摊位等无人看管的地方放映，则可以选择“展台自动循环放映（全屏幕）”方式，幻灯片开始放映后将自动翻页，并且在每次放映完毕后，重新自动从头播放。

设置幻灯片放映方式的操作步骤如下。

① 切换到“放映”选项卡，单击“放映设置”按钮，打开“设置放映方式”对话框，如图 3-111 所示，在该对话框中选择合适的幻灯片放映方式即可。

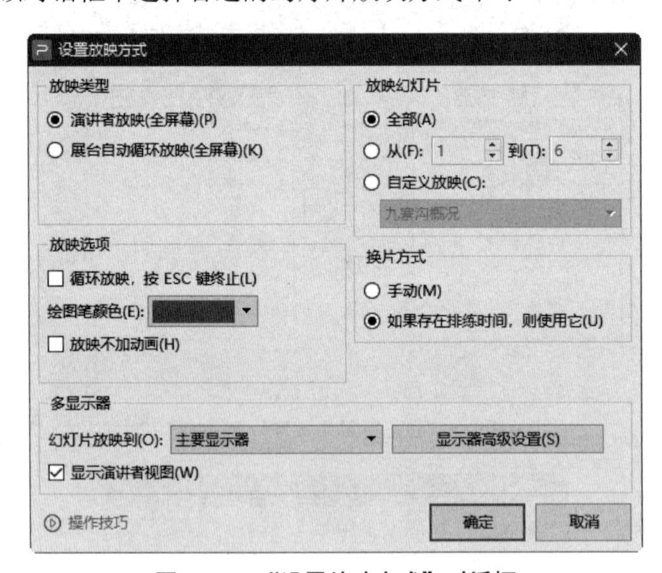

图 3-111　“设置放映方式”对话框

② 在“放映类型”栏中选择适当的放映类型。其中，“演讲者放映（全屏幕）”选项可以运行全屏显示的演示文稿；“展台自动循环放映（全屏幕）”选项可使演示文稿循环播放，并防止读者更改演示文稿。

③ 在“放映幻灯片”栏中可以设置要放映的幻灯片，在“放映选项”栏中可以根据需要进行设置，在“换片方式”栏中可以指定幻灯片的切换方式。

④ 设置完成后，单击“确定”按钮即可。

3.9.6　设置幻灯片的放映时间

利用幻灯片可以设置自动切换的特性，能够使幻灯片在无人操作的展台前，通过大型投影仪进行自动放映。可以通过以下两种方法设置幻灯片在屏幕上显示时间的长短。

【示例分析 3-16】设置幻灯片的放映时间

打开 WPS 演示文稿“五四青年节活动方案 2.pptx”，放映该演示文稿，并对幻灯片的放映时间进行合适设置。

1. 人工设置放映时间

如果要人工设置幻灯片的放映时间，例如，每隔 10 秒自动切换到下一张幻灯片，可以参照以下方法进行操作。

首先，切换到幻灯片浏览视图，选定要设置放映时间的幻灯片，单击“切换”选项卡，在选项组中选中“自动换片”复选框，然后在右侧的微调框中输入希望幻灯片在屏幕上显示的秒数，这里输入“00:10”，如图 3-112 所示。

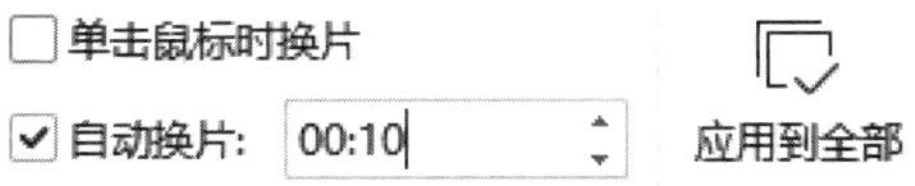

图 3-112　在“切换”选项卡中选择“自动换片”复选框并设置换片时间间隔

单击“应用到全部”按钮，所有幻灯片的换片时间间隔将相同；否则，设置的是选定幻灯片切换到下一张幻灯片的时间。

接着，设置其他幻灯片的换片时间间隔。此时，在幻灯片浏览视图中，会在幻灯片缩略图的左下角显示每张幻灯片的放映时间，如图 3-113 所示。

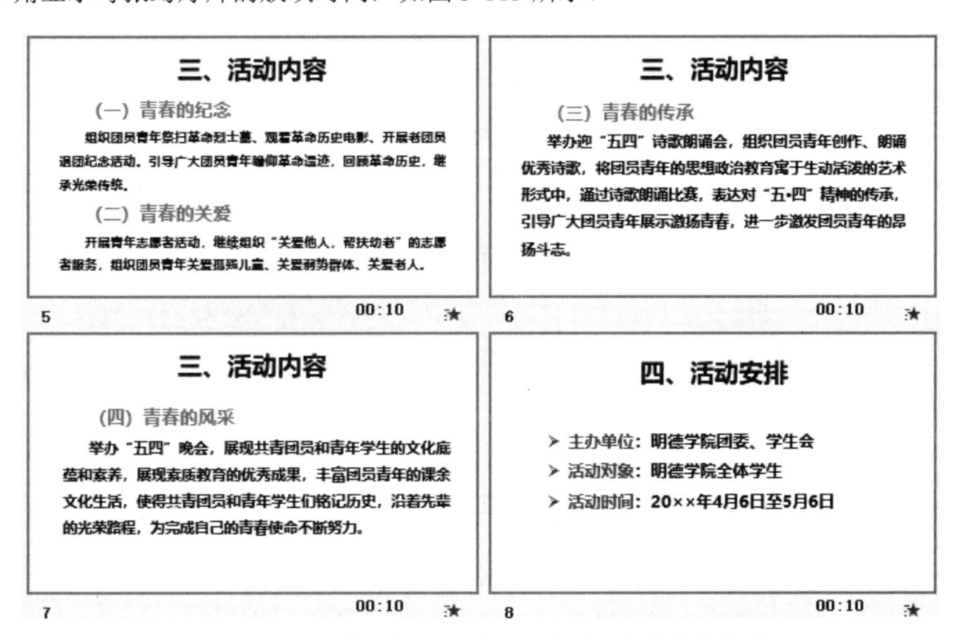

图 3-113　幻灯片缩略图左下角显示每张幻灯片的放映时间

2. 使用排练计时

使用排练计时功能可以为每张幻灯片设置放映时间，使幻灯片能够按照设置的排练计时时间自动放映，设置步骤如下：

首先，切换到“放映”选项卡，单击“排练计时”按钮，如图 3-114 所示，系统将切换到幻灯片放映视图。

图 3-114　在“放映”选项卡中单击“排练计时”按钮

在放映过程中，屏幕上会出现“预演”工具栏，如图 3-115 所示。

图 3-115　“预演”工具栏

单击该工具栏中的“下一项”按钮，即可播放下一张幻灯片，并在“幻灯片放映时间”文本框中开始记录新幻灯片的时间。

排练结束放映后，弹出如图 3-116 所示的“是否保留新的幻灯片排练时间”提示信息框，在该对话框中单击“是”按钮，即可接受排练的时间；如果要取消本次排练，单击“否”按钮即可。

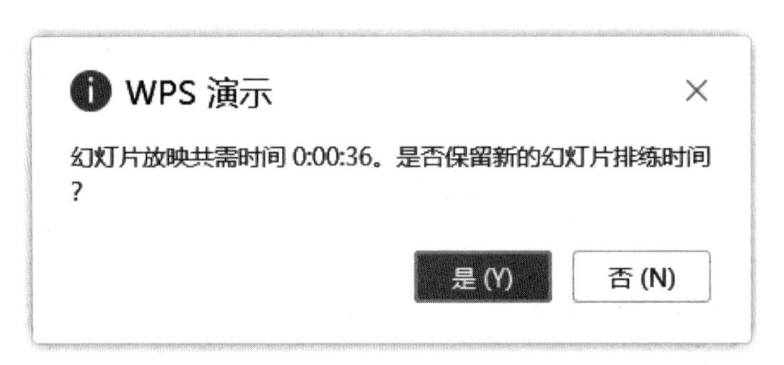

图 3-116　“是否保留新的幻灯片排练时间”提示信息框

3.10　打印输出演示文稿

使用 WPS Office 建立的演示文稿，除了可以在计算机屏幕上进行展示外，还可以进行打印。在打印演示文稿之前，首先要对幻灯片进行页面设置，也就是确定打印内容、幻灯片大小等。

【示例分析 3-17】打印输出 WPS 演示文稿

打开 WPS 演示文稿“五四青年节活动方案 3.pptx”，先对该演示文稿进行必要的设置，然后进行打印操作和输出为 PDF 格式文档。

1. 设置页眉和页脚

可以将幻灯片编号、日期和时间、LOGO 标志等信息添加到幻灯片的页眉和页脚，其操作步骤如下。

① 打开需要设置页眉和页脚的演示文稿“五四青年节活动方案 3.pptx”。

② 切换到“插入”选项卡，单击“页眉页脚”按钮，打开“页眉和页脚”对话框。

③ 在“幻灯片”选项卡中选中“日期和时间”复选框和“自动更新”单选按钮。

④ 选中“幻灯片编号”复选框，为幻灯片添加编号。

⑤ 如果要为幻灯片添加一些提示性的文字，可以选中“页脚”复选框，然后在下方的文本框中输入所需文本内容，这里输入“齐心合力 高效执行”。

⑥ 选中“标题幻灯片不显示”复选框，使页眉和页脚不显示在标题幻灯片上。

页眉和页脚设置完成的“页眉和页脚”对话框如图 3-117 所示。

图 3-117　“页眉和页脚”对话框

⑦ 单击“全部应用”按钮，可以将页眉和页脚的设置应用于所有幻灯片上。如果要将页眉和页脚的设置只应用于当前幻灯片中，单击“应用”按钮即可。返回到幻灯片的编辑窗口后，可以看到在幻灯片中添加了设置的内容。

2. 页面设置

幻灯片的页面设置决定了幻灯片、备注页、讲义及大纲在屏幕和打印纸上的尺寸和放置方向，设置步骤如下。

① 打开需要进行页面设置的演示文稿，然后切换到“设计”选项卡，单击“幻灯片大小”按钮右侧的下拉箭头按钮▾。

② 在弹出的“幻灯片大小”按钮的下拉列表中进行选择，这里有 3 种选项，分别是“标准(4:3)”“宽屏(16:9)”和“自定义大小”，如图 3-118 所示。现在一般的计算机都选择宽屏。

③ 如果想自定义幻灯片大小，则可以在下拉列表中选择“自定义大小”选项，打开“页面设置”对话框，在“幻灯片大小”下拉列表中选择幻灯片输出的大小，包括全屏显示、横幅、宽屏、35 毫米幻灯片和自定义等多个选项，如图 3-119 所示。

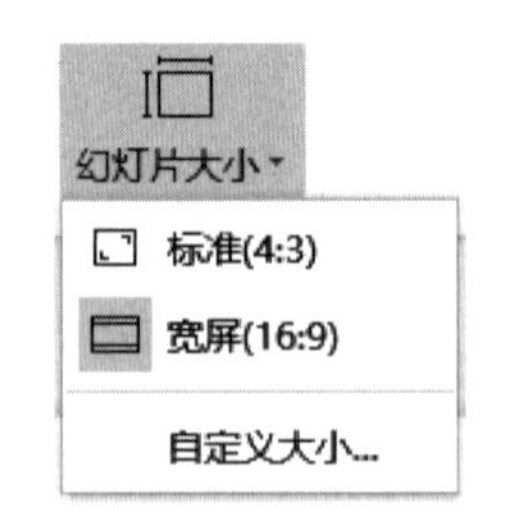

图 3-118 “设计”选项卡中“幻灯片大小”按钮的下拉列表

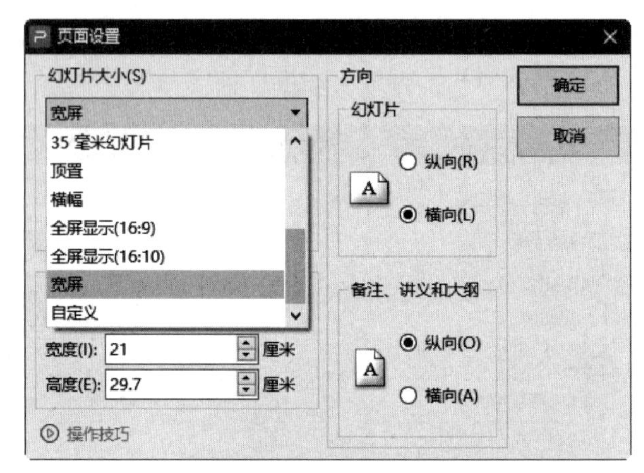

图 3-119 “页面设置”对话框“幻灯片大小”列表

如果在“幻灯片大小”下拉列表中选择了“自定义”选项，则应在下方“宽度”和“高度”微调框中输入相应的数值。如果幻灯片不是以“1”作为幻灯片的起始编号的，还应在“幻灯片编号起始值”微调框中输入幻灯片的起始编号。

在“方向”区域中可以设置幻灯片的打印方向。注意，演示文稿中的所有幻灯片应为同一方向，不能为不同的幻灯片设置不同的方向。另外备注、讲义和大纲可以和幻灯片的方向不同。页面设置完成后，“页面设置”对话框如图 3-120 所示。

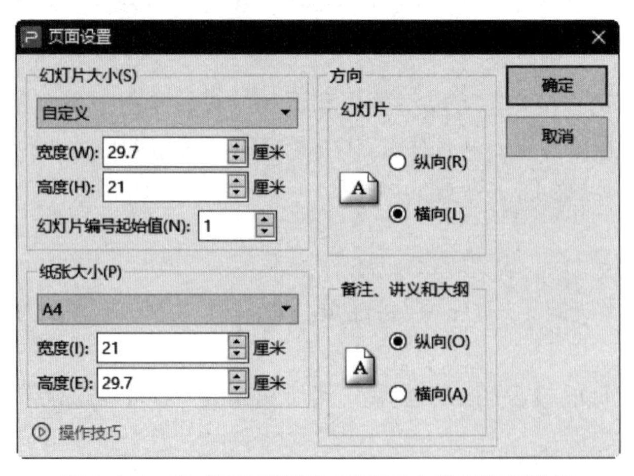

图 3-120 在“页面设置”对话框中进行相关设置

④ 设置完成后，在“页面设置”对话框中单击“确定”按钮。

⑤ 页面设置完成后，可以在快速访问工具栏中单击“打印预览”按钮进行打印预览，确定无误后可以单击“打印”按钮进行打印即可。

电子活页 3-8

打印 WPS 演示文稿

3. 打印演示文稿

在打印之前可以预览 WPS 演示文稿，满意后再进行打印。

请扫描二维码，浏览电子活页中的相关内容，试用与熟悉打印 WPS 演示文稿的操作步骤。

4. WPS 演示文稿输出为 PDF 格式的文档

PDF 是一种常见的电子文档格式，WPS 可以将演示文稿输出为 PDF 格式文档（简称 PDF 文档），根据需要，输出的内容可以是幻灯片、讲义、备注图、大纲视图等几种，输出范围可以是全部幻灯片，也可以选择一部分。

WPS 演示文稿输出为 PDF 文档的操作方法与操作示例详见本书的配套教材《信息技术技能提升训练》中对应单元的“技能训练”。

3.11　WPS 演示文稿打包

在 WPS 演示文稿中插入音频、视频等外部素材时，有时将演示文稿复制到另外一台计算机上播放，而素材可能并没有一并复制，容易出现素材丢失的情况，致使演示文稿无法播放，此时可以使用“打包”功能将演示文稿和素材打包到一起，从而顺利展示演示文稿。

所谓演示文稿打包是指将与演示文稿有关的各种文件和素材都整合到同一个文件夹中，只要将这个文件夹复制到其他计算机中，即可正常播放演示文稿。

【示例分析 3-18】对 WPS 演示文稿进行打包操作

打开 WPS 演示文稿“五四青年节活动方案.pptx”，对演示文稿进行打包的操作步骤如下。

① 单击演示文稿窗口左上角的“文件”菜单，在下拉菜单中依次选择“文件打包”→“将演示文档打包成文件夹”命令，打开“演示文件打包”对话框，选择待打包的演示文稿所在位置，然后在“文件夹名称”文本框中输入打包后演示文稿的名称。

如果选中“同时打包成一个压缩文件”复选框，会在指定位置生成一个同名的压缩文件，如图 3-121 所示。

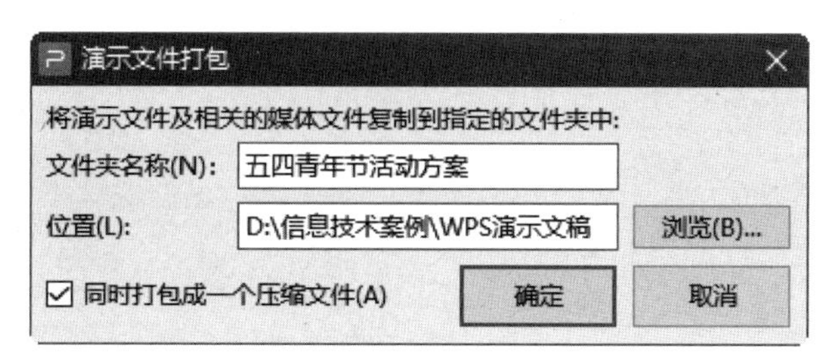

图 3-121　“演示文件打包”对话框

② 在“演示文件打包”对话框中单击“确定”按钮，开始打包操作。

当打包结束时，系统会在目标位置上建立打包文件夹和压缩文件包，系统会弹出“已完成打包”提示信息对话框，如图 3-122 所示。

图 3-122 “已完成打包”提示信息对话框

③ 在“已完成打包”提示信息对话框中单击“打开文件夹”按钮可以查看建立的打包文件夹和压缩文件包。

模块 4　信息检索

信息检索是人们进行信息查询和获取的主要方式，是查找信息的方法和手段，也是信息化时代应当具备的基本信息素养之一。信息检索能力是信息素养的集中表现，提高信息素养最有效的途径是通过学习信息检索的基本知识，进而培养自身的信息检索能力。

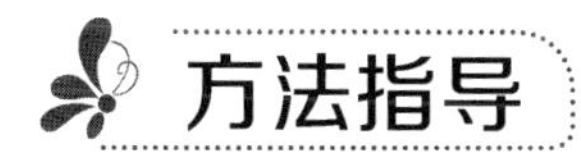

4.1　信息检索基础知识

4.1.1　信息检索的基本概念

“信息检索（Information Retrieval）”是指将信息按照一定方式组织和存储起来，并根据用户的需要从信息集合中找出相关信息的过程和技术。信息检索有广义和狭义之分。

1. 狭义的信息检索

狭义的信息检索仅指信息查询，即用户根据需要，采用某种方法或借助检索工具，从信息集合中找出所需要的信息。

在互联网中，用户经常会通过搜索引擎搜索各种信息，像这种从一定的信息集合中找出所需要的信息的过程，就是狭义的信息检索，也就是我们常说的信息查询（Information Search 或 Information Seek）。

2. 广义的信息检索

广义的信息检索是指信息按一定的方式进行加工、整理、组织并存储起来，再根据用户特定的需要将相关信息准确地查找出来的过程。

广义的信息检索包括信息存储和信息获取两个过程。信息存储是指通过对大量无序信息进行选择、收集、著录、标引后，组建成各种信息检索工具或系统，使无序信息转化为有序信息集合的过程。信息获取则是根据用户特定的需求，运用已组织好的信息检索系统将特定的信息查找出来的过程。

4.1.2 信息检索的分类

信息检索具有广泛性与多样性，信息检索分类方式有多种，通常会按检索对象、检索手段等维度进行细分。

1. 按检索对象分类

根据检索对象的不同，信息检索可以分为 3 种类型：文献检索、数据检索、事实检索。这 3 种检索的主要区别在于，数据检索和事实检索需要检索出包含在文献中的信息本身，而文献检索则检索出包含所需要信息的文献即可。在数据检索和事实检索中，用户需要获得的是某一事物或某一数据的具体答案，是一种确定性检索，通常利用参考工具书进行检索；如果检索的事物与数据是一些大众化、公开性或者常识类信息，则可通过搜索引擎直接查询。文献检索通常是检索所需要信息的线索，需要对检索结果进行进一步分析与加工，一般使用检索刊物、书目数据库或全文数据库。

（1）文献检索（Document Retrieval）

文献检索以特定的文献为检索对象，包括全文、文摘、题录等，是将存储于数据库中的关于某一主题文献的线索查找出来的检索。检索结果往往是一些可供研究课题使用的参考文献的线索或全文。根据检索内容，文献检索又可分为书目检索和全文检索。例如，检索“信息素养的培养方式”，这就需要检索主体根据课题要求，按照一定的检索标识（如主题词、分类号等），从数据库中查出所需要的文献。

文献检索是一种相关性检索，它不会直接给出用户所提出问题的答案，只会提供相关的文献以供参考。

（2）数据检索（Data Retrieval）

数据检索以特定的数据为检索对象，包括统计数字、工程数据、图表、计算公式等。数据检索是将经过选择、整理、鉴定的数值数据存入数据库中，根据需要查出可回答某一问题的数据的检索方式。

数据检索是一种确定性检索，用户检索到的各种数据，是经过测试、评价、筛选的，它能够返回确切的数据，直接回答用户提出的问题，可直接用来进行定量分析。数据检索的内容既包括物质的各种参数、电话号码、银行账号、观测数据、统计数据等数字数据，也包括图表、图谱、市场行情、化学分子式、物质的各种特性等非数字数据。

（3）事实检索（Fact Retrieval）

事实检索以特定的事实为检索对象，如有关某一事件的发生时间与地点、人物和经过等。其检索对象既包括事实、概念、思想、知识等非数值信息，也包括一些数据信息，但需要针对查询要求，由检索系统进行分析、推理后，再输出最终结果。例如，检索“百度的创始人是谁？它在哪个交易所上市？”事实检索也是一种确定性检索，一般能够直接提供给用户所需的且确定的事实。

【示例分析 4-1】数据检索

借助“百度”搜索引擎检索以下数据。

① 检索“我国第七次人口普查显示全国人口总量是多少？”

② 检索“2023 年 1 月中国居民消费价格指数是多少？”

③ 检索“2023 年我国国内生产总值是多少？”
④ 检索“中国建设银行的客服电话是多少？”

2. 按检索手段分类

根据检索手段的不同，信息检索可以分为 2 种类型：手工检索和计算机检索。

（1）手工检索

手工检索是一种传统的检索方法，即以手工翻检的方式，利用图书、期刊、目录卡片等工具来检索信息的一种手段。手工检索不需要特殊的设备，用户根据要检索的对象，利用相关的检索工具就可以检索。手工检索其优点是回溯性好，没有时间限制，不收费；缺点是既费时又费力，效率低，尤其是在进行专题检索时，用户要翻阅大量工具书和使用大量的检索工具进行反复查询。此外，手工检索还很容易造成误检和漏检。

（2）计算机检索

计算机检索是指在计算机或者计算机网络终端上，使用特定的检索策略、检索信息技术、指令、检索词，从计算机检索系统的数据库中检索出所需信息后，再由终端设备显示、下载和打印相应信息的过程。计算机检索具有检索方便快捷、获得信息类型多、检索范围广泛等特点。

4.1.3　信息检索的基本流程

信息检索是用户获取知识的一种快捷方式，一般来说，信息检索流程主要包括分析检索问题、选择检索工具、确定检索词、构建检索式、调整检索策略、输出检索结果 6 个阶段。

请扫描二维码，浏览电子活页中的相关内容，熟悉信息检索各个阶段的具体内容与要求。

电子活页 4-1

信息检索的基本流程

4.1.4　信息检索过程选取检索词

在信息检索过程中，最基本同时也是最有效的检索技巧，就是选择合适的检索词。正确选择检索词是成功实施检索的一个基本环节。确定检索词，从广义的角度来看，不仅包括“词”，还应包括不同检索途径的检索输入用语，例如，作者途径的作者姓名、作者单位途径的机构名、分类途径的分类号，甚至包括邮编、街区、年份等都是检索词。

1. 检索词的选取原则

难度最大的是主题途径的检索词选择，这里的主题途径指的是广义上的特性检索途径，包括篇名、关键词、摘要等。

选取检索词主要遵循以下原则。

（1）准确性

准确性就是指选取最恰当、最具专指意义的专业名词作为检索词，一般选取各学科在国际上通用的、国内外文献中出现过的术语作为检索词：选取检索词既不能概念过宽，又不能概念太窄。一般来说，常出现的问题是概念过宽或者查询词中包含错别字。

（2）全面性

全面性就是指选取的检索词能覆盖信息需求主题内容的词汇，需要找出课题涉及的隐性主题概念，注意检索词的缩写词、词形变化以及英美的不同拼法。

例如，对于检索题为“铁路货车轴承保持架裂损分析及对策研究”的论文或课题，由于“裂损分析”涉及残余应力与动应力等应力分析；而“裂损”一般不作为关键词；“铁路货车”这个名称学术运用范围较窄。因此选取的中文检索词可以为保持架、滚动轴承、铁路车辆、断裂、残余应力、动应力等。

（3）规范性

规范性就是指选取的检索词要与检索系统的要求一致。例如，化学结构式、反应式和数学式原则上不用作检索词；冠词、介词、连词、感叹词、代词、某些动词（联系动词、情感动词、助动词）不可作为关键词；某些不能表示所属学科专用概念的名词（如理论、报告、试验、学习、方法、问题、对策、途径、特点、目的、概念、发展、检验等）不应作为检索词。另外，非公知公用的专业术语及其缩写不得用作检索词，特称词也一般不作为检索词。

例如，“北上广深城市人口预测及其资源配置”，其中“北上广深”是特称词，需替换成通用词“超大城市”，其采用的研究方法是“可能-满意度模型”，所以选取关键词为“超大城市”、“适度人口”、“人口增长”、“可能-满意度模型”、“资源配置”等。

（4）简洁性

目前的搜索引擎和数据库并不能很好地处理自然语言。因此，在提交搜索请求时，最好把自己的想法，提炼成简单的而且与希望找到的信息内容主题关联的查询词。

2. 检索词选取的方法

检索者需要根据检索需求，形成若干个既能代表信息需求又具有检索意义的概念。例如，所需的概念有几个，概念的专指度是否合适，哪些是主要的，哪些是次要的，力求使确定的概念能反映检索的需要。在此基础上，尽量列举反映这些概念的词语，供确定检索用词时参考。如果遇有规范词表的数据库，在确定检索用词时，一般优先使用规范词。

检索词选取的常见方法如下。

（1）主题分析法

首先将检索主题分为数个概念，并确定反映主题实质内容的主要概念，去掉无检索意义的次要概念，然后归纳可代表每个概念的检索词，最后将不同概念的检索词以布尔逻辑运算符加以联结。

（2）切分法

切分法就是指将用户的信息需求语句分割为一个一个的词。例如，“电动汽车的研究现状及发展趋势”可切分为“电动汽车”、“研究现状”、“发展趋势”。

（3）试查相关数据库进行初步检索，借鉴相关文献的用词

为使用户检索更加方便快捷，万方数据、中国知网、维普期刊等很多系统检索结果中提供相关检索词作为参考。也有数据库提供了检索词的扩展词、同义词、修正与提示功能。试查相关数据库，可以顺藤摸瓜地扩展、变更检索词。

4.2　搜索引擎使用技巧

搜索引擎是伴随着互联网的发展而产生和发展的，目前互联网已成为人们不可缺少的使用平台，几乎所有人上网都会使用到搜索引擎。互联网中蕴藏了大量信息，借助搜索引擎可以快速从互联网中获取有效信息。

4.2.1　搜索引擎的概念

搜索引擎是信息检索技术的实际应用，使用搜索引擎是目前进行信息检索的常用方式，通过搜索引擎，用户可以在海量信息中获取有用的信息。

搜索引擎是指根据一定的策略，运用特定的计算机程序从互联网上搜集信息，在对信息进行组织和处理后，为用户提供检索服务，并将用户检索相关的信息展示给用户的系统。搜索引擎包括信息搜索、信息整理和用户查询 3 部分。

搜索引擎之所以能在短短几年时间内获得如此迅猛的发展，最重要的原因是搜索引擎为人们提供了一个前所未有的查找信息资料的便利方法。搜索引擎最重要也最基本的功能就是搜索信息的及时性、有效性和针对性。

4.2.2　主流搜索引擎的类型

电子活页 4-2

主流搜索引擎的类型

随着搜索引擎技术的不断发展，搜索引擎的类型也越来越多，根据不同的工作方式，主流的搜索引擎包括全文搜索引擎、目录索引、元搜索引擎、垂直搜索引擎等多种。

请扫描二维码，浏览电子活页中的相关内容，熟悉主流搜索引擎的类型及其特点。

4.2.3　常用信息检索技术

检索技术，是指利用光盘数据库、联机数据库、网络数据库、搜索引擎等进行信息检索时采用的相关技术，主要包括布尔逻辑检索、截词检索、词位置检索、字段限定检索、加权检索等。计算机信息检索的基本检索技术主要有如下几种。

1. 布尔逻辑检索

布尔逻辑检索是计算机检索系统中比较成熟、常用的一种检索技术，其基础是逻辑运算。布尔逻辑检索使用布尔逻辑运算符将检索词、短语或代码进行逻辑组配来指定文献的命中条件和组配次序，用以检索出符合逻辑组配所规定条件的记录。

布尔逻辑运算符有三种，即逻辑与（AND）、逻辑或（OR）和逻辑非（NOT），其优先顺序为：NOT＞AND＞OR。

以“图书馆”和“文献检索”两个检索词来解释 3 种逻辑运算符的具体含义。

“图书馆”AND“文献检索”，表示同时含有这两个检索词的文献才被命中。

“图书馆” OR “文献检索”，表示含有一个检索词或同时含有这两个检索词的文献都将被命中。

“图书馆” NOT “文献检索”，表示只含有“图书馆”但不含有“文献检案”的文献才被命中。

2. 截词检索

截词检索是指用给定的词干作为检索词，用以检索出含有该词干的全部检索词的记录。它可以起到扩大检索范围、提高查全率、减少检索词的输入量、节省检索时间等作用。检索时，当遇到名词的单复数形式、词的不同拼写法、词的前级或后缀变化时均可采用此方法。

截词的方式有多种，按截断部位可分为前截断、后截断、中间截断、前后截断等；按截断字符的数量，可以分为有限截断和无限截断，有限截断主要用于检索词的单复数、动词的词尾变化等，无限截断是指截去某个词的尾部，使词的前半部分一致。

不同的检索系统使用的截词符号各不相同，常用的有“?”、“$”和“*”等，在此将“?”表示截断一个字符，将“*”表示截断多个字符。

前截断表示后方一致。例如，输入“*ware”，可以检索出 software、hardware 等所有以 ware 结尾的单词及其构成的短语。

后截词表示前方一致。例如，输入“recon*”，可以检索出 reconnoiter、reconvene 等所有以 recon 开头的单词及其构成的短语，comput*可检索出含有 computer、computing、computers、computering、computeriation 等词的记录。

中间截词表示词两边一致，截去中间部分。例如，输入“wom?n”，则可检索出 women 以及 woman 等词语。中间截词仅允许有限截断，主要用于检索英式、美式拼写不同的单词和单、复数拼写不同的单词。

【示例分析 4-2】使用截词检索方式，在“百度”中查询指定单词

使用截词检索方式，在“百度”中查询英式、美式拼写不同的单词“colour”与“color”在网页中的记录情况，操作步骤如下。

打开百度网站，在搜索框中输入“colo?r”文本后，单击【百度一下】按钮得到查询结果，在网页中可以查看使用中间截词检索方式得到的查询结果。

然后删除搜索框中的文本内容，重新输入“color?”文本，然后单击【百度一下】按钮，在网页中可以查看使用无限截词检索方式得到的查询结果。

3. 词位置检索

文献记录中词语的相对次序或位置不同，所表达的意思可能也不同。同样，一个检索表达式中词语的相对次序不同，其表达的检索意图也不一样。

词位置检索有时也称为临近检索，是一种可以不依赖主题词表而直接使用自由词进行检索的技术方法，也是指使用一些特定的位置运算符（如“W”、“N”、“S”）来表达检索词之间的顺序和词间距的检索。在检索词之间使用一些特定的位置运算符，来规定运算符两边的检索词出现在记录中的位置，用以检索出含有检索词且检索词之间的位置也符合特定要求的记录。位置运算符主要有（W）、（nW）、（N）、（nN）、（F）以及（L）等运算符。

（1）词级位置运算符

词级位置运算符包括（W）、（N）运算符，用于限定检索词的相互位置以满足某些条件。W 是 With 的缩写，表示此运算符两侧的检索词必须按前后紧密相连的顺序出现在记录中，且两词之间不允许插入其他词或字母，只可能有空格或一个标点符号，并且两词的顺序不可以颠倒。其可扩展算符为（*n* W），*n* 为自然数，表示此运算符两侧的检索词必须按此前后邻接的顺序排列，顺序不可颠倒，而且两侧的检索词之间最多可以插入 *n* 个词。例如，检索式为“Happy(W)Holiday”时，系统只检索含有“Happy Holiday”词组的记录。

N 是 Near 的缩写，（N）表示此运算符两侧的检索词必须紧密相连，除空格和标点符号外，在两词之间不能插入其他词字母，而两词的顺序可以颠倒。其可扩展算符为（*n* N），表示其两侧的检索词之间最多允许插入 *n* 个词，包括实词和系统禁用词。

（2）子字段级或自然句级运算符

子字段级或自然句级运算符，用于限定检索词出现在同一子字段或自然句中，用（S）表示，S 为 Subfield 或 Sentence 的缩写，表示此运算符两侧的检索词必须出现在同一子字段中，即一个句子或一个短语中。即此运算符两侧的检索词只要出现在记录的同一个子字段内，此信息即被命中。例如，“environment(S)protection”，即 environment 与 protection 在同一子字段或一个句子中。此运算符要求被连接的检索词必须同时出现在记录的同一子字段中，不限制它们在此子字段中的相对次序，中间插入词的数量也不限。例如，检索式为“New(W)energy(S) economy”时，表示只要在同一句子中检索出含有“New(W)energy”或“economy”形式的均为命中记录。

（3）字段级运算符

字段级运算符用于限定检索词出现在数据库记录中的某个字段。运算符用（F）表示，F 为 Field 的缩写，例如，“intelligent(F)robot”，表示 intelligent 与 robot 必须在同一个字段中出现。此运算符表示其两侧的检索词必须在同一字段中出现，词序不限，中间可插入任意检索词项。

【示例分析 4-3】使用词位置检索方式在百度中查询指定技术名词的英文表达

使用词位置检索方式在百度中查询新一代信息技术名词“人工智能”的英文“Artificial Intelligence”在网页中的记录情况，操作步骤如下。

打开百度网站，在搜索框中输入“Artificial(W)Intelligence”文本后，单击【百度一下】按钮得到搜索结果。

删除搜索框中原有的文本内容，重新输入“Artificial(W)Intelligence(S)Terminology”文本，然后单击【百度一下】按钮，在网页中可以查看使用“S”和“W”位置运算符得到的查询结果。

4. 字段限定检索

字段限定检索是指计算机检索时，将检索范围限定在数据库特定的某个或某些字段中（Within），用以检索某个或某些字段含有该检索词的记录。常用的检索字段主要有标题、摘要、关键词、作者、作者单位以及参考文献等。

字段限定检索的操作形式有两种：一种是在字段下拉菜单中选择字段后输入检索词；另一种是直接输入字段名称和检索词。

（1）通过下拉菜单选择检索字段

此时，字段名一般用全称表示，如题名、摘要、Title、Abstract 等。

（2）输入检索字段标识符限定检索字段

此时，字段名一般用字段符表示，各检索系统的字段符各不相同。检索字段符是对检索词出现的字段范围进行限定。执行时，机器只对指定的字段进行检索，经常应用于检索结果的调整。

【注意】：各数据库基本检索字段标识符不完全相同，在使用前必须参考各数据库的使用说明。

用户在利用搜索引擎检索信息时，可以把查询范围限定在标题或超链接等部分，这相当于字段检索。例如，检索式“inurl:photoshop”表示检索出网页超链接地址中含有“photoshop”的网页。

选择的字段不同，得到的检索结果也会不同。选择全文字段，得到的检索结果的数量最多，但相关度最低，选择题名和关键词字段，得到的检索结果的数量最少，但相关度最高；选择文摘字段，得到的检索结果则介于两者之间。通常用核心概念、前提概念限定篇名、关键词；用次要概念、集合概念限定主题、文摘。需要注意的是限定文摘字段，会漏检没有摘要的论文。

5. 加权检索

加权检索是一种定量检索方式。加权检索同布尔检索、截词检索等一样，也是文献检索的一种基本检索手段。不同的是加权检索的侧重点并不在于判定检索词或字符串在满足检索逻辑后是不是在数据库中存在，与别的检索词或字符串的关系，而在于检索词或字符串对文献命中与否的影响程度。运用加权检索可以命中核心概念文献，因此，它是一种缩小检索范围、提高查准率的有效方法。

加权检索的基本方法是在每个检索词的后面加一个数字，该数字表示检索词的“权”值，表明该检索词的重要程度。在检索过程中，一篇文献是否被检中，不仅看该文献是否与用户提出的检索词相对应，而且要根据它所含检索词的“权”值之和来决定。如果一篇文献所含检索词“权”值之和大于或等于所指定的权值，则该文献命中；如果小于所指定的权值，则该文献不被命中。在加权检索中，计算机检索同时统计被检文献的权值之和，然后将文献按权值大小排列，大于用户指定阈值的文献作为检索命中结果输出。

4.2.4 常用的搜索引擎

电子活页 4-3

常用的搜索引擎

目前，国内常用的搜索引擎主要有百度搜索、360 搜索、搜狗搜索等，国外的搜索引擎主要有 Bing、Google 等。

请扫描二维码，浏览电子活页中的相关内容，熟悉常用的搜索引擎。

4.2.5 使用搜索引擎指令

使用搜索引擎指令可以实现较多功能，如查询某个网站被搜索引擎收录的页面数量、查找 URL 中包含指定文本的页面数量、查找网页标题包含指定关键词的页面数量等。

1. site 指令

使用 site 指令可以查询某个域名被该搜索引擎收录的页面数量，其格式为：

“site”＋半角冒号“:”＋网站域名

【示例分析 4-4】使用 site 指令在百度中查询“电子工业出版社和华信教育资源网”网站的收录情况

使用 site 指令在百度中查询“电子工业出版社和华信教育资源网”网站的收录情况，操作步骤如下。

（1）打开百度网站，在搜索框中输入“site:www.phei.com.cn”文本，然后单击【百度一下】按钮得到查询结果，在其中可以看到“找到相关结果数约 35,100 个”的搜索结果。

（2）删除搜索框中的文本内容，重新输入“site:www.hxedu.com.cn”文本，然后单击【百度一下】按钮得到查询结果，在其中可以看到“找到相关结果数约 7,400 个”的搜索结果。

2. inurl 指令

使用 inurl 指令可以查询 URL 中包含指定文本的页面数量，其格式为：

“inurl”+半角冒号“:” +指定文本

或者

“inurl”+半角冒号“:” +指定文本+空格+关键词

【示例分析 4-5】在百度中查询所有 URL 中包含指定文本的页面

在百度中查询所有 URL 中包含“sports”文本的页面，以及 URL 中包含“sports”文本，同时页面的关键词为“搜狐”的页面，操作步骤如下。

（1）在百度首页的搜索框中输入“inurl:sports”文本后，按【Enter】键得到查询结果，可以看到每个页面的网址中都包含“sports”文本。

（2）删除搜索框中原有的文本，重新输入“inurl:sports 搜狐”文本，然后按【Enter】键得到查询结果，可以看到每个页面的网址中都包含“sports”文本，并且页面内容中还包含“搜狐”关键词。

3. intitle 指令

使用 intitle 指令可以查询在页面标题（title 标签）中包含指定关键词的页面数量，其格式为：

“intitle”+半角冒号“:”+关键词

【示例分析 4-6】在百度中查询标题中包含指定关键词的所有页面

在百度中查询标题中包含“数据可视化”关键词的所有页面，操作步骤如下。

（1）在百度首页的搜索框中输入“intitle:数据可视化”文本。

（2）按【Enter】键或单击【百度一下】按钮得到查询结果，可以看到每个页面的标题中都包含“数据可视化”关键词。

【提示】：使用搜索引擎指令进行检索实质上就是一种限制检索方法。限制检索是指通过限制检索范围，达到优化检索结果目的的一种方法。限制检索的方式有多种，包括使用限制符、采用限制检索命令、进行字段检索等。例如，属于主题字段限制的有 Title、Subject、

Keywords 等；属于非主题字段限制的有 Image、Text 等。

4.2.6 借助搜索技巧筛选更加准确的检索结果

电子活页 4-4

使用相关搜索技巧

面对繁杂的互联网信息，搜索引擎的出现使信息检索变得简单高效，用户只需要搜索关键词就可获取自己想要的信息。但检索结果中也会返回些无关的信息。此时，可以借助相关搜索技巧来筛选出更加准确的检索结果。

请扫描二维码，浏览电子活页中的相关内容，熟悉筛选更加准确检索结果的相关搜索技巧。

4.3 专用平台信息检索

用户在互联网中除了可以利用搜索引擎检索网站中的信息，还可以通过各种专业的网站来检索各类专业信息。本节将使用专业平台进行信息检索操作，其中主要涉及期刊信息检索、学术信息检索、学位论文检索、专利信息检索、商标信息检索、社交媒体检索等内容。

4.3.1 通过信息平台进行信息检索

1. 通过网页进行信息检索

打开百度搜索、360 搜索、搜狗搜索、Google 等常用的搜索引擎的首页，在搜索框中输入搜索关键词，然后按【Enter】键或者单击【搜索】按钮，即可获取搜索结果。

2. 通过社交媒体进行信息检索

社交媒体（Social Media）是指互联网上基于用户关系的内容生产与交换平台，其传播的信息已成为人们浏览互联网的重要内容。通过社交媒体，人们彼此之间可以分享意见、见解、经验等，甚至还可能制造社交生活中争相讨论的一个又一个热门话题。现在，国内主流的社交媒体有微信、抖音、哔哩哔哩等。

4.3.2 通过专用平台进行信息检索

1. 通过期刊专用平台进行信息检索

期刊是指定期出版的刊物，包括周刊、旬刊、半月刊、月刊、季刊、半年刊、年刊等。“国内统一连续出版物号”的简称是“国内统一刊号”，即“CN 号”，它是我国新闻出版行政部门分配给连续出版物的代号；“国际标准连续出版物号”的简称是“国际刊号”，即“ISSN 号”（International Standard Serial Number），我国大部分期刊都有“ISSN 号”。

2. 通过学术信息专用平台进行学术信息检索

互联网中有很多用于检索学术信息的网站，在其中可以检索各种学术论文。在国内，这类网站主要有百度学术、万方数据知识服务平台（以下简称“万方数据”）、中国知网等，在国外有谷歌学术、Academic、CiteSeer 等。

3. 通过学位论文专用平台进行信息检索

学位论文是作者为了获得相应的学位而撰写的论文，其中硕士论文和博士论文非常有价值。因为学位论文不像图书和期刊那样会公开出版，所以学位论文信息的检索和获取较为困难。在国内，检索学位论文的平台主要有中国高等教育文献保障系统（China Academic Library & Information System，CALIS）的学位论文中心服务系统、万方中国学位论文数据库、中国知网的硕士与博士论文数据库等。在国外，检索学术论文的平台主要有 PQDD（ProQuest Digital Dissertations）、NDLTD（Networked Digital Library of Theses and Dissertations）等。

4. 通过专利专用平台进行信息检索

专利即专有的权利和利益，为了避免侵权及对本身拥有的专利进行保护，企业需要经常对专利信息进行检索。用户可以在世界知识产权组织（World Intellectual Property Organization，WIPO）的官网、各个国家的知识产权机构的官网（如我国的国家知识产权局官网、中国专利信息网）及各种提供专利信息的商业网站（如中国知网、万方数据等）进行专利信息检索。

我国的专利检索可以通过国家知识产权局的专利检索与分析系统来实现，首页如图 4-1 所示。

图 4-1　我国的国家知识产权局官网的首页

请扫描二维码，浏览电子活页中的相关内容，熟悉通过专利专用平台进行信息检索的过程与方法。

电子活页 4-5

通过专利专用平台进行信息检索

5. 通过商标专用平台进行信息检索

商标是用来区分一个经营者和其他经营者的品牌或服务的不同之处的。为了保护自己的商标，企业也需要经常检索商标信息。与专利信息一样，用户可以在世界知识产权组织的官网、各个国家的商标管理机构的网站及各种提供商标信息的商业网站中进行商标信息检索。

4.3.3　布尔逻辑运算符及其作用

布尔逻辑检索是指利用布尔逻辑运算符连接各个检索词，然后由计算机进行相应逻辑运算，以找出信息的方法。布尔逻辑检索具有使用面广、使用频率高的特点。在使用布尔逻辑检索方法之前，需要先了解布尔逻辑运算符及其作用。布尔逻辑算符包括 AND、OR、

NOT 3 种。

1. AND 运算符

AND 运算符用来表示其所连接的两个检索词的交叉部分，也就是数据交集部分。如果用 AND 连接检索词 X 和检索词 Y，则检索式格式为 X AND Y，表示让系统检索同时包含检索词 X 和检索词 Y 的信息集合。

2. OR 运算符

OR 运算符是逻辑关系中“或”的意思，用来连接具有并列关系的检索词。如果用 OR 连接检索词 X 和检索词 Y，则检索式格式为 X OR Y，表示让系统检索含有检索词 X、Y 之一，或同时包括检索词 X 和检索词 Y 的信息。

3. NOT 运算符

NOT 运算符用来连接具有排除关系的检索词，即排除不需要的和影响检索结果的内容。如果用 NOT 连接检索词 X 和检索词 Y，则检索式格式为 X NOT Y，表示检索含有检索词 X 而不含检索词 Y 的信息，即将包含检索词 Y 的信息集合排除掉。例如，查找“催化剂（不包含镍）”的文献检索格式为催化剂 NOT 镍。注意使用此检索方法时，需要在专业的文献网站中进行，否则会出现检索错误。

4.3.4 使用中国知网学术期刊数据库检索信息

1. 数据库简介

中国知网（简称“知网”）是指中国知识基础设施资源工程（China National Knowledge Infrastructure，CNKI）网络平台的简称。目前中国知网已建成十几个系列知识数据库，其中，《中国学术期刊（网络版）》（China Journal Network Publishing Database，简称 CAJD）是第一部以全文数据库形式大规模集成出版学术期刊文献的电子期刊，是目前具有全球影响力的连续动态更新的中文学术期刊全文数据库，内容包括学术期刊、学位论文、工具书、会议论文、报纸、标准和专利等。

目前高校可通过云租用或本地镜像的形式购买 CAJD，校园网内的用户既可以通过图书馆网页提供的相应链接进入，也可以直接输入中国知网的网站地址进入。有些单位下载期刊全文可能还要使用本单位的密码，而 CAJD 题录库在网上没有任何限制，可以免费检索。

在浏览器地址栏中输入知网的网址，按【Enter】键，即可以打开“中国知网”的首页，如图 4-2 所示。

首页的下半部分主要包括“行业知识服务与知识管理平台”、“研究学习平台”和“专题知识库”，用户可以根据需要单击相关栏目进行浏览。

2. 选择检索类别和检索方式

在首页上部左侧分别单击“文献检索”、“知识元检索”和“引文检索”选项卡，便可以进行相关类别的检索。在首页上部右部单击【高级检索】就可进入“高级检索”页面，在该页面还可以选择“专业检索”、“作者发文检索”和“句子检索”等多种检索方式。

图 4-2　“中国知网”首页

（1）一框式检索

一框式检索是一种简单检索，快速方便，也称为“快速检索”，默认只有一个检索框，只在全文中检索，可输入单词或一个词组进行检索，支持二次检索，但不分字段，因此查全率较高、查准率较低。单击搜索框的下拉列表，选取“主题”、“关键词”、“篇名”、“作者”等检索字段，并在输入框内输入对应的内容，便可开始进行简单搜索。

（2）高级检索

高级检索界面如图 4-3 所示。

图 4-3　高级检索界面

高级检索是一种比一框式检索更复杂的检索方式，支持使用运算符*、+、−、''、""、()进行同一检索项内多个检索词的组合运算，检索框内输入的内容不得超过 120 个字符。输入运算符*（与）、+（或）、−（非）时，前后要空一个字节，优先级需用英文半角括号确定。若检索词本身含空格或*、+、−、()、/、%、=等特殊符号，进行多词组合运算时，为避免歧义，须将检索词用英文半角单引号或英文半角双引号引起来。

高级检索的检索条件包括内容检索条件和检索控制条件，其中检索控制条件主要是发表时间、文献来源和支持基金。另外，还可对匹配方式、检索词的中英文扩展进行限定。

模糊匹配指检索结果包含检索词，精确匹配指检索结果完全等同或包含检索词。中英文扩展是指由所输入的中文检索词，自动扩展检索相应检索项内英文词语的一项检索控制功能。

（3）专业检索

专业检索需要用户根据系统的检索语法编制检索式进行检索，适用于熟练掌握检索技术的专业技术人员。在高级检索界面单击专业检索即可进入专业检索界面，专业检索只提供一个大检索框，用户要在其中输入检索字段、检索词和检索运算符来构造检索表达式进行检索，如图 4-4 所示。

图 4-4　专业检索界面

专业检索提供 21 个可检字段：SU=主题，TKA=篇关摘，TI=题名，KY=关键词，AB=摘要，CO=小标题，FT=全文，AU=作者，FI=第一责任人，RP=通讯作者，AF=机构，JN=文献来源，RF=参考文献，FU=基金，CLC=分类号，SN=ISSN，CN＝统一刊号，DOI=DOI，IB=ISBN，YE=年，CF=被引频次（注：图 4-4 中只列出 19 个）。

（4）作者发文检索

作者发文检索是指以作者姓名、单位作为检索点，检索作者发表的全部文献及被引用、下载的情况，特别是对于同一作者发表文献属于不同单位的情况，可以一次检索完成。通过这种检索方式，不仅能找到某作者发表的全部文献，还可以通过对结果的分组筛选全方位了解作者的研究领域、研究成果等情况。作者发文检索界面如图 4-5 所示。

图 4-5　作者发文检索界面

无论使用哪种检索类型或检索方式，如果得到的结果太多，都可增加条件，在检索结果中进一步检索。

3. 处理检索结果

（1）显示处理结果

无论采用的是何种检索类型或检索方式，实施检索后，系统将给出检索结果列表。

（2）检索结果排序

检索结果的排序方式有主题相关度、发表时间、被引次数、下载次数、综合。

（3）分组浏览

检索结果的分组浏览有主题、学科、发表年度、研究层次、文献类型、文献来源、作者、机构、基金。

（4）下载

CNKI 的注册用户可下载和浏览文献全文，系统提供了手机阅读、HTML 阅读、CAJ 下载和 PDF 下载多种阅读或下载方式。例如，单击文献标题，即可进入文献介绍页面。

可以单击【HTML 阅读】按钮进行在线阅读，也可以单击【CAJ 下载】或【PDF 下载】按钮进行下载并阅读。需要注意的是，在阅读全文前，必须确保已下载并安装相关阅读器。

4. 检索“学术期刊”

在“中国知网”首页，单击【学术期刊】按钮，即可进入中国知网期刊检索界面。中国知网的各数据库界面及功能相似，学术期刊检索界面曾多次改版，现设有高级检索、出版物检索、知识元检索、引文检索、专业检索、作者发文检索、句子检索、一框式检索等多种检索类型或方式。

在“中国知网”首页单击“出版物检索”按钮，即可进入“出版来源导航”页面，如图 4-6 所示。

图 4-6 “出版来源导航”页面

在“出版来源导航”页面单击【出版来源导航】按钮，在弹出的下拉列表中单击【期刊导航】链接，如图 4-7 所示。

打开“期刊导航”页面，在该页面单击【学术期刊】按钮，即可打开“期刊导航”之“学术期刊”页面。期刊导航展现了中国知网目前收录的中文学术期刊，用户既可以按刊名（曾用刊名）、主办单位、ISSN、CN 四种查询方式检索期刊，又可以按照中国知网提供的多种期刊导航方式直接浏览期刊的基本信息及索取全文。

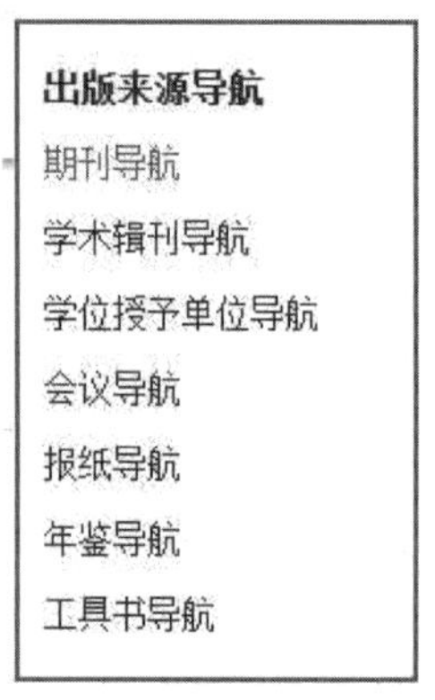

图 4-7 在“出版来源导航”下拉列表中单击【期刊导航】链接

模块 5　认知新一代信息技术

信息技术的应用与信息资源的共享为人们的工作、生活、学习带来了诸多便利，处于信息社会和信息时代，了解和熟悉信息技术已成为高效工作和快乐生活的必备技能。

5.1　新一代信息技术的基本概念

新一代信息技术主要是指信息技术的整体平台和产业的代际变迁，《国务院关于加快培育和发展战略性新兴产业的决定》中列出了国家战略性新兴产业体系，其中就包括“新一代信息技术产业”。

5.1.1　新一代信息技术及主要代表技术的概念

新一代信息技术是对传统计算机、集成电集成电路与无线通信的升级，是以人工智能、量子信息、移动通信、物联网、区块链等为代表的新兴技术，在当今的数字经济时代下，新一代信息技术已成为整个社会的核心基础设施。它既是信息技术的纵向升级，也是信息技术之间及其与相关产业的横向融合。

随着信息技术的高速发展，信息技术领域的各个分支如集成电路、计算机、通信等都在进行“代际变迁”。集成电路制造已经进入“后摩尔”时代，计算机系统进入了“云计算”时代，移动通信从 4G（4th Generation）迈入 5G（5th Generation）时代，进一步推动万物互联。

新一代信息技术涵盖技术多、应用范围广，与传统行业结合的空间大。新一代信息技术产业的范围主要包括下一代信息网络产业（如新一代移动通信网络服务等）、云计算服务（如互联网+等）、电子核心产业（如集成电路制造等）、大数据服务（如工业互联网及支持服务等）、人工智能（如人工智能软件开发等）、新兴软件和新型信息技术服务（如 AR、物联网等）等方面。随着科技的进一步发展，大数据、人工智能、虚拟现实、区块链、量子信息等技术加速创新和应用步伐，在很多领域获得了广泛关注和应用。

新一代信息技术正在全球引发新一轮的科技革命，并快速转化为现实生产力，引领科技、经济和社会的高速发展。新一代信息技术已然成为全球高科技企业之间竞争的主战场，在新一轮的竞争中，谁先获得高端技术，谁就能抢占新一代信息技术产业发展的制高点。因此，应加强对科技人才和技能型人才的培养，并不断提高互联网人才资源全球化培养、全球化配置水平，从而为加快建设科技强国提供有力支撑。

5.1.2 新一代信息技术及主要代表技术的产生原因

在国际新一轮产业竞争的背景下，各国纷纷制定新兴产业发展战略，从而抢占经济和科技的制高点。我国大力推进战略性新兴产业政策的出台，也必将推动和扶持我国新兴产业的崛起。其中，新一代信息技术战略的实施对于促进产业结构优化升级，加速信息化和工业化深度融合的步伐，加快社会整体信息化进程起到关键性作用。

数字化、网络化、智能化是新一轮科技革命的突出特征，也是新一代信息技术的核心。数字化为社会信息化奠定基础，网络化为信息传播提供物理载体，智能化体现信息应用的层次与水平。

根据《“十三五”国家战略性新兴产业发展规划》，我国“十三五”期间新一代信息技术产业重点发展六大方向包括构建网络强国基础设施、做强信息技术核心产业、推进“互联网+”行动、发展人工智能、实施国家大数据战略、完善网络经济管理方式等。“十四五”期间，我国新一代信息技术产业将持续向“数字产业化、产业数字化”的方向发展。“十四五”规划纲要明确指出，要打造数字经济新优势。数字经济是指通过对数据的综合利用，来引导并实现资源的配置与再生，从而实现经济高质量发展的一种新型经济形态。未来，我国将充分发挥海量数据，丰富应用场景优势，赋能传统产业转型升级，催生新产业、新业态、新模式，壮大经济发展新引擎。

5.1.3 新一代信息技术及主要代表技术的发展历程

从 20 世纪 80 年代中期到 21 世纪初，广泛流行个人计算机和通过互联网连接的服务器，它们被认为是第一代信息技术平台。近年来，以移动互联网、云计算、大数据为特征的第三代信息技术架构蓬勃发展，催生了新一代信息技术的诞生。

新一代信息技术究竟“新”在哪里？其“新”主要体现在网络互联的移动化和泛在化、信息处理的集中化和大数据化。新一代信息技术发展的特点不是信息领域各个分支技术的纵向升级，而是信息技术横向渗透融合到制造、生物医疗、汽车等其他行业。它强调的是信息技术渗透融合到社会和经济发展的各个行业，并推动其他行业的技术进步和产业发展。例如，“互联网+”模式的出现，便是新一代信息技术的集中体现。

国务院于 2010 年发布的《国务院关于加快培育和发展战略性新兴产业的决定》中明确指出“新一代信息技术产业”是国家七大战略性新兴产业之一。信息技术正在向纵深发展并深刻改变着人类的生产和生活方式。

新一代信息技术产业发展的过程，实质上就是信息技术融入涉及社会经济发展的各个领域，创造新价值的过程。近年来，以物联网、云计算、大数据、人工智能、区块链为代表的新一代信息技术产业正在酝酿着新一轮的信息技术革命，新一代信息技术产业不仅重视信息技术本身和商业模式的创新，而且强调将信息技术渗进、融合到社会和经济发展的各个行业，推动其他行业的技术进步和产业发展。

5.2 新一代信息技术的技术特点与典型应用

新一代信息技术已成为近年来科技界和产业振兴的热门话题。云计算、大数据、人工智能、物联网、移动通信、区块链等各种技术得到飞速发展，给人们的工作生活带来了巨大的影响。

5.2.1 新一代信息技术主要代表技术的核心技术特点

1. 大数据技术的核心技术特点

大数据是指无法在一定时间范围内使用常规软件或工具进行捕捉、管理、处理的数据集合。而要想从这些数据集合中获取有用的信息，就需要对大数据进行分析，需要新处理模式才能具有更强的决策力、洞察发现力和流程优化能力来适应海量、高增长率和多样化的信息资产。

目前，业界对大数据还没有一个统一的定义，但是大家普遍认为，大数据具备大量（Volume）、高速（Velocity）、多样（Variety）和低价值密度（Value）四个特征，简称“4V”，即数据体量巨大、速度快、数据类型多和数据价值密度低。

在以云计算为代表的技术创新背景下，收集和处理数据变得更加简便，国务院在印发的《促进大数据发展行动纲要》中系统地部署了大数据发展工作，通过各行各业的不断创新，大数据也将创造更多的价值。

2. 云计算技术的核心技术特点

云计算（Cloud Computing）是传统计算机和网络技术融合发展的产物，云计算通常涉及通过互联网来提供动态、易扩展且经常是虚拟化的资源。

（1）云计算的概念

云计算技术是硬件技术和网络技术发展到一定阶段出现的新的技术模型，是对实现云计算模式所需的所有技术的总称。云计算是分布式计算技术的一种，它透过网络将庞大的计算处理程序自动分拆成无数个较小的子程序，再交由多部服务器所组成的庞大系统经搜寻、计算分析之后将处理结果回传给用户。云计算是一种基于互联网服务的资源交付和使用模式，云计算是分布式计算、并行计算、网格计算、效用计算、网络存储、虚拟化等传统计算机技术和网络技术发展融合的产物。

云计算是一种基于并高度依赖于 Internet 的计算资源交付模型，集合了大量服务器、应用程序、数据和其他资源，通过 Internet 以服务的形式提供这些资源，并且采用按使用量付费的方式。

云计算技术作为一项应用范围广、对产业影响深远的技术，正逐步向信息产业等渗透，相关产业的结构模式、技术模式和产品销售模式等都将会随着云计算技术的变化发生深刻的改变，进而影响人们的工作和生活。

（2）云计算的特点

与传统的资源提供方式相比，云计算主要具有以下特点。

① 超大规模。“云”具有超大的规模，Google 云计算已经拥有 100 多万台服务器，Amazon、IBM、Microsoft 等的“云”均拥有几十万台服务器。“云”能赋予用户前所未有的计算能力。

② 高可扩展性。云计算是一种从资源低效率的分散使用到资源高效率的集约化使用的技术，分散在不同计算机上的资源的利用率非常低，通常会造成资源的极大浪费，而将资源集中起来后，资源的利用效率会大大提升。资源的集中化不断加强与资源需求的不断增加，也对资源池的可扩展性提出了更高要求。因此云计算系统必须具备优秀的资源扩展能力，才能方便新资源的加入。

③ 按需服务。对于用户而言，云计算系统最大的好处是可以满足自身对资源不断变化的需求，云计算系统按需向用户提供资源，用户只需为自己实际消费的资源进行付费，而不必购买和维护大量固定的硬件资源。这不仅为用户节约了成本，还促使应用软件的开发者创造出更多有趣和实用的应用。同时，按需服务让用户在服务选择上具有更大的空间，用户通过缴纳不同的费用来获取不同层次的服务。

④ 虚拟化。云计算技术利用软件来实现硬件资源的虚拟化管理、调度及应用，支持用户在任意位置使用各种终端获取应用服务。通过“云”这个庞大的资源池，用户可以方便地使用网络资源、计算资源、硬件资源、存储资源等，大大降低了维护成本，提高了资源的利用率。

（2）云计算的关键技术

电子活页 5-1

云计算的关键技术

云计算涉及关键技术主要包括虚拟机技术、数据存储技术、数据管理技术、分布式编程与计算、虚拟资源的管理与调度、云计算的业务接口、云计算相关的安全技术等方面。

请扫描二维码，浏览电子活页中的相关内容，熟悉云计算关键技术详细内容。

【示例分析 5-1】探析云计算的部署模式

电子活页 5-2

云计算的部署模式

由于不同用户对云计算服务的需求不同，因此面对不同的场景，云计算服务需要提供不同的部署模式。一般而言，云计算的部署模式有公有云、私有云和混合云 3 种。

请扫描二维码，浏览电子活页中的相关内容，熟悉云计算部署模式的详细内容。

3. 人工智能技术的核心技术特点

人工智能在 20 世纪 70 年代以来被称为世界三大尖端技术之一（空间技术、能源技术、人工智能），也被认为是 21 世纪三大尖端技术（基因工程、纳米科学、人工智能）之一，这是因为近三十年来它获得了迅速的发展，在很多学科领域都获得了广泛应用，并取得了丰硕的成果。人工智能已逐步成为一个独立的分支，在理论和实践上都已自成一个系统。

人工智能（Artificial Intelligence，AI）是研究、开发用于模拟、延伸和扩展人的智能的理论、方法、技术及应用系统的一门新的技术科学，是计算机学科的一个重要分支。人工智能也叫作机器智能，它是指由人工制造的系统所表现出来的智能。人工智能研究的主要目标在于用机器来模仿和执行人脑的某些智能行为、探究相关理论、研发相应技术，如判断、推理、识别、感知、理解、思考、规划、学习等思维活动。人工智能技术已经渗透到人们日常生活的各个方面，涉及的行业也很多，包括游戏、新闻媒体、金融等，并运用于各种领先的研究领域，如量子科学等。

人工智能是研究如何使用计算机来模拟人的某些思维过程和智能行为（如学习、推理、思考、规划等），主要包括计算机实现智能的原理、制造类似于人脑智能的计算机，从而使计算机能实现更高层次的应用。人工智能将涉及计算机科学、心理学、哲学和语言学等学科，可以说几乎是自然科学和社会科学的所有学科，其范围已远远超出了计算机科学的范畴，人工智能与思维科学的关系是实践和理论的关系，人工智能处于思维科学的技术应用层次，是它的一个应用分支。从思维观点看，人工智能不能仅限于逻辑思维，还要考虑形象思维、灵感思维，才能促进人工智能的突破性的发展，数学常被认为是多种学科的基础科学，数学不仅在标准逻辑、模糊数学等范围发挥作用，也进入了语言、思维领域，人工智能学科也必须借用数学工具，它们将互相促进而更快地发展。

4. 物联网技术的核心技术特点

物联网是继计算机、互联网之后世界信息产业发展的第三次浪潮，万物互联成为全球网络未来发展趋势，物联网技术与应用空前活跃，应用场景不断丰富。未来，物联网将合规性更严格、防护措施更安全、智能消费设备更普及。可以将物联网理解为物物相连的互联网，其核心和基础是互联网，将用户端扩展到了任何物品与物品之间进行信息交换和通信。物联网通过智能感知、识别技术与普适计算等通信感知技术，广泛应用于网络的整合中。物联网是最贴近生产环境的技术，通过物理设备收集数据实现智能化识别、定位、跟踪、监控和管理。

物联网技术是指各类传感器，如射频识别（Radio Frequency Identification，RFD）红外感应器、定位系统、激光扫描器等设备和现有的互联网相互衔接的一种新技术。

（1）物联网的概述

物联网即“万物互联的互联网”，通过部署具有一定感知、计算、执行和通信能力的各种设备获得物理世界的信息，并通过网络实现信息的传输、协同和处理，从而实现人与物、物与物之间信息交换的互联的网络。物联网是在互联网基础上延伸和扩展的网络，是将各种信息传感设备与网络结合起来而形成的一个巨大网络，实现在任何时间、任何地点的人、机、物的互联互通。

物联网的基本特征可概括为全面感知、可靠传输和智能处理。物联网应用涉及国民经济和人们社会生活的方方面面，遍及智慧交通、环境保护、政府工作、公共安全、平安家居、智能消防、工业监测、环境监测、老人护理、个人健康、花卉栽培、水系监测、食品溯源和情报搜集等众多领域。

（2）物联网的关键技术

在物联网应用中有以下关键技术。

① 传感器技术。计算机处理的都是数字信号，这就需要传感器把模拟信号转换成数字信号，计算机才能处理。

② RFID 技术。RFID 技术是将无线射频技术和嵌入式技术融为一体的综合技术，RFID 在自动识别、物品物流管理有着广阔的应用前景。

③ 嵌入式系统技术。嵌入式系统技术是将计算机软硬件、传感器技术、集成电路技术、电子应用技术融为一体的复杂技术。经过几十年的演变，以嵌入式系统为特征的智能终端产品随处可见。嵌入式系统正在改变着人们的生活，推动着工业生产以及国防工业的快速发展。

④ 智能技术。智能技术是为了有效达到某种预期的目的，通过在物体中植入智能系统，可以使物体具备一定的智能性，能够主动或被动地实现与用户的沟通，这也是物联网的关键技术之一。

⑤ 无线网络技术。在物联网中，物与物无障碍地通信，必然离不开能够传输海量数据的高速无线网络。无线网络不仅包括允许用户建立远距离无线连接的全球语音和数据网络，还包括短距离蓝牙技术、红外线技术和 ZigBee 技术等。

（3）物联网的体系架构

物联网典型体系架构分为三层，自下而上分别是感知层、网络层和应用层。感知层实现物联网全面感知的核心能力，关键在于具备更精确、更全面的感知能力，并解决低功耗、小型化和低成本问题；网络层主要以广泛覆盖的移动通信网络作为基础设施，是物联网中标准化程度最高、产业化能力最强、最成熟的部分，关键在于为物联网应用特征进行优化改造，形成系统感知的网络；应用层提供丰富的应用，将物联网技术与行业信息化需求相结合，实现泛化的应用方案，关键在于行业融合、信息资源的开发利用，低成本高质量的解决方案，信息安全的保障及有效商业模式的开发。

5. 区块链技术的核心技术特点

区块链（Block Chain）是分布式数据存储、加密算法、点对点传输、共识机制等计算机技术的新型应用模式。区块链本质上是一个去中心化的共享数据库，是一个分布式的共享账本，它不再依靠中央处理节点，实现数据的分布式存储、记录与更新，具有较高的安全性。存储于其中的数据或信息，具有“数据块链式”、“不可伪造”、“全程留痕”、“可以追溯”、“公开透明”、“集体维护”、“防篡改”、“高可靠性”等关键特征。这些特征保证了区块链的“诚实”与“透明”，为区块链创造信任奠定了基础。而区块链丰富的应用场景，基本上都基于区块链能够解决信息不对称问题，实现多个主体之间的协作信任与一致行动。

区块链作为一种底层协议，它可以有效解决信任问题，实现价值的自由传递，在数字货币、存证防伪、数据服务等场景具有广阔的应用前景。

（1）区块链的应用场景

① 数字货币。区块链技术最为成功的运用就是以比特币为代表的数字货币。由于具备去中心化和频繁交易的特点，数字货币具有较高的流通价值。另外，相比于实体货币，数字货币具有易携带与存储、低流通成本、使用便利、易于防伪、打破地域限制等特点。

② 存证防伪。区块链可以通过哈希时间戳证明某个文件或者数字内容在特定时间的存在，其公开、不可篡改、可溯源等特点为司法鉴证、产权保护等提供了完美的解决方案。沃尔玛公司便极力邀请其供应商抛弃纸张的追踪方式，加入沃尔玛的区块链计划。如今，沃尔玛公司利用区块链技术可以在短短几秒内将一个鸡蛋从商店一直追踪到农场。

③ 数据服务。未来互联网、人工智能、物联网都将产生海量数据，现有的数据存储方案将面临巨大挑战，基于区块链技术的边缘存储有望成为未来解决数据存储问题的方案。其次，

区块链对数据的不可篡改和可追溯机制保证了数据的真实性和高质量，这将成为大数据、人工智能等一切数据应用的基础。

（2）区域链的主要特征

① 去中心化。区块链技术不依赖额外的第三方管理机构或硬件设施，没有中心管制，除了自成一体的区块链本身，通过分布式核算和存储，各个节点实现了信息自我验证、传递和管理。去中心化是区块链最突出、最本质的特征。

② 开放性。区块链技术基础是开源的，除了交易各方的私有信息被加密外，区块链的数据对所有人开放，任何人都可以通过公开的接口查询区块链数据和开发相关应用，因此整个系统信息高度透明。

③ 独立性。基于协商一致的规范和协议（类似比特币采用的哈希算法等各种数学算法），整个区块链系统不依赖其他第三方，所有节点能够在系统内自动安全地验证、交换数据，不需要任何人为的干预。

④ 安全性。只要不能掌控全部数据节点的 51%，就无法肆意操控修改网络数据，这使区块链本身变得相对安全，避免了主观人为的数据变更。

⑤ 匿名性。除非有法律规范要求，单从技术上来讲，各区块节点的身份信息不需要公开或验证，信息传递可以匿名进行。

（3）区域链的核心技术

① 分布式账本。分布式账本指的是交易记账由分布在不同地方的多个节点共同完成，而且每一个节点记录的是完整的账目，因此它们都可以参与监督交易合法性，同时也可以共同为其作证。

② 非对称加密。存储在区块链上的交易信息是公开的，但是账户身份信息是高度加密的，只有在数据拥有者授权的情况下才能访问到，从而保证了数据的安全和个人的隐私。

③ 共识机制。共识机制就是所有记账节点之间怎么达成共识，去认定一个记录的有效性，这既是认定的手段，也是防止篡改的手段。

区块链的共识机制具备“少数服从多数”以及“人人平等”的特点，其中“少数服从多数”并不完全指节点个数，也可以是计算能力、股权数或者其他的计算机可以比较的特征量。“人人平等”是当节点满足条件时，所有节点都有权优先提出共识结果、直接被其他节点认同后并最后有可能成为最终共识结果。

④ 智能合约。智能合约是基于这些可信的不可篡改的数据，可以自动化地执行一些预先定义好的规则和条款。以保险为例，如果说每个人的信息（包括医疗信息和风险发生的信息）都是真实可信的，那就很容易地在一些标准化的保险产品中，去进行自动化的理赔。在保险公司的日常业务中，虽然交易不像银行和证券行业那样频繁，但是对可信数据的依赖是有增无减的。

6. 下一代通信网络技术的核心技术特点

下一代通信网络（Next Generation Network，NGN）是以软交换为核心，能够提供数据、语音、视频、多媒体业务的，基于分组技术的，综合开放的网络架构，它具有开放、分层等特点，代表了未来通信网络发展的方向。目前，下一代移动通信网络主要是指 5G 的实施和 6G 的研发。

7. 量子信息技术的核心技术特点

量子信息是关于量子系统“状态”所带有的物理信息，通过量子系统的各种相干特性，例如量子并行、量子纠缠和量子不可克隆等，进行计算、编码和信息传输的全新信息方式。量子信息最常见的单位为量子比特（Qubit）。

近年来，量子信息已经成为全球科技领域关注的焦点之一。量子信息是量子物理与信息技术相结合发展起来的新学科，是对微观物理系统量子态进行人工调控，以全新的方式获取、传输和处理信息。量子信息技术的研究与应用，会对传统信息技术体系产生冲击，甚至引发颠覆性技术创新，在未来国家科技竞争、产业创新升级、国防和经济建设等领域具有重要战略意义。

8. 工业互联网的核心技术特点

工业互联网是全球工业系统与高级计算、分析、传感技术以及互联网的高度融合。其核心是通过工业互联网平台把工厂、生产线、设备、供应商、客户及产品紧密地连接在一起；结合软件和大数据分析，帮助制造业实现跨地区、跨厂区、跨系统、跨设备的互联互通，从而提高生产效率，推动整个制造服务体系智能化。

工业互联网的核心三要素是人、机器、数据分析软件。工业互联网将带有内置感应器的机器和复杂的软件与其他机器、人员连接起来。例如，将飞机发动机连接到工业互联网中，当机器感应到满足了触发条件和接收到通信信号时，就能从中提取数据并进行分析，从而成为有理解能力的工具，能更有效地发挥出该机器的潜能。

工业互联网是新一代信息通信技术与工业经济深度融合的全新工业生态、关键基础设施和新型应用模式。它以网络为基础，以平台为中枢，以数据为要素，以安全为保障，通过对人、机、物全面连接，变革传统制造模式、生产组织方式和产业形态，构建起全要素、全产业链、全价值链全面连接的新型工业生产制造和服务体系；对支撑制造强国和网络强国建设，提升产业链现代化水平，推动经济高质量发展和构建新发展格局，都具有重要意义。

9. 高性能集成电路的核心技术特点

与传统的集成电路相比，高性能集成电路有着更卓越的性能，以及更快的速度与更稳定的架构。电子信息产品中核心的部件是集成电路（Integrated Circuit，IC），可以说集成电路是信息产业的核心。集成电路是 20 世纪 60 年代初期发展起来的一种新型半导体器件，它是把构成具有一定功能的电路所需的半导体、电容、电阻等元件及它们之间的连接导线全部集成在一小块硅片上，然后焊接封装在一个管壳内的电子器件。

集成电路具有体积小、重量轻、引出线和焊接点少、寿命长、可靠等特点。集成电路不仅在工用电子设备（如电视机、计算机）等方面得到了广泛应用，还在军事、通信等方面也得到了广泛应用。例如，用集成电路来装配电子设备，其装配密度比晶体管高几十倍甚至几千倍。目前，我国正积极发展集成电路产业链，其发展重点体现在以下几个方面：着力开发高性能集成电路产品，壮大芯片制造业规模，加快新设备、新仪器、新材料的开发，形成成套工艺，培育一批具有较强自主创新能力的骨干企业，推进集成电路产业链各环节紧密协作，完善产业链。

10. 移动通信技术的核心技术特点

（1）移动通信的基本概念

移动通信（Mobile Communication）是移动体之间的通信，或移动体与固定体之间的通信。移动体可以是人，也可以是汽车、火车、轮船、收音机等在移动状态中的物体。移动通信是沟通移动用户与固定点用户之间或移动用户之间的通信方式，移动通信的双方有一方或两方处于运动中。

移动通信是进行无线通信的现代化技术，这种技术是电子计算机与移动互联网发展的重要成果之一。移动通信技术已经过第一代、第二代、第三代、第四代技术的发展，移动通信技术作为电子计算机与移动互联网发展的重要成果之一，目前，已经迈入了第五代发展的时代——5G移动通信技术时代，这也是目前改变世界的几种主要技术之一。

移动通信系统由移动台、基台、移动交换局组成。若要同某移动台通信，移动交换局通过各基台向全网发出呼叫，被叫台收到后发出应答信号，移动交换局收到应答后分配一个信道给该移动台并从此话路信道中传送一信令使其振铃。

（2）移动通信的基本特征

移动通信简单来说，就是移动中的信息交换，是进行无线通信的现代化技术。移动通信的基本特征主要有以下几个。

① 移动性。移动性就是指要保持物体在移动状态中的通信，因而它必须是无线通信或无线通信与有线通信的结合。

② 电波传播条件复杂。由于移动体可能在各种环境中运动，电磁波在传播时会产生反射、折射、绕射、多普勒效应等现象，产生多径干扰、信号传播延迟等效应。

③ 噪声和干扰严重。受到的噪声和干扰包括在城市环境中的汽车噪声、各种工业噪声、移动用户之间的互调干扰、邻道干扰、同频干扰等。

④ 系统和网络结构复杂。移动通信系统是一个多用户通信系统和网络，必须使用户之间互不干扰，能协调一致地工作。此外，移动通信系统还应与市话网、卫星通信网、数据网等互联，整个网络结构是很复杂的。

⑤ 要求频带利用率高、设备性能好。移动通信过程中要求频带利用率高，设备性能好。

5G移动通信技术是第四代移动通信技术的升级和延伸。从传输速率上来看，5G移动通信技术要快一些、稳定一些，在资源利用方面也会将4G移动通信技术的约束全面打破。同时，5G移动通信技术会将更多的高科技技术纳入进来，使人们的工作、生活更加便利。

5.2.2　新一代信息技术主要代表技术的产业应用领域

人工智能、区块链、大数据等新一代信息技术正在经济社会的各领域快速渗透与应用，成为驱动行业技术创新和产业变革的重要力量。其中，人工智能在我们的生活中的应用尤其普遍，例如，航拍无人机便是利用人工智能、物联网、大数据技术等使得定位更加准确，图像分析结果更加精确。航拍无人机可以弥补卫星和载人航空遥感技术的不足，催生了更加多元化的应用场景，如航空拍照、地质测量、高压输电线路巡视、油田管路检查、高速公路管理、森林防火巡查、毒气勘察等。

1. 大数据技术的应用

大数据的典型应用介绍如下。

（1）高能物理

高能物理是一个与大数据联系十分紧密的学科，科学家往往要从大量的数据中发现一些小概率的粒子事件，如比较典型的离线处理方式，由探测器组负责在实验时获取数据，而最新的 LHC（大型强子对撞机）实验每年采集的数据高达 15PB。高能物理中的数据量巨大，而且没有关联性，要从海量数据中提取有用的信息，就可以使用并行计算技术对各个数据文件进行较为独立的分析处理。

（2）推荐系统

推荐系统可以通过电子商务网站向用户提供商品信息和建议，如商品推荐、新闻推荐、视频推荐等。而实现推荐过程则需要依赖大数据技术，用户在访问网站时，网站会记录和分析用户的行为并建立模型，将该模型与数据库中的产品进行匹配后，才能完成推荐过程。为了实现这个推荐过程，需要存储海量的用户访问信息，并基于对大量数据的分析为用户推荐与其行为相符合的内容。

（3）搜索引擎系统

搜索引擎是常见的大数据系统，为了有效完成互联网上数量巨大的信息收集、分类和处理工作，搜索引擎系统大多基于集群架构，搜索引擎的发展历程为大数据的研究积累了宝贵的经验。

【示例分析 5-2】探析大数据的应用场景

飞速发展的社会每时每刻都在产生并使用海量的数据，大到工程施工、环保监测，小到外卖点餐、网络购物等，大数据对政府、企业，还是对个人，都带来了极大的便利，如政府可以利用大数据对各个领域的数据进行统筹分析，让整个社会更好地发展；企业可以利用大数据更好地监控采购、生产、销售等各个环节，提高企业的经营效率；个人也可以根据自己的需要利用大数据获得以往无法得到的各种实用信息。

经过近几年的发展，大数据技术已经慢慢地渗透到各个行业。不同行业的大数据应用进程的速度，与行业的信息化水平、行业与消费者的距离、行业的数据拥有程度有着密切的关系。总体看来，应用大数据技术的行业可以分为以下 4 大类。

（1）第 1 大类是互联网和营销行业

互联网行业是离消费者距离最近的行业，同时拥有大量实时产生的数据。业务数据化是企业运营的基本要素，因此，互联网行业的大数据应用的程度是最高的。与互联网行业相伴的营销行业，是围绕着互联网用户行为分析，以为消费者提供个性化营销服务为主要目标的行业。

（2）第 2 大类是信息化水平比较高的行业

例如，金融、电信等行业，它们比较早地进行信息化建设，内部业务系统的信息化相对比较完善，对内部数据有大量的历史积累，并且有一些深层次的分析分类应用，目前正处于将内外部数据结合起来共同为业务服务的阶段。

（3）第 3 类是政府及公用事业行业

不同部门的信息化程度和数据化程度差异较大，例如，交通行业目前已经有了不少大数据应用案例，但有些行业还处在数据采集和积累阶段。政府将会是未来整个大数据产业快速发展的关键，通过政府及公用数据开放可以使政府数据在线化走得更快，从而激发大数据应用的大发展。

（4）第4类是制造业、物流、医疗、农业等行业

这些行业的大数据应用水平还处在初级阶段，但未来消费者驱动的C2B模式会倒逼着这些行业的大数据应用进程逐步加快。

国际知名咨询公司麦肯锡在《大数据的下一个前沿：创新、竞争和生产力》报告中指出，在大数据应用综合价值潜力方面，信息技术、金融保险、政府及批发贸易四大行业的潜力最高，信息、金融保险、计算机及电子设备、公用事业4类的数据量最大。

2. 云计算技术的应用

随着云计算技术产品、解决方案的不断成熟，云计算技术的应用领域也在不断扩大，衍生出了云安全、云存储、云游戏等各种功能。云计算对医药与医疗领域、制造领域、金融与能源领域、电子政务领域、教育科研领域的影响巨大，为电子邮箱、数据存储、虚拟办公等方面也提供了非常多的便利。

（1）云安全

云安全是云计算技术的重要分支，在反病毒领域得到了广泛应用。云安全技术可以通过网状的大量客户端对网络中软件的异常行为进行监测，获取互联网中木马和恶意程序的最新信息，自动分析和处理信息，并将解决方案发送到每一个客户端。

（2）云存储

云存储是一种新兴的网络存储技术，可将资源存储到“云”端供用户存取。云存储通过集群应用、网络技术或分布式文件系统等功能将网络中大量不同类型的存储设备集合起来协同工作，共同对外提供数据存储和业务访问功能。通过云存储，用户可以在任何时间、任何地点，将任何可联网的装置连接到“云”上并存取数据。云盘也是一种以云计算为基础的网络存储技术，目前，各大互联网企业也在陆续开发自己的云盘，如百度网盘等。

（3）云游戏

云游戏是一种以云计算技术为基础的在线游戏技术，云游戏模式中的所有游戏都在服务器端运行，并通过网络将渲染后的游戏画面压缩传送给用户。云游戏技术主要包括云端完成游戏运行与画面渲染的云计算技术，以及玩家终端与云端间的流媒体传输技术。

3. 人工智能技术的应用

人工智能已经逐渐走进人们的生活，并应用于各个领域。它不仅给许多行业带来了巨大的经济效益，也为人们的生活带来了许多改变和便利。人工智能的主要应用场景有工业制造、社交生活、交通运输、智能客服、识别系统、自动驾驶、智能停车场、智慧生活、智能家居、智慧医疗、机器翻译等。

请扫描二维码，浏览电子活页中的相关内容，进一步了解人工智能技术应用的更多内容。

电子活页 5-3

人工智能技术的应用

【示例分析5-3】探析人工智能的社会价值

人工智能是21世纪的尖端科技，属于科研前沿领域，拥有着巨大的社会价值，具体表现

在生物医学、环保、国家和社会管理、经济生产、日常生活等各个方面。

（1）人工智能对于生物医学的价值

人工智能可以提升人类的医疗水平。例如，手术机器人可以明显提升外科手术的精准度；可穿戴的医疗 AI 产品有助于对人类健康水平的监测。此外，人工智能也有助于推动新药物靶点的发现及新药物的设计，使临床药物实验数据的分析更快、更精准，从而推动制药业的发展。

（2）人工智能对于环保的价值

人工智能的应用将有助于建立有效的环境污染监控装置，而基于人工智能的电动汽车的普及将有助于解决大气污染问题。另外，使用人工智能还可以建立能源消耗的模型，能及时发现造成能源浪费的原因，同时也有助于研发绿色节能的仪器和设备。

（3）人工智能对于国家和社会管理的价值

人工智能对于国家和社会管理有着多方面的价值。首先，在交通管理方面，使用人工智能可以建立交通状况的模型，研发出减少交通拥堵、交通事故的仪器和设备，从而发现减少拥堵的最优方法。例如，阿里巴巴公司研发的“城市大脑”项目可以在分析交通数据的基础上找出交通状况模式，提升城市交通的运行速度。

其次，在国家安全方面，人工智能将能有效提升国家安全保障实力。例如，海关可以使用人工智能图像识别技术和语音识别技术对出入境人员进行监测，提升监测准确度和速度。

此外，人工智能将加强人类预测和应对地震等重大自然灾害的能力，提升天气预报的精准度。

（4）人工智能对于经济生产的价值

人工智能机器人可以 24 小时工作，帮助人类完成枯燥的、重复的工作，还可以在危险、有毒、极冷或极热等极端环境中工作，降低人工成本，提高生产的安全性，有效提升生产效率。此外，人工智能也能帮助企业实现智能升级，预测设备故障，获得更优的设计方案。

（5）人工智能对于日常生活的价值

人工智能能大大提升人类日常生活的便利性和舒适度。首先，家庭机器人或智能家电能在一定程度上代替人类管理家居生活，将人类从日常家务中解脱出来。例如，近年来已经有一定普及度的扫地机器人就可以代替人类完成地面清理工作。又如，智能音箱不仅可以查询天气、回答问题，还支持控制家用电器、订外卖、闹钟提醒、查询菜谱等多方面功能。

4. 物联网技术的应用

电子活页 5-4

物联网技术的应用

近年来物联网的应用越来越广泛，很多行业的发展都离不开物联网的应用，物联网的应用领域主要包括智慧物流、智能农业、智能交通、智能医疗、智慧零售等。

请扫描二维码，浏览电子活页中的相关内容，了解物联网技术应用的更多内容。

【示例分析 5-4】探析我国物联网发展的新机遇与新挑战

（1）新挑战

我国物联网发展迅速，目前已经从公共管理、社会服务渗透到企业、市场、家庭和个人，这个过程呈现递进的趋势，表明物联网的技术越来越成熟。随着我国物联网行业应用需求升级，将为物联网产业发展带来新机遇。

① 传统产业智能化升级将驱动物联网应用进一步深化。当前物联网应用正在向工业研发、制造、管理、服务等业务全流程渗透，农业、交通、零售等行业物联网集成应用试点也在加速开展。

② 消费物联网应用市场潜力将逐步释放。全屋智能、健康管理、可穿戴设备、智能门锁、车载智能终端等消费领域市场保持高速增长，共享经济蓬勃发展。

③ 新型智慧城市全面落地实施将带动物联网规模应用和开环应用。全国智慧城市由分批试点步入全面建设阶段，促使物联网从小范围局部性应用向较大范围规模化应用转变，从垂直应用和闭环应用向跨界融合、水平化和开环应用转变。

（2）新挑战

随着物联网产业和应用加速发展，我国物联网产业的一些新问题日益突出，主要体现在以下几个方面：

① 产业整合和引领能力不足。当前全球巨头企业纷纷以平台为核心构建产业生态，通过兼并整合、开放合作等方式增强产业链上下游资源整合能力，在企业营收、应用规模、合作伙伴数量等方面均大幅领先。而我国缺少整合产业链上下游资源、引领产业协调发展的龙头企业，产业链协同性能力较弱。

② 物联网安全问题日益突出。数以亿计的设备接入物联网，针对用户隐私、基础网络环境等的安全攻击不断增多，物联网风险评估、安全评测等尚不成熟，成为推广物联网应用的重要制约因素。

③ 标准体系仍不完善。一些重要标准研制进度较慢，跨行业应用标准制定推进困难，尚难满足产业急需和规模应用需求。

因此，我国必须重新审视物联网对经济社会发展的基础性、先导性和战略性意义，牢牢把握物联网发展的新一轮重大转折机遇，进一步聚焦发展方向，优化调整发展思路，持续推动我国物联网产业保持健康有序发展，抢占物联网生态发展主动权和话语权，为我国国家战略部署的落地实施奠定坚实基础。

5. 区块链技术的应用领域

电子活页 5-5

区块链技术的应用领域

请扫描二维码，浏览电子活页中的相关内容，了解区块链技术应用领域的详细内容。

【示例分析 5-5】探析区块链技术的价值

区块链技术有着精巧的设计理念和运作机制，对传统中心化业务有着颠覆性的影响，能够彻底改变人与人、人与组织、组织与组织之间的协作关系。具体来说，区块链技术的价值体现在以下 4 个方面。

（1）减少交易中间环节

区块链技术的应用可以构建经济行为自组织机制，从而绕开部分中介机构，这样一方面可以进一步打通上下游产业链，大大提高价值传递、数据获取、供需对接的效率，另一方面还可以大幅减少中间环节带来的成本，促进实体经济的发展。

（2）促进陌生人之间达成信任关系

区块链技术不依托具有权威的中心，形成了一套基于密码算法的信任机制，使不论相隔多远的陌生人都可以建立信任，以及基于技术约束的合作关系。尤其是在部分市场机制、信用体系不健全的地区，区块链技术的价值显得更加重大。

（3）打造公平、透明、便捷、高效的市场环境

区块链技术由于具有不可篡改、可追溯的特征，因此具有监管各类经济行为的作用，可以与实体经济相融合，通过记录商品生产和流通过程的所有信息，减少假冒伪劣、以次充好、赖账、欺诈等行为，打造公平、透明、便捷、高效的市场环境。

（4）助力数字资产确权

在当前数字经济时代，数据资源的价值越来越被人们重视。但数字资产存在确权难、追溯难、利益分配难等问题，还无法在市场中高效、有序地流通，这一点制约了数字经济的发展。而区块链技术基于不可篡改性、可追溯性、共识性等，可以让数字资产的权属能够被有效界定，数字资产的流通能够被全程追踪监管，数字资产带来的收益能够被合理分配，从而有助于实现数字资产的市场化，并推动数字经济朝着更加透明、共享、均衡的方向发展。

6. 5G通信技术的应用

移动通信技术经历几代的发展，目前已经迈入了第五代技术时代（5G时代）。5G的特点是广覆盖、大连接、低时延、高可靠。和4G相比，5G峰值速率提高了30倍，用户体验速率提高了10倍，频谱效率提升了3倍，连接密度提高了10倍，能支持移动互联网和产业互联网的各方面应用。5G通信技术目前主要有三大应用场景。

（1）大流量移动宽带业务

扩容移动宽带，提供大带宽高速率的移动服务，面向3D/超高清视频、AR/VR（增强现实/虚拟现实）、云服务等应用。

（2）规模物联网业务

海量机器类通信，主要面向大规模物联网业务，以及智能家居、智慧城市等应用。

（3）无人驾驶、工业自动化等业务

超高可靠与低延时通信将大大助力工业互联网、车联网中的新应用，应用于工业应用和控制、交通安全和控制、远程制造、远程培训、远程手术等。

5G是通信领域发展的里程碑，具有承前启后的作用，而要真正实现万物互联，实现天、地、人的网络全连接，实现全球无缝覆盖，必须再进行技术创新。在体验5G通信的同时，期待6G卫星网络通信时代的到来，充分体验智能社会的全新生活。

7. 量子信息的应用

量子信息的应用主要包括量子通信、量子计算和量子测量3个领域。

（1）量子通信

量子通信是利用量子纠缠效应进行信息传递的一种新型的通信方式，主要研究量子密码、量子隐形传态、远距离量子通信等技术。与经典通信相比，量子通信安全性比较高，因为量子态在不被破坏的情况下，在传输信息的过程中是不会被窃听也不会被复制的。

（2）量子计算

量子计算以量子比特为基本单元，利用量子叠加和干涉等原理实现并行计算，能在某些计算困难问题上提供指数级加速，具有传统计算无法比拟的巨大信息携带量和超强并行计算

处理能力，是未来计算能力跨越式发展的重要方向。

（3）量子测量

量子测量是通过微观粒子系统调控和观测实现物理测量，在精度、灵敏度和稳定性等方面相比于传统测量技术有数量提升，可用于包括时间基准、惯性测量、重力测量、磁场测量和目标识别等场景，在航空航天、防务装备、地质勘测、基础科研和生物医疗等领域应用前景广泛。

5.3　新一代信息技术的融合

新一代信息产业的市场规模正在逐渐扩大，快速发展的信息技术也与其他产业进行了高度融合，如工业互联网就是新一代信息技术与制造业深度融合的新兴产物。新一代信息技术也与生物医疗产业、汽车产业等进行了深度融合。

5.3.1　新一代信息技术对人们日常生活的影响

新一代信息技术产业发展的过程，就是信息技术融入涉及社会经济发展的各个领域，创造新价值的过程。物联网将新一代信息技术充分运用到各行各业中，再将“物联网”与现有的互联网整合起来，实现了人类社会与物理系统的整合，给予经济发展巨大的推动力。云计算需要大数据，通过大数据来展示平台的价值。大数据需要云计算，通过云计算将数据转化为生产力。人工智能作为计算机科学的重要分支，是发展中的综合性前沿学科，将会引领世界的未来。区块链的“不可伪造”、“全程留痕”、“可以追溯”、“公开透明”、“集体维护”特征，使得区块链技术具有坚实的“信任”基础，创造了可靠的“合作”机制，具有广阔的运用前景。

新一代信息技术创新异常活跃，技术融合步伐不断加快，催生出一系列新技术、新产品、新应用和新模式。而新一代信息技术的应用场景也变得多种多样。例如，借助 5G 技术，用户利用手机就可以在线浏览“云货架”、“云橱窗”，享受 360° 全景式购物体验，参观基于 VR 的科普体验馆等。

5.3.2　新一代信息技术与制造业等产业的融合发展方式

先进的信息技术对各行各业的发展产生了巨大的影响。例如，在制造业，信息技术已成为竞争的核心要素，它是推动制造业价值链重塑与发展的重要基础，在新一代信息技术的引领下，我国制造业逐步向数字化、智能化、移动化、绿色化方向发展。

1. 新一代信息技术与制造业融合

新一代信息技术与制造业深度融合是推动制造业转型升级的重要举措，是抢占全球新一轮产业竞争制高点的必然选择。目前，我国新一代信息技术与制造业融合发展成效显著，主要体现在以下 3 个方面。

（1）产业数字化基础不断夯实

近年来，我国以融合发展为主线，持续推动新一代信息技术在企业的研发、生产、服务等流程和产业链中的深度应用，带动了企业数字化水平的持续提升。

（2）加快企业数字化转型步伐

工业互联网平台作为新一代信息技术与制造业深度融合的产物，已成为制造大国竞争的新焦点。推广工业互联网平台，加快构建多方参与、协同演进的制造业新生态，是加快推进制造业数字化转型的重要催化剂。当前，我国工业互联网平台发展取得了重要进展，工业互联网平台对加速企业数字化转型的作用日益彰显。

（3）企业创新能力不断增强

随着我国信息技术产业的快速发展，一大批企业脱颖而出，在创新能力、规模效益、国际合作等方面不断取得新成就。

2. 新一代信息技术与生物医药产业融合

近年来，以云计算、智能终端等为代表的新一代信息技术与生物医药产业得到了越来越广泛的应用。新一代信息技术与生物医药这两个领域正在进行深度融合，这种融合代表着新兴产业发展和医疗卫生服务的前沿。新一代信息技术已渗透到生物医药产业的各个环节，如研发环节、生产流通环节、医疗服务环节等。

（1）在研发环节，大数据、云计算、“虚拟人”等技术将推进医药研发的进程。有些研发者正尝试运用信息技术建立“虚拟人”，将药品临床试验的某些阶段虚拟化。另外，针对电子健康档案数据的挖掘和分析，将有助于提高药品研发效率，降低研发费用。

（2）在生产流通环节，无线射频识别标签、温度传感器等设备将在药品流通过程中得到广泛应用，提高药品流通领域的电子商务应用水平，将成为提高药品流通效率的主要方式。

（3）在医疗服务环节，电子病历、智能终端、网络社交软件等将使有限的医疗资源被更多人共享，形成新的医患关系。良好的市场前景已使许多信息技术公司介入生物产业，如已有公司推出了“智慧医疗”服务产品。

3. 新一代信息技术与汽车产业融合

在新一代信息技术与汽车产业深度融合之后，汽车产业焕发新生。新一代信息技术与汽车产业的深度融合呈现出以下 3 个新特征。

① 从产品形态来看，汽车不只是交通工具，还是智能终端。智能网联汽车配有先进的车载传感器、控制器、执行器等装置，应用了大数据、人工智能、云计算等新一代信息技术，具备智能化决策、自动化控制等功能，实现了车辆与外部节点间的信息共享与控制协同。

② 从技术层面来看，汽车从单一的硬件制造走向软硬一体化。其中，硬件设备是真正实现智能化并得以普及的底层驱动力，它是不可变的；而软件是可变的，可变的软件能够根据个人需求加以改变。

③ 从制造方式来看，由大规模同质化生产逐步转向个性化定制。在工业 4.0 时代，汽车产业在纵向集成、横向集成、端到端集成 3 个维度率先突破，正从大规模同质化生产模式转向个性化定制模式。

模块 6　提升信息素养与强化社会责任

随着全球信息化的发展，信息素养已经成为我们需要具备的一种基本素质和能力，这样我们才能更好地适应和应对信息社会。在大数据和人工智能时代，信息素养已经成为我们发展、竞争和终身学习的重要素养之一，需要积极提升自己的信息意识、信息知识、信息能力和信息道德。信息安全是为数据处理系统建立和采用的技术、管理上的安全保护，为的是保护计算机硬件、软件、数据不因偶然和恶意的原因而遭到破坏、更改和泄露。计算机网络安全要从事前预防、事中监控、事后弥补三个方面入手，不断加强安全意识，完善安全技术，制定安全策略，从而提高计算机网络系统的安全性。

信息素养与社会责任对个人在各自行业内的发展起着重要作用。信息素养与社会责任是指在信息技术领域，通过对信息行业相关知识的了解，内化形成的职业素养和行为自律能力。

6.1　信息素养

信息素养是人们在信息社会和信息时代生存的前提条件。面对网络和数字化社会，学生的学习方式与思维方式都发生了明显变化，不仅要学习知识，更要学会处理海量信息，充分利用各种媒体与技术工具解决学习与生活中的问题，甚至需要在已有信息基础上实现创新，从而应对复杂多变的环境，实现自我价值。

6.1.1　信息素养的基本概念

信息素养（Information Literacy，IL）也称为“信息素质”，最早是由美国信息产业协会主席保罗·泽考斯基在 1974 年提出的，并将其定义为“利用大量信息工具及主要信息源使问题得到解答的技能”。“而具有信息素养的人，是指那些在如何将信息资源应用到工作中这一方面得到良好训练的人。有信息素养的人已经习得了使用各种信息工具和主要信息来源的技术和能力，以形成信息解决方案来解决问题。”

信息素养是一个含义非常广泛而且不断变化发展的综合性概念，不同时期、不同国家的人们对信息素养赋予了不同的含义。

目前国际上最新的定义是，信息素养是一种综合能力，即对信息的反思性发现，理解信息的产生及对其评价，利用信息创造新知识，在遵守社会公德的前提下，加入学习交流社区。

我国目前公认的关于信息素养的定义为：信息素养应该包含信息技术操作能力、对信息内容的批判与理解能力，以及对信息的有效运用能力。从技术学视角看，信息素养应定位在信息处理能力；从心理学视角看，信息素养应定位在信息问题解决能力；从社会学视角看，信息素养应定位在信息交流能力；从文化学视角看，信息素养应定位在信息文化的多重建构能力。

6.1.2　信息素养的组成要素

信息素养是一种个人综合能力素养，同时又是一种个人基本素养。在信息化社会中，获取信息、利用信息、开发信息已经普遍成为对现代人的一种基本要求，是信息化社会中人们必须掌握的终身技能。信息素养是在信息化社会中个体成员所具有的各种信息品质，一般而言，信息素养主要包括信息意识、信息知识、信息能力和信息道德 4 个要素。

1. 信息意识

信息意识是指对信息、信息问题的洞察力和敏感程度，体现的是捕捉、分析、判断信息的能力，具体来说，就是人作为信息的主体在信息活动中产生的知识、观点和理论的总和。它包括两方面的含义：一方面，是指信息主体对信息的认识过程，也就是人对自身信息需要、信息的社会价值、人的活动与信息的关系及社会信息环境等方面的自觉心理反应；另一方面，是指信息主体对信息的评价过程，包括对待信息的态度和对信息质量的变化等所做的评估，并能以此指导个人的信息行为。信息意识的强弱表现为对信息的感受力的大小，并直接影响到信息主体的信息行为与行为效果。

信息时代处处蕴藏着各种信息，能否充分地利用现有信息，是人们信息意识强弱的重要体现。发现信息、捕获信息，想到用信息技术去解决问题，是信息意识的表现。信息意识的强弱决定着人们捕捉、判断和利用信息的自觉程度，影响着人们利用信息的能力和效果。信息意识是可以培养的，经过教育和实践，可以由被动地接收状态转变为自觉活跃的主动状态，而被“激活”的信息意识又可以进一步推动信息技能的学习和训练。

2. 信息知识

信息知识是人们在利用信息技术工具、拓展信息传播途径、提高信息交流效率过程中积累的认识和经验的总和，是信息素养的基础，是进行各种信息行为的原材料和工具。信息知识既包括专业性知识，也包括技术性知识；既是信息科学技术的理论基础，又是学习信息技术的基本要求。只有掌握了信息技术的知识，才能更好地理解与应用它。信息知识主要指以下几方面。

（1）传统文化素养

传统文化素养包括读、写、算的能力。尽管进入信息时代之后，读、写、算方式产生了巨大的变革，被赋予了新的含义，但传统的读、写、算能力仍然是人们文化素养的基础。信息素养是传统文化素养的延伸和拓展。

（2）信息的基本知识

信息的基本知识包括信息的理论知识，对信息、信息化的性质、信息化社会及其对人类影响的认识和理解。

（3）现代信息技术知识

现代信息技术知识主要包括新一代信息技术的原理、作用、发展趋势等。

3. 信息能力

信息能力是指人们有效利用信息知识、技术和工具来获取信息、分析与处理信息，以及创新和交流信息的能力。信息能力是信息素养最核心的组成部分，主要包括对信息知识的获取、信息资源的评价、信息处理和利用、信息的创新等能力。

（1）信息知识的获取能力

它是指用户根据自身需求并通过各种途径和信息工具，熟练运用阅读、访问、检索等方法获取信息的能力。

（2）信息资源的评价能力

互联网中的信息资源不可计量，因此用户需要对搜索到的信息的价值进行评估，并取其精华，去其糟粕。评价信息的主要指标包括准确性、权威性、时效性、易获取性等。

（3）信息处理与利用能力

它是指用户通过网络找到自己所需的信息后，能够利用相关工具对其进行归纳、分类、整理的能力。例如，将搜索到的信息分门别类地存储到百度云工具中，并注明时间和主题，待需要时再使用。

（4）信息的创新能力

用户对信息素养与社会责任进行研究，对已有信息进行分析和总结，并结合自己所学的知识，发现创新之处并进行研究，最后实现知识创新的能力。

能否采取适当的方式方法，选择适合的信息技术及工具，通过恰当的途径去解决问题，最终要看有没有信息能力了。如果只是具有强烈的信息意识和丰富的信息知识，却无法有效地利用各种信息工具去搜集、获取、传递、加工、处理有价值的信息，也会无法适应信息时代的要求。

4. 信息道德

信息道德是指在信息的采集、加工、存储、传播和利用等信息活动各个环节中，用来规范各种信息行为的道德意识、道德规范和道德行为的总和。它通过社会舆论、传统习俗等，使人们形成一定的信念、价值观和习惯，从而使人们自觉地通过自己的判断来规范自己的信息行为。

信息道德在潜移默化中调整人们的信息行为，使其符合信息社会基本的价值规范和道德准则，从而使社会信息活动中个人与他人、个人与社会的关系变得和谐与完善，并最终对个人和组织等信息行为主体的各种信息行为产生约束或激励作用。同时，信息政策和信息法律的制定及实施必须考虑现实社会的道德基础，所以说，信息道德是信息政策和信息法律建立和发挥作用的基础。

信息道德以其巨大的约束力在潜移默化中规范人们的信息行为，信息道德包括以下内容。

（1）遵守信息法律法规

要了解与信息活动有关的法律法规，培养遵纪守法的观念，养成在信息活动中遵纪守法的意识与行为习惯。

（2）抵制不良信息

提高判断是非、善恶和美丑的能力，能够自觉选择正确信息，抵制垃圾信息、黄色信息、反动信息等多种不良信息。

（3）批评与抵制不道德的信息行为

培养信息评价能力，认识到维护信息活动的正常秩序是每个人应担负的责任，对不符合社会信息道德规范的行为应坚决予以批评和抵制，营造积极的舆论氛围。

（4）不损害他人利益

个人的信息活动应以不损害他人的正当利益为原则，要尊重他人的财产权、知识产权，不使用未经授权的信息资源、尊重他人的隐私、保守他人秘密、信守承诺、不损人利己。

（5）不随意发布信息

个人应对自己发出的信息承担责任，应清楚自己发布的信息可能产生的后果，应慎重表达自己的观点和看法，不能不负责任或信口开河，更不能有意传播虚假信息、流言等误导他人。

总之，信息素养四个要素的相互关系共同构成一个不可分割的统一整体。可归纳为，信息意识是前提，决定一个人是否能够想到用信息和信息技术；信息知识是基础；信息能力是核心，决定能不能把想到的做到、做好；信息道德则是保证、是准则，决定在做的过程中能不能遵守信息道德规范、合乎信息伦理。

6.1.3 信息素养的评价方式

1. 信息素养评价概述

信息素养评价是依据一定的目的和标准，采用科学的态度与方法，对个人或组织等进行综合信息能力考察的过程。它既可以是对一个国家或地区的整体评价，也可以是对某个特定人的个体评价，具体地说，就是要判断被评价对象的信息素质水平，并衡量这些信息素质对其工作与生活的价值和意义，群体评价往往是建立在个体评价基础之上的，因此，个体信息素质评价是信息素质评价的基础和核心。

当前，信息素质已成为大学生必备的基本素质之一。对大学生开展信息素质水平评估，一方面可以让学生在正确认识自己的优势与不足的基础上，从正反两个方面受到激励，增强其发展信息素养的积极性和主动性；另一方面，信息素养评价也是大学生信息素养教育过程中的重要环节。通过科学的测量与评价，促使大学生朝着有利于提高自身信息素养的方向发展。

信息素养是每个学生基本素养的构成要素，它既是个体查找、检索、分析信息的信息认识能力，也是个体整合、利用、处理、创造信息的能力。在日常生活和未来的工作中，良好的信息素养主要体现在以下几个方面。

（1）能够熟练使用各种信息工具，尤其是网络传播工具，如网络媒体、聊天软件、电子邮件、微信等。

（2）能够根据自己的学习目标有效收集各种学习资料与信息，能熟练运用阅读、访问、讨论、检索等获取信息的方法。

（3）能够对收集到的信息进行归纳、分类、整理、鉴别、遴选等。

（4）能够自觉抵御和消除垃圾信息及有害信息的干扰和侵蚀，保持正确的人生观、价值观，以及自控、自律和自我调节能力。

2. 信息素养的评价标准

在学习国外信息素养评价标准基础上，国内学者针对中国国情提出了多种关于信息素养的评价标准，国内学者刘美桃指出，我国应结合本国具体实际，从以下 8 个方面来制定我国信息素质教育的评价标准。

（1）信息意识的强弱，即对信息的敏锐程度。

（2）信息需求的强烈程度，确定信息需求的时机，明确信息需求的内容与范围。

（3）所具有的信息源基础知识的程度。

（4）高效获取所需信息的能力。

（5）评估所需信息的能力。

（6）有效地利用信息以及存储组织信息的能力。

（7）具有一定的经济、法律方面的知识，获取与使用信息符合道德与法律规范。

（8）终身学习的能力。

【示例分析 6-1】剖析“北京市高校信息素养能力指标体系”

“北京市高校信息素养能力指标体系”由 7 个维度（如表 6-1 所示）、19 项标准、61 个三级指标组成，该指标体系作为北京市高校学生信息素养评价的重要指标，是我国第一个比较完整、系统的信息素养能力体系。

表 6-1　北京市高校信息素养能力指标体系的评价维度

维度序号	描述
维度 1	具备信息素养的学生能够了解信息以及信息素质能力在现代社会中的作用、价值与力量
维度 2	具备信息素质的学生能够确定所需信息的性质与范围
维度 3	具备信息素养的学生能够有效地获取所需要的信息
维度 4	具备信息素养的学生能够正确地评价信息及其信息源，并且把选择的信息融入自身的知识体系中，重构新的知识体系
维度 5	具备信息素养的学生能够有效地管理、组织与交流信息
维度 6	具备信息素养的学生作为个人或群体的一员能够有效地利用信息来完成一项具体的任务
维度 7	具备信息素养的学生了解与信息检索、利用相关的法律、伦理和社会经济问题，能够合理、合法地检索和利用信息

6.2　信息技术发展史

信息技术是由计算机技术、通信技术、信息处理技术和控制技术等多种技术构成的一项综合的高新技术，它的发展是以电子技术，特别是微电子技术的进步为前提的。回顾整个人类社会发展史，从语言的使用、文字的创造，到造纸术和印刷术的发明与应用，以及电报、电话、广播和电视的发明和普及等，无一不是信息技术的革命性发展成果。但是，真正标志着现代信息技术诞生的事件还是20世纪60年代电子计算机的普及应用，以及计算机与现代通信技术的有机结合，信息网络的形成实现了计算机之间的数据通信、数据共享等。

6.2.1　信息技术的发展变迁历程

信息技术的发展经历了一个漫长的时期，一般认为人类社会已经发生过5次信息技术革命：

第一次信息技术革命是语言的产生和使用，是从猿进化到人的重要标志，语言也成为人类进行思想交流和信息传播不可缺少的工具。

第二次信息技术革命是文字的出现与使用，使人类对信息的存储和传播超越了时间和地域的局限。

第三次信息技术革命是印刷术的发明和使用，使书籍、报刊成为重要的信息储存和传播的媒体，为知识的积累和传播提供了更为可靠的保证。

第四次信息技术革命是电话、电视、广播信息传递技术的发明，使人类进入利用电磁波传播信息的时代，进一步突破了时间与空间的限制。

第五次信息技术革命是计算机技术和现代通信技术的普及应用，将人类社会推进到了数字化的信息时代，信息的处理速度、传递速度得到惊人提升。

未来信息技术的发展趋势主要为多种技术的综合应用，其速度越来越快、容量越来越大，数字化程度也越来越高，产品越来越智能。

6.2.2　知名信息技术企业的初创和发展

信息技术的不断发展带来了大量的机遇，许多信息技术企业也借着这一东风，开始创建、成长，并不断壮大起来。在这个背景下，许多信息技术企业如雨后春笋般不断出现，同时也不断消失，它们的发展历程从侧面说明了信息技术的发展变化。

电子活页 6-1

探析IT时代典型企业的初创和发展

1. 探析IT时代典型企业的初创和发展

请扫描二维码，浏览电子活页中的相关内容，探析IT时代典型企业的初创和发展。

2. 探析软件时代典型企业的初创和发展

请扫描二维码，浏览电子活页中的相关内容，探析软件时代典型企业的初创和发展。

电子活页 6-2

探析软件时代典型企业的初创和发展

3. 探析互联网与移动互联网时代典型企业的初创和发展

电子活页 6-3

探析互联网与移动互联网时代典型企业的初创和发展

请扫描二维码，浏览电子活页中的相关内容，探析互联网与移动互联网时代典型企业的初创和发展。

从 IT 到软件再到互联网和移动互联网时代，我们已经悄然走进云的时代。希望下一个时代，正在奋战的你，也能被世人铭记。

6.2.3　树立正确的职业理念

职业理念是人们从事职业工作时形成的职业意识，在特定情况下，这种职业意识也可以理解为职业价值观。树立正确的职业理念，对个人、对单位、对社会、对国家都是非常有益的。

1. 职业理念的作用

职业理念可以指导我们的职业行为，让我们感受到工作带来的快乐，使我们在职场上不断进步。

（1）指导我们的职业行为

职业行为一般都是在一定的职业理念指导下形成的，它会对企业管理产生实质性的影响。例如，如果我们对职业安全不以为然，对工作中可能存在的潜在危险就会浑然不知，这可能导致危险事件发生。相反，如果我们的职业理念告诉我们应该重视生产生活安全，那么发生事故的概率必然会大幅降低。

（2）感受到工作带来的快乐

工作不仅为我们提供了经济来源，其产生的社交活动也是我们在现代社会中保持身心健康的一种因素。愉快地工作会让我们减少消极的情绪，能够正确面对工作中遇到的困难，能够快速地成长。而只有树立了正确的职业理念，我们才可能做到主动感受工作中的各种乐趣。

没有明确的职业理念，就没有明确的工作目标，工作时就会无精打采、不思进取，最终会对工作越来越厌倦，工作效率和质量自然越来越低。

（3）使我们在职场上不断进步

正确的职业理念对我们的职业生涯具有良好的指引作用，使我们能自觉地改变自己，跨上新的职业台阶。知识可以改变人的命运，职业理念则可以改变人的职业生涯。

2. 正确的职业理念

职业理念能产生如此积极的作用，那么什么样的职业理念才是正确的呢？

（1）职业理念应当是合时宜的

职业理念要和社会经济发展水平相适应，要适合企业所在地域的社会文化。脱离了企业所在地域的社会文化和价值观，生搬硬套某种所谓“先进”的职业理念，是无法产生积极作用的。

（2）职业理念应当是适时的

任何超前或滞后的职业理念都会影响我们的职业发展。企业处在什么样的发展阶段，我们就应该秉承什么样的适合企业当前发展阶段的职业理念。当企业向前发展时，如果我们的职业理念仍停留在原来的阶段，不学习也不改变，那么我们自然会跟不上企业的发展。同样，如果我们的职业理念过于超前，脱离了企业发展的实际，那么也无法发挥自己的能力。

（3）职业理念必须符合企业管理的目标

企业的成长过程实际上是企业管理目标的实现过程。我们只有充分了解企业管理的目标，才能构建与企业管理目标致的职业理念。

6.3 信息安全与自主可控

随着信息技术的不断发展，各种信息也会更多地借助互联网实现共享使用，这就增大了信息被非法利用的概率。因此，信息安全不仅是国家、企业需要关心的内容，也是我们每个人都应该重视的内容。

随着全球信息化过程的不断推进，越来越多的信息将依靠计算机来处理、存储和转发，信息资源的保护又成为一个新的问题。信息安全不仅涉及传输过程，还包括网上复杂的人群可能产生的各种信息安全问题。要实现信息安全，不是紧紧依靠某个技术就能够解决的，它实际上与个体的信息伦理与责任担当等品质紧密关联。在“互联网+”时代，职业岗位与信息技术的关联进一步增强，也更强调学生的信息素养培养，即在课程教学中有意识地培养学生的数字化思维与提倡信息的批判精神，使其具备信息安全意识并坚守使用信息的道德底线，铸成学生基于信息素养的职业素养，构建职业院校的职业文化。

6.3.1 信息安全的含义

ISO（国际标准化组织）对信息安全（Information Security，IS）的定义为：为数据处理系统建立和采用的技术、管理上的安全保护，目的是保护计算机硬件、软件、数据不因偶然和恶意的原因而遭到破坏、更改和泄露。

6.3.2 信息安全的基本属性

可用性、完整性和保密性为信息安全的三大基本属性。信息安全的核心就是要保证信息的可用性、完整性和保密性，保证不被破坏、不被更改和不泄露。

（1）信息的可用性

系统中的资源对授权用户是有效可用的。如果一个合法用户需要得到系统或网络服务时，系统和网络不能提供正常的服务，这与文件资料被锁在保险柜里，开关和密码系统混乱而无法取出资料一样。也就是说，信息如果可用，则代表攻击者无法占用所有的资源，无法阻碍合法用户的正常操作。信息如果不可用，则对于合法用户来说，信息已经被破坏，从而面临信息安全的问题。

（2）信息的完整性

信息的完整性是信息未经授权不能进行改变的特征，系统中的信息资源只能由授权的用户进行修改，以确保信息资源没有被篡改。即只有得到允许的用户才能修改信息，并且能够判断出信息是否已被修改。存储器中的信息或经网络传输后的信息，必须与其最后一次修改或传输前的内容一模一样，这样做的目的是保证信息系统中的数据处于完整和未受损的状态，使信息不会在存储和传输的过程中被有意或无意的事件所改变、破坏和丢失。

（3）信息的保密性

保证系统中的信息只能由授权的用户访问。由于系统无法确认是否有未经授权的用户截取网络上的信息，因此需要使用种手段对信息进行保密处理。加密就是用来实现这一目标的手段之一，加密后的信息能够在传输、使用和转换过程中避免被第三方非法获取。

6.3.3 信息安全的现状

近年来，信息泄露的事件不断出现，例如，某组织倒卖业主信息、某员工泄露公司用户信息等，这些事件都说明我国信息安全目前仍然存在许多隐患。从个人信息现状的角度来看，我国目前信息安全的现状体现在以下几个方面。

（1）个人信息没有得到规范采集

现阶段，虽然我们的生活方式呈现出简单和快捷的特点，但其背后也伴有诸多信息安全隐患，例如，诈骗电话、推销信息、搜索信息等，均会对个人信息安全产生影响。不法分子通过各类软件或程序盗取个人信息，并利用个人信息获利，严重影响了公民财产安全甚至公民的人身安全。除了政府和得到批准的企业外，部分未经批准的商家或个人对个人信息实施非法采集，甚至肆意兜售，这种不规范的信息采集行为使个人信息安全受到了极大影响，严重侵犯了公民的隐私权。

（2）个人欠缺足够的信息保护意识

网络上个人信息肆意传播、电话推销源源不断等情况时有发生，从其根源来看，这与人们欠缺足够的信息保护意识有关。我们在个人信息层面上保护意识的薄弱，给信息盗取者创造了有利条件。例如，在网上查询资料时，网站要求填写相关资料，包括电话号码、身份证号码等极为隐私的信息，这些信息还可能是必填的项目。一旦填写，如果我们面对的是非法程序，就有可能导致信息泄露。因此，我们一定要增强信息保护意识，在不确定的情况下不公布各种重要信息。

（3）相关部门监管力度不够

政府相关部门在对个人信息采取监管和保护措施时，可能存在界限模糊的问题，这主要与管理理念模糊、机制缺失有关。一方面，部分地方政府并未基于个人信息设置专业化的监管部门，容易引起职责不清、管理效率较低等问题。另一方面，大数据需要以网络为基础，网络用户的信息量大且繁杂，相关部门也很难实现精细化管理。因此，政府相关部门只有继续探讨信息管理的相关办法，有针对性地出台相关政策法规，才能更好地保护个人信息安全。

6.3.4 信息安全面临的威胁

随着信息技术的飞速发展，信息技术为我们带来更多便利的同时，也使得我们的信息堡垒变得更加脆弱，就目前来看，信息安全面临的威胁主要有以下几个方面。

（1）黑客恶意攻击

黑客是一群专门攻击网络和个人计算机的用户，他们随着计算机和网络的发展而成长，一般都精通各种编程语言和各类操作系统，具有熟练的计算机技术。就目前信息技术的发展趋势来看，黑客多采用病毒对网络和个人计算机进行破坏。这些病毒采用的攻击方式多种多样，对没有网络安全防护设备（防火墙）中的网站和系统具有强大的破坏力，这给信息安全防护带来了严峻的挑战。

（2）网络自身及其管理有所欠缺

互联网的共享性和开放性使网络信息安全管理存在不足，在安全防范、服务质量、带宽和方便性等方面存在滞后性与不适应性。许多企业、机构及用户对其网站或系统都疏于这方面管理，没有制定严格的管理制度。而实际上，网络系统的严格管理是企业、组织及相关部门和用户信息免受攻击的重要措施。

（3）因软件设计的漏洞或“后门”而产生的问题

随着软件系统规模的不断增大，新的软件产品被开发出来，其系统中的安全漏洞或“后门”也不可避免地存在。无论是操作系统，还是各种应用软件，大多都被发现过存在安全隐患。不法分子往往会利用这些漏洞，将病毒、木马等恶意程序传输到网络和用户的计算机中，从而造成相应的损失。

【提示】:“后门”即后门程序，一般是指那些绕过安全性控制而获取对程序或系统访问权的程序。开发软件时，程序员为了方便以后修改错误，往往会在软件内创建后门程序，一旦这种程序被不法分子获取，或是在软件发布之前没有删除，它就成了安全隐患，容易被黑客当成漏洞进行攻击。

（4）非法网站设置的陷阱

互联网中有些非法网站会故意设置一些盗取他人信息的软件，并且可能隐藏在下载的信息中，只要用户登录或下载网站资源，其计算机就会被控制或感染病毒，严重时会使计算机中的所有信息被盗取。这类网站往往会“乔装”成人们感兴趣的内容，让大家主动进入网站查询信息或下载资料，从而成功将病毒、木马等恶意程序传输到用户计算机上，以完成各种别有用心的操作。

（5）用户不良行为引起的安全问题

用户误操作导致信息丢失、损坏，没有备份重要信息，在网上滥用各种非法资源等，都可能对信息安全造成威胁。因此我们应该严格遵守操作规定和管理制度，不给信息安全带来各种隐患。

【示例分析 6-2】探析个人信息的主要泄露途径

在这个网络、通信日益发达的信息时代，我们很多人的个人信息都是透明的，其中有一些甚至是我们自己不经意间泄露出去的！不信，就来看看，你真的会保护好自己的个人信息吗？

（1）泄露途径一：快递单、火车票、银行对账单

快递包装上的物流单含有网购者的姓名、电话、住址等信息；火车票实行实名制后，车票上便印有购票者的姓名、身份证等信息；纸质对账单上记录了姓名、银行卡号、消费记录等信息，随意丢弃容易造成私人信息泄露。

（2）泄露途径二：聊天互动时不小心朋友

网友在微博使用昵称，却与朋友评论时直呼其名，无意中泄露了真实信息。类似情形还有，在 QQ 空间或写日志或发布照片，朋友评论或者转发中，出现一些如姓名、职务、单位等

个人信息。

（3）泄露途径三：各类网购、虚拟社区、社交网络账户

不论是网络购物还是注册一些论坛、社区、网站，或者在微博、QQ 空间发布信息，或多或少都会留下个人信息。如非必要，不要在网络上填写自己的真实信息，可以编写一些固定资料在网上使用，最低限度曝光自己真实身份。

（4）泄露途径四：商家各种促销活动，办理会员卡等

如商家“调查问卷表”，购物抽奖活动或者申请免费邮寄资料、会员卡活动要求填写详细联系方式和家庭住址等。

（5）泄露途径五：招聘网站泄露个人简历中的个人信息

一般情况下，简历中不要过于详细填写本人具体信息，如家庭地址、身份证号码。

（6）泄露途径六：身份证复印件滥用

银行开户、手机入网，甚至办理会员卡、超市兑换积分都要身份证。提供身份证复印件时，一定要写明“仅供某某单位做某某用，他用无效。”此外要关注复印过程，多余复印件要销毁。

6.3.5 信息安全的主要防御技术

电子活页 6-4

信息安全的主要防御技术

信息安全的主要防御技术有身份认证技术、防火墙以及病毒防护技术、数字签名以及生物识别技术、信息加密处理与访问控制技术、安全防护技术、入侵检测技术、安全检测与监控技术、加密解密技术和安全审计技术。

请扫描二维码，浏览电子活页中的相关内容，进一步熟悉信息安全主要防御技术的详细内容。

6.3.6 威胁网络安全的因素

计算机网络面临的安全威胁大体可分为两种：对网络本身的威胁和对网络中信息的威胁。

影响计算机网络安全的因素有很多，对网络安全的威胁主要来自人为的无意失误、人为的恶意攻击以及网络软件系统的漏洞和“后门”几方面的因素。

人为的无意失误是造成网络不安全的重要原因。网络管理员在这方面不但肩负重任，还面临越来越大的压力。稍有考虑不周，安全配置不当，就会造成安全漏洞。另外，用户安全意识不强，不按照安全规定进行相关操作，例如，口令选择不慎，将自己的账户随意转借他人或与别人共享，都会对网络安全带来威胁。

人为的恶意攻击是目前计算机网络所面临的最大威胁。人为的恶意攻击又可以分为两类：一类是主动攻击，它以各种方式有选择地破坏系统和数据的有效性与完整性；另一类是被动攻击，它是在不影响网络和应用系统正常运行的情况下，进行截获、窃取、破译以获得重要机密信息。这两种攻击均可对计算机网络造成极大的危害，导致网络瘫痪或机密泄漏。

网络软件系统不可能百分之百无缺陷和无漏洞。另外，许多软件都存在设计编程人员为了方便而设置的“后门”。这些漏洞和“后门”恰恰是黑客进行攻击的首选目标。

6.3.7 网络安全的主要防范措施

为了保证网络安全，我们应采取以下的防范措施。

（1）深入研究系统缺陷，完善计算机网络系统设计

全面分析计算机网络系统设计是建立安全可靠的计算机网络工程的首要任务。用户入网访问控制可分为三个过程：用户名的识别与验证；用户口令的识别与验证；用户账号的检查。三个过程中任意一个不能通过，系统就将其视为非法用户，用户不能访问该网络。各类操作系统要经过不断检测，及时更新，保证其完整性和安全性。

（2）完善网络安全保护，抵制外部威胁

构建计算机网络运行的良好环境，服务器机房建设要按照国家统一颁布的标准进行建设、施工，经公安、消防等部门检查验收合格后投入使用。要安装防火墙，防止外部网络用户以非法手段进入内部网络访问或获取内部资源，即过滤危险因素的网络屏障。通过病毒防杀技术防止网络病毒对整个计算机网络系统造成破坏，当以“防”为主。

设置好网络的访问权限，尽量将非法访问排除在网络之外。采用文件加密技术，使未被授权的人看不懂它，从而保护网络中数据传输的安全性。

（3）加强计算机用户及管理人员的安全意识培养

计算机个人用户要加强网络安全意识的培养，根据自己的职责权限，选择不同的口令，对应用程序数据进行合法操作，防止其他用户越权访问数据和使用网络资源。

（4）建设专业团队，加强网络评估和监控

网络安全的防护一方面要依靠专业的网络评估和监控人员，另一方面要依靠先进的软件防御。

【示例分析 6-3】使用网上银行的安全防范措施

网上银行因快捷方便正越来越多地被人们所使用，但其存在的安全隐患却往往被忽略。提醒广大公民加强自我保护意识，采用正确、安全的操作方式，杜绝在操作过程中的安全隐患。

近年来，一些使用者因缺乏一定的安全防护常识，在使用网上银行时被人盗取资料，最终出现资金账户出差错等问题时有发生。为此，做好以下 5 项安全防范措施很重要。

① 及时核对网址。大家在开通网上银行时要事先与银行签订协议。在登录网上银行时，须核对登录的网址与协议书中的网址是否相符；登录网上银行网站时，尽量不要使用任何不可靠的链接方式，不要通过搜索引擎找到的网址或其他不明网站的链接途径进入，防止犯罪嫌疑人模仿银行网站盗取账户信息。

② 妥善管理好密码。要避免设置与个人资料相关的简单密码，不要选用诸如身份证号码、出生日期、电话号码等作为支付密码；建议采用无规律的数字组合，提高支付密码被破解的难度；在不同的电子渠道上尽量使用不同密码；对不同的银行卡账户尽量设置不同的支付密码。

③ 做好交易记录。在进行网上银行交易时，要对录入信息（本人账号、金额等要素）进行仔细核对，做到“一慢、二看、三仔细、四清楚”，即录入信息时要慢、按键时要准确查看、对录入的信息核对要仔细、对反馈回来的信息要记录清楚。转账交易完成后不论系统提示成功与否，都要查询转出账户余额和明细。要定期查看历史交易明细并定期打印网上银行业务

对账单，如发现异常交易或账务差错，应立即与银行联系，避免损失。

④ 管理好数字证书。使用网上银行的用户应避免在公共场合（如网吧、机场）和公用计算机上使用网上银行，防止数字证书等机密资料落入他人手中。最好不要安装 QQ 聊天程序、网络游戏等软件，尽量做到专机专用。

⑤ 安装杀毒软件对网上银行的使用者也十分重要。一般银行的网上银行程序安装完成后，不需要再安装其他任何辅助程序即可正常办理业务，不要轻信所谓“系统维护”提示，避免下载安装来路不明的网上银行程序。

6.3.8　自主可控的要求

国家安全对于任何国家而言都是至关重要的，处于信息时代，信息安全是不容忽视的安全内容之一。信息泄露、网络环境安全等都将直接影响到国家的安全。近年来，我国也在不断完善相关法律，目的就是要坚定不移地按照“国家主导、体系筹划、自主可控、跨越发展”的方针，解决在信息技术和设备上受制于人的问题。

首先，我国信息安全等级保护标准一直在不断地完善，目前已经覆盖各地区、各单位、各部门、各机构，涉及网络、信息系统、云平台、物联网、工控系统、大数据、移动互联等各类技术应用平台和场景，以最大限度确保按照我国自己的标准来利用和处理信息。

其次，信息安全等级保护标准中涉及的信息技术和软硬件设备，例如，安全管理、网络管理、端点安全、安全开发、安全网关、应用安全、数据安全、身份与访问安全、安全业务等都是我国信息系统自主可控发展不可或缺的核心，而这些技术与设备大多都是我国的企业自主研发和生产的，这些进步使信息安全的自主可控成为可能。

6.4　信息伦理与职业行为自律

信息技术已渗透到人们的日常生活中，也深度融入国家治理、社会治理的过程中，对于提升国家治理能力，实现美好生活，促进社会道德进步起着越来越重要的作用。但随着信息技术的深入发展，也出现了一些伦理、道德问题，例如，有些人沉迷于网络虚拟世界，厌弃现实世界中的人际交往。这种去伦理化的生活方式，从根本上否定了传统社会伦理生活的意义和价值，这种错误行为是要摒弃的。

当前，以互联网、大数据、人工智能为代表的新一代信息技术蓬勃发展，深刻改变着人类的生存和交往方式，但同时也可能带来伦理风险。如果留心一下，就会发现网络上经常有引发全社会关注的信息伦理事件，这些事件对社会产生了许多不利的影响。例如，智能推荐带来了隐私方面的问题，如为了精确刻画用户画像，相关算法需要对用户的历史行为、个人特征等数据进行深入细致的挖掘，这可能导致推荐系统过度收集用户的个人数据等。

6.4.1　信息伦理概述

信息伦理又称信息道德，是调整人与人之间，以及个人和社会之间信息关系的行为规范的总和。

1. 信息伦理的 3 个层面

信息伦理包含 3 个层面的内容，即信息道德意识、信息道德关系和信息道德活动。

（1）信息道德意识

信息道德意识是信息伦理的第一层次，包括与信息相关的道德观念、道德情感、道德意志、道德信念和道德理想等，是信息道德行为的深层心理动因。信息道德意识集中体现在信息道德原则、规范和范畴之中。

（2）信息道德关系

信息道德关系是信息伦理的第二层次，包括个人与个人的关系、个人与组织的关系、组织与组织的关系。这种关系是建立在一定的权力和义务的基础上，并以一定信息道德规范形式表现出来的，相互之间的关系是通过大家共同认同的信息道德规范和准则维系的。

（3）信息道德活动

信息道德活动是信息伦理的第三层次，包括信息道德行为、信息道德评价、信息道德教育和信息道德修养等。信息道德行为即人们在信息交流中所采取的有意识的、经过选择的行动；根据一定的信息道德规范对人们的信息行为进行善恶判断即为信息道德评价；按一定的信息道德理想对人的品质和性格进行陶冶就是信息道德教育；信息道德修养则是人们对自己的信息意识和信息行为的自我解剖、自我改造。与信息伦理关联的行为规范是指在社会信息活动中人与人之间的关系以及反映这种关系的行为准则与规范，例如，扬善抑恶、权利义务、契约精神等。

2. 信息伦理涉及的权利

信息伦理对每个社会成员的道德规范要求是相似的，在信息交往自由的同时，每个人都必须承担同等的伦理道德责任，共同维护信息伦理秩序，这对我们今后形成良好的职业行为规范有积极的影响。信息伦理是信息活动中的规范和准则，主要涉及信息隐私权、信息准确性权、信息产权、信息资源获取权等方面的权利。

① 信息隐私权即依法享有自主决定的权利及不被干扰的权利。

② 信息准确性权即享有拥有准确信息的权利，以及要求信息提供者提供准确信息的权利。

③ 信息产权即信息生产者享有自己所生产和开发的信息产品的所有权。

④ 信息资源获取权即享有获取所应该获取信息的权利，包括对信息技术、信息设备及信息本身的获取。

信息伦理体现在生活和工作中的方方面面，我们要时刻维护信息伦理秩序，并养成良好的职业道德。

6.4.2　与信息伦理相关的法律法规

在信息领域，仅仅依靠信息伦理并不能完全解决问题，它还需要强有力的法律做支撑。因此，与信息伦理相关的法律法规显得十分重要。有关的法律法规与国家强制力的威慑，不仅可以有效打击在信息领域造成严重后果的行为者，还可以为信息伦理的顺利实施构建较好的外部环境。

随着计算机技术和互联网技术的发展与普及，我国为了更好地保护信息安全，培养公众正确的信息伦理道德，国家相关部门陆续制定了系列法律法规，用以制约和规范信息的使用行为和阻止有损信息安全的事件发生。

在法律层面上，我国于 1997 年修订的《中华人民共和国刑法》中首次界定了计算机犯罪。其中，第二百八十五条的非法侵入计算机信息系统罪，第二百八十六条的破坏计算机信息系统罪，第二百八十七条的利用计算机实施犯罪的提示性规定等，能够有效确保信息的正确使用和解决相关安全问题。

在政策法规层面上，我国自 1994 年起陆续颁布了系列法规文件，例如，《中华人民共和国计算机信息系统安全保护条例》、《中华人民共和国计算机信息网络国际联网管理暂行规定》、《中国互联网域名注册实施细则》、《金融机构计算机信息系统安全保护工作暂行规定》等，这些法规文件都明确规定了信息的使用方法，使信息安全得到有效保障，也能有效保证在公众当中形成良好的信息伦理。

6.4.3 职业行为自律的要求

职业操守是指人们在从事职业活动中必须遵从的最低道德底线和行业规范。它既是对人在职业活动中的行为要求，也是人对社会所承担的道德、责任和义务。一个人不管从事何种职业，都必须具备端正的职业操守，否则将一事无成。秉持职业操守要做到遵章守纪、遵循职业规范和严守秘密。

职业行为自律是一个行业自我规范、自我协调的行为机制，同时也是维护市场秩序、保持公平竞争、促进行业健康发展、维护行业利益的重要措施。

另外，职业行为自律也是个人或团体完善自身的有效方法，是自身修养的必备环节，是提高自身觉悟、净化思想、强化素质、改善观念的有效途径。我们应该从坚守健康的生活情趣、培养良好的职业态度、秉承正确的职业操守、维护核心的商业利益、规避产生个人不良记录等方面，培养自己的职业行为和自律意识。职业行为自培养途径主要有以下 3 个方面。

① 树立正确的人生观是职业行为自律的前提。

② 职业行为自律要从培养自己良好的行为习惯开始。

③ 发挥榜样的激励作用，向先进模范人物学习，不断激励自己。学习先进模范人物时，还要密切联系自己职业活动和职业道德的实际，注重实效，自觉抵制拜金主义、享乐主义等腐朽思想的侵蚀，大力弘扬新时代的创业精神，提高自己的职业道德水平。

除此之外，我们还应该充分发挥以下几种个人特质，逐步建立起自己的职业行为自律标准。

☑ 责任意识。具有强烈的责任感和主人翁意识，对自己的工作负全责。

☑ 自我管理。在可能的范围内，身先士卒，做企业形象的代言人和员工的行为榜样。

☑ 坚持不懈。面对激烈的竞争，尤其是在面临困境或危急的时刻，能够顽强坚持，不轻言放弃。

☑ 抵御诱惑。有较高的职业道德素养和坚定的品格，能够在各种利益诱惑下做好自己。

参考文献

[1] 陈承欢. 办公软件高级应用任务驱动教程[M]. 北京：电子工业出版社，2022.
[2] 田启明，张焰林. 信息技术基础[M]. 北京：电子工业出版社，2022.
[3] 张爱民，魏建英. 信息技术基础[M]. 北京：电子工业出版社，2021.
[4] 张敏华，史小英. 信息技术（基础模块）[M]. 北京：人民邮电出版社，2021.
[5] 眭碧霞. 信息技术基础[M]. 北京：高等教育出版社，2021.
[6] 张成权，张玮，蔡劲松. 信息技术基础[M]. 北京：高等教育出版社，2021.
[7] 伦洪山，钟林. 计算机应用基础工作页[M]. 北京：电子工业出版社，2017.
[8] 朱凤明，郭静. 信息技术[M]. 北京：人民邮电出版社，2019.
[9] 孙锋申，李玉霞. 新一代信息技术[M]. 北京：中国水利水电出版社，2021.

反侵权盗版声明

举报电话：（010）88254396；（010）88258888
传　　真：（010）88254397
E-mail:　　dbqq@phei.com.cn
通信地址：北京市海淀区万寿路 173 信箱
　　　　　电子工业出版社总编办公室
邮　　编：100036